## § 역자소개 §

**송상기** 인하대학교 공학석사와 박사, 경남과학기술대학교 창업학석사를 마치고 중국 청화대학교 자동차과 Post Doc. 연변과학기술대학교 겸임교수를 역임하였으며 현재는 순천제일대학교 자동차기계과 교수로 재직하고 있다. 미국 Babson college 기업가정신, 한국생산성본부 생산성 경영체제제(PMS), 2010년부터 트리즈에 관련된 다양한 교육과 연수 및 연구활동을 통하여 트리즈 교육과 확산에 노력하고 있으며, 건설기술호남교육원 외래교수, APEC CBC(공인기업 카운슬러), 기술지도사, 창의인성지도사1급, 국제트리즈협회 MATRIZ Level 3, 한국트리즈협회 이사, 한국트리즈학회 편집위원, 순천제일대학교 트리즈 연구회를 이끌고 있으며 각 나라의 자원활용을 통한 적정기술 개발과 창의성 향상을 위하여 창의인성교육, 트리즈 교육과 함께 국내외 봉사활동(몽골, 미얀마, 방글라데시등)을 활발히 전개하고 있다. 저서로는 도면해석, 재료역학, 기계제도 AutoCAD등이 있다.

**김영기** 한양학교에서 금속공학사, 석사, 박사 학위를 취득하였으며, 아남반도체(주)에서 특허팀장으로 근무하였고, (주)한국IP보호기술연구소에서 이사로 재직하였다. 전기전자 관련 특허 10여건을 출원하였고, 현재는 인하대 공학혁신센터의 겸임교수로 재직하고 있으며, 가치혁신연구회 회장, (주)지상에서 대표이사로서 중소기업 기술개발, 기술평가 및 기술이전, 지식재산 등의 기술 전략 서비스 업무를 수행하고 있다. 국제트리즈협회(The International TRIZ Association) Level 3 자격 인증을 취득하였으며, 다수의 기업에 트리즈 컨설팅을 수해중이고, 전국의 학교와 특허청, 기업에 트리즈 관련 교육을 출강하고 있다. 기술거래사, 기업기술가치평가사, 창업지도사 등 기술 및 창업 관련 자격을 보유하고 있으며, 다수의 논문과 저서를 집필하고, 기술 및 가치혁신에 관한 칼럼을 매주 연재하고 있다.

**오동환** 전남대 전기공학과 졸업이후 포항산업과학연구원(RIST), 포항제철 (POSCO) 재직기간중 전기기술사로서 제철소, 발전소 등 대형플랜트 분야의 철강/에너지 연구개발, 전력설비기획, 에너지 절감활동을 수행하고 다량의 특허출원과 기술사업화 경험을 쌓았다. 경북대 박사 수료후 전력부하관리사업 전력벤처 CEO를 역임하고, 인도 최대규모 투자사업인 POSCO 인도제철소의 전력설비 기획 및 국내 민간투자사업으로 최대규모인 현대제철 당진제철소의 전기설비 기획 및 건설을 착공에서 준공까지 프로젝트경영전문가(PMP)으로서 총괄하였다.

트리즈 전문가(MATRIZ Level 3) 자격 취득후 트리즈학회 종신회원 및 논문심사위원으로 활동중이며 트리즈 이론개발과 보급에 힘쓰고 있다. 공역서로 "아동의 창의력 증진을 위한 사고활동(T. A. Sidorchuk)", “트리즈(Nikolay Shpakovsky)”, "엔지니어를 위한 트리즈 (Karen Gadd)" 등이 있으며 창조경제 도약을 위한 기술융합경영, 지구온난화방지를 위한 친환경건축과 녹색에너지설비에 깊은 관심을 갖고 있다.

**강병선** 중앙대학교 기계공학과 졸업, 한국산업기술대학교 기계설계공학과 석사과정을 수료하고, 금성전기 생산기술부, 삼성SDI 종합연구소, (주)아이디어브레인, (주)쿠쿠파에서 36년 동안 생산기술, 지적재산관리, 지식서비스 및 제품개발 업무를 수행했다. 사회적 활동으로 창의적문제해결이론(TRIZ) 전문가(MATRIZ Level3, AITRIZ Practitioner, FRT TRIZ Level4, KTA Level4)로서 2002년 사단법인 한국트리즈협회 설립을 주도했으며, 현재 미국신제품개발관리협회 한국지부장, 한국신제품개발 경영협회를 설립하여 회장을 맡고 있고, 기업과 대학에 출강하면서 신제품개발 및 트리즈를 가르치고 있다. 공역서로는 이노베이션알고리듬, 그림으로 보는 40가지 원리(이상 겐리흐 알트슐러), 아동의 창의력증진을 위한 사고활동 (따지아나 시도르칙, 니꼴라이 코멘코), 트리즈(니꼴라이 스파코프스키)등이 있다.

**김태수** 제42회 변리사시험에 합격한 후, 고려국제특허법률사무소 및 삼성전자 IP출원그룹에서 근무하였다. 중국 Liu & Shen 법률사무소에 파견되어 중국 특허실무를 익힌 후, 중국 변리사들과 〈중국 특허법〉을 출간하였다. 삼성전자에 근무하면서 MATRIZ level 2를 인증 받았으며, 현재 특허전략과 TRIZ에 대한 접목을 시도해나가고 있다. 또한, 특허 지식의 대중화를 위하여 대학 및 다양한 협회에서 강의를 진행하였으며, 이러한 공적을 인정받아 제48회 발명의 날에 '특허청장 표창'을 수상하였다. 현재는 고려국제특허법률사무소에서 변리사로 근무하면서, 한국지식재산연구원, 한국발명진흥회 등에 자문 및 강의 활동을 하고 있다.

**김신구** 현대자동차 남양연구소에 책임연구원으로 근무하고 있으며, 다수의 전자제어 부품을 양산 및 개발하였고, 2008년 국제트리즈협회(The International TRIZ Association) Level 3 자격 인증을 취득하였으며, 트리즈 활용 및 FMEA 사내 전문가로 활동하고 있고, 2012년 KPDMA 주관 TRIZ 민간자격 시험 전형위원으로 참여하였다. 최근에는 기술 트렌드에 근거한 신상품 예측, 상품성 향상 개선을 위한 트리즈 기법에 대한 연구와 미래 신기술/신상품 개발에 집중하고 있으며, 공학적 모델링에 기반한 고장 문제를 예측하고 예방하는 FMEA 실시 노하우를 축적하고 있으며, 공역서로는 '아동의 창의력 증진을 위한 사고활동(따지아나 시도르칙, 니꼴라이코멘코)'이 있다.

**문용은** 서강대학교에서 학부와 석사를 마치고 경영학박사를 취득하고, Claremont Graduate University에서 객원교수를 역임하였다. 선문대학교를 거쳐 현재 신라대학교 경영학부 교수로 재직 중이다. 현재 리더십센터 소장 및 리더십대학원장을 맡고 있으며 교양에서 '창의력 개발과 시스템 사고' 수업을 맡고 있다. 마인드맵 강사자격증, 트리즈 레벨 2 등을 가지고 있으며, 창의력 개발 및 향상에 대한 연구를 수행하고 있다.

수정판

# TRIZ
# 혁신을 위한 기술

## Technology for Innovation


By Isak Bukhman

송상기 · 김영기 · 오동환 · 강병선 · 김태수 · 김신구 · 문용은 역

GS인터비전

TRIZ TECHNOLOGY FOR INNOVATION


Email - TRIZSolutions@comcast.net
www.trizsolution.com

English Version was Published by Cubic Creativity Company
10F.2, No. 132, Songshan Rd., Xinyi Dist., Taipei 110, Taiwan(R.O.C)
TEL +886-2-2368-8882 FAX +886-2-2368-9992 Email candice@triz.tw

Korean Version was Published by GS INTERVISION
448-6, Sinsu-dong, Mapo-gu, Seoul, Korea
TEL +82+2-976-7898 FAX +82+2-6468-7898 Email gsinter7@gmail.com



Isak Bukhman,
TRIZ TECHNOLOGY FOR INNOVATION by Isak Bukhman

"참으로 별난 행성이군!" 그는 이렇게 생각했다. "... 이 곳 사람들에겐 상상력이 없어. 그들은 다른 사람에게 들은 것을 그대로 따라 말할 뿐이야. 내 행성에는 꽃이 하나 있는데 그 꽃은 항상 모든 것을 처음으로 말하지."

*어린왕자 - 앙트와느 드 생택쥐페리*

# 차 례

# § 추천사 §

이삭 북만의 책 '혁신을 위한 기술, 트리즈'에서 그는 트리즈 방법론에 대하여 진일보한 통찰력을 보여준다. 여러 예제, 설명 그리고 그래프로 이루어진 책의 구조는 독자들로 하여금 문제를 해결하기 위해 트리즈를 어떻게 적용시켜야 하는지 명확하게 이해할 수 있게 도와준다. 그렇기 때문에 이 책은 트리즈 사용자뿐만 아니라 초보자들에게도 유용하다. 알트슐러와 그의 팀이 후에 특히 관심을 가졌던 주제는 창의성과 상상력이다. 이 책은 이러한 주제들이 어떻게 개발되고 적용되어야 하는지를 매우 훌륭한 예제들과 설명으로 보여주고 있다. 이 책은 트리즈 문헌의 매우 훌륭한 저서이다. 나는 이 책을 적극적으로 추천하는 바이다.

Dr. *Jim Bradley* 〈(전) International Truck and Engine Corporation〉

완벽한 지식으로의 여행은 수평선과 조금 닮은 것 같다. 당신이 어디로 향해 가는지는 알고 있지만 절대 그 목적지에 다다를 수는 없기 때문이다. 트리즈라는 분야는, 대부분의 어떠한 훈련 또는 학문에 있어서처럼, 배우는 사람들에게 프렉탈같은 지형도를 제공한다. 당신이 더 배우려 하면 할수록 배울 것은 더 많아진다. 이삭 북만의 새 저서 '혁신을 위한 기술, 트리즈'는 트리즈라는 거대한 분야의 다양한 특징들에 대한 통찰력을 얻을 수 있을 뿐 아니라 그러한 특징들이 어디에 위치해 있는지 이해할 수 있게 해주는 유용한 도구이다. 나는 이 책을 초보자뿐만 아니라 트리즈 전문가들에게도 필독을 강력히 추천하는 바이다. 이 책은 초보자에게 트리즈 해결책을 통해 따라가기 쉬운 길을 제공한다. 경험자들에게는, 이삭 북만의 책은 개인적 필요, 목표 및 유용한 대체방법론[1]에 근거하여 이용 가능한 분석과정변화에 다양한 방향성을 제시해 준다. 특히 대부분의 예제 문제들의 연관성과 각 단원 연습문제들에 의해 제시된 시사점들, 그리고 책의 구성이 얼마나 트리즈를 연습하는 사람들에게 참고 부분을 효과적으로 전달하는지에 매우 감명 받았다. 이삭 북만은 또 한번 나에게 혁신의 흥미롭고 놀라운 세계에 대한 통찰을 보여주었다.

*David W. Conley* 〈TRIZ Coordination Team Lead, Inter Corporation〉

이삭 북만은 그가 삶을 살아가는 것과 동일한 열정, 유머 그리고 호기심으로 발명에 접근했다. 그에게 삶과 발명은 한데 뒤섞여 있고 숨 쉬는 것만큼 자연스러운 것이다. 발명이라는 주제로 그의 책을 읽게 되어 매우 기쁘고 모든 사람들이 문서로 집약된 그의 전문성과 경험으로부터 많은 혜택을 얻을 것이다. 개인적으로 이삭 북만에게서 여러 원리들을 배우고 나서 창의력을 키울 수 있었다.

*Daniel Hawtof* 〈Senior Research Associate, Corning Inc.〉

1) 유용한 대체방법론 Bukhman's book, Utilized Complimentary Methodologies

트리즈는 긴 역사를 갖고 있지만 생소한 단어이다. 왜 사람들은 이 말을 들어보지 못했을까? 속거나 오해하지 마라. 트리즈는 세상에서 가장 강력한 문제 해결 시스템이다. 이삭 북만은 당신에게 트리즈에 대해 더 많은 정보를 주기위해 훌륭한 노력을 했다. 이 책을 꼭 사서 읽어 보아라, 그러면 당신은 더 많은 문제들을 더 좋게 해결할 수 있다. 참, 이 책은 단순히 기술자만을 위한 책이 아니다!

*Jim Sinclrair* 〈전) CFO/Controller of SupeRX Drug Stores〉

이 책을 읽는 동안 나는 여러 설명들과 예제들을 통해 어떻게 이론을 실전문제에 적용시켜야 하는지를 더욱 분명히 알 수 있었다. 마치 발명을 향한 완전한 길과 어떻게 단계를 밟아나가야 하는 지도 깨달았다.

*Tony Belkin* 〈Technical Director, Infusion Platform Technology, Hospira Inc.〉

이 책은 근본 원인 분석, 가치 공학, 복합시스템 설계 그리고 FMEA 같은 많은 검증된 방법들의 조합으로 기술 개발을 위한 종합적인 도구로 트리즈를 소개하고 있다. 이 책은 간결하고, 흡입력 있으며 이해하기 쉬운 방법으로 쓰였다. 이 책을 대학교와 고등학교의 교과서로 학생들과 선생님들에게, 기술 개발 분야에 종사하는 기술자나 전문가들에게 실용 핸드북으로 강력히 추천한다. 이 책은 나이와 전공에 상관없이 모든 이에게 매우 유익하고 흥미롭다.

*Dr. Ming Jiunn Jou* 〈President, Epistar Corporation〉

이 책을 통해 이삭 북만은 트리즈를 향한 그의 강한 열정을 보여주었다. 기술분야 뿐만 아니라 여러 분야의 예제들을 통해 사고 방법의 다각적인 면들을 보여주었다. 트리즈 기술을 알기를 원하는 사람들을 넘어서 철학자들에게 까지도 추천하고 싶다. 특히 창의적 상상력 개발과 창의적 인간 개발은 다른 책에서 본 적이 없는 트리즈에 대한 통찰이고 이런 움직임에 근본 원인을 깊이 탐구하는 사람들에게 매우 흥미로울 것이다.

*Dr. Robert Adunka* 〈TRIZ Project Manager within Siemens AG〉

트리즈는 현재 기업 환경에 혁신과 창의력을 향상시키는데 강력한 방법론으로 급부상하고 있다. 연구개발 부서, 제품 개발자, 제조업자 그리고 서비스 사업자 들은 트리즈가 실질적인 문제들을 해결하고 그들의 사업분야에서 새로운 기술을 구축할 강력한 도구가 된다는 것을 깨닫고 있는 것 같다. 이 책이 초보자와 트리즈를 어느 정도 알고 있는 사람들 모두에게 도움이 된다고 생각한다. 나는 이 책이 트리즈로 향한 길을 가는데 도움이 되고 혁신적인 기술 문제를 해결하는데 성공할 수 있도록 도와줄 것이라고 믿는다.

*Dr. Sergei Ikovenko* 〈President, the International TRIZ Association〉

나는 트리즈 이론뿐만 아니라 이 기술을 트리즈 파트와 여러 증명된 방법들과 최고의 실전문제들로 구성된 로드맵으로 제시되어 어떻게 실질적인 혁신에 사용하는지 배울 수 있는 현대적이고 포괄적인 트리즈 교과서를 만나게 되어 기쁘다.

이 책에 대한 첫 인상은 풍부한 시각적 그리고 현시대의 예제들을 사용해 이해하기 쉬운 트리즈를 소개한다는 것이었다. 일치된 도표를 사용한 물질-장 모델과 해결책들이 매우 유익하다는 것을 깨달았다.(요소 이름, 각 아리즈에 어떤 트리즈 도구를 적용해서 할지 알려주는 시각적 도표, 그리고 표준해 시스템을 적용시킨 분석적 모델을 물질-장 모델로 바꾸는 예제를 포함해서)

새로 더해진 기술적 측면에서 IT와 관련된 사람들은 '소프트웨어 모순 행렬'을 포함한 소프트웨어 모순 제거를 위한 소프트웨어 원리가 유용하다는 것을 깨달을 것이다. 여기에서 소프트웨어 모순 공식의 매개변수가 24개로 줄어들었다. 그리고 이 행렬은 소프트웨어와 IT에 적용될 가장 잠재력 있는 원리가 될 것이다.

기술적 측면을 넘어서 이 책은 또한 창의 개발의 인간적 부분으로 한발자국 들어섰다. 창의적 상상력 개발은 심리적 관성의 존재와 영향을 줄이기 위해 우리의 사고 과정을 확장시키기 위한 방법들을 설명한다. 또한 창의적 인간 개발은 창의적 삶을 살고 창의적 인간의 모습을 보여 줄 준비가 되어있는 철학을 소개하고 양성한다. 이 영역이 트리즈의 창시자이자 작가의 직접적인 멘토인 알트슐러가 후년에 집중했던 분야이다.

작가의 우리 사회 모든 구성원은 현재와 앞으로 다가올 시대에 무언가 유용한 일을 하기 위해 창의적 삶을 살아야 한다는 의견에 동의한다. 그것이 내가 현재 이 책의 일본판을 출간하기 위해 노력을 아끼지 않는 이유 중 하나이다.

*Yoshihisa Konishi* 〈Director, Japan TRIZ Society〉

당신은 직장에서 또는 집에서 잘 풀리지 않은 문제를 갖고 있는가? 이삭 북만의 새 책 '혁신을 위한 기술, 트리즈'가 바로 당신이 원하는 해결책일 것이다. 이삭은 복잡한 트리즈 기술과 방법들을 실질적 방법들로 한데 모아 초보자와 경험자 모두 쉽게 사용할 수 있도록 만들었다. 그는 트리즈를 영리 목적과 비영리 목적 모두에 적용할 수 있도록 최신식 로드맵을 제공하고 있다. 그의 유용한 참고서는 독자들에게 트리즈의 방법론들이 기술자나 다른 사용자들에게 그들의 작업 흐름에 창의적인 해결책을 위해 쓰일 수 있게 도와준다. 부록은 어떤 상황에서도 창의력과 혁신으로 해결 가능한 문제들을 위해 중요하고 실행하기 쉬운 제안들을 제공한다. 이 책을 강력히 추천한다.

*Chuck Roe* 〈Manager, General Dynamics Land Systems〉

# § 서 문 §

여기 좀 더 창의적으로 문제를 풀고 싶어 하는 사람들을 위한 책이 나왔다. 현재 복잡한 세상 속의 아이러니는 우리의 삶에서 부딪히는 문제들에 대한 매우 혁신적인 해결책들이 사실 굉장히 단순하다는 것이다. 하지만 어떻게 우리는 체계적으로 이 복잡한 특징들을 창의적이고 간단한 해결책에 다다를 수 있게 할 수 있을까? 혁신을 위한 기술, 트리즈는 트리즈의 창시자이자 저자의 스승인 겐리흐 알트슐러의 메시지를 전달하고 있다. 트리즈의 생각과 방법은 알트슐러와 그를 따르는 사람들에 의해 처음 만들어졌을 때부터 확실하게 설명되었다. 약자 TRIZ는 러시아어의 단어로 'Teorija Reshenija Izobretatelskih Zadach'이다. 뜻은 '혁신적인 문제 해결의 이론'이다. 이것은 시스템 진화 법칙을 기반으로 한 시스템 개발 과학이고, 수많은 개발자들과 과학자들의 모범사례다. 트리즈를 응용할 수 없는 곳은 없다. 트리즈는 어떠한 문제 상황에서 새롭거나 이미 존재하는 시스템 개발에도 적용될 수 있다. 트리즈가 단 하나의 한계점을 갖고 있다면 어쩌면 물질세계의 한계점일 것이다.

이 책에서 제시하는 내용은 단순히 문제에 대한 해결책을 제시하는 것을 넘어서, 우리 사회의 각 구성원들이 창의적인 사람이 되고 창의적인 삶을 살기위한 특권과 의무를 어떻게 해야 깨달을 수 있느냐는 것이다. 과거의 어느 날, 누군가는 우리의 삶을 좀 더 편리하게 해주기 위해 무엇인가를 했다. 이번에는 우리가 현재 우리의 세계를 그리고 앞으로 다가올 시대를 위해 무언가 유용한 일을 해야 한다.

이 책은 다섯 개 부분으로 구성되어 있다. 첫 번째는 1장에서 8장까지 트리즈의 주요 요소에 대해 설명한다. 두 번째인 9장 창의적 상상력 개발은 트리즈의 최대활용을 위해 그리고 트리즈 논리를 이해하는데 도움주기 위해 열정적이고 환상적인 개념과 시스템의 창조와 수용을 유도함으로써 우리의 생각과정을 여는 방법들을 설명하고 있다. 세 번째 10장 창의적 인간 개발은 창의적 삶을 준비하기 위한 철학을 소개하고 훈련시킨다. 네 번째 11장은 마지막 단원으로 혁신을 위한 트리즈 기술이다. 이 단원은 모든 트리즈 요소를 어떻게 다른 증명된 디자인 개발방법과 합칠 수 있는지, 또한 효과적인 문제 해결과 시스템 개발을 위한 다양한 프로젝트 팀들의 최고의 실전문제들에 대한 것이다. 다섯 번째는 세 개의 부록으로 구성되어 있다. 트리즈를 어떻게 연구해야 하는지, 당신의 회사에 트리즈를 어떻게 이행하는지에 대한 생각과 추천방법이 들어 있다. 그리고 새로운 전문분야(혁신을 위한 기술)를 어떻게 개발해야 하는지 담겨있다.

이 책은 대학교와 고등학교에 다니는 학생들과 선생님을 위해 만들어진 교과서로 추천된다. 또한 이 책은 기술이나 서비스 개발에 몸담고 있는 모든 기술자들이나 전문가에게 실용적인 핸드북이다. 물론 이 책은 나이나 전공에 상관없이 탐구심이 있는 사람이라면 누구에게나 유익하고 흥미로울 것이라 믿어 의심치 않는다.

만약 트리즈가 당신 삶의 일부가 될 수 있다면, 트리즈를 직업으로 일하고 싶다면, 당신의 회사에서 트리즈를 시행하고 싶다면, 트리즈 이론과 실무적용에 어떤 문제점이 있다면 주저 말고 연락해주길 바란다. 나는 매우 기쁘게 도와줄 것이고 트리즈 가족의 멤버로서 환영해 줄 것이다.

# § 감사의 말 §

이 감사를 제일 먼저 나의 스승 겐리흐 알트슐러에게 전하고 싶다. 우리가 만났을 때 나는 그가 나의 삶에 이렇게 큰 영향을 미칠 거라는 느낌을 받지 못했다. 이 책에서 찾을 수 있는 모든 가치 있고 흥미로운 것들은 모두 겐리흐 덕분이다.

이 책은 나의 여러 친구들, 대학 동기들 그리고 추종자들의 도움이 아니었다면 불가능했을 것이다. 나는 IMC(Invention Machine Corporation)와 특히 이 책을 만들기 위해 아낌없는 도움과 격려를 준 Mark Atkins 그리고 James Todhunter에게 감사를 드리고 싶다. 그들은 골드파이어 프로그램의 여러 예제들을 아낌없이 사용할 수 있도록 해주었다. 나는 IMC에서 10년이 넘는 시간을 보냈는데 거기에서 트리즈를 이용해 창조적인 기술들을 만들어 내고 골드파이어 프로그램으로 문제를 해결하고 이 책에 언급된 프로젝트를 만들 수 있게 도와주었다.

나는 도움 되는 추천서들과 견해를 남겨준 Dr. Ellen Domb(PQR Group), Dr, Robert Adunka (Siemens AG), Yoshihisa Konishi (Japan TRIZ Society), Meroty Hsieh (Taiwan), Yung-Chin Hsiao (Eugene)(Cubic Creativity Company, Taiwan), Amir Roggel(Intel, tetired), Raitis Rudovich(Latvia), Dr. Carson M. H. Hsieh (Epistar, Taiwan), Young-il Kim(Marino) (TRIZ Korea Company), Terence Chan(Singapore), Dr. Sergei Ikovenko, 강병선(주식회사 아이디어브레인), 송상기(순천제일대학교 자동차기계과), 오동환(현대제철), 김태수(고려국제특허법률사무소), 문용은(신라대학교), 김신구(현대자동차 연구개발본부), 김영기(주식회사 지상)에게도 감사를 전한다.

몇 단원에 귀중한 견해와 멋진 편집을 해준 Daniel Hawtof(Corning), timothy Brewer (former engineer of Microsoft), John Terninko, Jon Wm. Ezickson, David W. Conley(Inter). Dr. William L. Reber(Motorola, retired), James Bradley(International Truck & Engine Corporation, retired). David Tingley(Invention Machine Corporation), Robert Aldrich(A. O. Smith company), David M. Verduyn(C2C Solutions Inc.)에게도 너무 감사하다. 그리고 원고의 최종 버전을 편집해준 Mary Ann Kahlf에게 특별히 감사의 말을 전한다.

마지막으로 말로는 다 설명할 수 없을 정도로 신세를 지고 있는 아내 Galina, 딸 Valerie Deborin, 사위 Alex Deborin 그리고 세 손자 Alec, David, and Daniel 에게 감사합니다. 내 사랑하는 손자 Alec Deborin의 Jonathan Livingston Seagull에 대한 지식이 매우 도움이 되었다. 모든 가족의 격려가 나에게 매우 큰 힘이 돼 주었다.

## § 나의 스승님 겐리흐 알트슐러에 대해서 §

1974년에 나는 처음으로 가치공학(VE)를 공부하고 활용하기 시작했다. VE는 어떠한 문제해결 방법이나 브레인스토밍, 형태 분석법, 시네틱스법 그리고 시행착오법과 관련된 다른 유사방법들을 사용한 권고안도 없었다. 몇 년동안 나는 VE 프로젝트에서 문제를 해결하는데 도움이 될 수 있는 효율적인 방법을 찾고 있었다. 1977년 나는 우연히 몇몇 서적에 언급되어 있는 트리즈를 알게 되었다. 그리고 얼마 지나지 않아 나는 트리즈를 잘 알고 있는 Riga에 사는 몇몇 엔지니어들을 찾았다. 나는 그들이 알고 있는 모든 것을 배웠다. 하지만 내 작업에는 충분치 못했다. 나는 직접 겐리흐 알트슐러에게 트리즈를 배우고 싶다고 편지를 보냈고, 그렇게 해서 나는 그의 제자가 되었다. 알트슐러는 나에게 트리즈에 대한 지식이 어느 정도 되는지 물었고, 주저없이 나에게 트리즈에 관련된 방대한 자료들을 보내주었다. 나는 결국 견습생이 되었고 팀의 일원이 되었다. 알트슐러는 이 모든 것을 약간의 수업료도 없이 해주었다.

스승님은 나의 모든 질문에 대답해주셨고 엄청난 인내와 실력으로 나를 이끌어 주셨다. 그에게 갔을 때 나는 문외한이었고 다른 사람들로부터 나를 돋보이게 할 수 있는 것은 트리즈에 걸게 된 나의 열정이었다. 1981년 알트슐러는 나를 Kishinev에서 열리는 큰 트리즈 세미나에 견습생으로 초대했다. 이때가 내가 그를 처음으로 직접 만난 날이다. 아래 사진이 1981년 세미나에서 찍은 것이다(사진 1). Vladimir Gerasimov가 왼쪽에서 첫 번째, 겐리흐 알트슐러가 왼쪽에서 세 번째이다. Victor Fey는 오른쪽에서 첫 번째 있는 사람이고 나는 앞에 앉아있다.

이때가 내 트리즈 인생 중 매우 중요한 순간이었다.

사진 1. 겐리흐 알트슐러와 그의 추종자들. 1981년 키시네프(Kishinev)

Riga로 돌아와 얼마 지나지 않아 나는 내 첫 번째 트리즈 강의를 많은 청중들 앞에서 했다. 나의 첫 트리즈 교육 수업과 프로젝트 워크숍이 그 강의 뒤에 이어졌다. 그 사이 알트슐러는 내가 라트비아에 현지 트리즈 학교를 준비할 수 있도록 도와주었다.

사진 2. 겐리흐 알트슐러와 이삭. 1983년 야로슬라블(Yaroslavl).

1983년 겐리흐는 야로슬라블(Yaroslavl) 시내에서 열리는 3주간의 트리즈 세미나/워크숍에서 자신의 파트너가 되어달라는 초청을 보냈다(사진 2). 이렇게 큰 행사를 이끌어 나가는 것을 도와주는 것은 나에게 트리즈 전문가로서 매우 중대한 시험으로 다가왔다. 멘토의 파트너가 되는 것은 결코 쉬운 일이 아니었다. 나는 그의 요구와 수준을 만족시키기 위해 엄청난 노력을 했다. 이 세미나는 우리 두 사람의 사이를 더욱 가깝게 했고 나는 겐리흐가 스승님일 뿐만 아니라 친구라는 것을 느낄 수 있었다. 3주 동안 나는 우리가 먹을 음식을 요리했다. 알트슐러는 음식에 대해 까탈스럽게 굴지 않았다. 그는 내가 준비한 아침, 점심 그리고 저녁을 모두 맛있게 먹었다. 그는 단지 모든 음식들이 신선하기만을 요구했다. 그래서 나는 매일 식료품을 사서 신선한 요리를 했다. 서로 함께한 시간동안 겐리흐는 그의 아내와 모스크바 감옥에서 지냈던 시간들과 콜리마(Kolyma)의 강제수용소에 있었던 일에 대해서 많은 이야기를 해주었다. 나에게 그것들은 매우 중요한 발견들이었고 나는 스승님의 숨겨진 삶에 대해 더 잘 이해할 수 있게 되었다.

야로슬라블에서의 일이 끝나고 트리즈 회원들 사이에서 매우 재미있는 이야기가 퍼졌다. 나는 선천적으로 독특한 억양을 가지고 있다. 그것은 내가 무슨 언어를 사용하든지 간에 항상 나를 튀게 만든다. 겐리흐는 항상 내가 그런 억양을 가지고 강의를 하면 사람들은 그것을 어떻게 듣고 앉아 있는지 궁금해 했다. 그가 열심히 막았음에도 불구하고 알트슐러가 나의 억양을 배워서 북만처럼 말하기 시작했다는 소문이 퍼졌다. 심지어 지금까지도 오래된 트리즈 회원들을 만나면 이 이야기를 한다.

게다가 몇몇 트리즈 회원들은 내 억양으로 우는 새로운 품종의 갈까마귀가 등장했다고 말한다. 그리고 이 시끄러운 새는 여러 도시와 나라에 등장한다고 말한다. 이건 물론 명예훼손적인 발언이다. 하지만 아마 이건 나와 알트슐러가 새끼 갈까마귀를 발견해 3주 동안 돌보아 주었던 사실에서 나온 이야기일 것이다. 그 새끼 새는 조용한 트리즈 세미나를 생기 있게 만들어 주었다.

더 좋은 것은 새로 채택된 마스코트는 작업 중에 트리즈의 몇몇 즉각적인 삽화를 제공하기도 했

사진 3 겐리흐 알트슐러, 아내 Valentina Zhuravleva, 그리고 손녀 Yunona in Petrozavodak, 1990년대.

다는 것이다.

이 일은 어느 날 점심 때에 시작되었다. 우리는 창문 바깥으로 무언가가 떨어지는 것을 느꼈다. 바로 새끼 갈까마귀가 둥지에서 떨어진 것이었다. 우리는 그 새를 집어 들어 내 방에 데려왔다. 첫 번째 문제는 이 새끼 새에게 어떻게 먹이를 주느냐였다. 우리는 새끼 새에게 치즈와 생선 조각이 든 접시를 주었다. 새끼 새는 음식을 먹지 않고 불평스럽게 울었다. 결국 우리는 새끼 새의 입장이 되어 보기로 했다. 그 새끼 새는 열린 부리 속에 음식 조각을 직접 넣어서 먹여 줄 어미를 찾고 있는 중이었다. 새끼 갈까마귀의 부리는 항상 열려 있었고, 어미의 기술을 성공적으로 따라 하기 위해 트리즈 기술을 사용했다. 그리고는 새끼 새에게 나는 법을 가르쳐 주어야 할 때가 왔다. 우리는 새를 손바닥 위에 올려 놓고 10인치 높이에서 빠르게 손바닥을 밑으로 떨어뜨렸다. 우리는 높이를 조금씩 높였다. 마침내 새끼 새는 나는 법을 배웠다... 그리고 곧바로 새로운 문제에 봉착했다. 물론 이 새의 새로운 자유가 새로운 문제를 만든 것이다. 우리의 새끼 갈까마귀는 옷장 문의 꼭대기에 앉아 있는 것을 좋아했다. 아침을 먹으려고 머리를 낮출 때 날 준비가 되었다는 것을 알 수 있다. 그 순간 우리는 골치 아픈 긴장감으로 가만히 서 있는다. 새끼 갈까마귀는 뜨거운 찻잔의 모서리, 음식의 접시, 우리 머리 위, 아무 곳에나 착륙 할 수 있다. 야로슬라블을 떠나기 전에 새끼 갈까마귀의 '서비스'에 감사하며 우리는 아이들을 위한 도시 캠프에 데려갔고 거기에서 새끼 갈까마귀를 풀어주었다.

트리즈 관점에 있어서 나는 선생님이 나와 공유하지 못한 부분이 있다는 느낌을 받았다. 바로 겐리흐는 여자에 있어서 완전히 성공했다는 것이다. 그의 아내 Valentina Zhuravleva는 바쿠(Baku)에서 제일가는 미녀였다. 그녀는 평생 동안 굉장히 매력 있었다(사진 3). 하지만 아마 이건 트리즈 문제가 아니라 겐리흐가 정말 신사였고 모든 여자가 사려 깊은 남자를 사랑했기 때문이었을 것이다. 당신이 이 자명한 이치를 당신이 아는 어느 여자에게나 증명해보아도 된다. 겐리흐와 Valentina Altshuller는 모두 그들의 손님을 매우 따뜻하게 그리고 맛있는 음식으로 대접했다. 내가 Petrozavodsk로 매번 그들을 방문하러 갔을 때 나는 항상 맛있는 음식과 매우 정교한 동양의 과자들을 대접 받았다. 보답으로 나는 항상 Riga에서 맛있는 것들을 가져갔다. 겐리흐는 특히 특제 Riga 치즈를 좋아했다.

알트슐러와 함께한 세월들은 행복했다. 트리즈는 그렇게 사업 지향적이지 않았다. 알트슐러의 학생들과 팀원들은 한 가족 같았다. 겐리흐는 우리에게 자료들을 주고 그의 경험과 지식을 공유했다. 결과적으로 우리는 열린 마음으로 경험과 지식을 서로 공유했다. 겐리흐는 우리를 단합시켰고, 우리는 그가 우리의 스승이자 리더라는 것을 알았다. 그러나 그 이후에 운명과 섭리가 학생들을 다른 방향과 다른 국가로 흩어지게 했다. 트리즈 가족에 있어서 많은 것들이 변했다, 그러나 이것은 또 하나의 괴로우면서도 즐거운 이야기 일뿐이다. 아마 우리를 이해시키기 위한 트리즈를 위한 또 다른 종류의 문제일 것이다.

## § 저자에 대하여 §

### 이삭 북만(ISAK BUKHMAN)

이삭북만은 트리즈 마스터이며 트리즈 솔루션 LLC의 회장 겸 국제 컨설턴트이고, 트리즈 연구를 위한 알트슐러 연구소의 부회장을 역임하고 있다. 이삭은 생산/공정 개발과 제조 분야의 35년이 넘는 실무경험을 갖고 있는 트리즈, 가치공학방법론(VM), 식스시그마 전문가이다.

최고의 방법론자인 이삭은 IMC(Invention Machine Corporation)에서 10년여의 시간을 보냈고, IMC의 세계적 명성을 구축해 놓았다. 그는 현재 독립적인 국제 컨설턴트로서 활동하고 트리즈 솔루션 LLC의 대표로 일하고 있다.

최근 몇 년 동안 이삭은 트리즈 교육 워크숍과 14개국(미국, 영국, 스페인, 독일, 네덜란드, 러시아, 이스라엘, 중국, 홍콩, 일본, 멕시코, 대한민국, 인도, 대만, 싱가폴)의 100개가 넘는 혁신 프로젝트의 개발 지도를 위해 왕성하게 활동했다. 그가 함께 일한 선두인 국제적 기업은 Eaton, American Axle & Manufacturing, Johnson Controls, BYD, Bobcat, 쉘, Masco-Behr, Baker Hughes, Chemtura, Henkel, 삼성, 인텔, 마이크로 소프트, NXP, Jonson-Johnson, Matter/Fisher-Price, Kaifa, GAF, Clorox, Corning, Compal, Epista, General Dynamics Land systems, Whirlpool, Alcon, Depuy Orthopaedics, Flowserve, Savannah River Site, Steris, Biomerieux, medtronic, 필립스, 델파이, 포스코, Xinetics, BaoSteel and A. O. Smith Corporation 등이 있다.

또한, 이삭은 가끔 겐리흐 알트슐러와 함께 수많은 기초와  심화 교육 세미나를 열어 여러 매니저들과 엔지니어들, 트리즈 및 VM 연구자들을 교육시켰고, 그의 조국 라트비아(Latvia)의 7살 짜리 아이들과 청소년들에게 창의력 (트리즈) 교육을 해주었다.

## § 한국 독자들에게 보내는 메시지 §

한국 독자 여러분, 그리고 창의력과 혁신의 분야에서 일하고 있는 분들에게.

이렇게 지구상에서 가장 현명한 국가 중 하나인 곳에 살고 있는 여러분에게 인사를 하게 되어 매우 기쁘고 자랑스럽습니다. 당신들은 매우 짧은 기간 동안 고효율, 첨단산업, 그리고 선진 교육 시스템을 창조해냈습니다. 많은 한국의 기업들이 세계를 이끌게 되었고, 여러 국가의 사람들이 한국의 제품을 선택하고 한국의 기술을 사용합니다. 전 세계의 리더인 유엔 사무총장 역시 한국인입니다.

여러분들은 비단 산업, 과학 그리고 교육 분야에서만 완벽한 것이 아닙니다. 여러분은 트리즈를 사용하고 혁신을 위한 트리즈 기술을 사용하는데 있어서도 선도자적 역할을 하고 있습니다. 트리즈의 시스템 발전법칙을 기반으로 한 시스템 개발과학으로써의 진정한 가치를 처음으로 발견한 것도, 수많은 개발자들과 과학자들의 최상의 사례들로 인정된 것도 여러분입니다. 나의 존경하는 스승님이자 파트너였던 겐리흐 알트슐러에 의해 만들어진 이 길을 여러분이 이어나가준다는 점이 저의 가슴을 뜨겁게 합니다.

여러분에게 직접 트리즈의 설립자인 겐리흐 알트슐러의 트리즈 지식을 전달하는 것은 나의 특권이자 의무이고, 스승님에 대한 깊은 존경심의 표현입니다. 이 책에서 나는 여러분을 위해 간단하고, 흥미로우며, 이해하기 쉬울 뿐만 아니라 트리즈 및 혁신을 위한 트리즈 기술의 이미지를 준비했습니다. 이 책은 총 408개의 도형, 도표, 그림과 218개의 예시, 그리고 69의 실전 사례들을 담고 있습니다. 창의적인 상상력 개발(제 9장)과 창의적인 인간 개발(제 10장)을 포함한 모든 트리즈 모듈을 담고 있는 책은 본서가 처음입니다.

여러분에게 제 1장 소개를 먼저 읽기를 권장합니다. 제 1장은 매우 특별한 부분입니다. 여기에서 트리즈가 우리 문명의 존재와 발전의 핵심문제에 관련되어 있다는 것을 보여주려 노력했습니다. 이 문제들이 어떻게 알트슐러가 적절한 해답을 찾는데 영감을 주었고 트리즈의 발명을 시작하게 되었는지를 보여주기 위해 노력했습니다.

트리즈는 오로지 문제 해결만을 위한 방법이 아닙니다. 트리즈(혁신을 위한 기술)는 모든 가공 제품/기술 창조와 개발 그리고 문제 해결과 관련된 가장 강력하고 효율적인 과학입니다. 새로운 시스템 창조와 존재하는 시스템의 발전이 트리즈의 주된 기능 중 하나입니다. 부탁건대 여러분의 프로젝트를 문제해결로 시작하지 마십시오. 우리가 프로젝트(존재하는 제품/기술 개발 과정)를 시작할 때, 우리는 문제를 갖고 있지 않습니다. 왜냐하면 우리는 구체적인 요구사항을 성취하기 위해 우리의 제품/기술에서 무엇이 바뀌어야 하는지 알지 못하기 때문이지요. 우리는 가장 핵심적인 문제들의 리스트를 만들기 위해 적절한 단계를 밟아 나가야 합니다. 제 11장(혁신을 위한 트리즈기술)에서 당신은 다른 증명된 디자인 개발 방법과 결합된 트리즈의 모든 부분들과, 문제 해결과 관련된 기존의 시스템 개발을 위한 효율적인 프로젝트 팀의 최상의 사례들을 어떻게 사용하는지 알 수 있을 것입니다. 제 2장(시스템 진화의 다면사고)역시 이러한 방법으로 도와줄 것입니다.

알트슐러가 이토록 나에게 진지하고 깊이 있게 영향을 줄지 예상하지 못했습니다. 그는 나의 인생을 바꾸었고, 나는 그 사실에 매우 기쁩니다. 겐리흐 알트슐러는 우리의 스승님이라고 이제는 말할 수 있습니다. 그의 영혼은 우리와 함께 있고, 우리가 창의적이고 성공적인 삶을 살 수 있도록 응원하고 있습니다. 나의 독자들과 친구들에게 행운을 빕니다. 이 책이 당신의 창의적인 일과 삶을 도와주고 격려해 준다면 더욱 기쁠 것입니다. 여러분과 여러분의 가족들에게 사랑으로 가득한 성공적이고 건강한 삶이 되기를 기원합니다.

마지막으로, 트리즈(혁신을 위한 기술)에 대한 중요한 점들을 알려주고 싶습니다.

1. 트리즈는 시스템 발전의 법칙을 기반으로 하고 수많은 개발자들과 과학자들의 최상의 사례들을 바탕으로 한 시스템 발전의 과학입니다.
2. 트리즈는 시스템 발전과 진화의 속도를 향상시킵니다. 이것이 트리즈의 핵심적이고 포괄적인 기능입니다. 왜냐하면 기술적 진화는 우리 문명의 진화를 반영하고 앞으로 나아가게 하기 때문입니다.
3. 트리즈는 어느 기술자도 풀 수 있도록 가장 높은 단계에서 간단한 문제로 그 문제의 복잡성을 낮춰줍니다.
4. 트리즈는 재능, 지식 그리고 경험의 자연 증폭기입니다. 우리의 삶에서 현재 하고 있는 것들과 앞으로 하게 될 것들, 그리고 우리가 내리는 모든 결정들은 우리가 트리즈를 사용할 때 더 낫고 효율적일 것입니다. 트리즈는 이것을 배우고 사용하는 사람들을 변화시킵니다. 그들은 더욱 독창적이고 창의적입니다.
5. 트리즈의 적용 가능성에는 한계가 없습니다. 트리즈는 모든 새롭고 이미 존재하는 시스템 창조와 발전에 적용될 수 있습니다.
6. 트리즈는 오직 한가지의 한계만을 갖고 있습니다. 바로 물리적 세계의 한계입니다. 하지만 이러한 상황에서도 트리즈는 과학적 한계를 극복하기 위한 방법을 찾는 것을 도와줄 수 있습니다.
7. 트리즈는 창의력 파괴의 주범자인 심리적 타성을 없애줍니다.
8. 혁신을 위한 트리즈 기술은 다른 증명된 디자인 개발 방법과 시스템 발전과 문제 해결을 위한 효과적인 프로젝트 팀의 최상의 사례와 결합된 트리즈의 모든 부분을 사용하기 위한 과정입니다.
9. 혁신을 위한 트리즈 기술은 프로젝트를 만들고 문제를 해결하기 위해 트리즈 혁신 로드맵을 적용합니다.
10. 프로젝트를 만들고 문제 해결을 위한 트리즈 혁신 로드맵은 다른 증명된 방법들과 효과적인 프로젝트 팀들의 최상의 사례들과 함께 트리즈의 개별적인 조합입니다. 이것은 모든 주어진 프로젝트나 문제를 위해 최고의 결과를 얻기 위한 가장 효과적인 절차에 적용됩니다.
11. 트리즈 혁신 로드맵은 제품/기술/서비스 디자인의 개념설계를 위한 완벽한 도구입니다.

# 소 개

*TRIZ Technology for Innovation*

1

## 1.1 트리즈의 생각

우리의 경험들은 삶을 살아가는 데 도움을 준다. 이러한 경험들을 우리의 아이들과 공유한다. 동물들도 그러하다. 이것이 전 세계의 사회 속에서 어른들이 공경 받는 이유이다. 그들은 관습과 전통의 계승자이다. 그들은 경험으로 삶의 여러 사건들의 패턴과 그 사건들과 연관된 문제의 해결책을 알고 있다. 이러한 지식들을 알고 있어 삶의 새로운 상황들을 준비하고 삶의 문제들을 해결할 수 있어야 한다. 그러나 불행하게도 우리의 전형적인 삶의 경험들은 마주치는 상황들에 대한 전형적인 해결책만 갖고 있을 뿐이다. 삶은 우리에게 명확한 대답이나 해결책 없는 특수한 상황을 주기도 한다. 더구나, 삶이 실수를 언제나 용납하는 것은 아니다. 사소한 잘못된 선택이 잠재적 손실을 끼칠 수도 있고 심지어는 우리를 파괴할 수도 있다.

**이제부터 중요한 문제를 한번 고려해 보자 :**
**삶의 경험들의 연속체가 발전과 창의성의 결과인가? 아니라면?**

이 물음에 대해 매우 긍정적인 대답을 갖고 있다. 모든 존재하는 시스템은 그 전의 시스템을 통한 발전의 결과물이고 발전은 멈출 수 없다. 또한 창의성 역시 인간 발전의 과정으로부터 완전히 배재될 수 없다. 발전은 주로 긍정적인 그리고 부정정인 결과들 사이에서 이상한 균형으로 시행착오의 연속을 통해 진화한다. 인간 사회는 이러한 시행착오 발전의 부작용을 위해 막대한 자금을 지불한다. 수백만의 사람들이 죽거나 장애를 얻고, 수백만의 사람들이 굶주림과 고통 그리고 치명적 질병으로부터 고통 받는다.

**왜 이런 상황에 놓이는 것일까? 그리고 그것을 개선하기 위해 무엇을 할 수 있을까?**

이것은 널리 퍼져있고 토론되어지는 문제이다. 그리고 아직 완벽한 해답을 내어놓을 준비가 되어있지 않다. 아마 기술이 행복하지 않고 건강하지 않은가에 대해, 전적으로는 아니지만, 주된 책임이 있는 문명의 요소라고 어느 정도 자신 있게 주장할 수 있을 것이다.

그렇기 때문에 여기서 토론의 부 주제는 과학 기술이 될 것이다.

과학 기술은 양면을 가지고 있다. 긍정적인 면은 삶을 더 손쉽고 편안하게 만들어 준다. 부정적인 면은 환경을 파괴하고 생태계를 무너뜨린다는 것이다. 이것은 근본적으로 삶과 죽음의 문제가 된다. 따라서, 과학기술은 삶을 더 쉽고 더 편안하게 하기 위해 존재해야 하며 환경을 살리기 위해 존재하지는 않는다.

**여기에서 과학기술 없는 세상을 흥미로운 대안으로 고려해 보아야 한다.**
**이제 인간 사회에 대해 물어봤던 똑같은 문제를 물어봐야 할 때이다. : 과학기술은 진화의 과정이고 창의력의 산물인가?**

우리는 두 부분 모두에 긍정적인 대답을 할 수 있다. 과학기술은 진화의 과정이고 창의력의 산물이다. 하지만 만약 그렇다면 여기에는 잘못된 것이 하나 있다. 왜 과학기술로 행복하지 않은 것인가?

기술 발전의 속도가 창의력의 존재가 제한되어 있는 동안에 매우 느리게 퍼지고 있기 때문이라는 것이 한 가지 이유가 될 수 있다. 과학기술에 있어서 질적인 변화를 만들고, 개발시키고 제공되었던 인간 최고의 발명 중 대부분은 소수의 긍정적인 의도로 만들어졌고, 아주 가끔 이루어졌다.

**발명품들을 생산해내는 창의력을 향상시키면서 기술 발명의 속도를 높일 수 는 없나?**

60여 년 전에 어느 한 사람이 이런 질문을 던졌다. 겐리흐 알트슐러는 1926년 구 소비에트 연방국에서 태어났다. 14살 때 그는 스쿠버 다이빙을 위한 개선된 장비를 첫 발명품으로 만들었다. 그의 취미가 그를 기술자의 직업을 갖도록 이끈 것이다. 1940년대에 그는 소비에트 해군의 특허 전문가로 일했다. 그의 일은 발명가들이 특허를 등록할 수 있도록 돕는 것이었다. 그는 자신이 문제를 해결할 수 있도록 종종 도움을 요청 받는 것을 깨달았다. 그의 문제 해결에 대한 호기심이 이 과정을 가능하게 하는 도구를 찾는 것을 도와주었다. 그 다음으로 던진 질문은 매우 근원적인 것이었다.

**유용한 발명품들의 가속된 생산에 더 많은 창의력과 상상력을 사용할 수 있는가?**

이에 대한 대답은 부정적이다. **창의력과 상상력을 갖고 이를 사용하는 것은 매우 좋고 유익하다. 하지만 이것들은 질적인 발명을 적시에 효과적이고 능률적으로 만들어 내는데 충분하지 않다.** 이제 그 다음 문제가 바로 나타난다. **만약 재능의 조합인 상상력과 창의력, 그리고 기술과 교육이 중요한 발명품들을 만들어 내는데 충분하지 않다면 우리는 무엇이 필요한가?**

해답을 찾기 위해 젊은 시절 겐리흐는 발명가들이 어떻게 발명품을 만들었는지 찾기 위해 특허들을 분석하기 시작했다. 그는 운이 좋았다. 기술들은 특허를 통하여 연대순으로 늘어놓을 수 있었고, 거기에서 발명들에 관한 명세들을 발견할 수 있었기 때문이다. 이것이 바로 자연과 기술의 가장 큰 차이점이다. 자연은 약간의 예외를 제외하고는 사람에 의해서 창조되고 발전할 수 없다. 우리는 현재까지는 자연에서 발명품에 대한 '특허'를 갖고 있지 않고 자연이 어떻게 창조되었는지에 대한 대답을 찾을 수도 없다. 과학기술은 인간에 의해 창조되고 개발되었으며 수세기 전에 시작되었고 특허로 설명되어

그림 1-1-1. 러시아의 기술자이자 과학자인 겐리흐 알트슐러 (1926. 10. 15~1998. 9. 24), 1946년 트리즈 창시.

있다. 특허를 분석함으로써 어떻게 수천 명의 개발자들과 과학자들이 복잡한 문제를 해결하고 증기기관에서부터 레이저와 인터넷에 이르기까지 훌륭한 발명품들을 만들어냈는지 해결책을 찾을 수 있다.

이제 알트슐러는 **과학기술의 완벽한 혁신을 얻으려면 우리는 수천명의 최고의 발명가들과 과학자들의 경험들을 이용해야 한다**는 대답을 얻었다. 1946년 겐리흐 알트슐러(그림 1-1-1)의 삶은 영원히 바뀌었다. 발명품들에 대한 연구는 발명 문제 해결이론의 창조를 위한 시작점이 되었다. 트리즈는 '발명문제 해결이론'의 러시아어 약자이다.

몇 해 동안 알트슐러는 해결책을 찾고 그들의 창조에 대한 방법들을 분석하기 위해서 20만개가 넘는 특허를 검토했다. 그들 중 4만 개가 발명적인 해결책이라고 할 만한 것들이었다. 나머지는 작은 개선책에 불과했다. 알트슐러는 창의적 문제를 어떤 과정이나 제품이 다른 파라메터들과 부딪히는 변화들이 있는 하나의 파라메터라고 정의했다. 알트슐러는 이 갈등을 시스템 모순이라고 했다. 알트슐러는 수천가지 문제, 제품, 그리고 공정에서 가장 많이 적용되는 파라메터 39가지를 정의했다. 그는 약 40개의 근본적인 창의적 원리들로 거의 같은 문제들이 해결되었다는

것을 발견했다. 만약 발명가들이 이전 발명품들의 작업에 대한 지식이 있었다면 해결책들이 더 빠르고 효과적으로 발견될 수 있었을 것이다. 그래서 알트슐러는 이미 주어져 있는 시스템 모순을 해결하기 위해 올바른 창의적 원리를 고르기 위한 시스템 모순 행렬을 만들어냈다. 이로써 트리즈의 첫 번째 실행가능한 도구가 발명되었다.

그 다음해 다른 트리즈 요소들이 정의 되었고 1980년대 까지 트리즈의 구조가 모두 완전해졌다.(그림 1-1-2)

시스템 진화 법칙이 트리즈의 기반이다(제 3장). 발명과 분리 원리(제 4장), 시스템의 표준해(제 5장), 발명문제 해결을 위한 알고리즘 ARIZ-85C(제 8장)이 문제 해결 도구를 대표한다. 과학적 효과와 특수한 기능적 안내 시스템(제 7장)은 개발자들과 발명가들이 혁신적인 특허를 낼 수 있는 해결책을 도와준다. 창의적 상상력 개발 과정(제 9장)은 향상되고, 열정적이고 환상적인 개념들과 시스템들을 창조하고 수용할 수 있도록 준비시킨다. 우리 사회의 각 구성원은 인간 문명 발전에 노력해야할 특권과 의무를 갖고 있다. 창의적 인간 개발 프로그램(제 10장)은 이러한 삶을 준비할 수 있게 해준다. 시스템 진화의 다면사고는 제 2장에 나온다. 제 11장에서 어떻게 프로젝트 창조와 문제 해결을 위한 다른 검증된 방법들과 합쳐져 완벽한 조화를 이루면서 트리즈의 모든 모듈을 사용하는지에 대해 논의한다. 제 6장에서는 특성인자들의 값을 변화시킴으로써 시간, 공간, 물질 그리고 장의 존재하는 자원들을 사용하는 근본적인 트리즈 아이디어가 문제 해결과 혁신의 도구로 논의된다. 세 가지 부록에서는 트리즈를 어떻게 연

구하고, 당신의 회사에 트리즈를 어떻게 접목시키며, 시스템 개발에 있어서 혁신을 위한 기술의 전공을 어떻게 도입시키는지에 대한 생각들과 추천들이 소개된다.

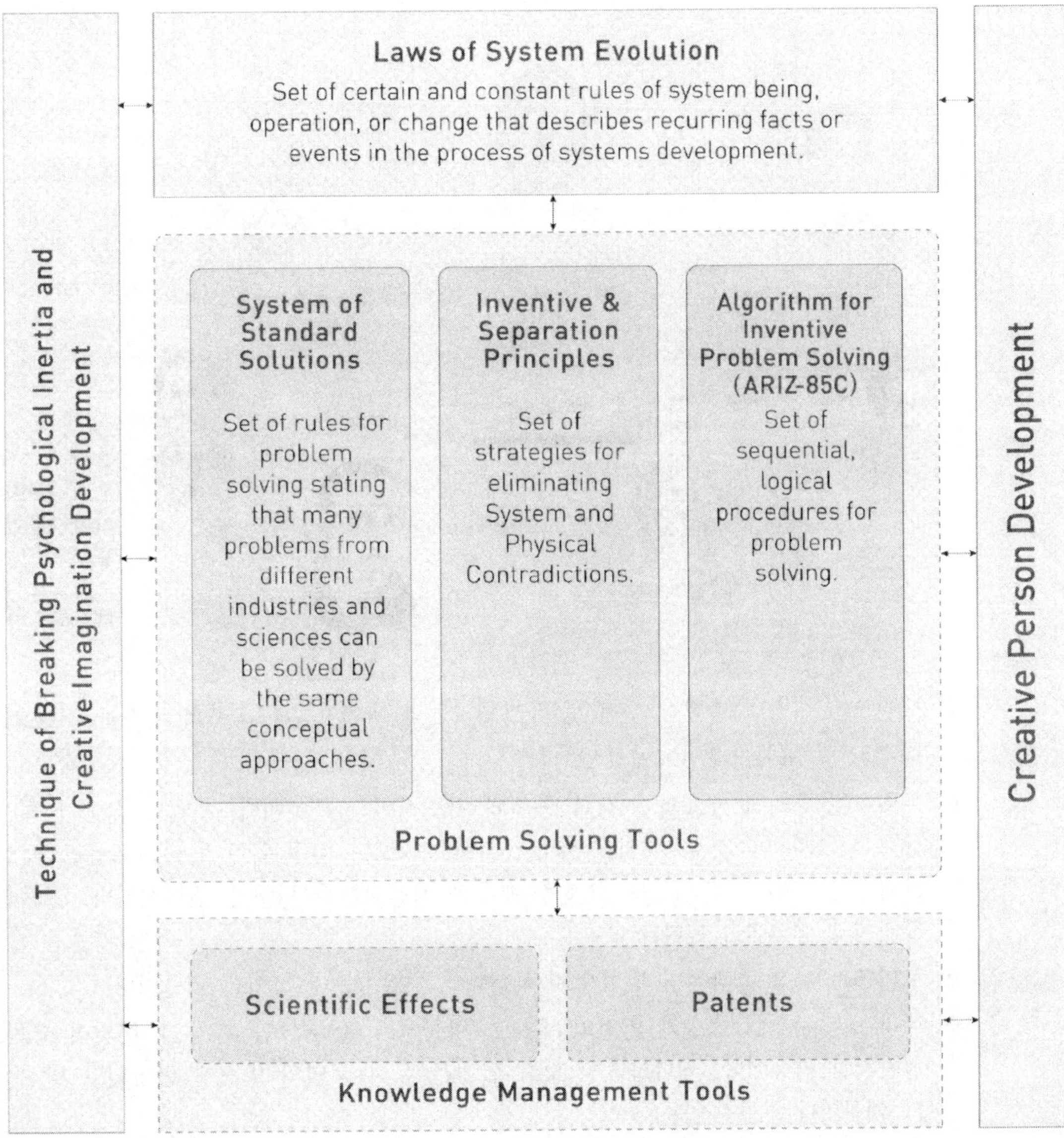


그림 1-1-2 트리즈 구조

## 1.2 요약

그림 1-2-1
우리 문명의 최고의 과학자들과 발명가들 중 한 팀이 우리가 트리즈를 활용할 때 지지해준다.

- ❖ 트리즈는 시스템 발전과 수천 명의 발명가들과 과학자들의 최고의 업적을 기반으로 한 기술 발전의 과학이다. (그림 1-2-1)
- ❖ 트리즈는 우리의 재능과 지식과 경험의 자연적인 증폭기이다. 우리의 삶에서 하고 있는 것들과 앞으로 할 것들, 그리고 우리가 내리는 모든 결정은 트리즈를 활용할 때 더욱 좋고 효과적일 것이다. 트리즈는 그것을 배우고 사용하는 사람들을 변화시킨다. 그들은 더욱 독창적이고 창의적이 된다.
- ❖ 트리즈는 가장 효과적인 방법으로 시스템을 개발하는데 쓰이는 기술이다.
- ❖ 트리즈는 시스템 개발과 발전의 속도를 향상시켜 준다(그림 1-2-2). 이것이 트리즈의 주된 전반적인 기능이다. 왜냐하면 기술적 발전은 우리 문명의 발전에 반영되고 발전을 몰고 가기 때문이다.

❖ 엔지니어는 비교적 단순한 해결책을 찾기 위해서 평균적으로 10번~100번의 실험을 한다. 그리고 복잡한 문제의 해결책을 위해서는 수천번의 실험을 한다. 어떤 문제를 해결하기 위해서는 몇 달 또는 몇 년이 걸린다. 트리즈는 선택된 문제를 위해 가장 효과적인 해결책을 찾아내기 위해 필요한 실험의 수를 10번~1000번으로 줄여준다. 트리즈는 이런 해결책들이 생겨나는데 필요로 하는 시간을 줄인다. (그림 1-2-3)

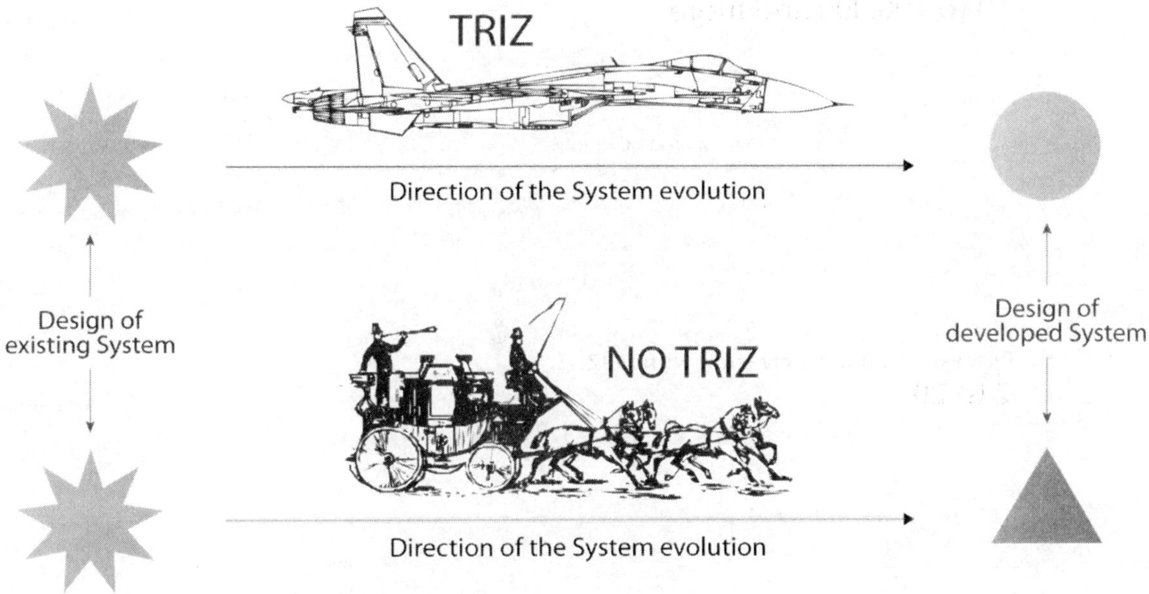


그림 1-2-2. 시스템 개발과 발전의 속도를 높이는 것이 트리즈의 주된 전반적인 기능이다.

❖ 트리즈는 적용하는데 어떠한 한계도 없다. 이것은 어떤 존재하는 시스템의 개발이나 새로운 시스템의 창조에도 문제가 없다. 어쩌면 트리즈에는 한 가지 한계점이 있을 수도 있는데 바로 과학의 법칙이다. 하지만 이런 상황에서도 트리즈는 과학적 제약을 극복할 수 있게 도와줄 것이다.

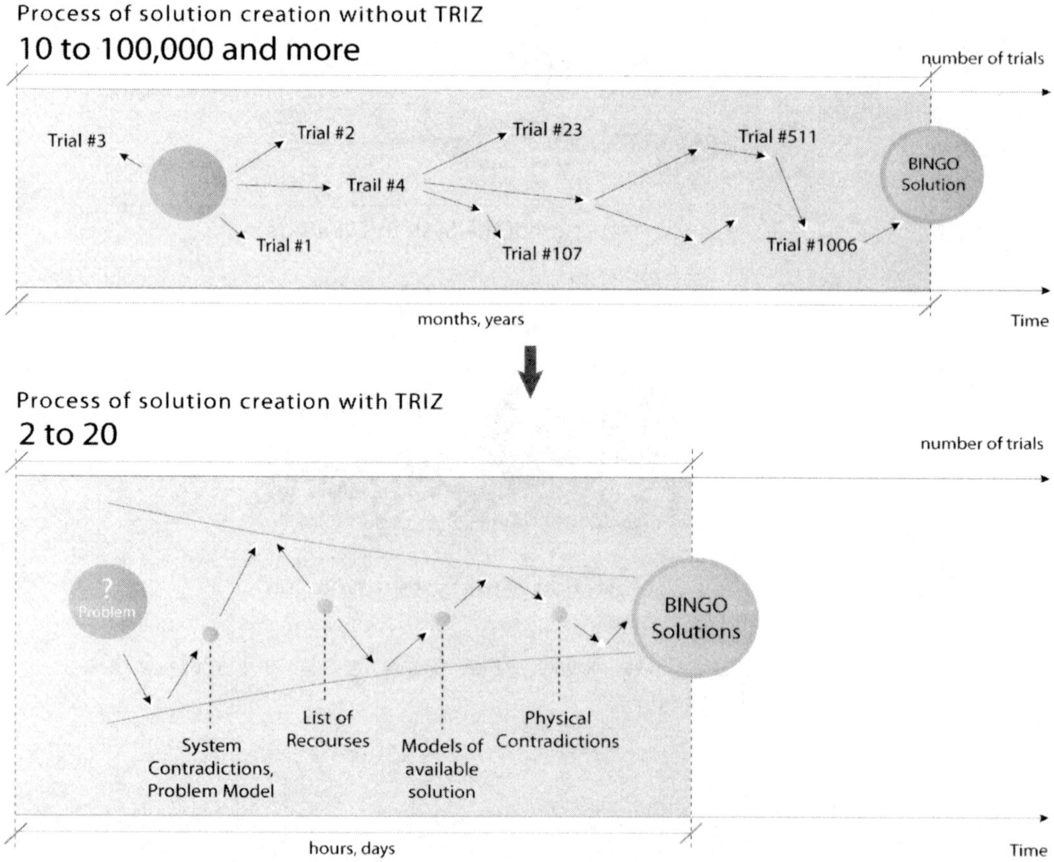


그림 1-2-3. 트리즈는 선택된 문제에서 가장 효과적인 해결책을 얻어내기 위해 필요한 실험의 수와 시간을 단축시킨다.

# 시스템 진화의 다면사고

*TRIZ Technology for Innovation*

2

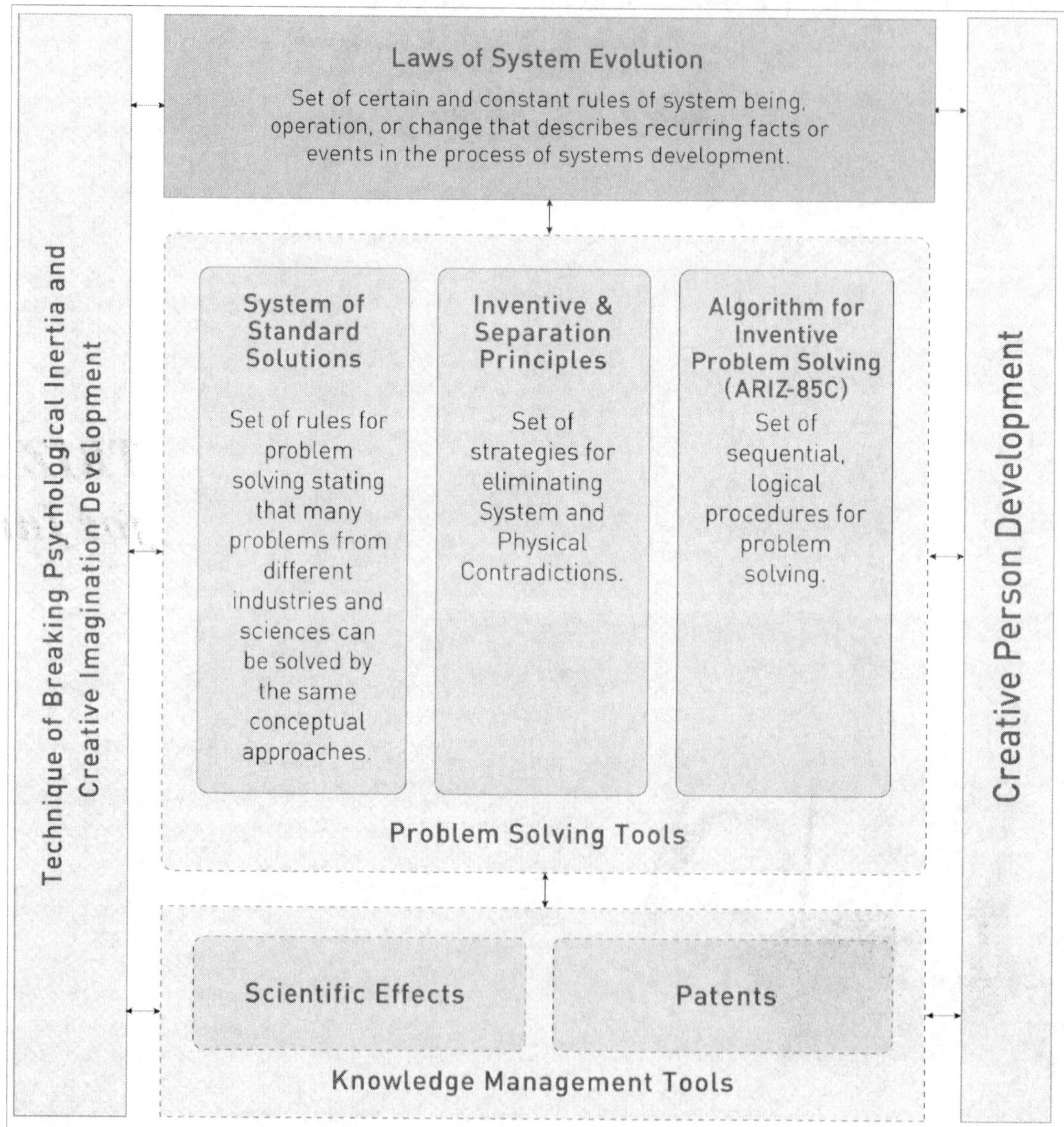
Laws of System Evolution
Set of certain and constant rules of system being, operation, or change that describes recurring facts or events in the process of systems development.
System of Standard Solutions
Set of rules for problem solving stating that many problems from different industries and sciences can be solved by the same conceptual approaches.
Inventive & Separation Principles
Set of strategies for eliminating System and Physical Contradictions.
Algorithm for Inventive Problem Solving (ARIZ-85C)
Set of sequential, logical procedures for problem solving.
Problem Solving Tools
Scientific Effects
Patents
Knowledge Management Tools
Technique of Breaking Psychological Inertia and Creative Imagination Development
Creative Person Development

## 2.1 소개

이 장에서 시스템 진화를 관찰하는 여러 방법에 대해서 말할 것이다. 겐리흐 알트슐러는 문제를 해결하기 위해 각자의 상상력을 투영시킬 때 다른 깊이로 반영시키는 프로젝트에 접근하는 다른 관점들을 사용했다. 알트슐러는 이런 다양한 관점들을 사람들의 상상력이 연구계획을 설명할 수 있고 연구계획 대안들을 설명할 수 있는 스크린들로 설명했다. 계층적 시스템을 통한 이 스크린들의 분포는 시간이 지나자 일반적인 것에서부터 완전히 독창적인 것에 이르기까지 연구계획에 대한 다른 사고 방향을 보여주었다. 알트슐러는 또한 이러한 접근을 성공적인 프로젝트 창조와 시스템 발전의 종합적인 예측을 위해 필요한 것이 무엇인지 설명하는데 사용했다. 우리는 1면 (일반적 생각), 4면, 6면 그리고 9면 관점(연계 상상력)에 대해 논의할 것이다. 이것들이 시스템의 발전을 설명하는데 중요한 단계를 분명하게 만들기 때문이다. 또한 이런 이해를 한 단계 나아간 시스템 개발에 사용하는 것에 대해 논의할 것이다.

## 2.2 시스템 진화의 1면사고 - 일반적 생각

우선, 프로젝트에 대한 주제를 선택해야 한다. 주제는 휴대폰, 마이크로칩, 자동차, 분자, 서비스 등등이 될 수 있다. 이러한 주제를 시스템이라 한다. 시스템은 현재 초기 상황의 분석을 위한 시작점이 된다. 모든 프로젝트의 첫 번째 단계가 되는 것이다. 만약 이 선택된 시스템으로만 작업을 계속한다면 이 주제에 대한 이해는 성공적인 프로젝트의 개발을 위해서까지 충분히 넓어지지 않을 것이다. 이렇게 좁게 정의된 관점을 일반적인 생각이라고 한다. -오직 하나의 불빛만 상상력 속에서 빛나고 있다(그림 2-2-1). 이것은 중요하고 성공적인 프로젝트 개발에 충분하지 않다.

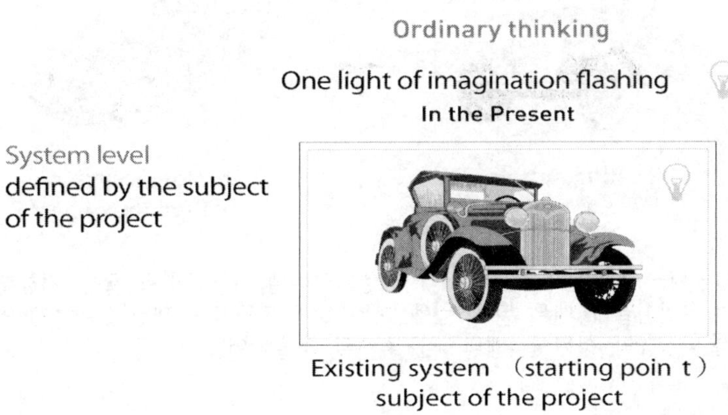


그림 2-2-1.
1면사고(일반적 생각)는 오직 프로젝트 시스템에만 집중하고 정의된 주제는 프로젝트에 따라 바뀐다. (오직 하나의 관점만 고려된다. -오직 하나의 불빛만 상상력 속에 빛난다.)

## 2.3 시스템 진화의 4면사고-상세요구조건

시스템은 사용자나 고객의 요구조건을 충족시키기 위해 반드시 바뀌어야 할 프로젝트의 주제이다. 하지만 그 시스템은 시스템이 사용되는 환경과 시스템을 생산해 내는 기술인 초기 시스템은 하나의 요소라는 큰 시스템도 포함한다. 이런 주제나 초기 시스템의 모든 요구조건 원천들을 상위시스템이라고 부른다. 따라서 시스템에서 무엇이 바뀌어야하는지 정의하기 위해서 시스템의 출력 기능, 값, 질을 상위시스템의 요구조건과 비교해야 한다. 시스템의 출력 기능과 상위시스템의 요구조건의 차이가 시스템에서 무엇이 바뀌어야 하는지에 대한 정확한 해답을 제공한다. (그림 2-3-1).

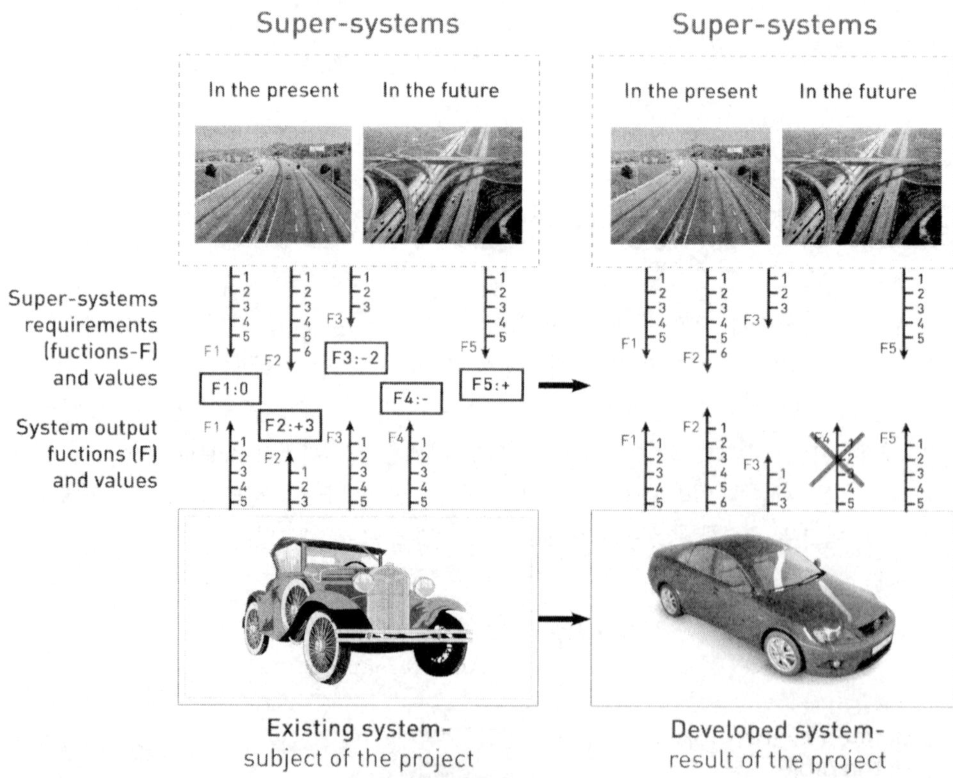


그림 2-3-1. 현재 사용되는 시스템의 현재와 미래 상위시스템 요구조건과 출력 기능들이 왼쪽에 비교되어있고 차이점들이 네모 박스 안에 보인다. 오른쪽에는 제안된 시스템(아직 설계 되지 않은)의 출력기능이 상위시스템의 요구조건과 조율되어있다.

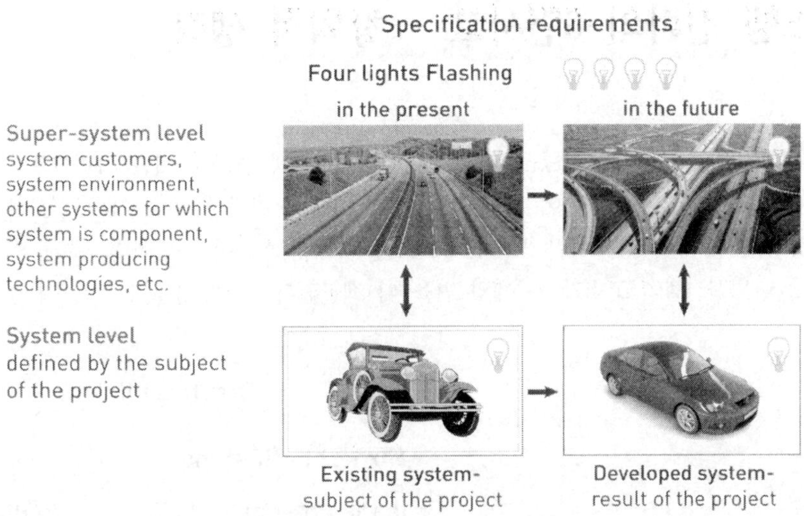


그림 2-3-2. 네 개의 불빛이 우리 프로젝트의 주제에 대한 완전한 요구조건을 만족시키면서 우리의 상상력을 밝게 해준다.

개발되어야 되는 시스템이 현재의 상위시스템 뿐만 아니라 미래의 상위시스템의 요구조건도 만족시켜야 한다는 것을 명심하라. 이상적인 경우 개발된 시스템 생산 기간이 현재 상위시스템과 미래 상위시스템들 사이의 기간과 조율되어야 한다. 그러므로 현재와 미래 상위시스템 뿐만 아니라 미래 시스템을 생각할 때 3면 이상의 사고는 처음 프로젝트에 세 개를 더한 관점을 제공하고 상상력에는 세 개의 불빛이 더 빛나고 있는 것이다.(그림 2-3-2).

## 2.4 시스템 진화의 6면사고 - 창의적 생각

여기서 요구된 결과들을 변화시키기 위한 시스템 변화에 대한 적절함을 보여주기 위해 인식의 두 면 이상을 정의해야 한다. 이것은 시스템의 요소들에 변화를 주고 다른 상호작용들에 영향을 줌으로써 가능하게 할 수 있다. 이런 시스템 요소들을 하위시스템이라고 한다. 초기 시스템과 제안된 시스템에 있어 하위시스템의 고려가 두 개의 면을 더 제공한다. (그림 2-4-1)

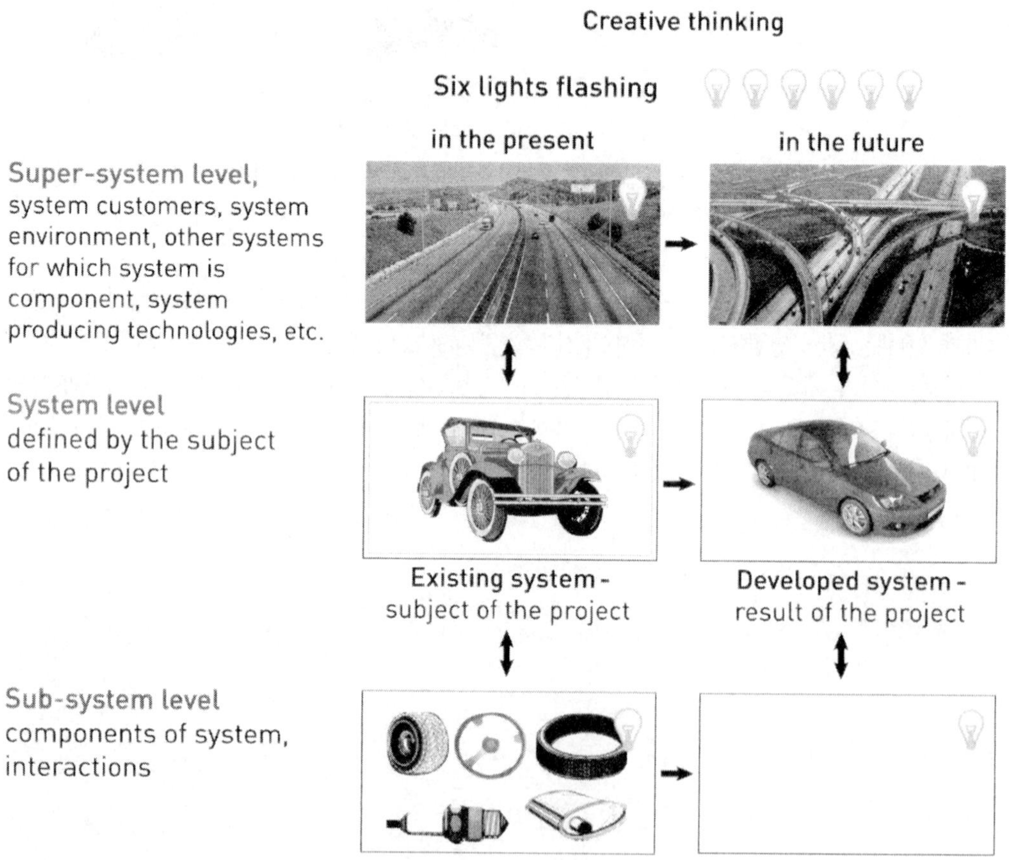


그림 2-4-1. 창의적 생각은 6개의 불빛을 비추고 있다. 그리고 이는 성공적인 프로젝트 창조를 위해 충분하다.

## 2.5 시스템 진화의 9면사고 - 연계된 상상력

만약 과거의 상위시스템, 과거의 시스템, 과거의 하위 시스템을 설명하는 세 개의 면을 더한다면 우리는 9개의 면을 갖게 된다. 시스템에 대한 이해를 넓혀주는 9개의 관점이다. 겐리흐 알트슐러는 이것을 9면사고 또는 천재적인 상상력이라고 불렀다.(그림 2-5-1). 이 창의력의 전체 9개의 면을 "연계된 상상력"이라고 번역한다. 물론 9개면이 넘게 존재 할 수 있다. 과거나 현재의 여러 계층의 시간을 분석할 수 있다. 이렇게 함으로써 시스템 발전의 확실한 통찰력을 얻을 수 있다.

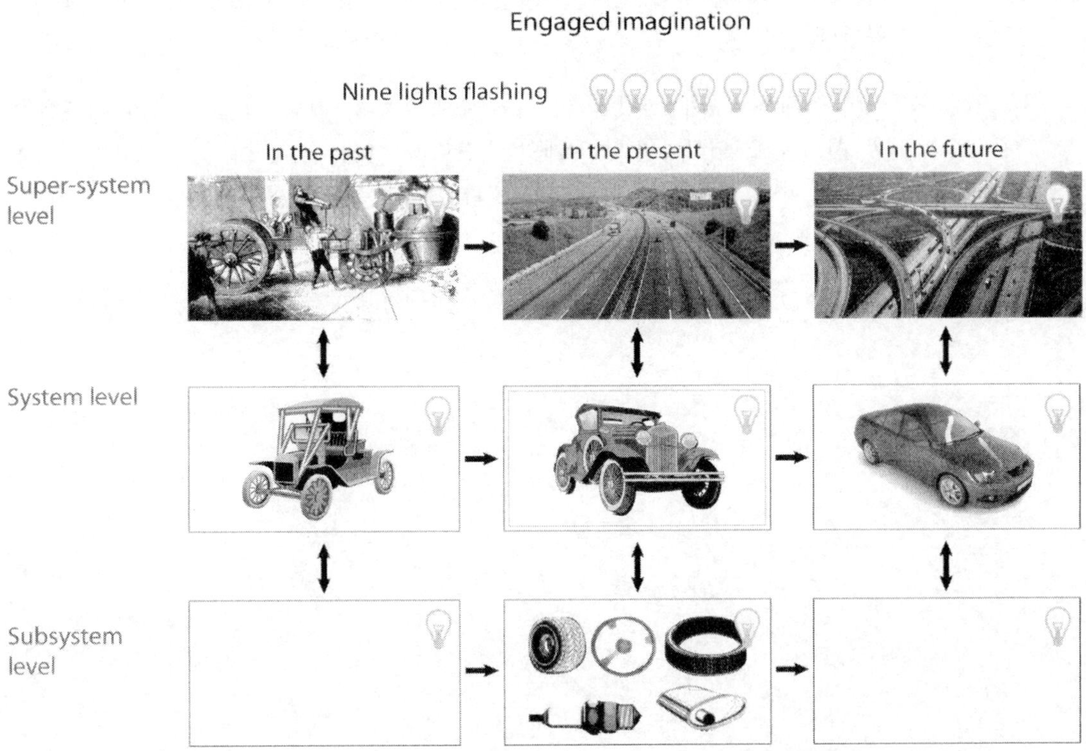


그림 2-5-1. 연계된 상상력은 9개의 빛나는 불빛을 가지고 있다. 그리고 종합적인 시스템 발전을 설명한다.

## 2.6 요약

❖ 현재 그리고 미래 상위시스템의 요구조건들과 현재시스템의 출력 기능은 이 시스템들과 프로젝트 시스템 사이의 차이점들 확인하고 프로젝트의 상세 요구조건을 정의하기 위해서 비교되어진다. 상상력 속에서 빛나는 네 개의 불빛(스크린)은 프로젝트에 올바른 상세 요구조건을 만든다.

❖ 창조적 생각은 6개의 빛나는 불빛(스크린)을 가지고 있다. 두 개는 하위시스템 단계(현재와 미래)에 있고, 두 개는 시스템 단계(현재와 미래)에 있으며 나머지 두 개는 상위시스템 단계(현재와 미래)에 있다. 이런 다양한 관점들은 성공적인 프로젝트 창출에 충분한 기회를 제공한다.

❖ 이미 존재하는 6개 관점에 세 가지 스크린(과거 상위 시스템, 과거 시스템 그리고 과거 하위 시스템)을 더한다면 총 9개의 스크린을 갖게 된다. 이 9면 사고는 최상의 상상력을 가져오며 어떤 시스템 발전에 대한 명확한 통찰력을 제공한다.

## 2.7 연습문제

아래 왼쪽에 있는 각 사진은 시스템 레벨을 보여주고 있다. 각각의 사진이 다른 두 사진에 비해 어떤 단계(하위시스템, 시스템 또는 상위시스템)를 보여주고 있는지 정의해라

### 연습문제 2-7-1 튤립(그림 2-7-1)

If this the system level... What level is this? and what level is this?
그림 2-7-1. 튤립의 다른 시스템 레벨

### 연습문제 2-7-2 비인의 기념물(그림 2-7-2)

If this is the system level... what level is this? and what level is this?
그림 2-7-2. 비인(Wien)에 있는 다른 시스템 레벨의 기념물

# 시스템 진화의 법칙과 단계

*TRIZ Technology for Innovation*

3

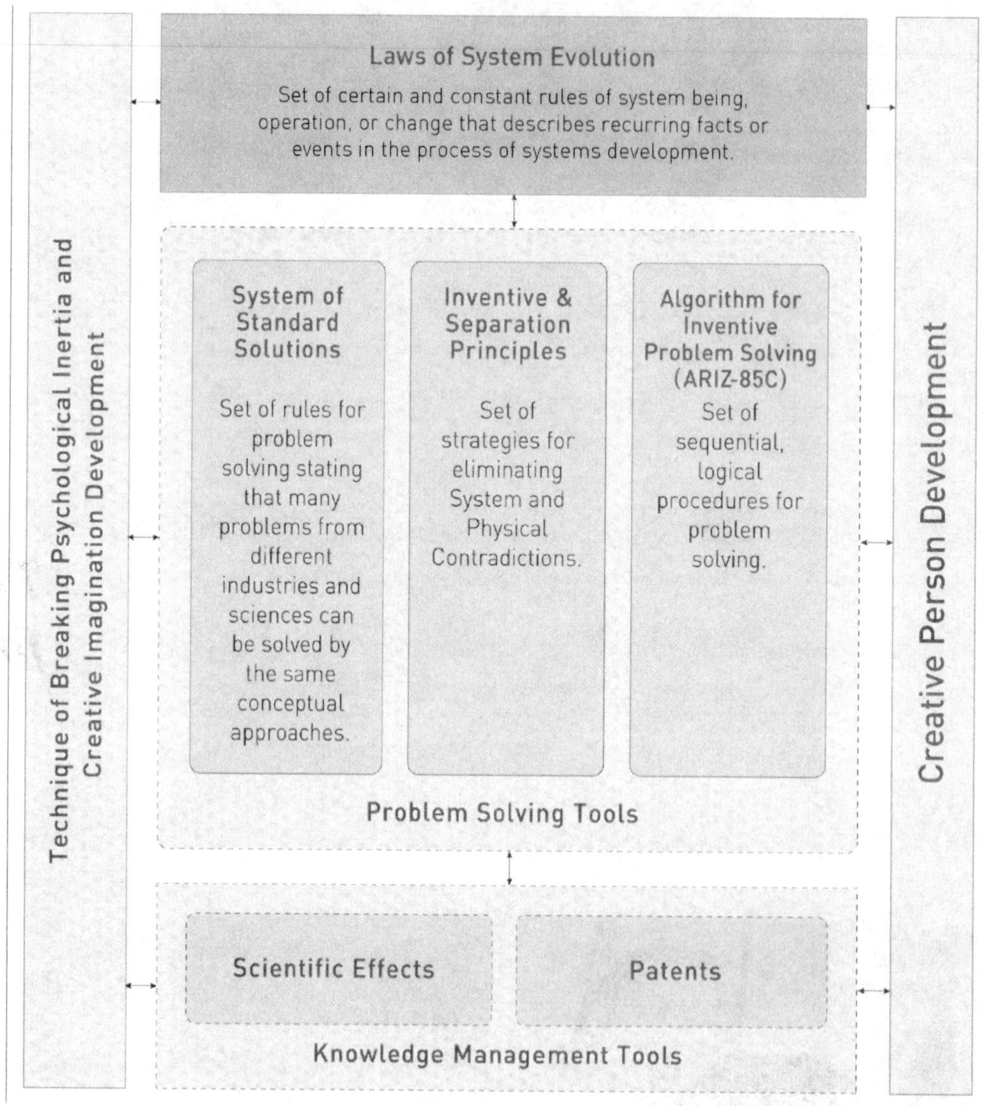
Laws of System Evolution
Set of certain and constant rules of system being, operation, or change that describes recurring facts or events in the process of systems development.
System of Standard Solutions
Set of rules for problem solving stating that many problems from different industries and sciences can be solved by the same conceptual approaches.
Inventive & Separation Principles
Set of strategies for eliminating System and Physical Contradictions.
Algorithm for Inventive Problem Solving (ARIZ-85C)
Set of sequential, logical procedures for problem solving.
Problem Solving Tools
Scientific Effects
Patents
Knowledge Management Tools
Technique of Breaking Psychological Inertia and Creative Imagination Development
Creative Person Development

## 3.1 소개

초기 연구와 본래 연구를 강화시키는 차후의 작업을 통해서 트리즈는 시스템 존재, 작동 그리고 변화를 위한 시스템 규칙의 틀로서 시스템 진화의 법칙으로 인정되었다. 시스템 진화의 법칙은 트리즈의 가장 중요한 요소이고 모든 다른 트리즈 요소들의 개발을 위한 기초이다.

법칙들과 트리즈(문제 해결을 위해 생겨난)의 분석적 도구 사이의 '분업'은 매우 간단하고 명료하다. 법칙은 다음 세대의 시스템이나 공정의 이미지를 더 개선되고 이상적으로 만드는 것을 도와준다. 그러나 '이미지' 자체를 만들 수 없다. 그것은 설계의 실제적인 개념으로 설명되어야 한다. 트리즈(ARIZ-85C, 표준해 시스템, 발명과 분리 원리들, 과학적인 지식 데이터베이스 등.)의 분석적 도구가 이 역할을 수행한다. 그러므로 시스템 진화의 법칙은 이미지를 창조하고 트리즈의 분석적 도구들이 이미지를 실제 존재하는 해결책으로 만드는 것이다(그림 3-1-1).

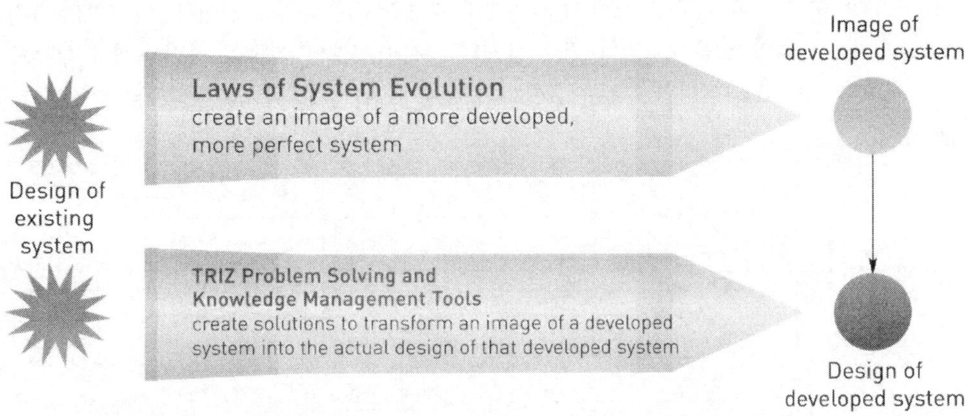


그림 3-1-1. 시스템 진화 법칙이 진보된 시스템의 이미지를 창조하고 다른 트리즈 도구들이 진보된 시스템의 실제 디자인으로 변화시킨다.

3.2에서 새로운 시스템 창조에 중요한 법칙의 첫 번째 그룹을 알게 된다. 3.3과 3.4에서는 법칙의 두 번째와 세 번째 그룹을 배운다. 3.5에서는 시스템 진화의 네 번째 단계를 볼 것이다.

# 3.2 법칙의 첫 번째 그룹

첫 번째 그룹에는 세 가지 법칙이 있다 - 시스템 탄생의 시작에서 상태를 명시하는 것이다. :

❖ 시스템 완전성의 법칙

❖ 에너지 전달경로 최소화의 법칙

❖ 시스템 매개변수의 동기화 법칙

## 3.2.1 시스템 완전성의 법칙

이 법칙은 실행 가능한 시스템은 4개의 주요한 기능을 수행하는 4개의 부분을 포함하고 있어야 한다.(그림 3-2-1). 4개의 주요 부분의 존재는 공식적인 필요조건이다. 더 중요한 것은 시스템이 작업을 수행할 수 있도록 하는 시스템 내의 4개의 주요한 기능들의 요건이다. 즉 4개의 부분과 이에 해당하는 4개의 기능들이 있을 수 있다. 또는 1개의 부분이 2개의 기능을 하면 3개의 부분과 4개의 기능이 있다고 할 수 있다. 아니면 부분은 2개, 1개 또는 모두 없고 4개의 해당하는 기능들만 있을 수도 있다.

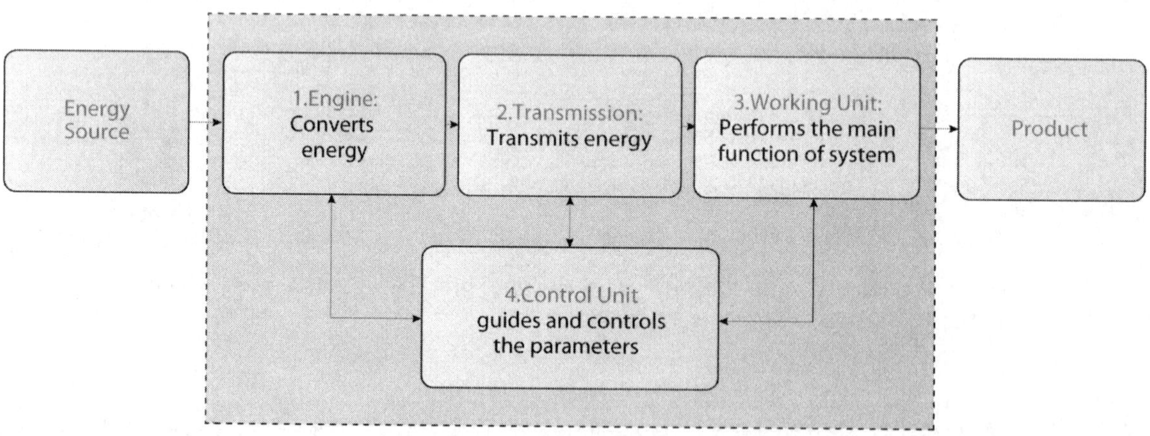


그림 3-2-1. 4가지 주요 부분과 이에 해당하는 기능들은 실행 가능한 시스템의 필요조건이다.

### ➽ 예제 3-2-1 : 양궁(그림 3-2-2)

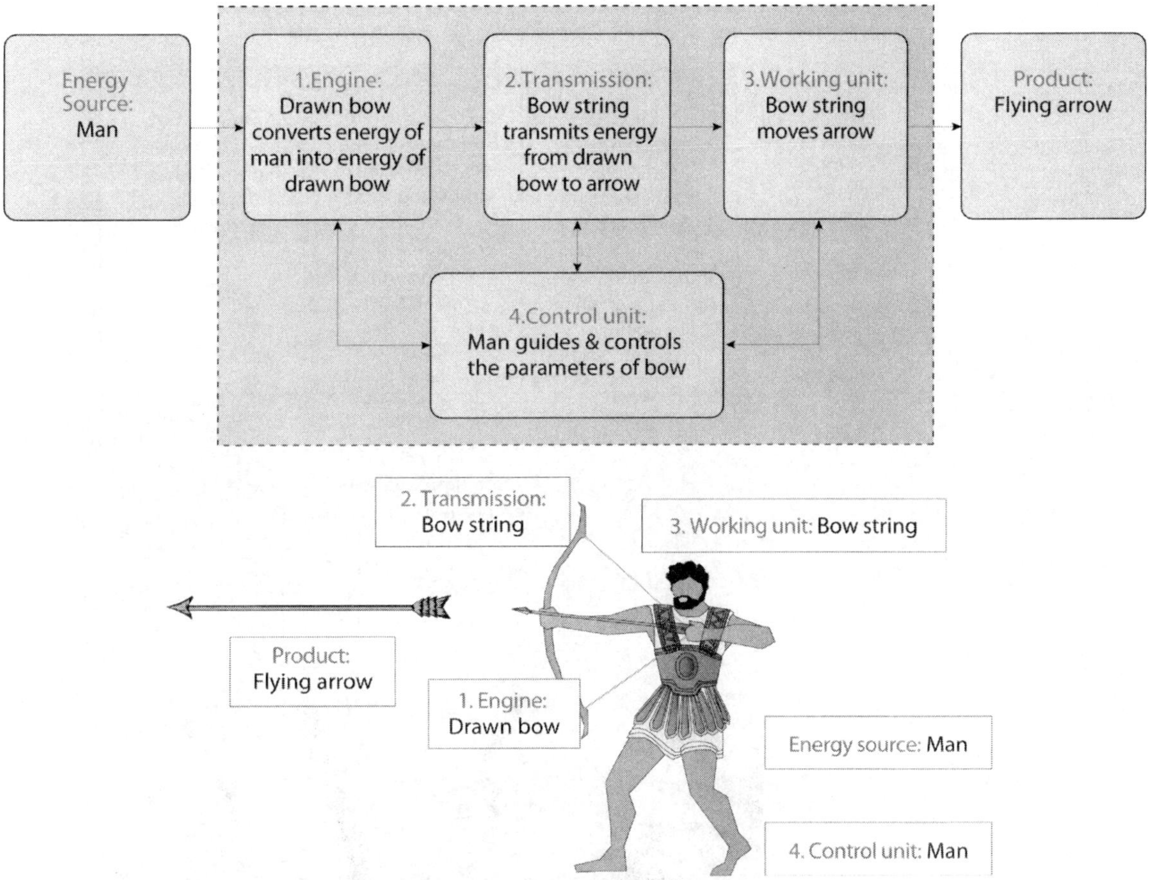


그림 3-2-2. 4가지 주요한 부분과 이에 해당하는 기능들이 실행 가능한 양궁의 필요조건이다.

## ➽ 예제 3-2-2 : 나무(그림 3-2-3)

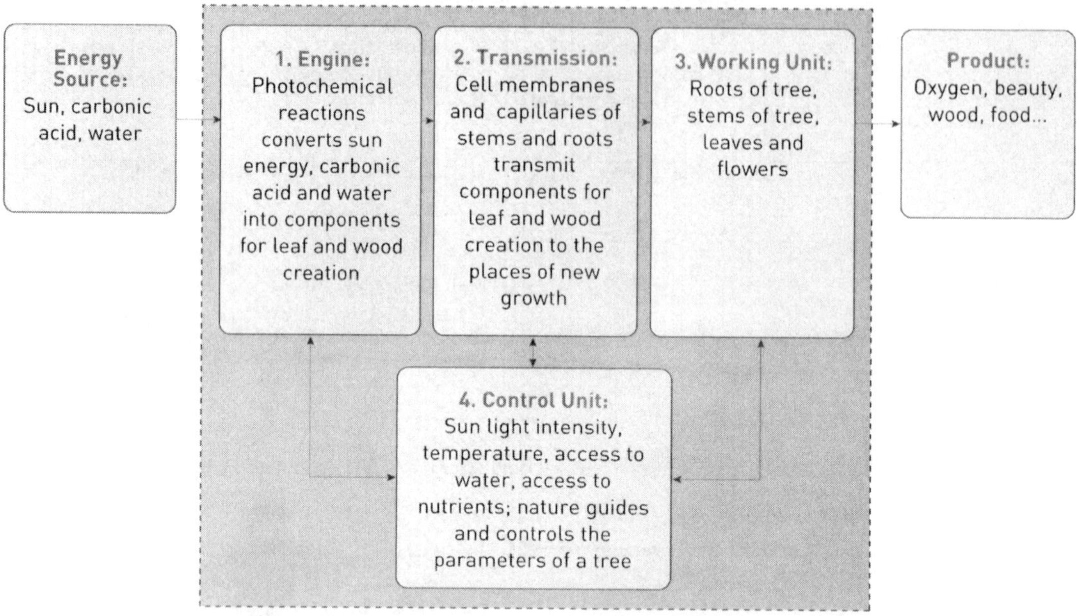

그림 3-2-3. 4개의 주요한 부분과 이에 해당하는 기능들이 실행 가능한 나무의 필요조건이다.

## 3.2.2 에너지 전달경로 최소화 법칙

시스템이 시스템(엔진에서 동작기관까지)을 통해 에너지 전달경로를 짧게 하면서 발전한다. 더 간단히 말하면 시스템이 전달장치를 포함하고 있지 않다는 뜻이다. (그림 3-2-4). 엔진은 동작기관과 곧바로 연결되어 있다.

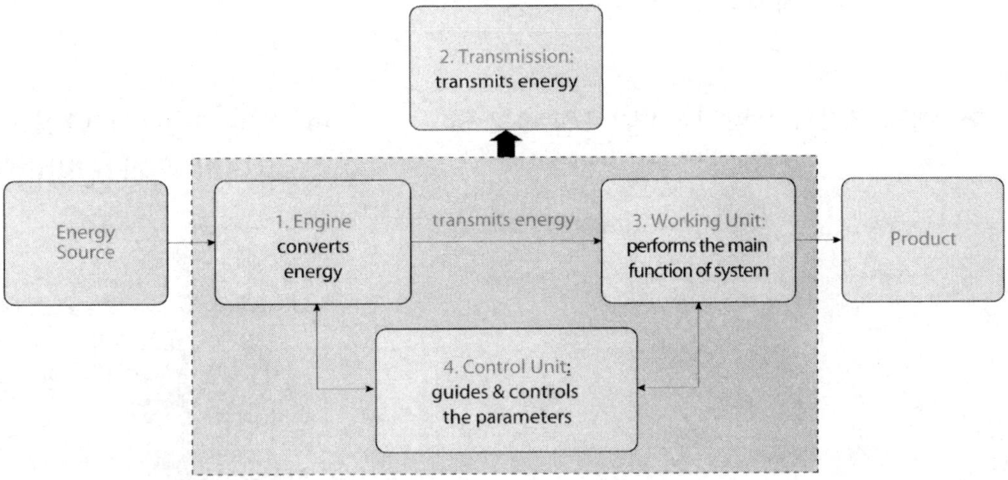


그림 3-2-4. 주요 부분 중 하나인 전달장치는 시스템의 한 부분이 아니다. 3개의 주요한 부분과 4개의 주요 기능들이 실행 가능한 시스템으로 충분하다. 엔진과 동작기관의 요소들이 에너지 전송의 기능을 수행한다. 이런 경우에 시스템을 통한 에너지의 경로가 최소화된다.

### 예제 3-2-3 : 스쿠터(그림 3-2-5)

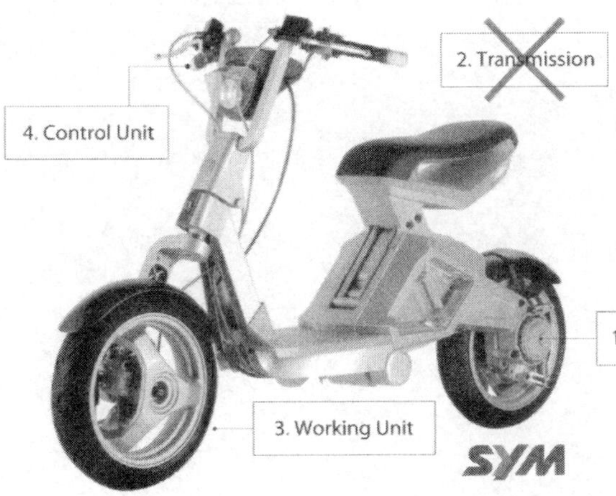


그림 3-2-5.
이 스쿠터는 전달장치가 없다. 엔진은 뒷바퀴(동작기관)에 바로 연결 되어있다. 사진은 San Yang Industry, Co., Ltd, Taiwan의 동의를 얻어 사용되었다.

### 3.2.3 시스템 매개변수의 동기화 법칙

이 법칙은 모든 효과적인 시스템의 존재를 위한 필요조건이 관련된 매개변수의 조화라고 명시하고 있다. 동시에 발생하는 매개변수 세상 안에서 살고 있다. 그렇지 않다면 우주, 행성, 문명, 자연, 시스템 그리고 자아들은 창조되고 개발되지 못했다. 동시 발생적 매개변수는 모든 레벨에 있는 시스템 속의 모든 요소들 사이의 균형을 뜻한다.

**➽ 예제 3-2-4 : 발과 신발(그림 3-2-6)**

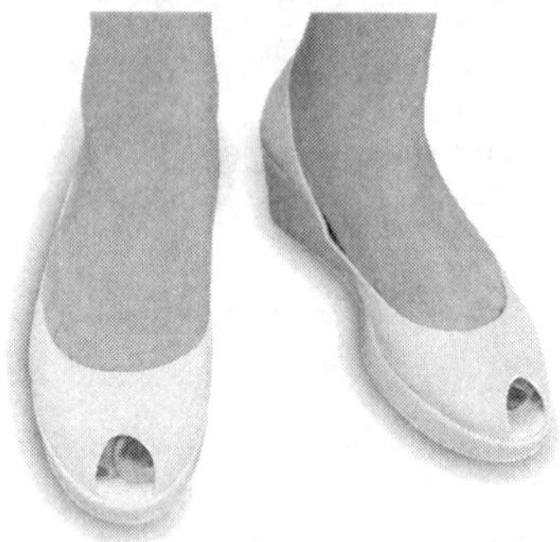

그림 3-2-6.
발의 크기와 신발의 크기는 딱 맞다.

**➽ 예제 3-2-5 : 나의 아내 Galina, 그녀의 옷과 신발(그림 3-2-7)**

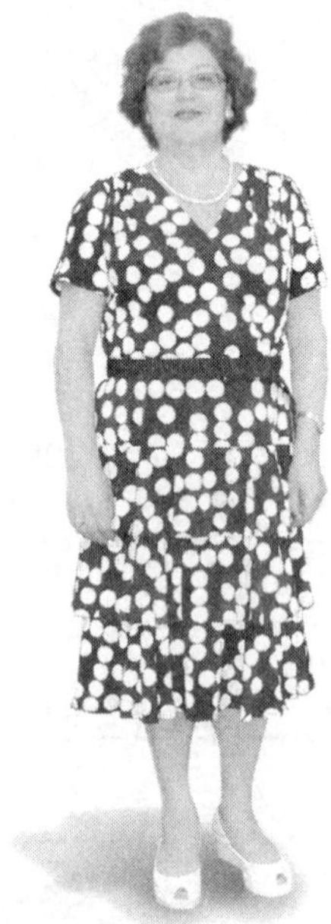

그림 3-2-7.
나의 아름다운 아내의 모양과 크기는 그녀의 옷의 스타일과 사이즈에 딱 맞다. 그녀 옷의 스타일과 컬러는 그녀 신발의 스타일과 컬러에 딱 맞다.

### ➽ 예제 3-2-6 : 동기마사지

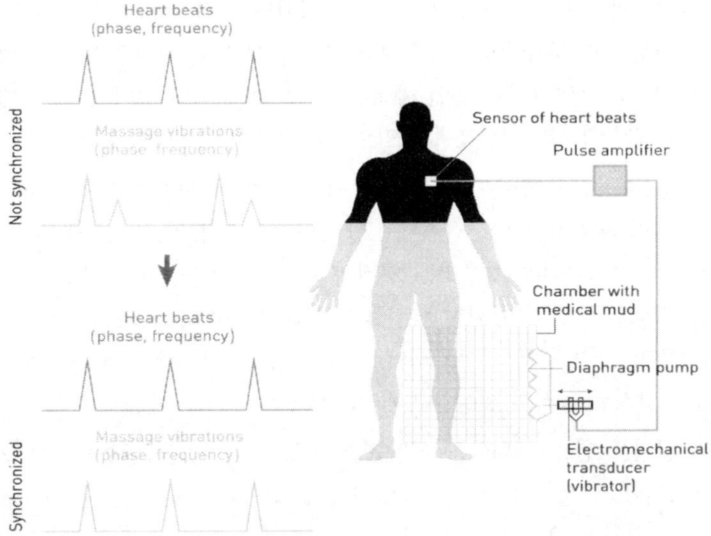


그림 3-2-8.
의학용 진흙은 가스실 안에서 가스의 대용품이다. 심장박동을 감지하는 전기 기계식의 신호기가 펄스 증폭기를 통해 격막 펌프에 연결된다. 가스실로 가는 격막의 압력 출력은 심장 박동과 같게 고동친다. 이것이 몸 속 피의 유입과 유출을 자극시킨다.

### ➽ 예제 3-2-7 : 숨 쉬는 장난감

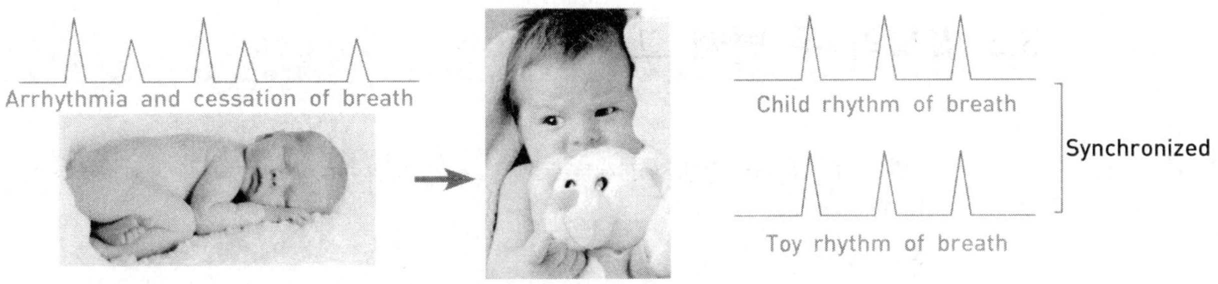


그림 3-2-9. 막 태어난 아기는 가끔 불규칙적으로 숨을 쉬기도 한다. 그로 인해 장애나 죽음을 초래할 수도 있다. 신생아의 호흡을 조절하기 위해 제안된 해결책으로 미리 맞춰진 리듬으로 숨을 쉬는 곰 인형이 제안된다. 적절하게 숨 쉬어 주는 인형이 아이들을 올바른 리듬으로 맞춰준다.

### ➽ 예제 3-2-8 : 기관총을 위한 동기 조정 장치

포커 아인데커(독일 전투기, Fokker Eindecker)는 엔진에 맞추어 효과적으로 고정되고 앞으로 발사되는 기관총을 사용하기 위한 첫 번째 항공기(세계 1차 대전, 1915년 여름)였다. 그래서 총알이 돌아가는 프로펠러 날개 사이로 지나갔다. (이전의 모델은 프로펠러에 고정된 전향장치를 통해서만 발포가 가능했다. 불행하게 이런 전향장치들은 항상 총알을 막지 못했다.

### ➡ 예제 3-2-9 : 시각 잔상 효과

눈의 망막이 빛에 노출 될 때, 망막은 뇌에 있는 시각피질에 의해서 이미지로 해석하는 자극을 보낸다. 망막의 세포들은 입사광선이 제거되어도 계속해서 자극을 보낸다. 이것은 망막의 세포가 정상적으로 돌아올 때 까지 일초의 몇 분의 1사이 동안 계속된다. 그 잠깐 사이 동안에 뇌는 계속해서 망막으로부터 자극을 받고 결국 잔상이라는 현상을 불러일으키는 광원의 이미지를 인지한다.

영화 카메라는 필름에 있는 사진의 연속적인 순간을 찍는 사진 카메라 유형이다. 이 필름이 현상되면 마치 움직이는 사진처럼 비춰진다. 한 번에 단 한 장의 스냅 촬영을 잡아내는 고정 카메라와는 대조적으로 영화 카메라는 프레임이라고 불리는 일련의 이미지들을 찍는다. 이것은 간헐기구를 통해 가능해진 것이다. 그 프레임들은 동작의 환상을 만들기 위해서 프레임율(초당 프레임 개수)이라고 불리는 특정한 속도에 맞추어 나중에 영화 프로젝터로 다시 상영된다. 잔상 때문에 우리의 눈과 뇌는 분리된 사진들을 하나로 합쳐서 동작의 환상을 만들어 낸다.

잔상의 시간은 동작의 환상을 만들기 위한 프레임율과 일치할 수 있다. 상업용 필름의 일반적인 프레임율은 초당 24프레임이다. 잔상 덕분에 엔터테인먼트 산업(영화, TV, 전광판, 레이저 불빛 쇼, 등)은 생방송 쇼에서 녹화가 가능한 오락으로 변화했다.

## 3.3 법칙의 두 번째 그룹

두 번째 그룹에는 기술적이고 물리적 요소에서 독립된 시스템 개발의 조건을 명시하는 세 가지 법칙이 있다.

- ❖ 이상성 증가 법칙
- ❖ 시스템 모순을 만드는 하위시스템 불균일 발전 법칙
- ❖ 상위시스템으로 전이법칙

### 3.3.1 이상성 증가의 법칙

이것은 시스템 발전 첫 번째 법칙이다. 시스템은 이상성이 향상되는 단계의 방향으로 발전한다. 전 생애를 통틀어 모든 시스템은 더 신뢰할 수 있고, 단순하며, 효과적이고 완벽하게 되려 한다. 그리고 시스템들은 다음 사항들을 비제한(비한정)적으로 포함한다.

- ❖ 기능의 양을 늘리기.
- ❖ 기능들을 작동 부분으로 전환시키기.

- 기능들을 상위시스템으로 전환시키기.
- 내부와 외부의 자원들을 이미 사용가능한 시스템에 활용하기.

70년대에 겐리흐 알트슐러는 이상적인 시스템에 필요한 3개의 기본 요건들을 만들어 냈다.

- 작동하기 위한 에너지를 필요로 하지 않는다.
- 생산을 위한 비용을 필요로 하지 않는다.
- 장소를 필요로 하지 않는다.

우리는 이 조건들을 오늘날의 상황에 맞게 수정할 수 있다.(그림 3-3-1)

- 생산과 작동을 위한 에너지를 필요로 하지 않는다.
- 제품수명주기 동안 제품의 비용을 필요로 하지 않는다.
- 장소를 필요로 하지 않는다.
- 컨셉에서 시장까지 시간을 필요로 하지 않는다.
- 6시그마 고품질을 갖고 있다.

그림 3-3-1. 오늘날 이상적인 시스템을 위한 필요조건들

80년대에 이고르 버트킨(Igor Vertkin, 알트슐러의 제자 중 한명)는 이상성 레벨의 계산을 위한 공식을 제안했다.(그림 3-3-2)

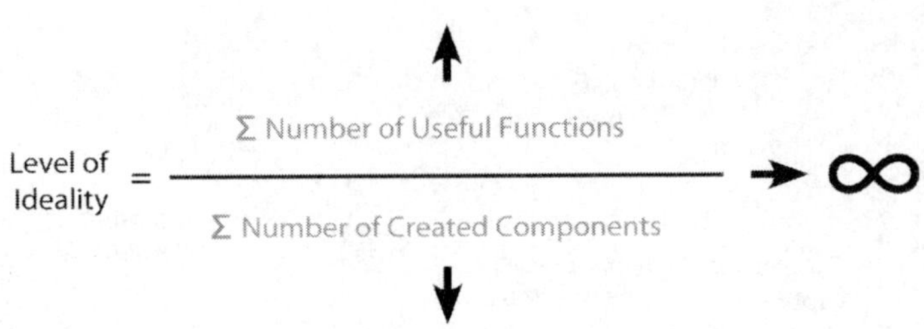


그림 3-3-2. 유용한 기능들이 더 많을수록, 특별히 만들어져야 하는 요소들의 수가 적을수록, 이상성의 단계는 더 높다.

## ➽ 예제 3-3-1 : 주사기(그림 3-3-3)

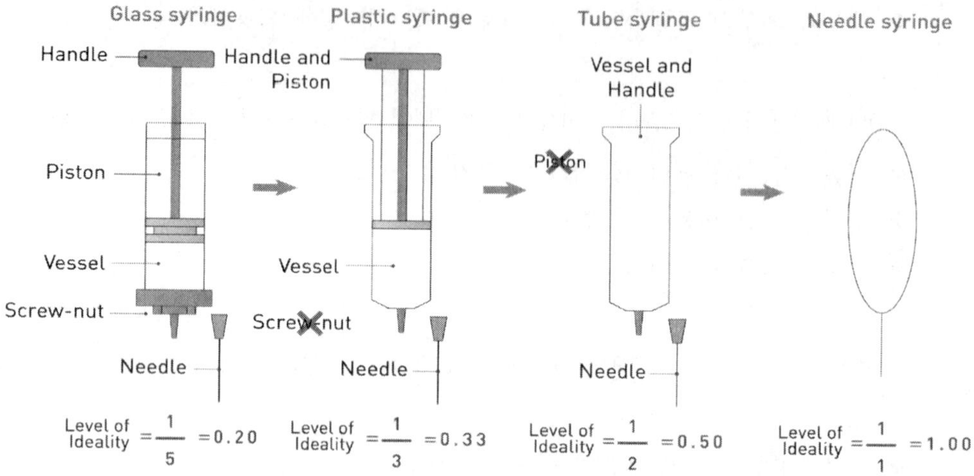


그림 3-3-3. 하나의 주사기는 피부를 통해 약을 전달하는 하나의 기능을 수행한다. 하나의 유리 주사기는 다섯 개의 요소들을 포함하고 있고 하나의 기능을 수행한다.(이상성 레벨은 0.20이다.) 하나의 플라스틱 주사기는 세 개의 요소들을 포함하고 있고 하나의 기능을 수행한다.(이상성 레벨은 0.33이다.) 하나의 튜브 주사기는 두 개의 요소들을 포함하고 있고 하나의 기능을 수행한다. (이상성 레벨은 0.50이다.) 바늘 주사기는 하나의 요소를 포함하고 있고 하나의 기능을 수행한다. (이상성 레벨은 1.00이다.)

## ➽ 예제 3-3-2 : 할로겐 사이클 램프 (그림 3-3-4)

보통 전구 안의 백열 필라멘트의 높은 온도는 텅스텐 원자들을 증발시키고 필라멘트는 순식간에 얇아지고 타버린다. 할로겐 사이클 램프는 자가 복구 기술을 사용해 증발률을 낮췄다. 할로겐 사이클 램프들은 붕소(B)(할로겐의 한 종류) 가스를 사용하는 백열전구이다. 필라멘트로부터 증발된 텅스텐 원자들은 텅스텐 붕화물 입자를 형성하기 위해 붕소(B) 분자와 반응한다.(1) 만약 유리(석영) 벽이 섭씨 250도 이상이 되면 텅스텐 붕화물 입자들은 유리에 들러붙지 않을 것이다. 대류에 의해 뜨거운 가스 전구 속에서 계속해서 순환한다. 입자들은 뜨거운 필라멘트 가까이에 갈 때 텅스텐 금속으로 다시 환원되고 산발적으로 재침착되어서 붕화물 증기를 배출한다.(2) 그리고 이 모든 과정이 스스로 반복된다.

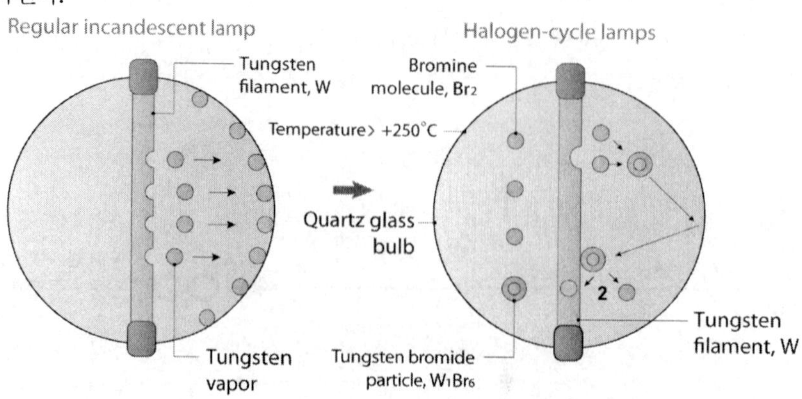


그림 3-3-4. 할로겐 사이클 램프가 자가 복구 기술을 이용해서 증발률을 낮추고 있다.

### ➽ 예제 3-3-3 : 이산화탄소 레이저가 장착되어 있는 터보제트기 엔진(그림 3-3-5)

전통적인 미사일 방어 방법은 너무 비쌌고 미사일에 대한 확실한 보호를 보장할 수 없었다. 하나의 제안은 강력한 이산화탄소 레이저와 전투기 터보제트 엔진을 결합시키는 것이다. 강력한 레이저는 엔진 배기통 안에 장착된 한 쌍의 거울을 통해 만들어졌다. 세 번째 거울은 생성된 레이저 빔을 엔진의 열추적 쪽을 향해 방향을 틀어준다. 열추적으로 움직이는 미사일은 어쩔 수 없이 레이저 빔의 통로를 지나가게 될 것이고 파괴될 것이다.

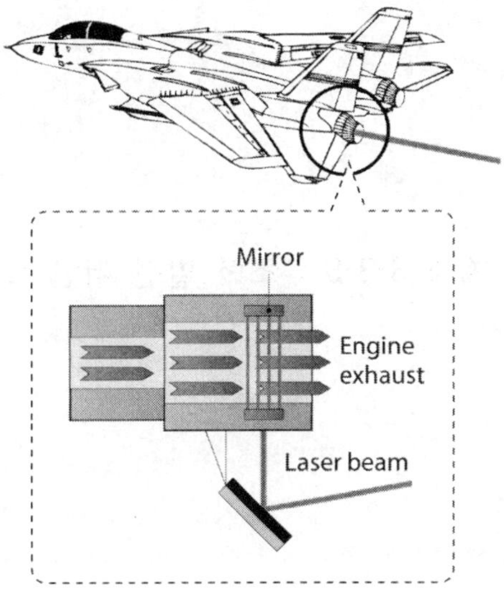


그림 3-3-5.
터보제트 엔진의 배기관이 레이저를 공짜로 '제공한다'.

## 3.3.2 시스템 모순을 만드는 하위시스템 불균일 발전 법칙

시스템의 전 수명을 통틀어 시스템의 다른 하위시스템(부분/요소들)들이 다른 속도로 발전하는 것이다. 이것은 시스템 모순의 발생과 성장을 야기한다. 이 법칙에 대해서 4.4.2에서 자세히 살펴볼 것이다.

## 3.3.3 상위시스템으로의 전이 법칙

시스템이 전 수명을 통틀어서 단일 시스템에서 이중, 다중 또는 다른 시스템과의 조합으로 일반적인 시스템의 방향으로 발전한다.

**단일 시스템에서 이중, 다중 시스템으로의 전이**

이 전이의 아이디어는 이해하기 매우 쉽다. 하나의 시스템은 단일 시스템이다. 두 개의 똑같은 시스템은 이중 시스템이다. 두 개 이상의 동일한 시스템의 조합은 다중 시스템이다. 아래와 같이 검증된 예제들처럼 이 단순한 전이를 이용함으로써 좋은 컨셉과 새로운 특성을 만들어 낼 수 있다.

## ➽ 예제 3-3-4 : 지주목 운송체 (그림 3-3-6)

그림 3-3-6.
두 마리 코끼리의
조합은 더 효과적이다.

## ➽ 예제 3-3-5 : 조력 발전 터빈 (그림 3-3-7)

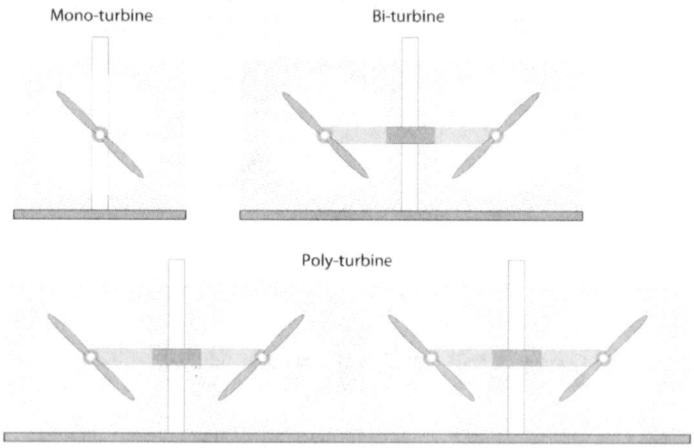


그림 3-3-7.
조력 발전 터빈은 전기에너지를 생산하기 위해 조류 속에 설치되어있다. 단일 터빈에서 이중터빈 그리고 다중 터빈으로의 전이는 생산되는 전기 에너지의 총비용을 감소시켜준다.

## ➽ 예제 3-3-6 : 일본식 지붕 (그림 3-3-8)

그림 3-3-8.
시스템 발전의 컨셉은 전통전인 단일 지붕 건물에서 연속적인 이중, 다중 지붕 건물로의 전이에서 볼 수 있듯이 수천년 전에 일본에서 이해되었다.

## 예제 3-3-7 : 면도날 (그림 3-3-9)

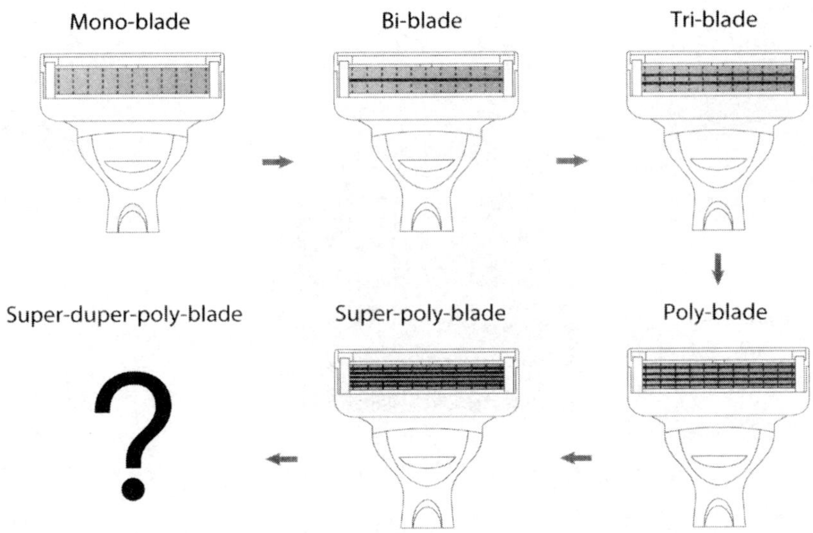


그림 3-3-9.
면도칼 당 하나의 날에서부터 두 개, 세 개, 네 개 그리고 다섯 개의 면도 날로 변하면서 면도기 발전에 매우 효과적인 변화를 이루었다. 미래에 더 많은 면도날이 있을 수 있을까?

## 예제 3-3-8 : 비행기 엔진 (그림 3-3-10)

그림 3-3-10.
비행기는 단 1개의 엔진에서 8개의 엔진으로 변화

## ➡ 예제 3-3-9 : 항공기 수송기(그림 3-3-11)

그림 3-3-11.
항공기 수송기는 비행기와 배의 아주 간단한 조합이다. 하지만 그것은 매우 효과적이고 강력한 조합이다.

## ➡ 예제 3-3-10 : 휴대폰 (그림 3-3-12)

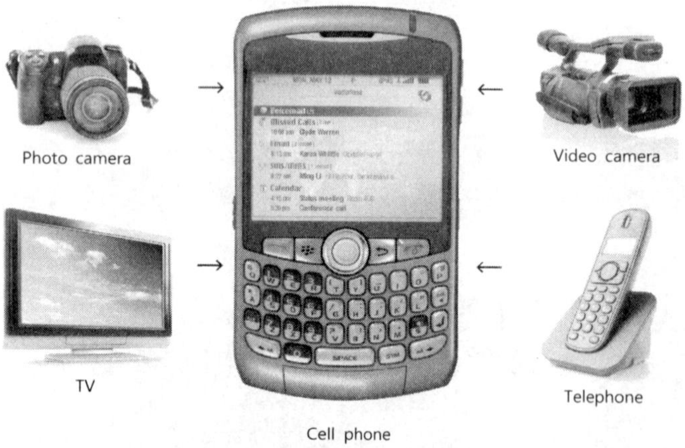


그림 3-3-12.
오직 음성적인 의사소통만 전달하고 받을 수 있었던 휴대폰이 현재는 보통 적어도 4개의 조합을 가지고 있다. : 휴대전화, 비디오 카메라, 사진기, TV.

## ➡ 예제 3-3-11 : 전자 (그림 3-3-13)

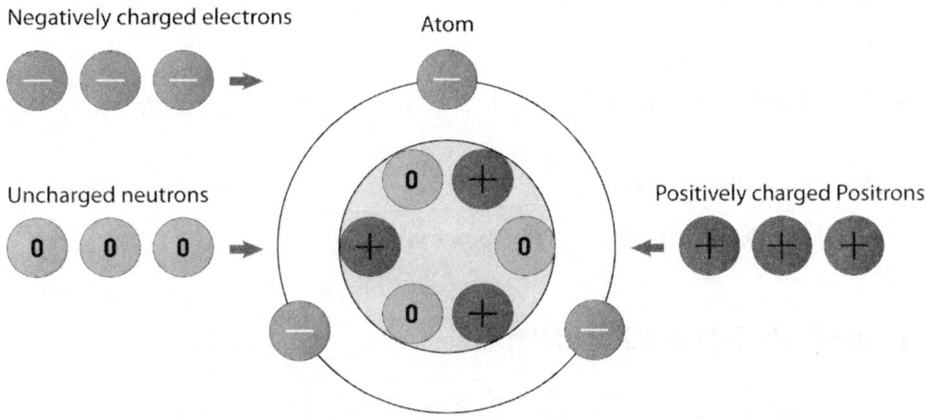


그림 3-3-13. 전자는 세 개의 다른 시스템의 조합이다.: 양자, 중성자 그리고 전자.

## ➡ 예제 3-3-12 : 다리와 터널이 이어지는 운송 시스템 (그림 3-3-14)

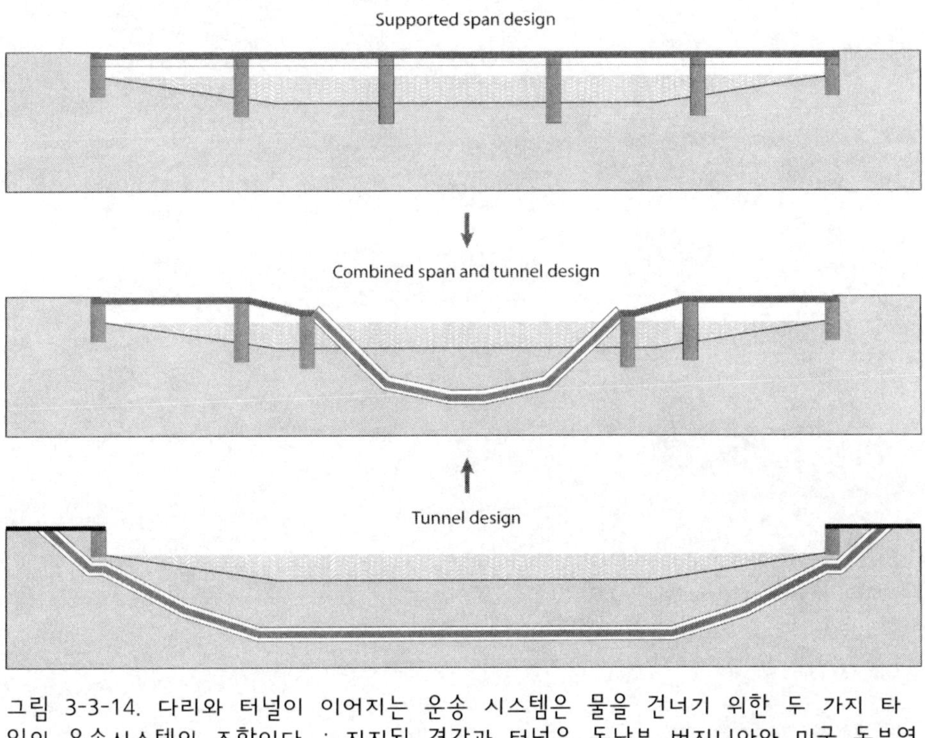


그림 3-3-14. 다리와 터널이 이어지는 운송 시스템은 물을 건너기 위한 두 가지 타입의 운송시스템의 조합이다. : 지지된 경간과 터널은 동남부 버지니아와 미국 동부연안 델마버 반도 사이를 잇기 위한 교량·터널 복합터널교량으로 사용되었다.

# 3.4 법칙의 세 번째 그룹

세 번째 그룹에는 기술적이고 물리적인 인자의 영향을 받는 시스템 발전을 명시하는 두 개의 법칙이 있다.

- ❖ 미시 수준으로 진화법칙
- ❖ 시스템의 유연성 증가의 법칙(역동성의 법칙)

## 3.4.1 미시 수준으로의 진화법칙

시스템이 그들 요소의 일반적인 분열 방향으로 발전한다.(그것은 시스템의 동작 기관의 분열이다.) 이 법칙에는 두 가지 주요한 아이디어가 있다.

*매개변수의 유도와 통제는 물질이 거시에서 미시 상태로 진화될수록 더 효과적이고 유연해진다(그림 3-4-1).*

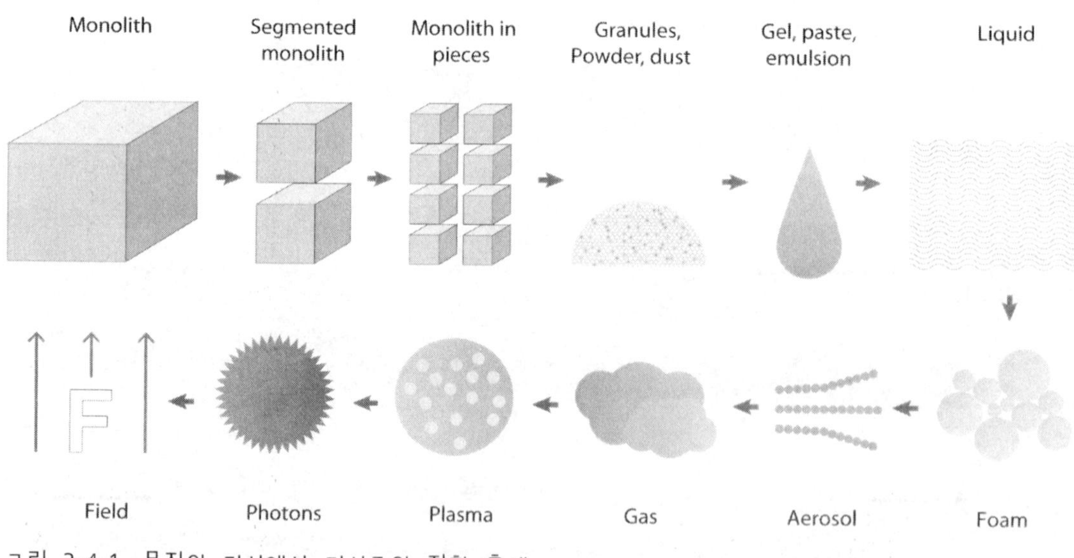


그림 3-4-1. 물질의 거시에서 미시로의 진화 추세.

다음은 물질이 거시에서 미시로 진화하는 몇 가지 예들이다.

### ➽ 예제 3-4-1 : 절삭 공구 (그림 3-4-2)

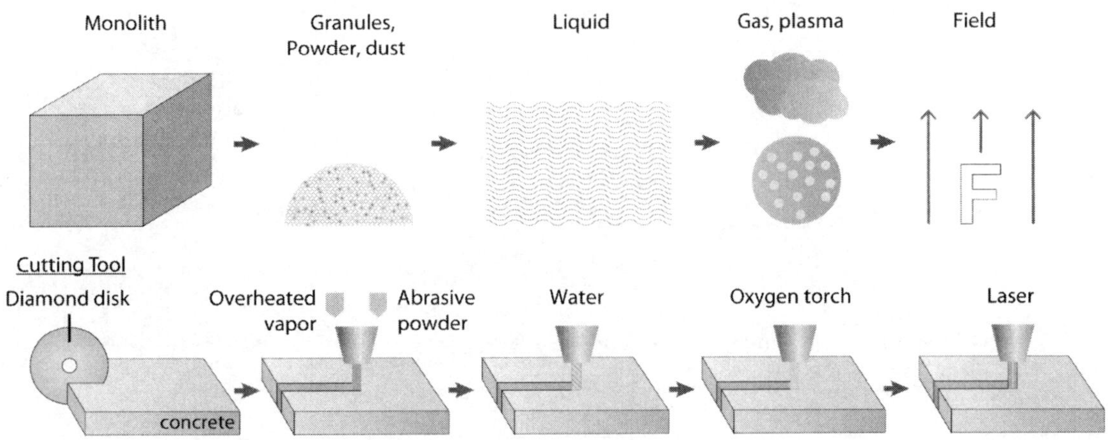


그림 3-4-2. 절삭 공구의 단일체 상태에서 장 상태로 진화.

### ➽ 예제 3-4-3 : 운송수단 바퀴 (그림 3-4-3)

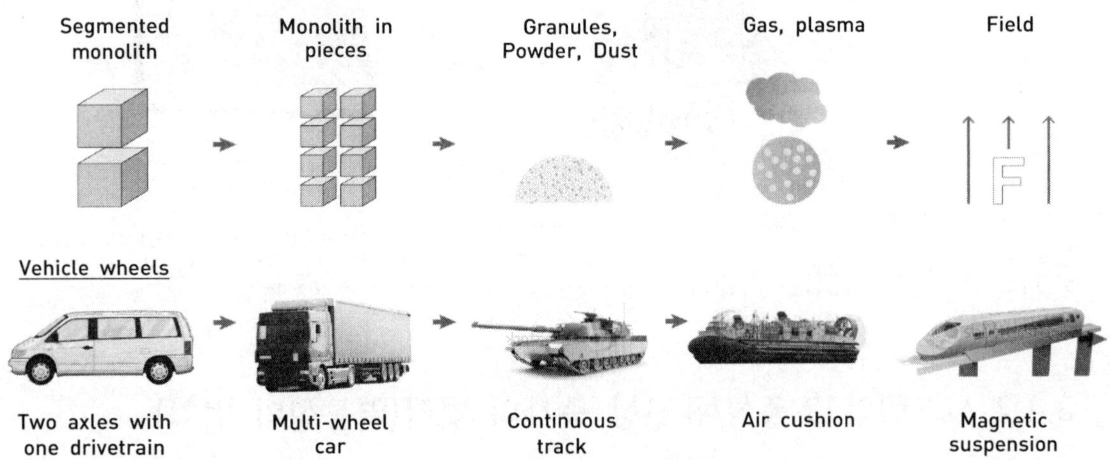


그림 3-4-3. 운송 방법의 바퀴와 동작 기관의 단일체 상태에서 장 상태로 진화.

*같은 기능을 수행하는 시스템들은 물질이 거시에서 미시 상태로 가는 진화법칙을 사용함으로써 더 작아지고 더 이상적으로 된다. 시스템들은 발전하면서 같은 크기를 유지할 수도 있다. 그럴 경우에 시스템은 고품질의 더 많은 기능들을 수행하고, 더 효과적이며 더욱 적은 에너지를 사용한다.*

### 예제 3-4-3 : 키보드 (그림 3-4-4)

광학 키보드는 전통적인 키보드와 같은 기능들을 수행한다. : 하지만 광학적 키보드는 더 작고 더 적은 에너지를 소비한다. (그림 3-4-4)

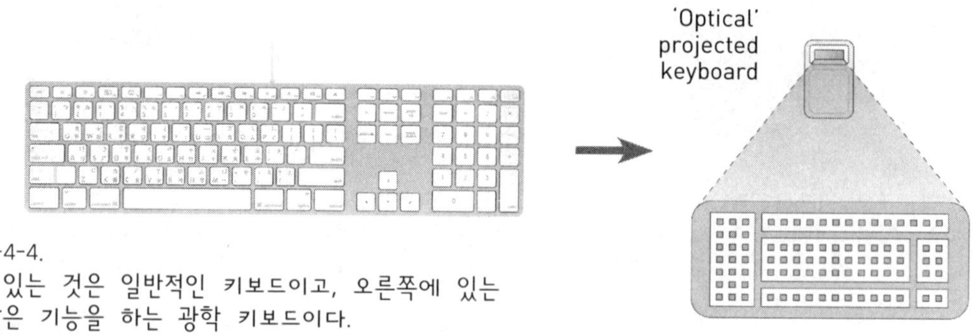


그림 3-4-4.
왼쪽에 있는 것은 일반적인 키보드이고, 오른쪽에 있는 것은 같은 기능을 하는 광학 키보드이다.

### 예제 3-4-4 : 개인 컴퓨터 (그림 3-4-5)

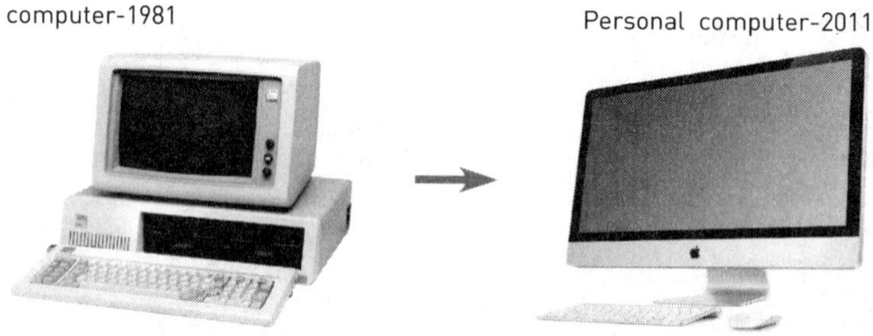


그림 3-4-5. 두 컴퓨터의 속도 비교.

IBM Personal Computer(establish the term "PC")
Overall speed: .25 microseconds.
Primary memory: 40KB ROM, 16KB DRAM

Apple iMac MB4 18LL/A 24-Inch Desktop
2.66GHz Intel Core 2 Duo processor,
640GB hard drive, 8GB RAM

## 3.4.2 시스템의 조종성/유연성 증가의 법칙(역동성의 법칙)

시스템의 발전은 강성구조에서 유연구조로, 강성요소에서 유연요소로 조종성이 증가하는 방향으로 진화한다. 강성요소들을 갖고 있는 시스템들은 작동하고 있는 상황들을 바꾸기에 적응력이 떨어진다. 개발자들은 강성요소들을 더 유연하고 더 역동적으로 만들려고 노력한다. 관절들이 강성구조에서 수가 늘어나면 유연한 시스템으로 진화가 전파된다. 분자와 장 레벨로 시스템 요소들의 완성이 유연성을 극대화 시킨다. 강성구조에서 유연구조로의 진화는 그림 3-4-6에서 나타난다.

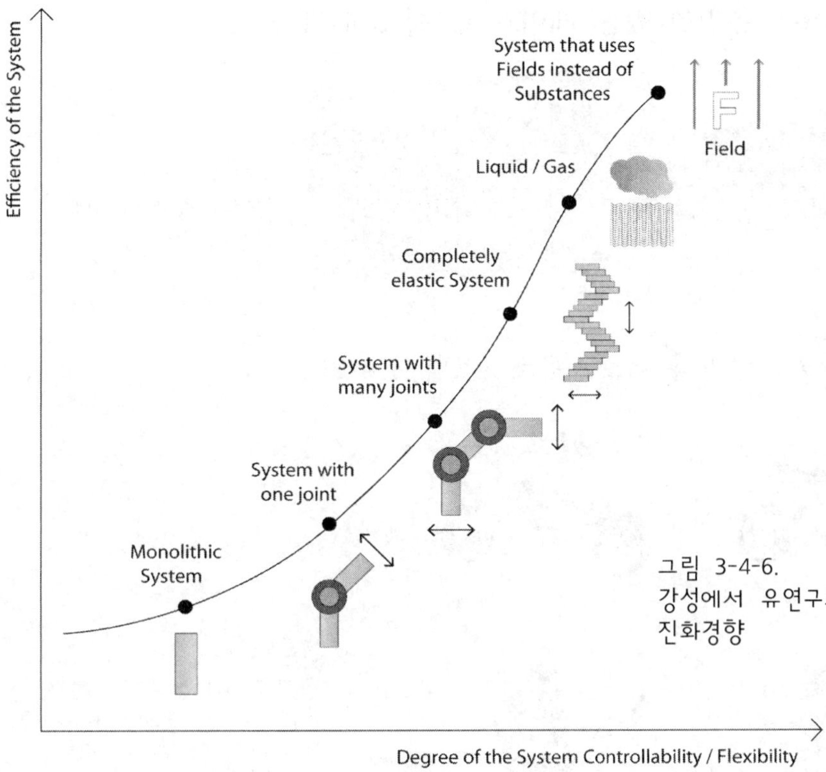


그림 3-4-6.
강성에서 유연구조로의
진화경향

## ➽ 예제 3-4-5 : 문 (그림 3-4-7)

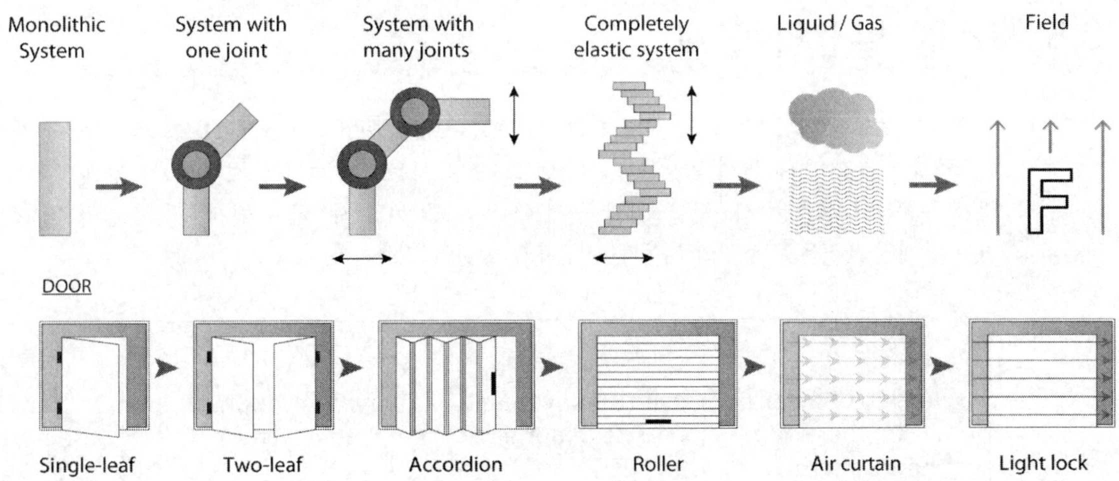


그림 3-4-7. 한 개의 딱딱한 문이 다양하고 유연한 구조로 진화.

### ➽ 예제 3-4-6 : 유연성 있는 게이트 (그림 3-4-8)

그림 3-4-8.
상해와 중국 도시에 있는 유연성 있는 게이트

### ➽ 예제 3-4-7 : 접이식 로보스쿠터 (그림 3-4-9)

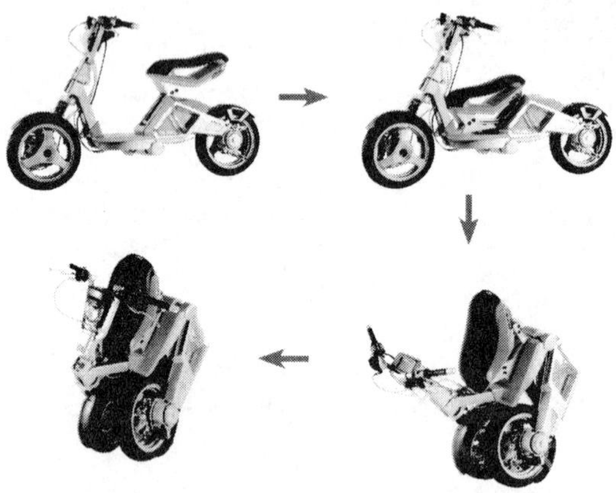

SYM

그림 3-4-9.
접이식 로보스쿠터
(사진은 San Yang Industry, co., Ltd, Taiwan의 허락을 받고 사용됨).

## 3.5 시스템 발전의 단계

겐리흐 알트슐러는 시스템 발전의 주요 4단계들을 정의했다(그림 3-5-1). 그 첫 번째 단계는 새로운 시스템을 만들기 위해 현재 존재하는 시스템으로부터 부분을 선택하는 것이다. 두 번째 단계에서 이 선택된 부분들이 새로운 시스템을 위해 구체적으로 개발된다. 세 번째 단계는 시스템의 역동화이다. 네 번째 단계의 특징은 시스템의 자동제어와 자기 발전의 진화이다.

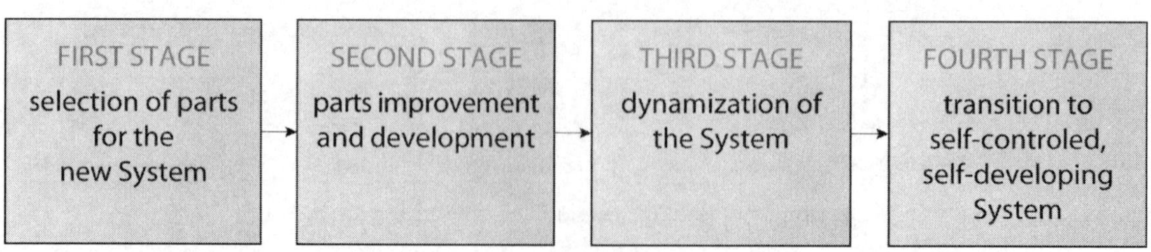


그림 3-5-1
시스템 발전의 단계들

## 3.5.1 시스템 발전의 첫 번째 단계 - 새로운 시스템 창조

새로운 시스템을 만들 때 세 가지 중요한 조치를 거친다.(그림 3-5-2)

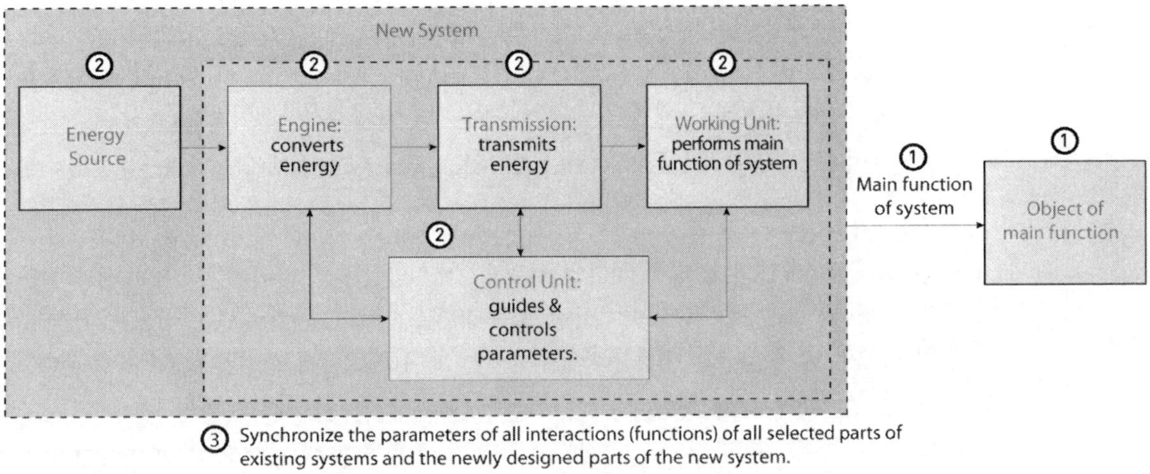


그림 3-5-2 새로운 시스템을 만들어 낼 때 3가지 중요한 단계

### <u>첫 번째 조치</u>

새로운 시스템의 주요 기능과 이 기능의 대상을 정의한다.

#### ➽ 예제 3-5-1 : <u>스스로</u> 움직이는 최초의 운송수단 증기자동차(Steam Wagon)는 프랑스 발명가 '니콜라 조제프 퀴뇨'에 의해서 발명되었다.

스스로 움직이는 운송수단은 무거운 대포를 옮기는데 필요했다. "무거운 대포를 옮기기 위함"이 새롭게 발명된 시스템의 주요 기능이다.

#### ➽ 예제 3-5-2 : 라이트 형제에 의해 발명된 최초의 비행기

공기보다 무거운 나는 기계가 인간을 운송하기 위해 구상되었다. "인간을 운송하기 위함"이 새롭게 발명된 시스템의 주요 기능이다.

### <u>두 번째 조치</u>

에너지의 원천을 선택하고, 새로운 시스템의 네 가지 중요한 부분들(동력기관, 전달장치, 동작기관,제어기관)에서 가장 사용이 가능한 부분을 선택해라. 가끔 발명가들은 하나 또는 그 이상의 중요한 부분들을 창조해야 한다.

#### ➽ 예제 3-5-1 : 증기자동차 (그림 3-5-3)

- <u>동력기관</u> : 증기 기관은 1700년대 초부터 광산에서 물을 끌어 올리거나 무거운 장비를 들어 올리는 고정 기계에 쓰였다. 증기자동차는 앞을 받치고 있는 보일러와 앞바퀴 너머에 설치된 두 개

의 실린더 엔진을 가지고 있다. 그 엔진은 이미 존재하던 물 펌프에서 가져온 것을 알 수 있다.

- 전달기관 : 동력기관에는 증기기관이 어떻게 전후 운동이 바퀴를 돌릴 수 있는 회전 운동으로 변환되는지에 대한 지식이 없었다. 퀴뇨는 이 문제를 해결했고, 1769년에 그가 6년 전에 만든 모델을 기반으로 실물 크기의 시제품을 만들었다.
- 작동기관 : 증기자동차는 철제 테두리로 된 세 개의 바퀴를 가지고 있다. 두 개의 바퀴는 뒤에 있고 하나의 바퀴는 앞에 있다. 바퀴들은 대포 운송기에서 가져왔다.
- 제어기관 : 앞바퀴를 돌리기 위한 손잡이는 배의 핸들 설계에서 가져왔다.

증기 자동차는 4톤을 끌 수 있었고 최대 시속 4km의 속도로 운행할 수 있었다. 그 무거운 운송 수단은 뒤에 두 개 그리고 앞에 하나의 바퀴를 갖고 있었다. 앞바퀴는 두 개의 실린더가 달린 엔진으로 증기 보일러를 지탱했고 핸들에 의해서 조종되었다. 퀴뇨의 운송 수단은 작동은 했지만 계속 움직이기 위한 충분한 증기 압력을 재생산하기 위해서는 매 10~12분에 한 번씩 멈추어야 했다. 그 운송수단은 결국 조종불능으로 정원 벽을 붕괴시키는 세계 최초의 자동차 사고를 냈다.

그림 3-5-3 최초의 자동 운송수단인 증기자동차는 1769년 프랑스 발명가 니콜라 조제프 퀴노에 의해 만들어졌다.

### 예제 3-5-2 : 최초의 비행기(그림 3-5-4)

- 동력기관 : 라이트 형제의 자전거 가게에 있던 정비공 찰리 테일러는 라이트 형제와 깊은 협의를 하고 엔진을 만들었다. 무게를 충분히 가볍게 하기 위해서 엔진 블럭은 그 당시 거의 사용되지 않았던 알루미늄으로 주조되었다. 라이트/테일러 엔진은 기화기나 연료 펌프가 없는 현대 연료 분사 시스템의 초기 버전이었다. 휘발유는 날개 지지대 위에 받쳐진 연료 탱크에서 엔진까지 고무관을 따라 크랭크실 안으로 중력을 이용해 공급되었다. 라이트 형제가 이미 존재하는 휘발유를 연료로 사용하는, 내연식의 엔진에 약간의 부차적 변화를 이용했다고 말할 수 있다.

- 전달기관 : 프로펠러 구동 체인은 아주 튼튼한 자가용 구동 체인 제조업자에게 공급받았다.
- 작동기관과 제어기관 : 날개와 조정 가능한 방향타는 글라이더의 개선된 디자인에서 가지고 온 것들이다. 비행기는  날개의 뒤틀림과 움직이는 방향타를 사용하여 돈다. 라이트 형제는 이동 가능한 수직 방향타의 진짜 목적을 발견했다. 그것의 역할은 비행기의 방향을 바꾸는 것이 아니라 경사 선회하는 동안, 그리고 선회나 풍향 방해로부터 수평화 할 때 글라이더를 똑바로 조준하고 정렬하는 것이었다. 방향의 실질적 변화는 날개의 뒤틀림을 이용한 롤 조종으로 되었다. 그 원리는 보조 날개가 날개의 뒤틀림을 대체할 때도 유지되었다.

라이트 형제는 조선술의 프로펠러로 비행기 프로펠러 설계의 시제품을 사용했다.

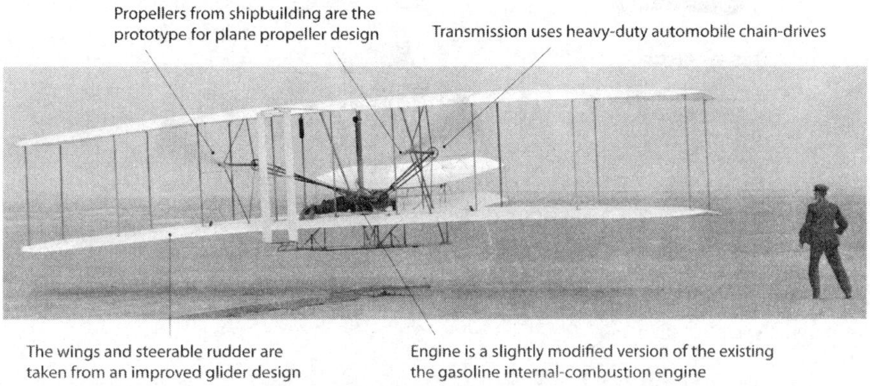


그림 3-5-4. 최초의 비행기가 라이트 형제에 의해서 만들어졌다.

## 세 번째 조치

이미 존재하는 시스템에서 선택된 모든 부분과 새로운 시스템을 위해 디자인 된 부분들 사이의 모든 상호작용(기능들)의 매개변수들을 동기화함으로써 새로운 시스템을 디자인 하라.

그 부분들의 성공적인 조합만이 새로운 시스템을 실행 가능하게 할 것이다. 새롭게 창조된 시스템은 새로 태어난 아이와 같다. 처음에 몇몇 부분은 잘 작동하지 않고 모든 것이 조화롭지는 않을 것이다. 최초의 자가용, 비행기, 동력 구동식 배들은 처음에는 엔진이 느렸고 전송장치는 에너지를 너무 많이 사용했으며, 에너지가 오직 몇 개의 매개변수들만 조절할 수 있었다. 그러한 상황 속에서도 새로운 시스템들을 엄청난 희망을 주었다. 왜냐하면 부분들의 독창적 조합은 성공적이었기 때문이다.

새로운 시스템 발전의 첫 단계를 마치기 위해서는 새로운 시스템을 위한 가장 간편한 구조와 형태가 반드시 정의되어야 한다. '비행기에 몇 개의 날개가 더 적절한가?', '자동차에 몇 개의 바퀴가 최상인가?', '어떤 엔진이 가장 효율적인가?' 등이 그것이다.

### ➽ 예제 3-5-1 : 자동차 (그림 3-5-5)

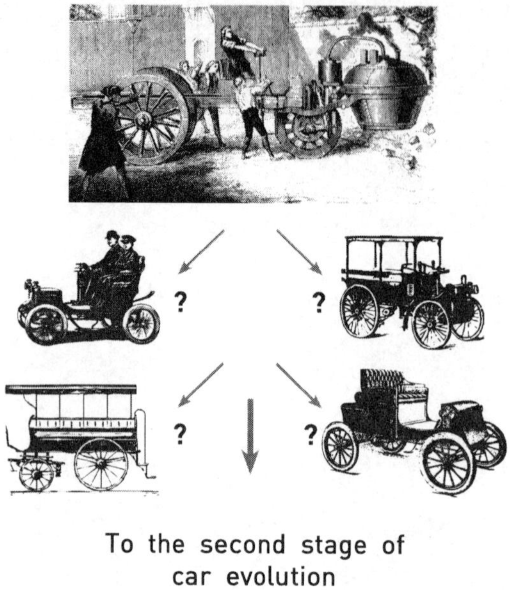


그림 3-5-5.
자동차 진화의 첫 번째 조치에서, 자동차의 가장 편리한 구조와 구성이 정의되었다. 몇 개의 바퀴가 최적인가, 어떤 엔진이 선택 되어야 하는가, 등등.

### ➽ 예제 3-5-2 : 비행기 (그림 3-5-6)

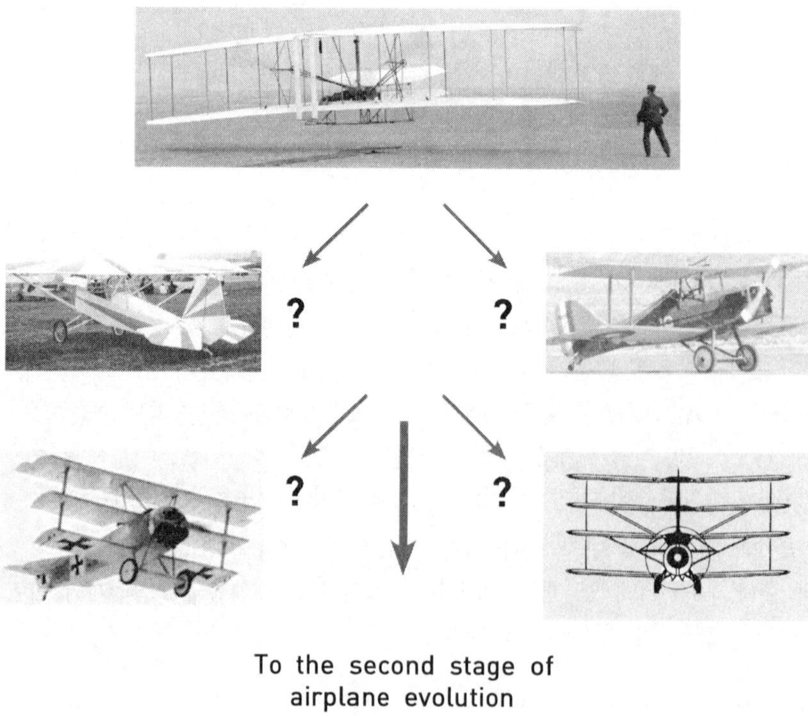


그림 3-5-6.
비행기 진화의 첫 번째 조치에서, 비행기의 가장 편리한 구조와 구성이 정의되었다. 몇 개의 날개가 더 적절한가, 어떤 엔진이 선택되어야 한다, 등등.

## 3.5.2 시스템 진화의 두 번째 단계 - 부분들의 개선과 발전

첫 단계 진화 동안, 발명가들은 새로운 시스템 창조를 위해 주로 기존에 존재하는 시스템의 부분들을 사용한다. 엔진은 원래 자동차를 위해 디자인 된 것이 아니었다. 또한 변속기, 제어기관, 섀시 또는 바퀴도 그러했다. 비행기, 배 그리고 다른 시스템도 이와 같다고 할 수 있다.

두 번째 단계는 시스템을 독창적이고 독특하게 만드는 시스템 부분들의 개선과 개발에 관한 것이다. 엔진은 처음으로 발명된 것은 아니지만 자동차에 최상으로 사용 되도록 다시 디자인 되어졌다. 변속기, 제어기관, 섀시, 바퀴도 마찬가지다. 발명가들은 시스템의 개별적인 요소들을 향상시킬 방법뿐만 아니라 요소들간의 관계를 최적으로 활용하는 방법을 찾는다. 최적의 재료, 크기 등등을 찾을 것이다. 발명가들은 다른 목적과 상황을 위한 특화된 시스템 그룹들을 만들어낸다.

### 예제 3-5-1 : 자동차

자동차 진화의 두 번째 단계에서 다른 목적과 상황을 위한 다른 시스템 그룹을 인지할 수 있다. 그것들은 각각의 차이점에 맞춰서 특별히 디자인된 부분들을 가진다(그림 3-5-7).

그림 3-5-7. 자동차 진화의 두 번째 단계는 개선과 발전에 관한 것이다.

### 예제 3-5-2 : 비행기

비행기 진화의 두 번째 단계에서 특별히 디자인된 부분들의 서로 다른 그룹들은 다른 목적과 상황을 위해 개발되었다. (그림 3-5-8).

그림 3-5-8. 비행기 진화의 두 번째 단계는 개선과 발전에 관한 것이다.

## 3.5.3 시스템 진화의 세 번째 단계 - 시스템의 역동화(dynamization)

시스템 진화의 세 번째 단계에서, 시스템의 특수 요소들이 그들의 구별되는 이미지들을 잃기 시작한다. 영구적으로 연결되도록 사용되었던 부분들이 유연한 연결을 갖는 부분으로 바뀐다. 고정된 요소들은 더 유연하고 더 역동성을 가진다. 연결부들이 강성 구조에서 수가 증가하면서 유연성 있는 시스템으로 진화가 전개된다.

### 예제 3-5-1 : 자동차

주요 도시의 거리 위를 보면, 각각의 차량과 유연한 연결을 보여주는 복합 버스와 트롤리버스들의 예제를 볼 수 있다. 린스피드 프레스토 승용차는 3미터 안 되는 길이에 두 개의 좌석을 가진 로드스터에서 3.7미터의 4개의 좌석으로 몇 초 만에 스스로 변한다. 또한 현재 90도로 돌 수 있는 몸체와 바퀴를 가진 콘셉트 자동차들도 있다. BMW는 딱딱한 금속 몸체 판을 유연한 것으로 바꾸겠다고 발표했다. 물론, 디자이너들이 유연한 몸체를 갖고 있는 자동차에 대해 이야기하고 생각한 적은 있다. 이 차는 사무실 코너에서 사람을 태울 수도 있고, 펼치지 않은 채로 밖에 가지고 나가서 집에 올 때는 운전해 올 수 있다. 결국 주차 공간을 찾을 필요도 표를 살 필요도 없게 된다.

### 예제 3-5-2 : 비행기 (그림 3-5-9)

현재의 비행기 디자인은 유연성 적용이 매우 다양하다. 디자이너들은 성능을 향상시키기 위해서 C-47 운송 비행기에 가변 피치 프로펠러를 사용한다. AV-8B Harrier는 제트 추진장치의 방향을 바꾸어 수직 이륙이 가능하다. 가장 최신의 군용 비행기는 구부러지는 날개 형태를 장착하고 있다. 몇몇 비행기(Concord, TU-144)의 기체 앞면은 최대의 속도를 위해 위 또는 아래로 움직일 수 있다.

틸트로터 비행기는 추가적인 상승력과 추진력을 얻기 위해 고정된 날개의 끝에 있는 회전 축 위에 장착된 한 쌍의 동력 회전날개를 사용한다. 그래서 수직 상승 능력을 종래의 고정된 날개 비행기의 스피드와 범위에 결합한다. 수직 비행을 위해서, 회전 날개는 헬리콥터 회전 날개와 비슷하게 들어 올리는 상승 추진력을 제공하기 위해 구부러져 있다. 비행기가 속도를 얻을 때, 회전 날개는 그것이 기체에 수직하게 될 때까지 점진적으로 앞으로 기울어진다. 이러한 모드에서, 날개는 상승력을 제공하고, 회전 날개는 추진력을 제공하는 프로펠러의 역할을 한다.

그림 3-5-9. 비행기 진화의 세 번째 단계는 비행기 설계의 역동화와 향상된 유연성이다.

## 3.5.4 시스템 진화의 네 번째 단계 - 시스템의 자기 제어(Self-control)와 자기 발전(Self-development)으로 진화

비행기의 경우 아직 4번째 단계에 도달하지 않았다. 하지만 로켓 우주선이 작동하는 동안 스스로를 재조립하고, 불필요한 단계들을 버리며, 궤도에 오르면 태양열 판이 달린 날개를 펼치고, 착륙 모듈을 분리하게 할 수 있기 때문에 진화를 위한 몇몇 아이디어들을 인지할 수 있다. 물론, 이것들은 그들의 연구 과정에서 자기발전을 할 수 있는 시스템 창조의 첫 단계이기도 하다

## 3.6 요약

❖ 시스템 진화 법칙의 적용은 디자이너들이 시스템 발전 과정에서 많은 시행착오를 반복하는 것을 피하게 한다.

❖ 이상적인 시스템과 이상해결책은 일치하지 않고 트리즈에서 다르게 사용된다.

- 이상해결책(IFR) 1은 요소-X와 문제 설명 모델을 위한 ARIZ-85C (3.1 단계 )에서 사용된다.
- 강화된 이상해결책(IFR) 1은 요소-X를 사용가능한 물질-장 자원으로 대체하는 문제 설명 모델을 위해 ARIZ-85C(3.2 단계)에서 사용된다.
- 이상해결책(IFR) 2는 가능한 컨셉 설명의 모델을 위한 ARIZ-85C (3.5 단계)에서 사용된다.
- 이상성 증가의 법칙으로 정의된, 이상적인 시스템은 공통적인 필요조건을 충족시킨다: 작동하기 위한 에너지를 필요로 하지 않는다, 생산하고 작동하는데 아무런 비용도 들지 않는다. 장소를 차지하지 않는다.

❖ 시스템 진화 법칙을 모두 만족시킬 때 시스템의 이상적인 이미지를 만들어 낼 수 있다.

❖ 이상적인 시스템은 실제 설계 해결책을 포함하는 시스템의 이상적인 이미지이다. 현존 시스템부터 이상적인 시스템까지 그 과정은 길 수 있고, 많은 중요한 단계들(주어진 시스템 세대의 S자 곡선과 이런 커브들의 특정 포인트)을 포함할 수 있다.

❖ 진화와 발전을 말할 때, 우리는 자연적 시스템과 인공적으로 만들어지는 시스템의 차이점을 인지하지 못한다. 우리는 두 가지 주요 차이점을 알게 된다.

- 다른 "설계자들"

  자연 시스템 진화의 경로를 완벽하게 따라간다는 것은 능력 밖의 일이다. 이 경로들의 진정한 가치는 무엇인가? 빅뱅이 일어나기 전, 우주는 팽창하는데 적절한 모든 프로그램을 갖춘 완전한 씨앗이었다. 이것을 진화의 과정이라고 볼 수 있는가? 확신할 수 없다. 더 정확하게, 해답을 갖고 있지 않다. 만약 그렇다면 컴퓨터에 의한 만들어지는 모든 것들은 진화의 산물인가?

- 완벽도의 차이

  당연히 자연 시스템은 이상적인 시스템이다. 그 시스템은 우리가 이해할 수 없는 것들로 창조되었다. 자연 시스템은 단지 이미 존재하는 자원들을 생존하고 발전하기 위해 사용할 뿐이다. 수천 년에 걸쳐 창조된 우리의 문명 중 거의 대부분은 자연을 따라하려는 시도이다. 사실 이것이 인공적으로 창조된 시스템들이 이상적인 시스템으로 되려면 한참 모자란 주요 이유이다.(그림 3-6-1)

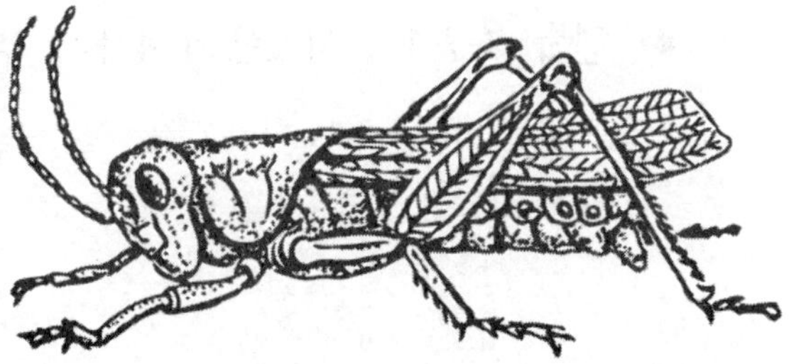

그림 3-6-1. 메뚜기 모델(과학박물관, Boston, MA)은 실제 메뚜기보다 길이가 50배 더 길다. 실제 곤충이 자기 몸의 길이보다 100배의 길이를 뛸 수 있게 갑작스런 반동을 할 수 있는 뒷다리의 힘센 근육을 보아라. 당신은 당신 키의 100배 이상의 거리-500~600 피트(160~200미터)-를 뛴다는 상상을 할 수 있는가?

또한 인공적으로 창조된 시스템에 대해 이야기 할 때 트렌드, 진화의 법칙 그리고 발전에 대해 이야기한다. 이것이 이 인공적으로 창조된 시스템들의 발전을 더 잘 이해하고, 설명하고, 예측(우리는 더 완벽한 시스템을 창조하려고 고군분투하기 때문에)할 수 있는 방법이다.

❖ 시스템 진화 법칙 대부분은 자연 시스템 발전 법칙의 관측 가능한 것들에서 가져온 것이다(더 정확하게는 자연 시스템들이 어떻게 발전하는지에 대한 원리들로부터). 하지만 인공적으로 창조된 시스템의 설계자들로서, 이러한 법칙들의 적용을 통해 시스템들의 발전과 진화를 다룰 수 있다.

❖ 이상적인 시스템은 우리가 추구하는 방향이다: 어느 때나 어떠한 특정 프로젝트를 위해서든, 진정으로 필요한 것을 만들어내며, 그 이상도 이하도 아니다. 그렇기 때문에 그 당시 그 특정한 순간에 주어진 그 시스템은 완벽한 설계이다.

❖ 시스템 발전에는 네 가지 단계가 있다.

- 새로운 시스템을 위한 부분들의 선택.
- 기존의 시스템에서의 특별한 부분의 개선.
- 시스템 역동화.
- 자동 제어, 자기 발전 시스템으로의 진화.

## 3.7 연습문제

### ➽ 연습 3-7-1 : 시스템의 4가지 주요 부분

다음 시스템들의 4가지 주요 부분들을 정의해보시오.(동력기관, 전달기관, 작동기관, 제어기관) :

- 전투용 탱크 (그림 3-7-1)
- 양초 (그림 3-7-2)
- 전구 (그림 3-7-3)

그림 3-7-1.
전투용 탱크

그림 3-7-2.
양초

그림 3-7-3.
전구

## ➽ 연습 3-7-2 : 동기화된 파라미터들

다음 시스템들의 동기화된 파라미터들을 정의해보시오.

- 캐나다 거위들 (그림 3-7-4)
- 우주 왕복 수송기 (그림 3-7-5)
- 증기 기관차 (그림 3-7-6)
- 비행기들 (그림 3-7-7)
- 오케스트라 (그림 3-7-8)
- 오토바이 (그림 3-7-9)
- 파이프 오르간 (그림 3-7-10)
- 백조 가족 (그림 3-7-11)

그림 3-7-4. 캐나다 거위들

그림 3-7-5. 우주 왕복 수송기

그림 3-7-6. 증기 기관차

그림 3-7-7. 비행기들

그림 3-7-8. 오케스트라

그림 3-7-9. 오토바이

그림 3-7-10. 파이프 오르간

그림 3-7-11. 백조 가족

## 연습 3-7-3 : 시스템의 이상적인 이미지

다음 시스템들의 이상적인 이미지를 정의해보시오.

- 집 (그림 3-7-12)
- 우주 왕복선 (그림 3-7-13)

그림 3-7-12. 집

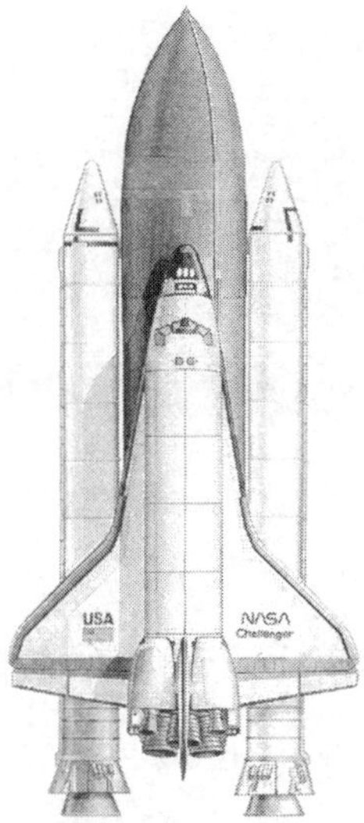


그림 3-7-13. 우주 왕복선

## 연습 3-7-4 : 단일 시스템에서 이중, 다중 시스템으로의 전이

다음 시스템들이 단일 시스템에서 이중, 다중 시스템으로 전이되는 것에 대해 설명하고, 전이로 얻어진 새로운 특징들에 대해 설명해 보시오.

- 사람
- 돈
- 회사
- 국가
- 엔진의 실린더
- 컴퓨터

## 연습 3-7-5 : 로마의 길 (그림 3-7-14)

로마의 길들은 보통 몇 개의 층으로 이루어져 있다. 바닥의 두 층은 편평한 돌과 그 위에 둥근 돌이다. 4번 째 층은 더 작은 둥근 돌로 되어 있다. 가장 위층은 도로 재료로 이루어져 있다. 모든 층들은 연결되어 있고 회반죽으로 붙어져 있다. 로마인들이 세계에서 가장 훌륭한 건축 시스템을 개발했는지 시스템 진화 법칙을 적용해 설명해 보아라.

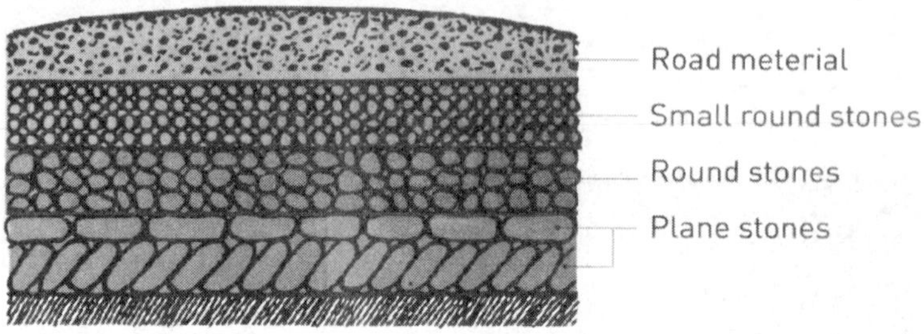


그림 3-7-14. 로마 길의 구조.

## ➽ 연습 3-7-6 : 시스템 진화의 네 가지 단계

다음 시스템들에서 적절한 진화 단계를 정의해 보고, 왜 그런 선택을 했는지 쓰고, 진화의 다음 단계로 나아갈 수 있게 해줄 현재 시스템의 가능한 변화에 대해 설명해 보시오.

- 오케스트라 (그림 3-7-8)
- 전투용 탱크 (그림 3-7-1)
- 달 착륙선 (그림 3-7-15)

그림 3-7-15. 달 착륙선

# 모순 - 진화의 원천

## (Contradictions-Source of Evolution)

*"Contradiction is a criterion of truth, the absence of contradiction - criterion of error"*

*--------Hegel*

# 4

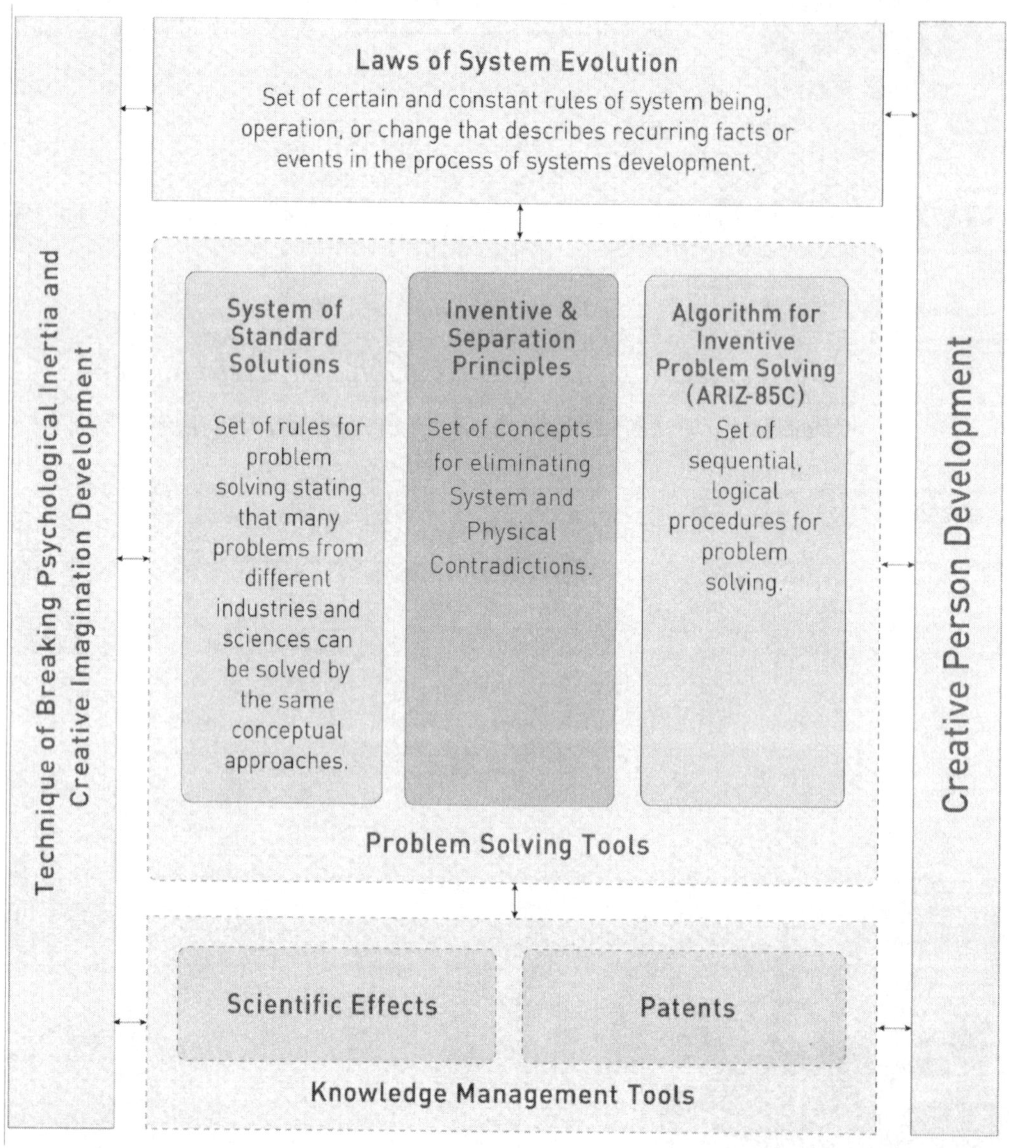
Technique of Breaking Psychological Inertia and Creative Imagination Development
Laws of System Evolution
Set of certain and constant rules of system being, operation, or change that describes recurring facts or events in the process of systems development.
System of Standard Solutions
Set of rules for problem solving stating that many problems from different industries and sciences can be solved by the same conceptual approaches.
Inventive & Separation Principles
Set of concepts for eliminating System and Physical Contradictions.
Algorithm for Inventive Problem Solving (ARIZ-85C)
Set of sequential, logical procedures for problem solving.
Problem Solving Tools
Scientific Effects
Patents
Knowledge Management Tools
Creative Person Development

## 4.1 소개

아침에 일어나는 것은 하루의 첫 번째 모순을 제공한다. 침대에서 나와야 할까 아니면 다시 잠을 잘까 하는 마음. 침대에서 나와야 하는 이유는 많다. 출근, 등교, 아이에게 밥 먹이기 등등. 여기서 다시 잠들 때 까지 많은 선택과 그것에 따르는 모순들을 생각한다. 아마도 모순들은 꿈속에서도 계속 될 것이다.

5분 전에 아내가 나를 불러 전화를 받을 것인지 아니면 이 단원을 계속 쓸 것인지에 대한 선택을 하라고 했다. 그녀는 어떤 색의 신발을 사야할지를 물어보았다. 흰색 아니면 노란색. 흰색 신발은 여러 스타일과 여러 색깔의 옷에 잘 어울린다. 하지만 노란색이 나에게는 더 흥미롭다. 아내는 결국 노란색을 샀다. 그리고 2주 후에 그 신발들을 바꾸었다.

모든 문제를 다른 선택들을 통해 갈등이나 모순으로 만들 수 있다. 첫 번째 선택은 어떤 것에는 좋지만 또 어떤 것에는 안 좋다. 두 번째 선택도 마찬가지다. 휴가를 어디로 떠날 것인가? 어떤 사람과 결혼해야 할 것인가? 내 시간을 어떻게 써야할 것인가; 책을 쓰면서, 아니면 야구 게임을 보면서? 책을 쓰는 것은 독자들과 내 사업을 위해서 좋다. 하지만 나는 내 야구팀을 너무 사랑한다. 야구 게임을 보러가는 것은 내 여가에는 좋다. 하지만 그것은 독자와 사업에는 좋지 않다. 모든 삶의 모순과 최선의 대안 선택에 있어 어려움을 경험한다.

그렇기 때문에 삶은 모순의 연속이다. 인간이 창조한 시스템들(제품, 프로세스 또는 서비스) 역시 모순들을 포함하고 있다. 시스템 개발의 모든 단계도 모순들을 가지고 있다. 우리의 삶에서 모순들은 반드시 해야 하는 선택들 사이의 차이점들이다. 여기서 만들어낸 시스템 속에서, 모순들은 시스템 파라미터들 사이의 차이점들이다. 알트슐러는 이러한 파라미터 차이점들을 시스템 모순이라고 불렀다. 여러 트리즈 출판물에서 이런 유형의 모순들이 다른 이름들로 쓰여 있는 것을 발견할 수 있다. 예를 들면 기술 모순, 공학 모순 등이다. 이 책에서는 시스템 모순을 쓰기로 한다. 왜냐하면 내 생각에 이 용어가 가장 정확하게 시스템 속의 모순을 반영하기 때문이다.

수천가지의 문제들, 제품들 그리고 과정들을 연구한 뒤에 겐리흐 알트슐러는 시스템 모순을 야기하는 39개의 가장 빈번히 사용되는 파라미터들을 정의했다. 그는 약 40개의 근본적인 발명원리 중 하나를 사용하면 문제들을 계속 해결할 수 있다는 것을 발견했다. 주어진 시스템 모순에 발명원리들 중 어느 것을 사용할지 찾기 위해 알트슐러는 모순의 행렬표를 만들어냈다. 알트슐러의 행렬표를 이용해서 이 조합들(비록 몇 개의 조합은 발명원리들을 추천하지 못하지만)을 해결할 가장 적절한 발명원리를 밝힐 것 같은 모순되는 파라미터들의 조합을 선택한다. 4.2에서, 시스템 모순과 발명원리들을 자세하게 살펴본다.

시스템 모순을 정의하고 관련된 발명원리들을 검토하는 것이 어느 정도 해결 개념을 제공할 것이다. 비록 좋은 아이디어를 찾았지만 거기에서 멈추지 않을 것이다. 대신, 시스템 모순을 만들어낸 각각의 갈등하는 파라미터들을 개별적으로 분석할 것이다. 어떤 파라미터를 처음으로 분석해야 할까? 그것은 주어진 케이스의 상황과 요구조건에 달려있다. 만약 문제가 실제로 존재한다면 선택된 파라미터의 가치들의 차이에서 발생한 갈등일 것이다. 하나의 파라미터에 있는 이 갈등은 물리적 모순이다. 4.3에서 물리적 모순이 정의되고, 가장 많이 사용되는 5개의 분리 원리가 설명된다.

2007년에 Invention Machine Corporation의 연구조사 팀(저자를 포함)이 4.4에서 설명되고 있는 소프트웨어 모순을 발견했다. 시스템 모순을 설명하는 같은 구조를 사용하고 있는 소프트웨어 모순은 가장 많이 사용되는 24개 소프트웨어 파라미터와 소프트웨어 모순을 해결하는 40개의 소프트웨어 원리, 그리고 소프트웨어 모순의 갈등 파라미터들의 여러 조합 테이블을 포함하고 있다. Invention Machine Corporation은 고맙게도 이 정보를 이곳에 사용하도록 허락해 주었다.

## 4.2 시스템 모순

### 4.2.1 시스템 모순 - 파라미터들의 전쟁

시스템 모순은 한 시스템에서 두 개 이상의 파라미터들 사이의 갈등이다. 한 시스템에서 한 파라미터의 개선은 그 시스템에서 다른 파라미터들의 요건들과 모순 관계에 있다.

#### ➽ 예제 4-2-1 : 이층 마차(그림 4-2-1)

<u>시스템 모순</u> :

높은 이층 마차는 일반 마차보다 두 배 더 많은 손님들을 운송할 수 있다. 하지만 그 높이 때문에 코너를 돌 때 안정적이지 못하다.

<u>모순 파라미터</u> :

마차의 높이 ← → 마차의 안정성

그림 4-2-1. 이층 마차

#### ➽ 예제 4-2-2 : 버스(그림 4-2-2)

<u>시스템 모순</u> :

긴 버스는 많은 승객들을 태울 수 있다. 하지만 기동성이 좋지 않다.

갈등 파라미터 :
버스의 길이 ← → 버스의 기동성

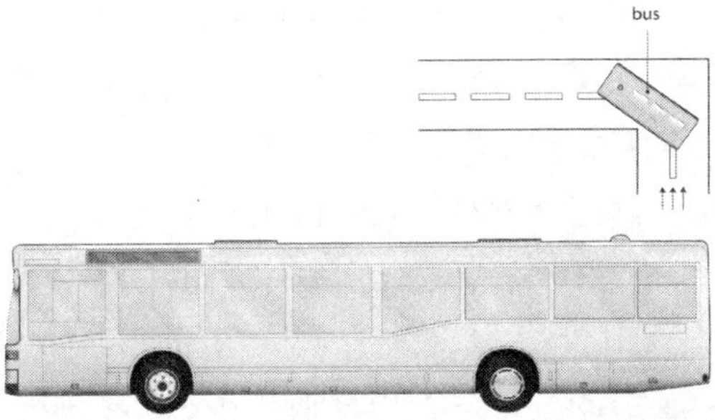


그림 4-2-2. 긴 버스

## ➽ 예제 4-2-3 : 책가방(그림 4-2-3)

그림 4-2-3. 여학생과 책가방

**시스템 모순 :**

학교 가방은 많은 책과 공책 등을 담기 위해서 충분한 부피를 갖고 있어야 한다. 하지만 많은 책들의 크기는 큰 무게를 초래한다. 그리고 학생들의 등과 어깨에 더 큰 부담을 준다.

**모순 파라미터 :**

책가방의 부피 ← → 책가방의 무게

## ➽ 예제 4-2-4 : 비행기(그림 4-2-4)

모든 비행기 설계자는 비행기가 이륙하는데 필요한 활주로의 길이를 어떻게 줄일까에 관심이 있다. 이륙은 날개 위 기류의 속도를 날개 아래보다 더 높게 하는 기능이다.

**시스템 모순 :**

비행기가 이륙하는 데 필요한 활주로의 길이를 감소시키는 것은 들어오는 공기의 높은 속도를 필요로 한다. 이것은 더 강한 엔진 추진력을 필요로 한다. 더 강한 엔진 일수록 보통 더 무겁고 더 많은 연료를 소비한다.

**모순 파라미터 :**

이 예제는 몇 가지 갈등 파라미터들을 갖고 있다.

- 비행기의 속도 ← → 엔진 추진력
- 비행기의 속도 ← → 연료 소비
- 비행기의 속도 ← → 엔진의 힘
- 엔진 추진력 ← → 연료 소비

그림 4-2-4. 비행기의 이륙

트리즈는 시스템 모순과 수천가지 제품 및 프로세스에서 발생하는 모순들을 해결하기 위한 가장 빈번히 사용되는 파라미터들 39개를 제공한다. 왜 39개의 파라미터 밖에 없는지 궁금할 수 있다. 이 질문에 두 가지 답변이 있다.

1. 수많은 제품과 프로세스(시스템)들의 특징과 기능들을 설명하기 위해서는 수천 개의 파라미터들을 필요로 한다. 하지만 우리는 더 높은 추상적 개념으로 파라미터를 설명할 수 있는 39개의 일반적 리스트에서 하나 또는 그 이상의 대표적인 파라미터를 찾을 수 있다.
2. 수천 개의 파라미터들을 나열하는 것은 수천 개의 모순 파라미터 조합들로 결국 표를 사용할 수 없게 할 수 있다. 39개 파라미터들의 상세한 설명이 시스템 모순을 공식화 하는데 옳은 파라미터를 선택할 수 있도록 도와줄 것이다.

## 시스템 모순을 만들기 위한 파라미터 39개 리스트

**움직이는 대상물** : 대상물이 위치를 바꿀 때

**움직이지 않는 대상물** : 대상물이 위치를 바꾸지 않을 때

1. 움직이는 물체의 무게
2. 정지한 물체의 무게

   지구에 있는 대상물의 무게는 지구가 대상물에 가하는 중력이다.
3. 움직이는 물체의 길이
4. 고정된 물체의 길이

   길이는 물체의 긴 치수이다. 물체의 길이는 그것의 양 끝 사이의 거리이다; 끝과 끝에서 측정된 직선의 정도. 길이는 높이(물체의 수직적 정도)나 너비(길이에 수직으로 물체를 가로질러 측정한 한쪽에서 다른 한쪽의 거리)와는 구분된다. 물리학과 공학에서 길이라는 단어는 거리와 같은 단어로 사용되고, 심볼 $\ell$이나 L과 관련되어있다.
5. 움직이는 물체의 면적
6. 고정된 물체의 면적

   공간은 표면 부분의 크기를 표현하는 물리적 양이다. 표면 공간은 물체의 노출된 부분의 총합공간이다.
7. 움직이는 물체의 부피
8. 고정된 물체의 부피

   부피는 고체 물체의 그것이 얼마나 공간을 차지하는지에 대해 수량화되는 3차원 개념이다. 3차원 공간의 제로 용량은 1차원 물체(선)와 2차원 물체(정사각형)에 할당되어 있다. 직선과 원 모양의 부피는 산술식을 이용하여 계산된다. 다른 곡선 모양의 부피는 적분수학을 이용하여 계산한다.

9. 속력

속력은 움직임의 비율 또는 위치를 바꾸는 비율이다. 속력은 주로 단위 시간 (t)당 움직인 거리 (d)로 표현된다. 속력은 또 초당 회전수로 표현될 수도 있다. 속력은 시간당 거리 양을 가진 스칼라의 양이다; 속력에 대한 등가적인 벡터양이 속도이다. 속력은 속도와 같은 물리적 측정 단위로 측정된다, 하지만 속도와 관련된 방향적 요소는 포함하지 않는다. 그렇기 때문에 속력은 속도의 크기 요소이다. 속력은 또 시간 속의 프로세스나 동작의 비율이다.

10. 힘

힘은 시스템들 사이의 상호작용을 측정한다. 힘은 그것을 벡터양으로 만들어주는 크기와 방향 모두를 갖고 있다. 뉴턴의 제 2 법칙에 따르면 물체는 그것에 대해 움직이는 알짜 힘에 비례해서, 그리고 대상물의 질량에 반비례해서 가속화 할 것이다. 3차원 대상물에 작용하는 힘은 그 대상물들을 회전, 변형, 또는 압력의 변화를 초래할 수 있다. 축을 중심으로 회전을 일으키는 힘의 경향은 회전력이다.

11. 응력/압력

응력은 물체의 변형을 일으키는 가해진 힘(결합된 힘)이다. 응력은 이러한 가해진 힘이나 결합된 힘에 대한 물체의 내부적 저항이다. 압력은 하나의 물체에 다른 접촉하는 물체에 의한 계속된 힘의 적용이다. 압력은 표면에 균일하게 적용되고, 단위 면적 당 힘으로 측정된다.

12. 형상

형상은 외부적 윤곽이다. 형상은 물체의 겉모습이다. 공간에 위치해 있는 물체의 형상은 외부적 경계에 의해 정해진 물체에 의해 점령된 공간 부분을 나타낸다. 형상은 색깔, 내용물, 구성 물질, 위치, 공간 안에서의 방향 그리고 크기를 가질 수 있다. 형상은 물체의 외관이나 외부의 표면을 구성하는 모든 점들의 상대적 위치에 따른 특성이다.

13. 물체 구성요소의 안정성

물체의 구성요소는 물체의 구조를 제공하는 요소들의 정밀한 결합이다. 물체 구성요소의 안정성은 주어진 기간 동안 요소들의 정밀한 결합이다.

14. 강도

강도는 깨지지 않으려는 저항이다. 그것은 물리적으로 강하려는 상태, 속성, 성질이다. 강도는 또한 변형과 물체 응력에 저항하기 위한 힘이다.

15. 움직이는 물체의 지속성

16. 고정된 물체의 지속성

17. 온도

온도는 몸이나 환경의 뜨거움이나 차가움의 정도이다. 온도는 또한 물질에서 입자들의 평균 운동 에너지의 양이다. 이것은 표준자(standard scale)에 지정된 단위들이나 정도로 표현된 것이다. 과학적

용어에서 온도는 단순히 뜨거움과 차가움의 정도가 아니라 분자 운동과 에너지 흐름의 지표이다. 열과 함께 있을 때 온도는 보통의 뜻과는 많이 다른 과학적인 정의를 필요로 한다. 온도는 시스템 안에 있는 평균 분자 병진운동에너지의 양이다. 이것은 모든 물질 속에 들어있다. 에너지는 열과 관련된 열에너지를 포함한 여러 형태에서 나타난다. 열은 한 물체에서 다른 물체, 더 구체적으로 말하면 더 높은 온도의 시스템에서 더 낮은 온도를 가진 시스템으로 흐르는 내적 열에너지이다.

18. 조도

조도는 입사광에 노출된 표면상의 어떤 지점에서의 단위 면적당 광속, 그리고 어떤 주어진 부분의 차단 표면에서의 단위 면적당 광속이다. 조도는 또 환경의 가시도(可視度, degree of visibility)이다.

19. 움직이는 물체에 의한 에너지 이용

20. 고정된 물체에 의한 에너지 이용

에너지는 특정한 일을 수행해야 한다.

21. 동력

단위 시간당 수행하는 일

22. 에너지 손실

에너지가 다른 상태로 바뀔 때 손실된다.

23. 물질의 손실

시스템 재료, 물질, 부분들, 하위시스템들의 몇몇 손실.

24. 정보의 손실

데이터나 데이터 접근에 대한 손실.

25. 시간의 손실

분석된 활동(프로세스, 작동)의 현재 작동하는 지속시간과 잠재적 지속시간의 차이.

26. 물질의 양

물질의 양은 물질의 총량이다. 재료 수량이라고도 불리는데, 이것은 한 샘플 안에 있는 입자수의 무한의 표현이다. 입자들은 주로 원자들이지만 양성자, 중성자, 전자가 될 수도 있고, 쿼크처럼 더 근본적인 입자일 수도 있다. 트리즈에서 물질의 양은 시스템의 부분 또는 하위시스템으로 불린다. 물질의 양은 분자 같은 복합 입자의 면에서 표현될 수 있다.

27. 신뢰성

일반적으로, 신뢰성은 시스템이 일반적인 상태에서 뿐만 아니라 어렵거나 예상치 못한 상황에서도 그것의 기능을 수행하고 유지하는 능력이다. IEEE는 신뢰성을 "어떤 시스템이나 요소가 특정한 기간 동안 주어진 상황에서 요구된 기능을 수행하는 능력"이라고 말한다.

28. 측정의 정확도

측정의 정확도는 실제 값의 양적 측정의 근사이다.

29. 제조의 정밀도/정확도

제조의 정밀도/정확도는 시스템이나 대상물의 파라미터들의 실제 수치가 특정되거나 요구된 파라미터들의 수치에 맞는 정도를 의미한다.

30. 외부로부터 물체에 작용하는 유해한 인자

물체의 요구된 측면들을 감소시키는 외부적 사건들.

31. 물체에 의해 생성된 유해한 인자

물체의 외부적 환경에 유해한 영향을 초래하는 물체에서 생성된 작용들.

32. 제조의 편의성

제조의 편의성은 요구된 비용과 품질의 레벨로 일정하게 생산하기 위한 프로세스 역량, 기계 또는 설비의 유연성 그리고 전체적인 능력 특징들의 조합이다.

33. 사용의 편의성

사용의 편의성은 제품이나 시스템의 사용에 관한 편의를 측정한다. 국제적 표준인 ISO 9241-11는 편의성에 대한 가이드라인을 제공하고 그것을 "제품이 특정 사용자에 의하여 사용의 특정 상황에서 효과성, 효율성 그리고 만족성을 가지고 특정 목표를 성취하는데 사용되는 정도"라고 정의한다.

34. 수리성

수리되고, 회복되고 교정되는 능력.

35. 적응성

변화하는 환경에 맞추기 위해 바꾸거나 바뀌는 능력. 높은 적응력을 갖고 있는 시스템은 다양한 환경에 여러 가지 방법으로 사용될 수 있다.

36. 장치의 복잡성

장치의 복잡성은 다른 유사 장치와 비교해 그 장치가 만들어지기 어려운 상대적인 어려움이다. 복잡성은 장치 설계에서 거의 모든 단계에 영향을 미친다. 그러므로, 복잡성의 좋은 평가에 대한 요구가 있다.

37. 제어와 측정의 복잡성

제어와 측정의 복잡성은 주어진 파라미터의 수치를 측정하기 위해 사용된 요소들의 수와 측정과 제어에 필요한 시간에 직접적으로 비례한다.

38. 자동화 수준

산업화의 범위 내에서, 자동화 수준은 기계화보다 한 단계 더 앞서있다. 기계화가 인간 작동자에게 기계로 작업의 물리적 요건들을 수행하면서 그들을 돕게 했다면, 자동화는 인간의 지각적 정신적 투입에 대한 필요를 엄청나게 줄였다. 자동화, 로봇화 또는 산업적 자동화는 산업적 기계나 프로세스를 제어하기 위한 컴퓨터 같은 엔지니어링 시스템의 사용이다. 결국 인간 작동자를 대체한다.

39. 생산성

생산성은 사용된 투입 단위당 생산된 결과(좋은 제품이나 제공된 서비스에 관한)의 양이다. 생산성은 경제 번영의 기초적인 척도이다. 생산성이 향상되면 생활수준은 오르게 된다. 전통적으로, 노동 생산성은 노동자당 산출 또는 노동시간당 산출로 측정되었다. 산출은 수 톤의 강철에서부터 수 마일 날아간 항공사까지 어느 것이나 될 수 있다. 향상된 생산성은 가격을 낮추게 되고 제품들은 더 널리 사용될 수 있다. 예를 들어, 자동차는 처음에는 수제였고 부자들만 이용할 수 있었다. 생산성이 향상되면서 자동차의 가격이 떨어졌고, 자동차는 일반 대중들에게 널리 이용될 수 있었다.

트럭의 작동은 39개 파라미터들의 짝들을 사용하여 시스템 모순을 어떻게 만들어 내는지를 보여준다(그림 4-2-5). 시스템 분석의 시작점부터 시스템 모순의 공식까지 네 개의 기본 단계가 있다.

그림 4-2-5. 트럭

**1단계**

주어진 시스템(트럭)의 파라미터 리스트를 만들어라 :

- 속도
- 연료 소비
- 공기마찰
- 화물의 무게
- 엔진의 힘
- 안전성

**2단계**

파라미터를 선택하고 그것의 값을 바꾸어라 :

속도 ↑→ 증가

**3단계**

변화된 파라미터와 리스트에 있는 다른 파라미터 사이의 상호작용을 분석하라. 갈등되는 짝들을 선택하라. 각각의 갈등 짝들이 시스템 모순(System Contradiction: SC)이다.

속도 ↑ ↔ 연료소비 ↑ ⇛ 갈등 (SC)

속도 ↑ ↔ 공기 저항 ↑ ⇛ 갈등 (SC)

속도 ↑ ↔ 화물의 무게 ↓ ⇛ 갈등 (SC)

속도 ↑ ↔ 엔진의 힘 ↑ ⇛ 갈등 (SC)

속도 ↑ ↔ 안전성 ↓ ⇛ 갈등 (SC)

**4단계**

39개 파라미터 목록에서 가장 적절한 파라미터를 선택하여라. 그 현상을 설명하기 위해 가장 유연한 언어를 사용해라. 만약 시스템 요소들이 목록에서 바로 찾아지지 않으면 추상 수준을 올리는 것을 잊지 말아라.

속도(9. 속도) ↔ 연료소비 (19. 움직이는 대상물에 의한 에너지 이용) ⇛ 갈등 (SC)

속도(9. 속도) ↔ 공기 저항 (11. 응력/압력) ⇛ 갈등 (SC)

속도(9. 속도) ↔ 엔진의 힘 (21. 힘) ⇛ 갈등 (SC)

속도(9. 속도) ↔ 안전성 (27. 신뢰성) ⇛ 갈등 (SC)

두 번째 시스템 모순에 대한 발명원리는 알트슐러의 모순 행렬에서 볼 수 있다. (그림 4-2-46).

## 4.2.2 시스템 모순 제거를 위한 발명원리

발명원리들은 시스템 모순 해결을 위한 추상적인 법칙들이다. 발명원리들은 겐리흐 알트슐러에 의해 그가 수천가지 특허 받은 기술들을 분석한 후에 증명되고 만들어졌다. 여기서 발명원리들이 수천 명의 발명가 사이에서 가장 최고의 그리고 가장 성공적으로 사용된 사례라고 말할 수 있다. 발명원리들은 최고의 발명가들이 문제들(시스템 모순들)을 어떻게 해결했는지에 대한 하나의 해답이다.

## 【40가지 발명원리 리스트】

### 원리 1 분할(Segmentation)

a. 물체를 독립적인 몇 개의 부분으로 나눈다.

b. 물체를 분리하기 쉽게 만든다.

c. 물체의 분할정도를 높인다.

➻ 예제 : 터보 과급기(Turbo-supercharger)

디젤 엔진의 터보 과급기는 배급기의 흐름에 의해 회전하는 터빈을 갖고 있다.

**문제** : 터빈의 날개는 배기가스가 들어가는 터빈 영역에서 과열된다. 이것은 배기가스의 손실을 초래한다.

**원리의 적용** : 단일 입구 대신, 배기가스의 흐름이 덮개 주위의 몇 개 방향으로 들어오게 한다. 터빈 날개의 온도는 균일해지고, 가스 손실은 사라져 터빈의 효율성은 향상된다(그림 4-2-6).

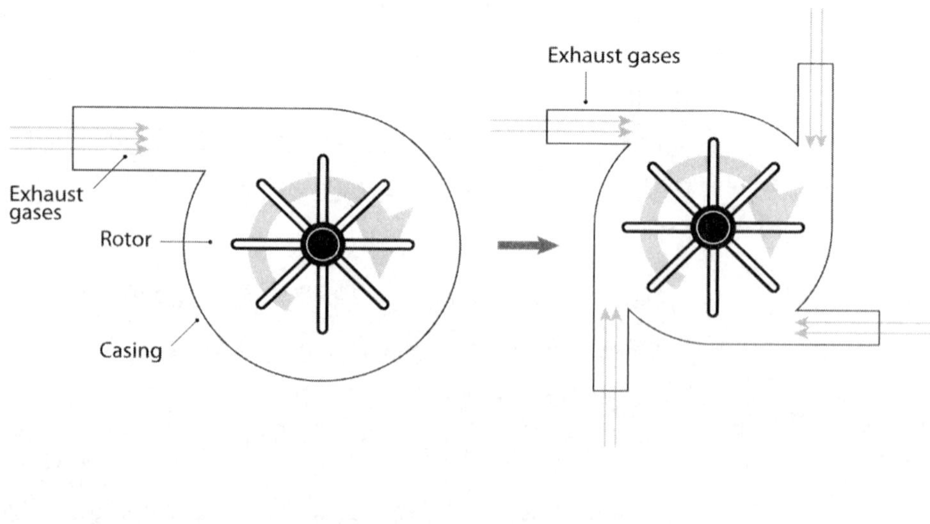


그림 4-2-6. 왼쪽에 있는 터보 과급기는 배기가스의 흐름을 위해 하나의 입구만 있다. 오른쪽에는 네 개의 입구가 있다.

### 원리 2 분리 / 제거 / 추출(Separation / Taking out / Extraction)

a. 대상물에서 방해가 되는 부분이나 특성을 추출한다.

b. 대상물에서 필요한 부분이나 특성만을 추출한다.

●➔ 예제 : 묶여진 인공위성

**문제** : 동일한 우주선을 사용해서 여러 위치에서 우주 탐험을 한다.

**원리의 적용** : 우주선이 묶여진 인공위성을 발사시킨다. 이 인공위성은 2차 궤도에 오르게 되고, 통신 케이블에 의해 우주선에 장착되어진다. 그렇게 하나의 우주선으로 여러 가지 연구들을 할 수 있게 한다(그림 4-2-7).

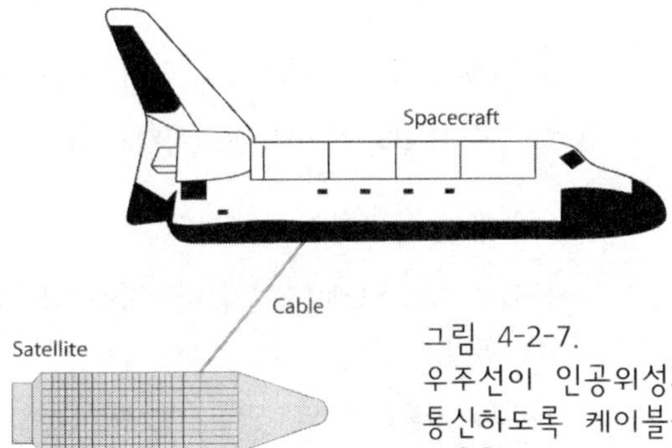


그림 4-2-7.
우주선이 인공위성과 통신하도록 케이블을 사용한다.

## 원리 3 국부적 품질(Local quality)

a. 물체의 구조나 환경·외부적인 영향을 균일한 것에서 균일하지 않은 것으로 바꾼다.

b. 물체의 각 부분들이 각각의 작동에 가장 적합한 조건에서 작동하도록 한다.

c. 물체의 각 부분들이 서로 다른 기능을 유용하게 수행하게 한다.

●➔ 예제 : 균일한 가열을 위한 균일하지 않은 권선(winding)

**문제** : 적외선램프는 반도체 웨이퍼에 열을 가한다. 웨이퍼의 가장 자리는 더 빨리 식고, 가운데의 온도는 더 높게 올라간다.

**원리의 적용** : 웨이퍼의 균일한 가열이 요구된다. 만약 램프의 가열 요소가 가장자리에서 더 조밀하게 감겨져 있다면, 램프는 중심부보다 가장자리에서 더 많은 열을 발생시킬 것이다. 이는 웨이퍼의 전체적 표면에 균일한 온도를 발생시킬 것이다(그림 4-2-8).

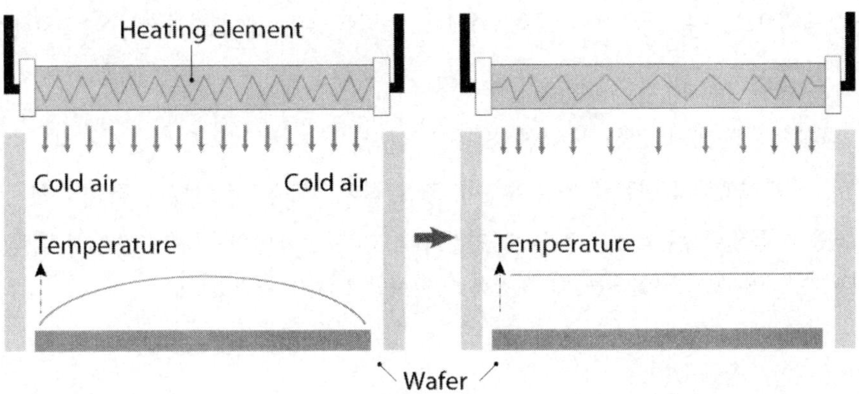


그림 4-2-8.
균일하지 않은 가열 요소인 권선(오른쪽)은 웨이퍼의 가장자리의 온도 손실을 보충한다.

## 원리 4 대칭변경 / 비대칭(Symmetry Change / Asymmetry)

a. 물체의 형상을 대칭에서 비대칭으로 변경한다.

b. 물체이 비대칭이면 비대칭의 정도를 높인다.

↠ 예제 : 비대칭적 칩 실장

**문제** : 리드 프레임 위에 대칭적인 칩 실장은 접지 리드의 높은 인덕턴스때문에 스위치 동작 지연을 초래한다.

**원리의 적용** : 만약 칩이 비대칭적으로 실장된다면, 접지 리드의 길이는 다른 리드들 보다 더 짧아진다. 이는 접지 리드의 인덕턴스와 스위치 동작 지연을 감소시킨다(그림 4-2-9).

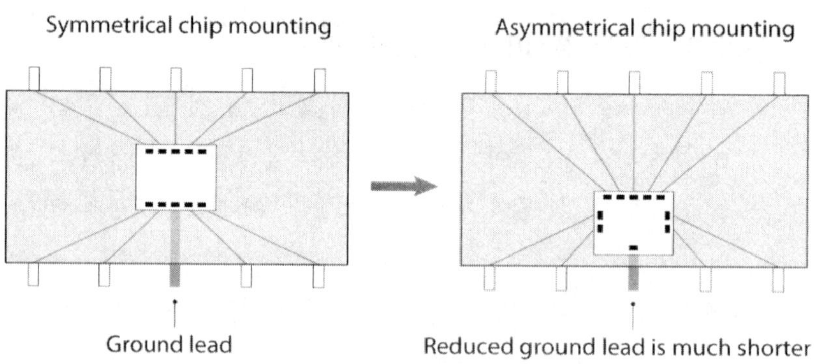


그림 4-2-9. 비대칭적 칩 실장(오른쪽)은 접지 리드 인덕턴스와 스위치 동작 지연을 감소시킨다.

## 원리 5 병합 / 합병(Merging / Consolidation)

a. 동일한 또는 유사한 대상물들을 더 근접시키거나 병합하고, 동일한 또는 유사한 부분들을 병렬적 동작을 수행하기 위하여 조립한다.

b. 동작을 연속적으로 또는 병렬적으로 수행하거나, 동일한 또는 유사한 대상물들을 시간적으로 통합한다.

↠ 예제 : 하나의 프레임 위에 동일한 칩들을 실장

**문제** : 두 개의 평행하게 연결된 동일한 전류 조절 집적 회로는 너무 많은 공간을 차지한다.

**원리의 적용** : 동일한 핀 배치도 위치에 연결하여, 리드 프레임의 양면에 평행하게 두 개의 집적회로를 실장한다. 이 새로운 설계는 적은 공간을 차지한다(그림 4-2-10).

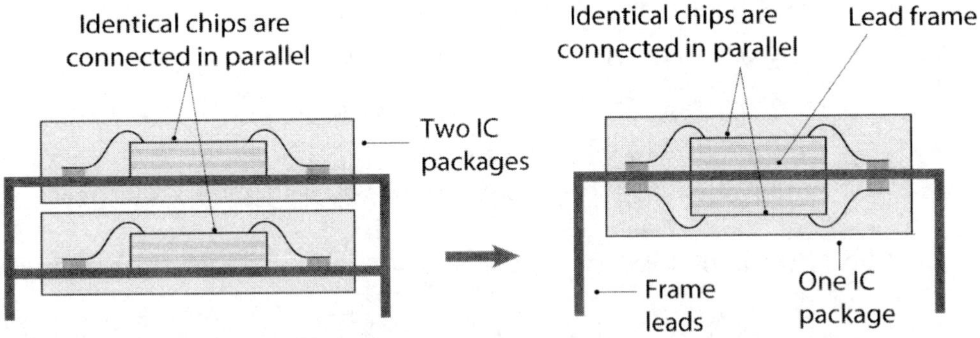


그림 4-2-10. 두 개의 리드 프레임과 두 개의 패키지(왼쪽)을 사용하는 것 대신 하나의 리드 프레임과 하나의 패키지가 두 개의 집적회로 (오른쪽)를 실장하기 위해 사용되었다.

## 원리 6 다용도 / 보편성(Multifunctionality / Universality)

a. 물체의 한 부분이 여러 가지 기능들을 수행하게 한다.

b. 다른 부분·물체들의 필요성을 제거한다.

- 예제 : 반도체 웨이퍼의 냉각

**문제** : 특수한 웨이퍼 냉각 요소가 기술적인 장치를 더 복잡하게 만든다.

**원리의 적용** : 웨이퍼 냉각을 위해 작동기체 흐름을 사용한다. 작동(예, 시약) 기체 흐름은 웨이퍼의 뒷면으로 지나가서 냉각시킨다(그림 4-2-11).

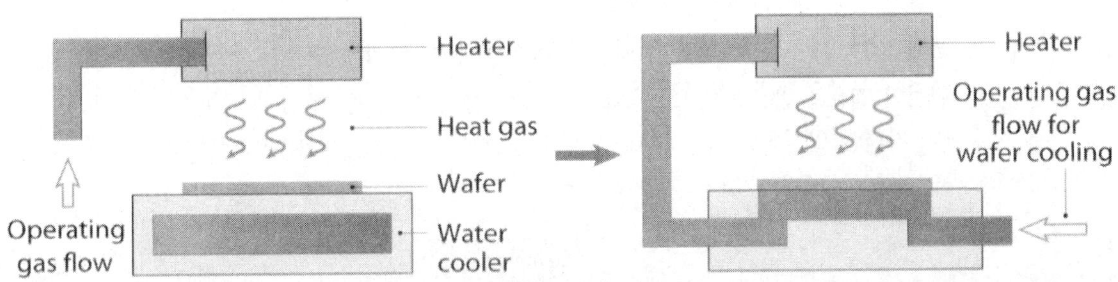


그림 4-2-11. 오른쪽에 있는 작동 기체는 웨이퍼를 냉각시키고 물의 필요성을 없애는 추가적인 기능을 수행한다.

## 원리 7 포개기(Nested doll)

a. 한 물체를 다른 물체에 넣는다. 각각의 물체를 차례로 다른 물체 속에 넣는다.

b. 한 부분이 다른 부분의 빈 공간을 통과한다.

➻ 예제 : 트렌치 캐패시터(trench capacitor) 전극들의 형성

**문제** : 실리콘 웨이퍼 캐패시터의 정전 용량을 캐패시터의 크기를 늘리지 않고 증가시킨다.

**원리의 응용** : 하나가 다른 하나의 안에 교대로 적층되는 유전체 및 전도성 층들로 구성되도록 마이크로 전자 캐패시터를 형성한다. 전도성 층들은 전기적으로 연속적으로 연결되어 있다. 이런 캐패시터는 높은 총 정전용량을 갖고, 상대적으로 작은 크기를 갖는다(그림 4-2-12).

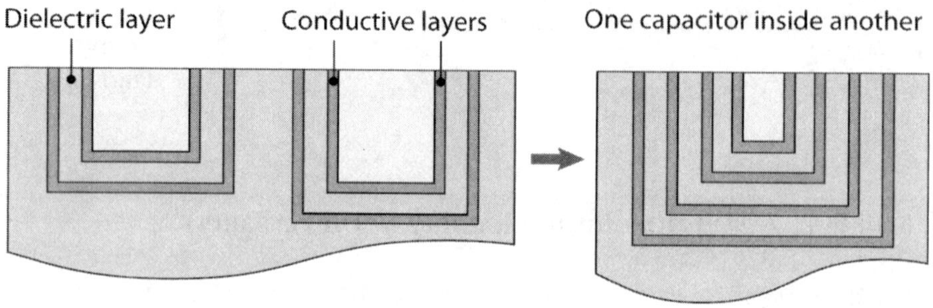


그림 4-2-12. 단일 층에서 복수 층으로의 캐패시터 설계의 전이는 크기의 증가 없이 정전용량을 증가시킨다.

## 원리 8 무게 보상(Weight compensation)

a. 대상물의 무게를 보상시키기 위해서, 상승력을 제공하는 다른 대상물과 결합한다.

b. 대상물의 무게를 보상하기 위해서, 외부 환경(공력, 수력, 부력 및 다른 힘들을 사용)과 상호작용하도록 한다.

➻ 예제 : 웨이퍼의 음파 공중부양

**문제** : 웨이퍼들은 높은 온도 때문에 반응장치 요소들과의 접촉을 통해서 오염된다.

**원리의 적용** : 반응장치 요소들과 웨이퍼가 접촉 할 수 없게 음파 속에서 웨이퍼 공중부양을 사용한다. 강력한 압전변환기(경적(horn))의 음향 진동은 반응장치의 바닥에 있는 구멍들을 통과해 웨이퍼를 공중으로 부양시킨다(그림 4-2-13).

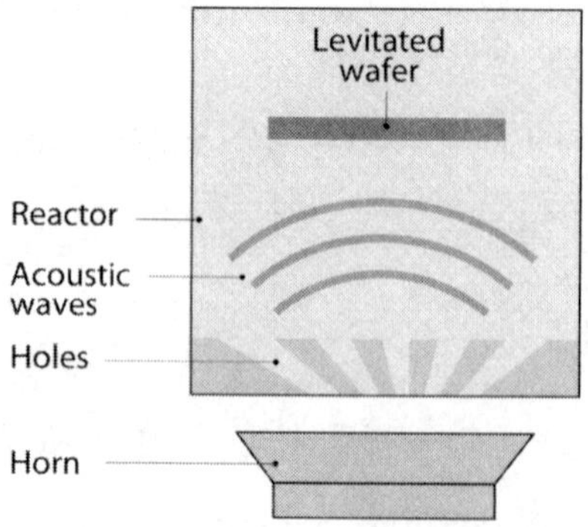


그림 4-2-13. 음파는 웨이퍼를 들어 올리고 반응장치의 요소들과의 접촉을 방지한다.

## 원리 9 사전반대조치(Preliminary counteraction / Preliminary anti-action)

a. 유해한 효과와 유익한 효과를 가진 조치를 수행할 필요가 있다면, 우선 유해한 효과를 제어할 수 있는 반대조치를 시행한다.

b. 동작을 취하기 전에, 동작을 취하는 동안 알려진 바람직하지 않은 작동 응력들에 반하는 물체 내의 응력을 만들어라.

### ●▸ 예제 : 나노미터 주기 광학 격자

**문제** : 나노미터 주기 격자는 전통적인 미세 패턴기술과 에칭으로는 기판 표면 상에 제조될 수 없다.

**원리의 적용** : 알루미늄비소(AlAs) 또는 갈륨비소(GaAs)의 선택적 에칭에 의한 나노미터 주기 격자를 만들도록 알루미늄비소 또는 갈륨비소의 에피택셜 구조를 성장시킨다(그림 4-2-14).

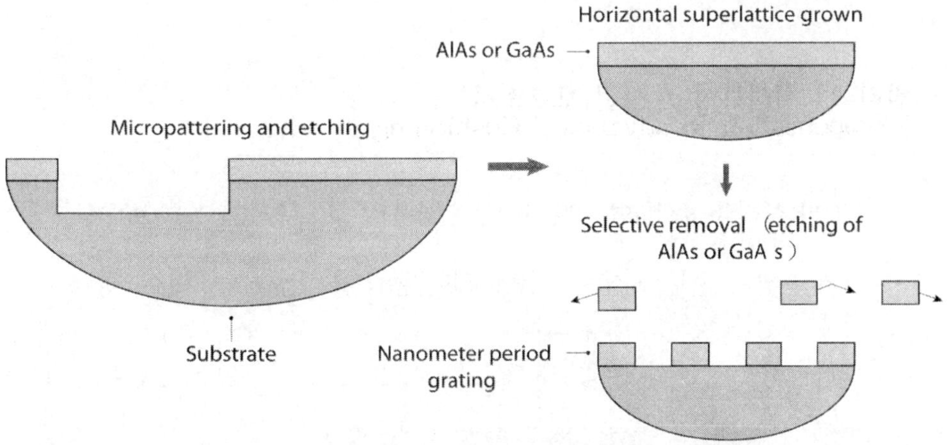


그림 4-2-14. 오른쪽에는 선택적 에칭을 수반하는 에피택셜 기술을 사용하여 나노미터 주기 격자가 기판 표면 상에 제조된다.

## 원리 10 사전조치 / 미리 해두기(Preliminary action / Do it in advance)

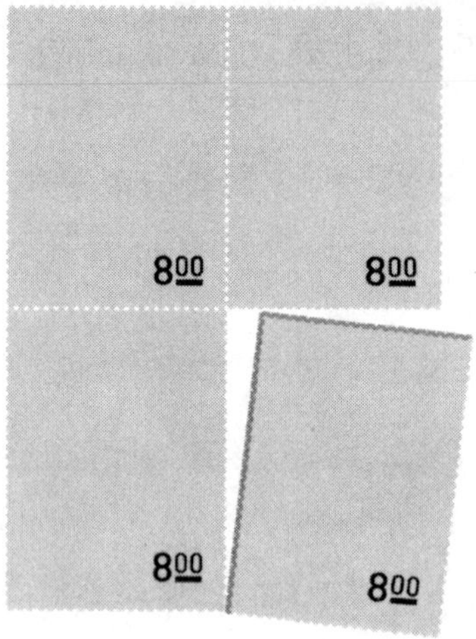


그림 4-2-15. 종이 위에 매우 작은 구멍들로 펀칭되어 있는 절취선은 단순히 종이를 접고 구멍 난 선을 따라 찢으면 더 작은 부분들로 나눌 수 있게 해준다.

a. 물체에 요구되는 변화를 미리 (전부 또는 부분적으로) 수행한다.

b. 운반에 시간을 소비하지 않고 신속하게 동작을 취할 수 있도록 편리하게 물체를 미리 배열한다.

↠ 예제 : 절취선이 있는 우표

**문제** : 우표들은 큰 시트지 위에 인쇄되지만 이것들을 사용하기 위해서는 깔끔하기 나누어 져야 한다.

**원리의 적용** : 각각의 우표 주위의 절취선은 각각의 우표들이 쉽게 분리되도록 만든다(그림 4-2-15).

## 원리 11 사전보상 / 사전 보호조치 (Compensation in advance / Cushioning in advance)

미리 비상수단을 준비하여 어떤 대상물의 상대적으로 낮은 신뢰성을 보상한다.

↠ 예제 : 발포 고무 물질은 얼음에 의한 손상을 막는다.

**문제** : 아스팔트 압축기 롤러는 그 무게를 늘리기 위해 물로 채워져 있다. 하지만 겨울에 물이 얼었을 때 팽창하는 얼음은 롤러를 손상시킬 수 있다.

**원리의 적용** : 탄성 발포 물질을 롤러 안에 미리 넣어 둔다. 롤러 안에 있는 물이 얼 때, 얼음의 팽창은 롤러의 벽에 압력을 가하는 대신 발포 물질을 압축시킨다(그림 4-2-16).

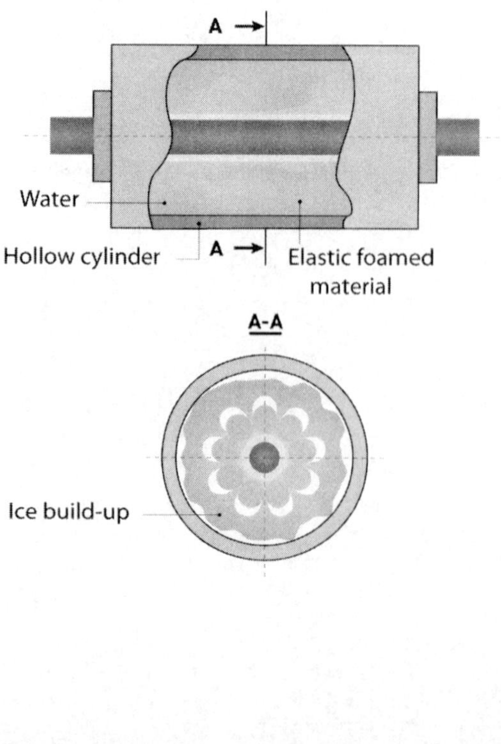


그림 4-2-16. 롤러 안에 장착된 탄성 발포 물질은 얼음의 팽창을 보상하고 롤러의 손상을 방지한다.

## 원리 12 등위성(等位性, Equipotentiality)

포텐셜 장(potential field)에서 위치 변화를 제한한다(예를 들면, 중력장에서 대상물을 들어 올리거나 내릴 필요가 없도록 작업조건을 변경시킨다).

↠ 예제 : 광반도체소자

**문제** : 발광다이오드(LED)로부터의 어떤 빛이 LED의 동작을 관찰하고 조절하는데 사용되는 광검출기로 향한다. 하지만, 빛이 검출기 위의 평평한 표면에 의해 다이오드로 다시 반사되고, 결국 LED의 동작 파라미터에 영향을 미친다.

**원리의 적용** : 구형 렌즈를 LED와 광검출기 사이에 배치한다. 다이오드에서 나오는 빛은 렌즈에 의하여 집광되어, 방출된 빛을 관찰하고 조절하는 광검출기로 향한다. 렌즈의 구형 표면은 빛을 여러 방향으로 반사시키지만 LED 쪽으로 반사시키지는 않는다(그림 4-2-17).

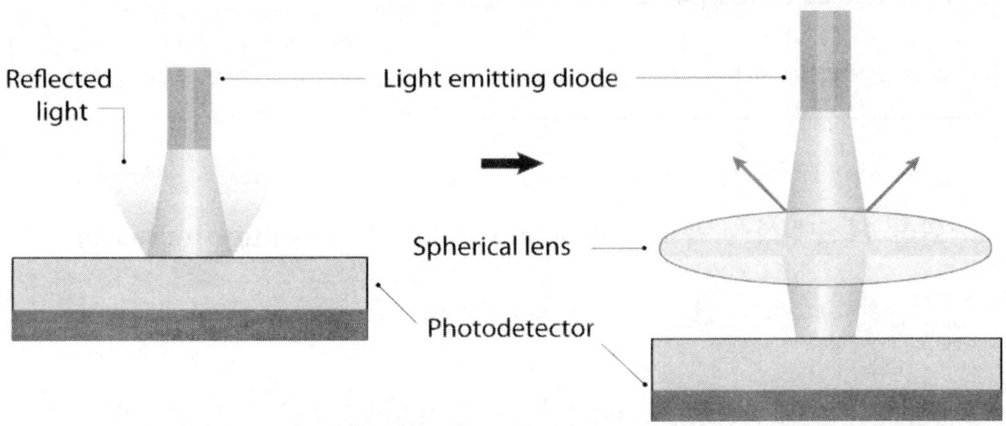


그림 4-2-17. 렌즈의 구형 표면은 LED쪽을 제외한 다양한 방향으로 빛을 반사시킨다. 그러므로 LED의 동작 파라미터는 영향을 받지 않는다.

## 원리 13 반대로 하기 / 거꾸로(Do it in reverse / 'The other way around')

a. 문제를 해결하기 위해 사용되었던 조치를 반대로 한다(예: 물체를 냉각시키는 것 대신 열을 가한다).

b. 이동 가능한 부분(또는 환경)을 고정시키고, 고정된 부분을 이동 가능하게 한다.

c. 물체(또는 공정)의 위와 아래를 뒤집는다.

↠ 예제 : 프로펠러 엔진이 반대방향으로 배치된 항공기

**문제** : 프로펠러 난기류가 항공기 날개위의 기류를 방해한다.

**원리 적용** : 견인식 형태(tractor configuration)로 구성된 항공기는 프로펠러가 앞쪽을 향하고 있으

며, 항공기가 공기 중으로 끌려가도록 엔진을 장착한다. 일반적인 형태와는 반대로, 프로펠러는 뒤를 향하고 있고 항공기를 공기 중으로 밀어낸다. 이런 밀어내기식 형태는 프로펠러 난기류가 날개 위의 기류를 방해하지 못하게 한다(그림 4-2-18).

Supermarine 'Spitfire' MK. IX is an aircraft constructed with a **tractor configuration**

Republic RC-3 Seabee, is an aircraft constructed with a **pusher configuration**

그림 4-2-18. 밀어내기식 형태로 구성된 해병대 합동 비행기 Republic RC-3 Seabee는 뒤를 향하는 프로펠러의 앞에 엔진을 장착한다. 기체는 앞쪽으로부터의 장력이 아닌 뒤쪽으로부터의 압축에 의한 힘으로 앞으로 날아간다.

## 원리 14 구형화 / 곡률 증가(Spheroidality / Curvature increase)

a. 직선부분이나 표면을 곡선으로, 평면을 구면으로, 입방체를 구상체로 이용한다.

b. 롤러, 볼, 나선형과 돔을 이용한다.

c. 직선운동을 회전운동으로 바꾼다. 원심력을 이용한다.

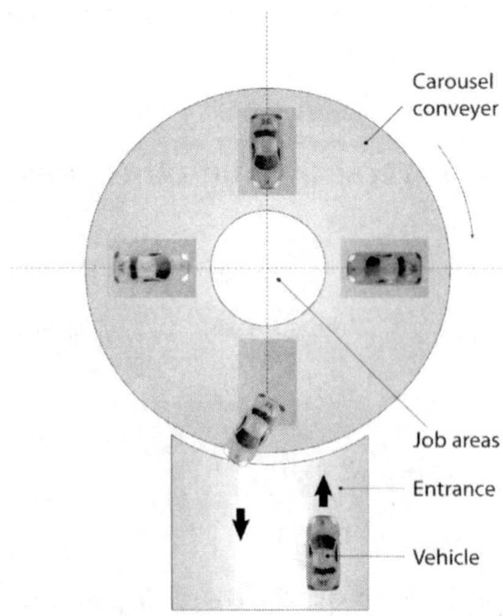


그림 4-2-19. 회전식 컨베이어는 자동차 보관 작업을 위해 필요한 공간을 줄인다.

•• 예제 : 회전식 컨베이어

**문제** : 자동차의 보관을 위한 관습적인 직선의 컨베이어는 상당한 바닥 공간을 필요로 한다.

**원리의 적용** : 회전식 컨베이어는 자동차 보관 작업을 위해 필요한 공간을 줄인다(그림 4-2-19).

## 원리 15 역동성 (Dynamic part / Dynamisation)

a. 물체의 특징들, 외부 환경 또는 프로세스를 물체를 최상으로 만들거나 최상의 동작 조건을 얻을 수 있게 하거나 디자인 한다.

b. 상대적 위치를 서로 바꿀 수 있는 요소들로 물체를 분할한다.

c. 물체이나 프로세스가 움직일 수 없거나 유연성이 없으면, 움직일 수 있거나 변통성 있게 한다.

⇝ 예제 : 운동용 기밀구조

**문제** : 샤프트 케이스 연결부위는 바꿀 수 없는 점도를 가진 유체를 담고 있는 유연한 외피로 밀봉되어 있다. 점도는 변함이 없기 때문에 밀봉의 정도는 제어할 수 없다.

**원리의 적용** : 전기 유변학적(electro-rheological) 유체와 전기장을 사용한다. 전압을 인가하여 전기 유변학적 유체의 점도와 연결부위 밀봉의 정도를 조절한다(그림 4-2-20).

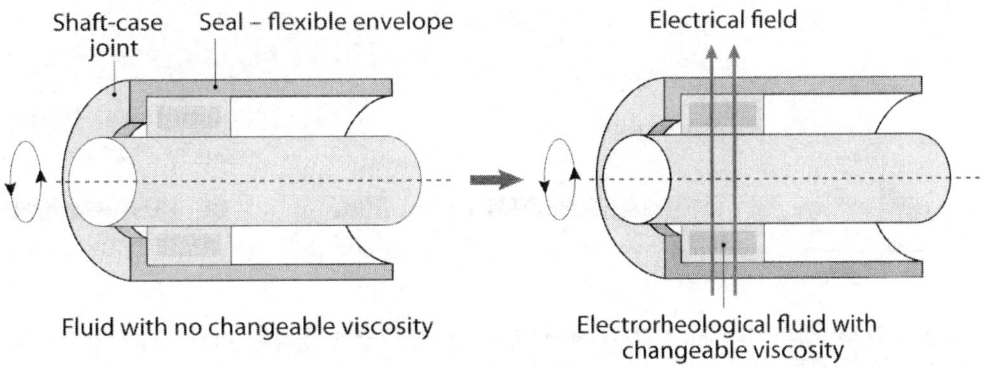


그림 4-2-20. 전기 유변학적 유체와 인가된 전기장은 연결부위의 밀봉된 정도를 바꾼다.

## 원리 16 과부족조치(Partial / Excessive actions)

주어진 방법을 사용하여 100%의 효과를 얻기 어렵다면, 그 방법을 약간 적게 또는 약간 과하게 사용한다.

⇝ 예제 : 과잉 아크 절단

**문제** : 플라즈마 아크가 두께 가변적 금속(파이프 같은)을 자를 때, 프로세스의 시각적 제어는 불가능 하다. 결함이 발생(두꺼운 금속은 완벽히 관통되어 잘리지 않을 수 있다)할 수 있다.

**원리의 적용** : 절단 프로세스의 결함을 없애기 위해서 최대 전력 조건에서 이러한 재료를 자른다.("과잉" 전력을 사용한다)(그림 4-2-21).

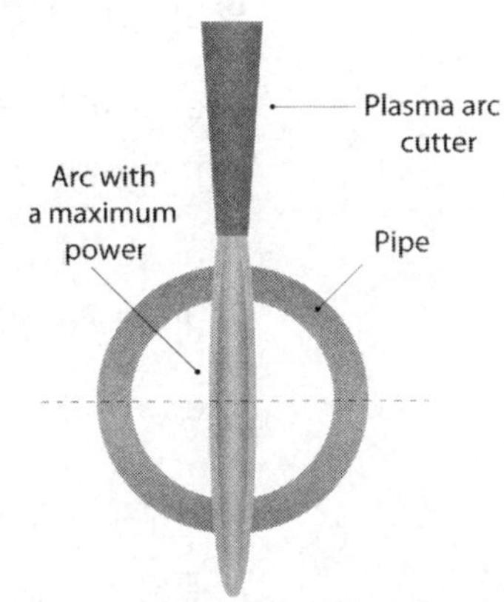


그림 4-2-21. 플라즈마 아크 절단기의 최대 전력은 절단 과정의 결함을 없애준다.

**원리 17 차원변경 / 새로운 차원으로 전이**
**(Dimensionality change / Transition into a new dimension)**

a. 물체를 2차원에서 3차원으로 바꾼다.

b. 물체를 3차원에서 2차원으로 바꾼다.

c. 물체를 단층배열 대신 다층배열을 사용한다.

d. 물체를 기울이거나 방향을 새롭게 한다(예를 들면, 옆으로 눕힌다).

e. 주어진 면적의 다른 면을 이용한다.

↠ 예제 : 하이브리드 마이크로 회로

**문제** : 효율적인 마이크로 칩에 대한 꾸준한 요구가 있었다.

**원리 적용** : 저항기와 캐패시터를 칩의 표면에 위치시키면 하이브리드 집적 마이크로 회로 요소의 배선 밀도를 증가시킬 수 있다(그림 4-2-22).

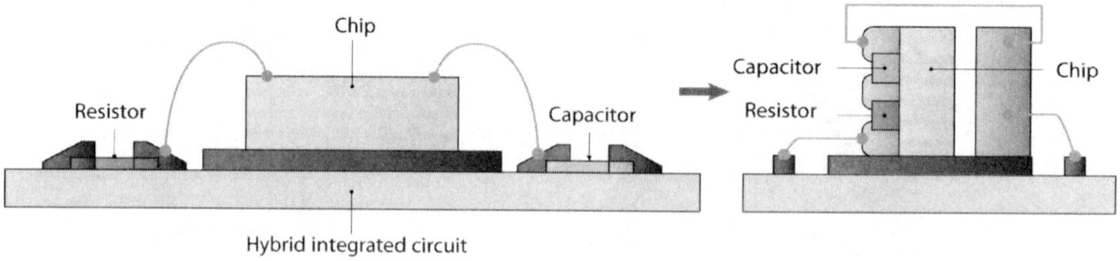


그림 4-2-22. 칩의 표면을 저항기, 캐패시터 그리고 절연체 형성을 위해 사용하면 하이브리드 집적 회로 요소를 위한 배선의 밀도가 증가한다.

**원리 18 기계적 진동(Mechanical vibration)**

a. 물체에 진동을 가한다.

b. 물체의 주파수를 초음파까지 높인다.

c. 물체의 공명주파수를 이용한다.

d. 기계적 진동 대신 압전진동기를 이용한다.

e. 초음파와 전자기장 진동을 함께 사용한다.

↠ 예제 : 무선 전자 장치로부터의 얼음 제거

**문제** : Joule 발열은 무선 전자 장치의 표면으로부터 얼음을 제거(녹이는 것)하는데 사용된다. 이 과정은 엄청난 전기 에너지를 사용한다.

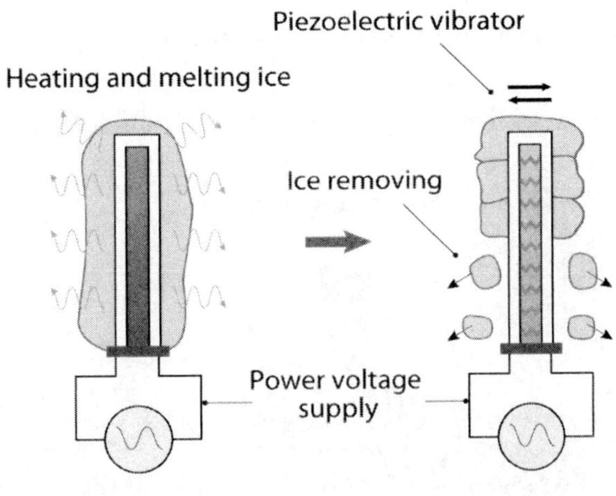


그림 4-2-23. 압전형 진동자가 얼음 제거를 위한 전기에너지 소비를 감소시킨다.

**원리의 적용** : 부서지기 쉬운 얼음 층을 파괴하고 얼음을 제거하기 위해 압전 진동자에 의한 진동을 이용한다. 이 과정은 상당히 적은 에너지를 사용한다(그림 4-2-23).

## 원리 19 주기적 작용(Periodic action)

a. 연속적 동작 대신 주기적이거나 순간 동작을 이용한다.

b. 동작이 이미 주기적이라면 주기의 크기나 주파수를 바꾼다.

c. 추가적인 동작을 할 수 있도록 펄스 사이의 정지 시간을 이용한다.

↠ 예제 : 비대칭 디스크를 사용한 부서지기 쉬운 재료의 절단

**문제** : 얇은 판(300~400 미크론)의 절단은 부서지기 쉬운 재료의 손상을 초래한다.

**원리의 적용** : 절단 동작을 향상시키려면 주기적 작용을 사용해야한다. 복수의 절단 디스크들의 기하학적 중심부들은 하나의 원위에 규칙적인 간격에 따라 위치하고 있다. 그 디스크의 반경은 편심 반지름과 같다. 결과적으로, 절단 디스크는 얇은 판에 연속적으로 접촉하고, 절단 힘을 줄이고, 매우 얇은 판에서 가느다란 조각을 잘라내기 위한 조건을 향상시킨다(그림 4-2-24).

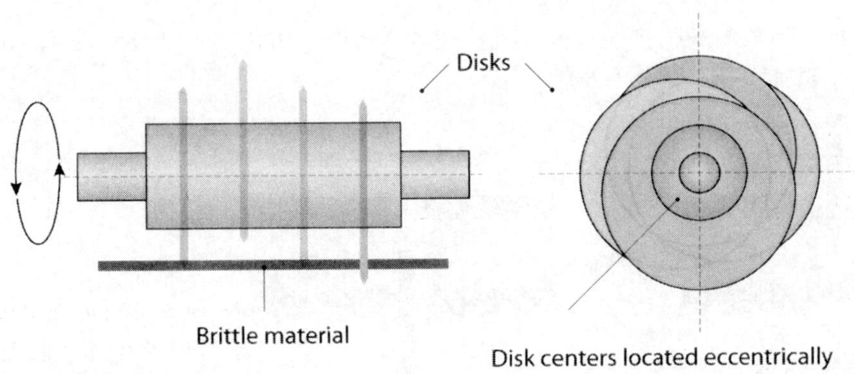


그림 4-2-24. 상궤를 벗어나 위치해 있는 비대칭 디스크는 부서지기 쉬운 얇은 판을 부드럽게 자른다.

## 원리 20 유익한 작용의 지속(Continuity of useful action)

a. 연속적으로 작동하게 한다. 물체의 모든 부분을 계속해서 최대치로 작동하게 한다.

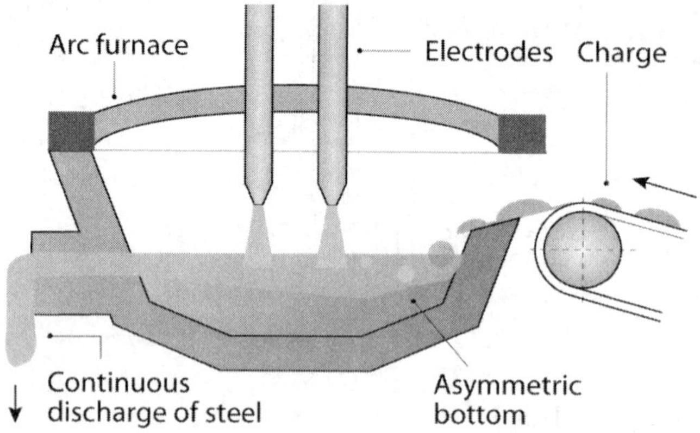


그림 4-2-25. 비대칭 전기로 바닥은 철 생산에 있어서 연속적인 프로세스를 제공한다.

b. 모든 헛된 또는 간헐적인 작용이나 동작을 제거한다.

▶ 예제 : 비대칭 전기로 바닥

**문제** : 용광로에서 금속을 녹이고 배출하는 프로세스는 연속적이어야 한다. 만약 이 프로세스가 간헐적이라면, 그 생산성은 감소한다.

**원리의 적용** : 유입구 쪽으로 넓어지는 전기로의 비대칭적인 오목한 바닥 부분으로 인하여, 대부분의 고체 유입물은 유입구 근처와 액체 금속이 빠져나가는 길 밖에 머문다. 이것은 연속적인 유입과 녹은 금속의 연속적인 배출을 가능하게 한다(그림 4-2-25).

## 원리 21 급히 통과 / 뛰어넘기 / 서두름 (Rushing through / Skipping / Hurrying)

프로세스(파괴적이고, 유해하고 위험한 작동) 또는 프로세스의 단계를 빠른 속도로 시행한다.

▶ 예제 : 파이프의 초고속 절단

**문제** : 얇은 벽과 큰 직경을 가지는 플라스틱 파이프를 자르는데 사용된 전통적인 도구는 파이프를 변형시키고 심한 응력을 준다.

**원리의 적용** : 매우 빠르게 절단하도록 설계된 칼을 사용해서 어떤 질량 관성을 가지는 파이프가 변형될 시간이 없게 한다(그림 4-2-26).

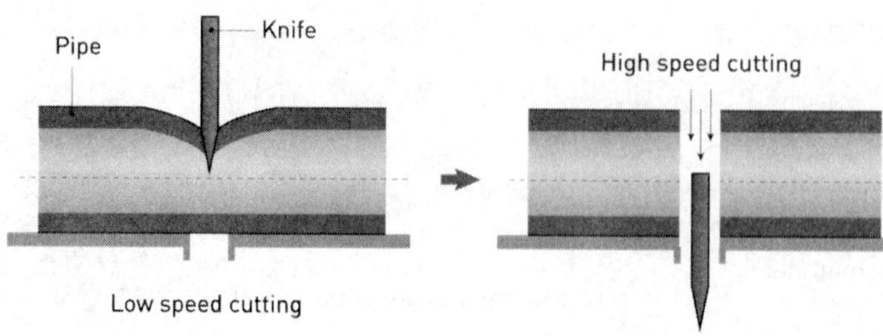


그림 4-2-26. 빠른 파이프 절단은 파이프의 일부를 변형시키지 않는다.

## 원리 22 유해한 것을 유익한 것으로 바꾸기(Convert harm into benefit)

a. 유해한 인자들(특히 환경을 해롭게 하는 효과)을 바람직한 효과를 얻을 수 있도록 변환한다.

b. 문제해결을 위해 처음 유해한 작용을 다른 유해한 작용에 결합해 제거한다.

c. 유해한 인자를 더 이상 유해하지 않을 정도까지 확대시킨다.

### ↠ 예제 : 진동 초음파 모터

**문제** : 초음파 엔진의 작동 중에, 기계적 진동이 모터의 고정 장치에 영향을 미친다.

**원리의 적용** : 반공진(反共振) 기계 진동을 활성화시킴으로써 고정 장치에 나타나는 원하지 않는 진동을 억제한다. 이러한 반공진 진동은 부가적인 압전기의 요소들에 의해 만들어진다. 이 진동들은 동일한 주파수에서 활성화되지만 기계적 진동에 대하여 반대 위상을 가지고 있다.

결국, 파장들이 서로 간섭하게 되고, 기계적 진동의 파괴적 효과는 없어진다(그림 4-2-27).

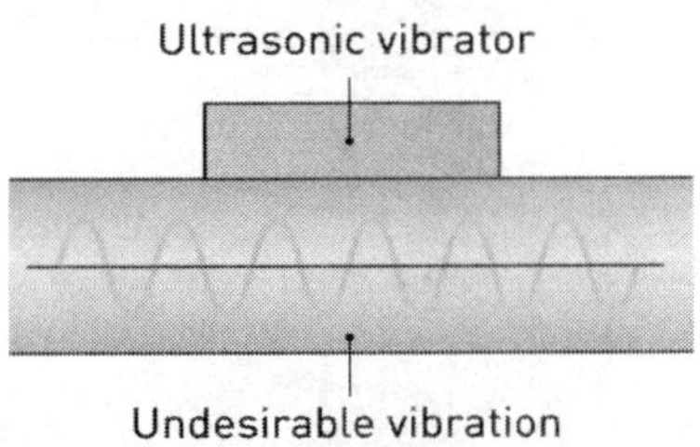


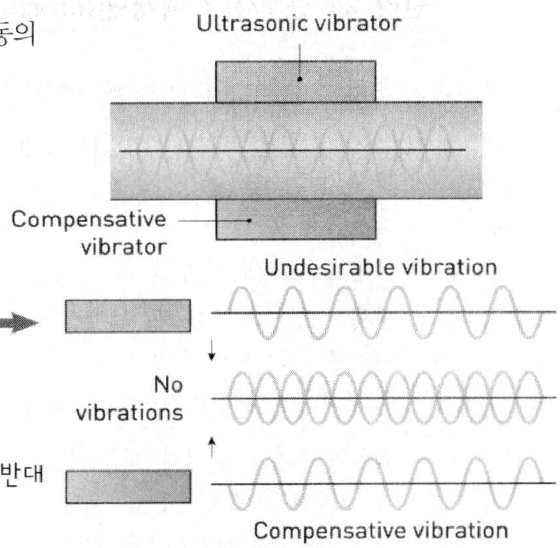


그림 4-2-27. 동일한 세기와 주파수를 가졌지만 반대 위상을 가진 진동은 유해한 진동을 없앤다.

## 원리 23 피드백(Feedback)

a. 프로세스나 동작을 향상시키기 위해 피드백(재조회, 교차점검)을 도입한다.

b. 피드백이 이미 사용되고 있으면, 피드백의 규모나 영향을 변화시킨다.

### ↠ 예제 : 액정이 태양전지를 보호한다.

**문제** : 태양 전지가 들어오는 높은 세기의 빛 때문에 방사 손상을 받는다.

**원리 적용** : 태양 전지의 표면을 보호하기 위해서 광변색 효과를 가진 액정을 사용한다. 액정의 투명도는 전지로 입사되는 빛의 세기에 따라 다르다. 높은 빛의 세기는 낮은 투명도를 만들어 낸다(그림 4-2-28).

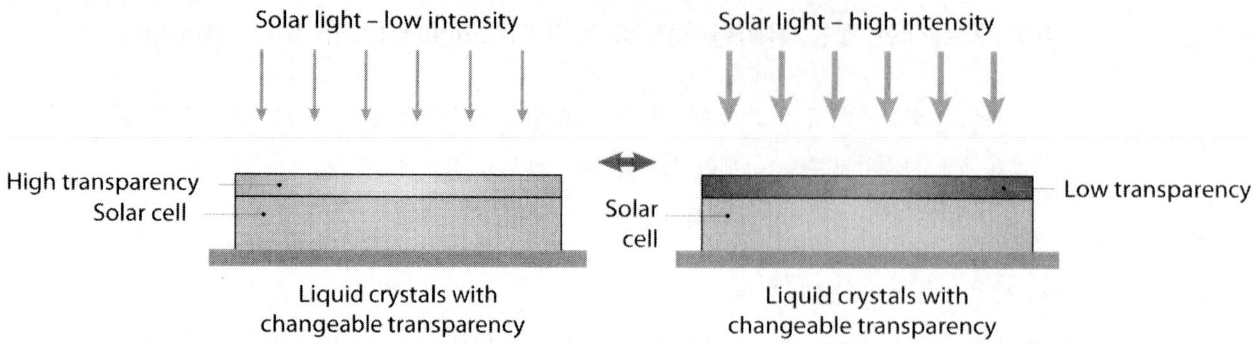


그림 4-2-28. 광변색효과를 가진 액정이 전지로 입사되는 높은 세기의 빛으로부터 태양 전지를 보호한다.

## 원리 24 중개자 / 매개체(Intermediary / Mediator)

a. 동작 특성을 변화시키는 매개체를 이용한다.

b. 나중에 쉽게 제거될 수 있는 물체를 다른 물체에 임시로 연결한다.

⊶ 예제 : 중개 제공자

**문제** : 많은 제공자들이 웹에 기반을 둔 서비스를 제공한다. 하지만 고객은 나라마다(사용자마다) 원하는 것이 다양하다.

**원리의 적용** : 중간적 제공자는 웹 제공자와 프로세스로부터 요청을 받는다. 그리고 다른 제공자로부터 새로운 서비스를 만들기 위해 결과를 통합한다. 중간적 제공자는 또 고객의 특정한 요구에 따라 만들어내고, 고객과 제공자 사이의 커뮤니케이션 갭을 줄일 수 있는 적절한 매칭을 적용시킨다(그림 4-2-29).

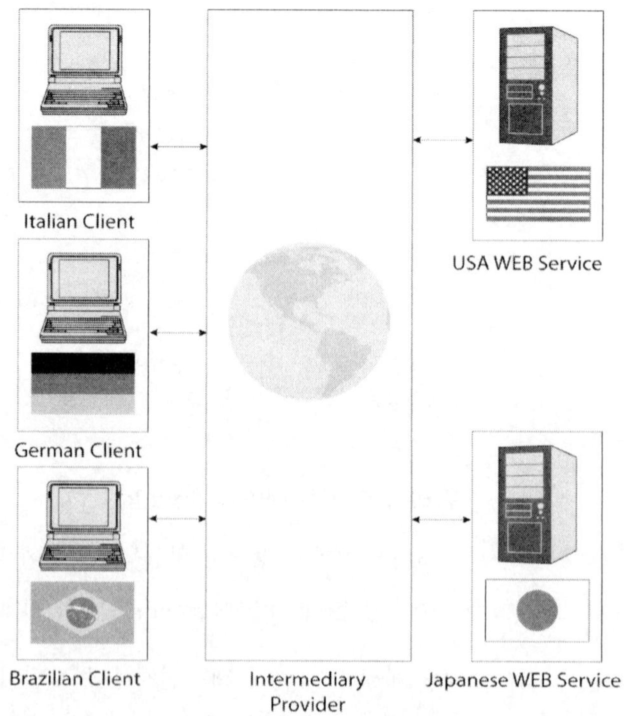


그림 4-2-29. 중개 제공자는 웹에 기반을 둔 서비스 제공자로부터 요청된 서비스를 배치한다. 그리고 고객으로 부터 온 요청을 만족시키기 위하여 그 결과들을 사용한다.

## 원리 25 셀프서비스(Self-service)

a. 보조적인 도움되는 기능을 수행함으로써 물체 스스로 작업을 수행하게 한다.

b. 사용되거나/낭비되는 자원, 에너지, 물질들을 사용한다.

↠ 예제 : 조정가능한 신발 밑창

문제 : 신발 밑창은 부드럽고(미끄럽지 않은 표면을 걷기 위해) 거친(미끄러운 얼음 위를 걷기 위해) 것 모두를 필요로 한다.

원리의 적용 : 밑창 설계는 변형온도가 섭씨 영도 이하인 형상기억합금으로 만들어진 수많은 막대기로 만들어졌다. 솔의 형태로 나열된 막대기들은 온도가 낮아지면 견인 면적을 팽창시키고 증가시킨다(그림 4-2-30).

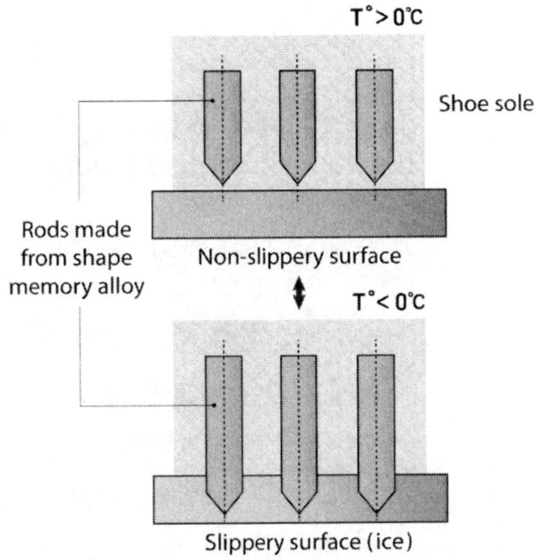


그림 4-2-30. 변형온도가 섭씨 영도 이하인 형상기억합금으로 만들어진 수많은 막대기가 달린 조정 가능한 신발 밑창은 신발 밑창을 부드럽게(미끄럽지 않은 표면을 걷기 위해), 또 거칠게(미끄러운 얼음 위를 걷기 위해) 만들 수 있다.

## 원리 26 복사(Copying)

a. 사용하기 어렵고, 비싸고, 깨지기 쉬운 물체 대신 단순하고 값싼 복제품을 사용한다.

b. 대상물이나 프로세스를 광학적 이미지로 대체한다.

c. 만약 가시광선이 사용되고 있다면, 자외선 또는 적외선 복제품으로 대체한다.

↠ 예제 : 청진기

**문제** : 숙련된 심장병 전문의는 일반적인 청진기를 사용해 올바른 심장 진단을 내릴 수 있다. 하지만 숙련되지 않은 심장병 전문의는 항상 가능한 것이 아니다.

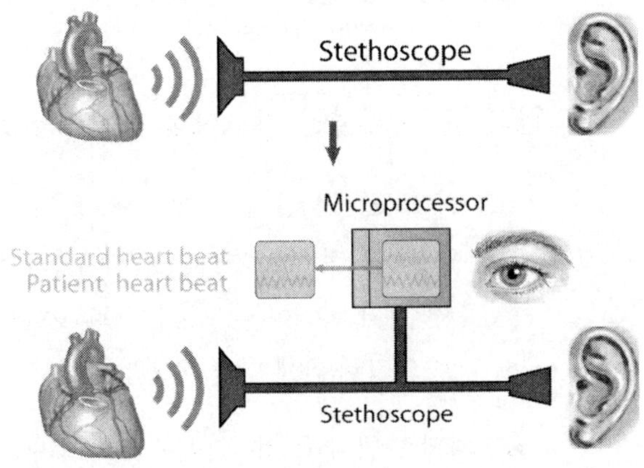


그림 4-2-31. 대표적인 25개 심장질환을 환자의 심장 박동과 비교하고 저장하는 마이크로프로세서가 달린 청진기.

**원리의 적용** : 환자의 심장 박동을 특정한 심장 질환과 관련된 박동과 비교해 본다. 청진기는 가장 대표적인 25개 심장질환 기억 장치 속에 저장되어 있는 박동 패턴을 환자의 심장박동수와 비교하고 저장하는 마이크로프로세서를 제공된다(그림 4-2-31).

## 원리 27 싸고 수명이 짧은 제품 / 일회용품 (Cheap short-lived objects / Cheap disposables)

다른 특성(예를 들면, 사용기간)들과 타협해서, 값비싼 물체를 많은 값싼 물체로 대체한다.

➻ 예제 : 집적 회로 패키지

**문제** : 값싼 반도체 장치는 제한된 수명을 가진 장치에 쓰인다. 일반적인 밀봉된 패키지는 반도체 칩보다 가격이 비싸다.

**원리의 적용** : 밀봉 패키지가 없는 소자의 생산은 감소된 신뢰성 문제 때문에 비용이 낮아진다. 집적 회로 칩은 인쇄 기판에 장착되어있다. 전도성 핀들은 플레이트를 실장하는 장비에 들어가고, 전도성 핀들이 회로 콘택 스퀘어들에 부착된다. 핀-보드 간 연결의 내구성은 소자를 한 번에 장비 속에 넣기에 충분하다(그림 4-2-32).

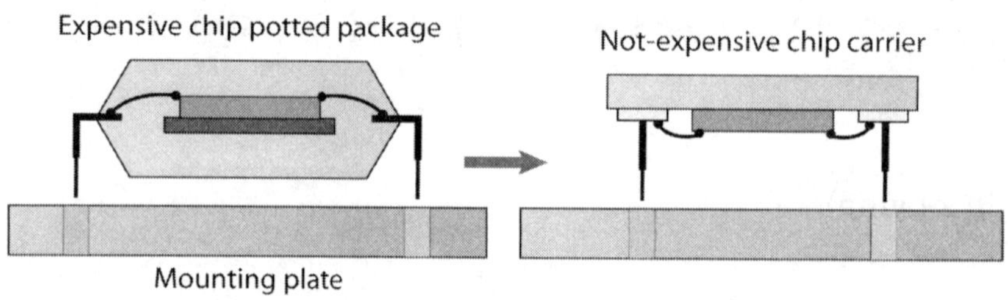


그림 4-2-32. 핀-보드 간 연결의 내구성은 소자를 한 번에 장비 속에 넣기에 충분하다.

## 원리 28 기계적인 상호작용 대체(Mechanical interaction substitution)

a. 기계적인 수단을 감각적(빛, 소리, 맛, 향기) 수단으로 대체한다.

b. 대상물을 전기장, 자기장, 전자기장과 상호작용하게 한다.

c. 정적에서 움직이는 장으로, 비구조화된 장에서 구조화된 장으로 변화시킨다. 장이 활성화된(강자성) 입자와 함께 장을 사용한다.

➻ 예제 : 냄새에 의한 마모 모니터링

**문제** : 드릴 날과 다이아몬드 도구 마모(도구의 몸체에 위치해 있는 방사성 동위원소 사용)의 모니터링 방법은 작업자에게 안전하지 않다.

**원리의 적용** : 마모를 알려주는 신호법을 고안하기 위해서 기계적 상호작용 대체의 원리를 사용한다.

강한 냄새를 가진 화학 물질(에틸 메르캅탄 같은)이 든 앰플들이 드릴 날의 몸체에 내장되어있다. 이 앰플들은 도구가 예정 포인트까지 마모되면 부서지고, 강한 냄새가 배출된다(그림 4-2-33).

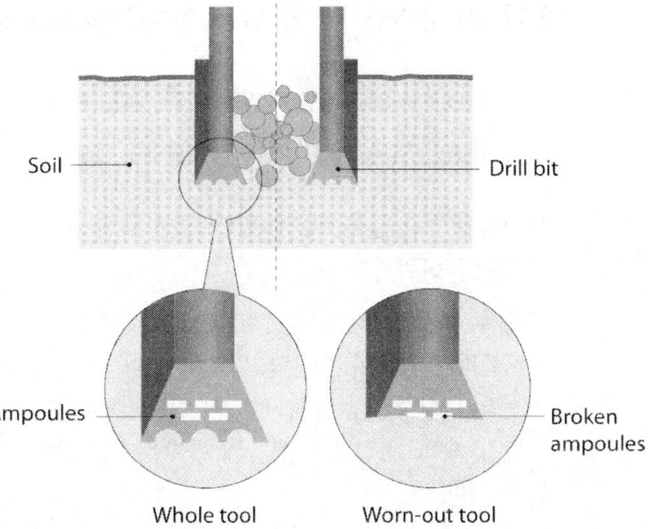


그림 4-2-33.
부서진 앰플로부터 나오는 에틸메르캅탄의 강한 냄새가 작업자에게 드릴 날이 부서졌다는 것을 알려준다.

## 원리 29 공압 및 유압 사용(Pneumatics and Hydraulics)

고체 부분 대신 대상물에서 가스나 액체 부분들을 사용한다(예를 들면, 공기주입식, 액체 충진, 공기 완충, 유체정역학, 수반응성)

- 예제 : 공압 조정 팔

**문제** : 복잡한 경로를 따라 조종자의 움직임을 조종하는 데는 복잡한 메커니즘이 요구된다.

**원리의 적용** : 독립되고, 부풀릴 수 있는 칸(서로 연결된 고무 봉지)으로 만들어진 팔을 사용한다. 각각의 부분들이 부풀었을 때, 팔은 부채처럼 펼쳐진다. 평면 상에서 거의 어느 방향으로도 움직일 수 있도록 만들어지며, 부풀어진 부분의 선택으로 제어될 수 있고, 선택된 어떤 방향으로 짐이 옮겨질 수 있게 만들어졌다(그림 4-2-34).

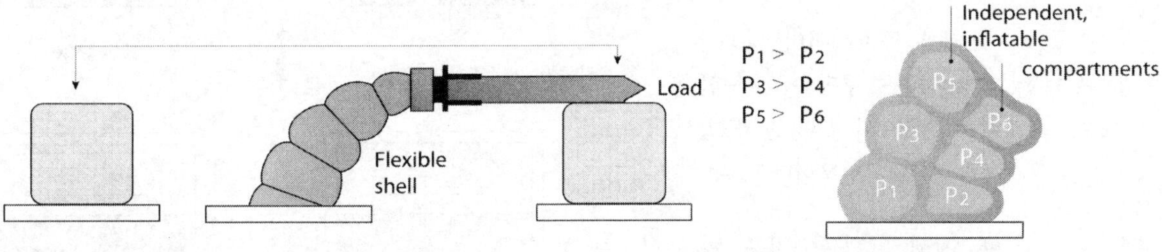


그림 4-2-34. 공압 팔은 독립되고 부풀릴 수 있는 칸에 다른 압력을 사용하여 평면 상에서 어떤 방향으로도 짐을 옮길 수 있다.

## 원리 30 유연한 막 및 얇은 필름(Flexible shells and thin films)

a. 3차원 구조물 대신 유연한 막과 얇은 필름을 사용한다.

b. 유연한 막과 얇은 필름을 사용하여 대상물을 외부환경으로부터 격리시킨다.

➻ 예제 : 이탈을 막기 위한 헐거워진 화물의 압박.

**문제** : 헐거워진 화물이 수송될 때 선박이 흔들리면 화물이 이탈할 위험이 있다. 이는 선박의 안정성을 잃게 할 수 있다. 게다가 먼지 속의 정전기가 생겨서 폭발을 야기할 수 있다.

**원리의 적용** : 헐거워진 화물을 탄성 봉투로 덮고 봉인한다. 진공상태가 봉투와 화물 사이에 만들어진다. 결국, 봉투는 기압에 의해 화물을 향해 납작해진다. 이것은 화물을 압축하고 거친 바다에서 화물의 이탈을 방지한다(그림 4-2-35).

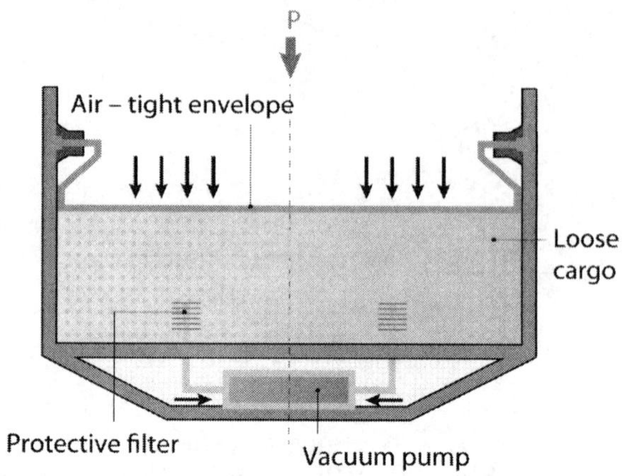


그림 4-2-35. 꽉 조이는 탄성 봉투와 진공은 헐거워진 화물의 이탈을 방지한다.

## 원리 31 다공성 물질(Porous materials)

a. 대상물을 다공질로 만들거나 다공성 요소(삽입재, 덮개 등)를 추가한다.

b. 대상물이 이미 다공성이면, 구멍을 유익한 물질이나 기능을 도입하도록 사용한다.

➻ 예제 : 액체 밀봉 반도체 장치

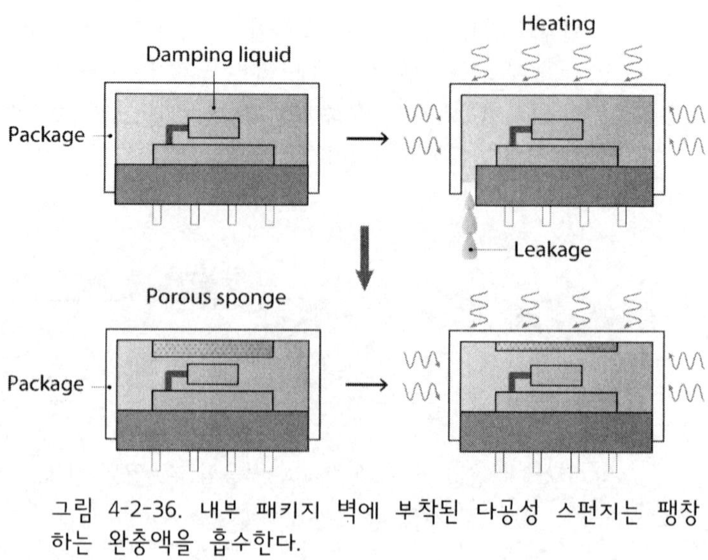


그림 4-2-36. 내부 패키지 벽에 부착된 다공성 스펀지는 팽창하는 완충액을 흡수한다.

**문제** : 모터의 높은 온도는 완충액의 팽창을 야기시키고, 패키지로부터의 누출이 발생한다.

**원리의 적용** : 팽창하는 완충액을 흡수하고 패키지 내부의 압력을 줄이기 위해 다공성의 스펀지를 내부 패키지 벽에 붙인다(그림 4-2-36).

## 원리 32 광학적 성질 변경 / 색깔변경 (Optical parameter changes / Change the color)

a. 대상물 또는 외부환경의 색깔을 변경한다.

b. 대상물 또는 외부환경의 투명도를 변경한다.

### ↔ 예제 : 전자기장에 대한 투명한 보호막

**문제** : 전자기장으로부터 광학 장치를 보호할 필요가 있다. 그러나 일반적인 금속 스크린들은 광 방사(optical radiation)를 전달 할 수 없다.

**원리의 적용** : 보호를 위해 광학적으로 투명한 물질을 사용한다. 유리 장치 본체는 인코넬 합금(Ni-Cr-Fe-Mn-Si-Cu)의 얇은 층으로 덮여 있다. 이 합금은 전도체이기 때문에 전자기장을 차단한다. 그러나 이 합금은 투명하기 때문에 광학적 고주파 방사선이 통과할 수 있고 광학 장치에 도달할 수 있다(그림 4-2-37).

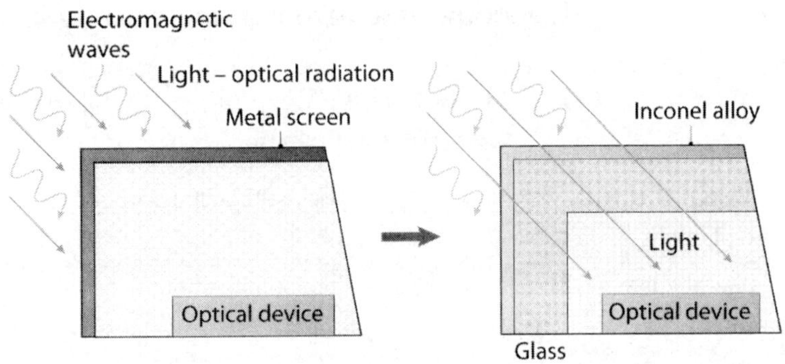


그림 4-2-37. 인코넬 합금이 전자기장을 막지만, 광학적 고주파 방사선에 대해서는 투명하다.

## 원리 33 동질성(Homogeneity)

상호작용하는 물체에 대하여 동일한 재료(또는 동일한 성질을 갖는 재료)를 사용한다.

### ↔ 예제 : 동일한 스페이서

문제 : 칩은 리드 프레임에 부착되어 있다. 칩과 프레임 재료 사이의 열팽창 계수의 차이 때문에, 정상적인 동작으로 열이 발생할 때 칩 안에서 열에 의해 유도된 응력이 발생할 수 있다.

**원리의 적용** : 칩 안에서 열적으로 유도된 응력을 최소화시키기 위해, 칩과 리드 프레임 사이에 칩과 동일한 재료로 만든 스페이서를 사용한다(그림 4-2-38).

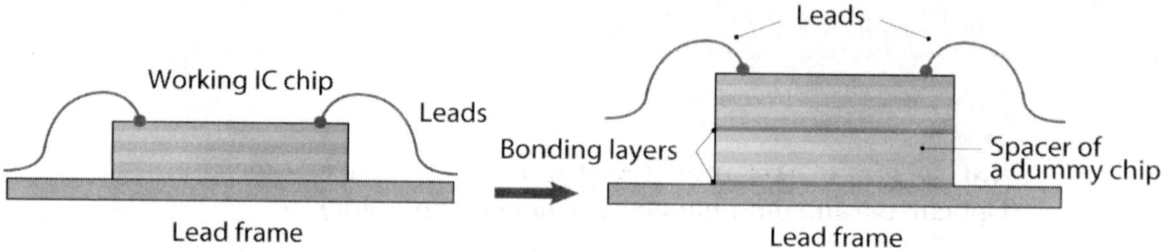


그림 4-2-38. 칩과 리드 프레임 사이에 장착된 칩과 동일한 물질인 스페이서는 열에 의해 유도된 칩 내의 응력을 최소화시킨다.

## 원리 34 폐기 및 재생 (Rejecting and regenerating parts / Discarding and recovering)

a. 기능을 마친 대상물의 일부를 폐기하거나(녹여서, 증발시키는 등에 의해 폐기하기) 또는 작동 중에 일부를 직접 개조한다.

b. 반대로, 작동 중에 소비된 대상물의 일부를 복원한다.

•• 예제 : 증발 모형

**문제** : 복잡한 형태의 터널은 면화의 스택을 통하여 만들어져야 한다.

**원리의 적용** : 터널의 모형을 만들기 위해 드라이아이스의 정육면체를 사용한다. 스택이 끝날 때 까지 드라이아이스를 면화로 덮는다. 터널 모형의 양 쪽 끝이 뚫리면, 드라이아이스는 증발되고 터널이 완성된다(그림 4-2-39).

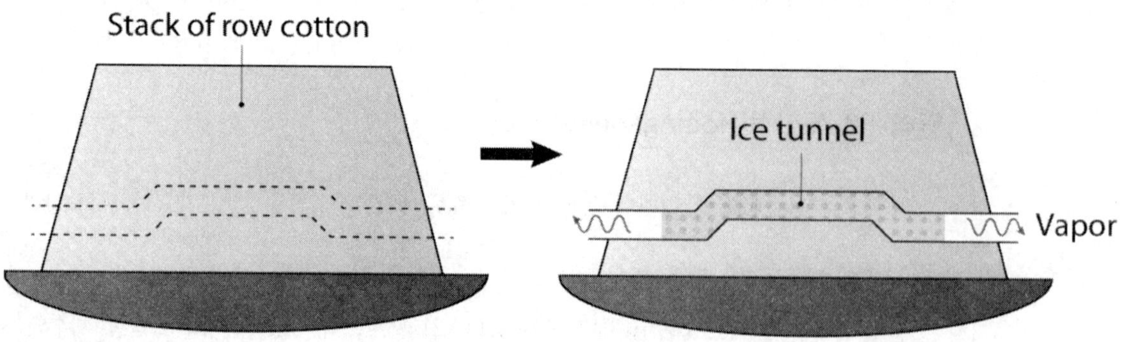


그림 4-2-39. 오른쪽 그림에서 드라이아이스가 터널을 만든다.

## 원리 35 속성 변화(Parameter changes)

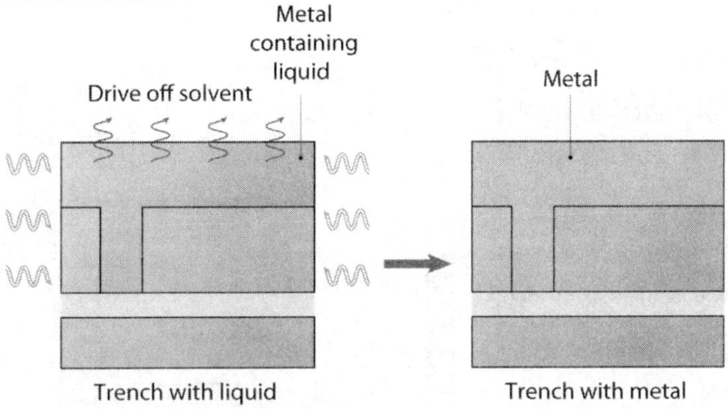


그림 4-2-40. 트렌치는 액체 용매 속에 녹아있는 금속을 사용해 금속막으로 코팅된다.

a. 물체의 물리적 상태를 변화 시킨다(예를 들면, 가스, 유체 또는 고체로).

b. 농도나 밀도를 변화시킨다.

c. 유연성의 정도를 변화시킨다.

d. 온도를 변화시킨다.

예제 : 금속으로 코팅된 트렌치

**문제** : 트렌치(trench)는 전통적인 진공 증착에 의해 금속으로 코팅된다. 하지만 이 과정은 코팅 속에 구멍 형성과 같은 결함을 초래할 수 있다.

**원리의 적용** : 용해된 금속을 포함하는 액체 용매로 트렌치를 채운다. 금속 화합물의 열 분해와 용매의 증발에 충분한 온도로 액체가 가열된다(그림 4-2-40).

## 원리 36 상전이(Phase transitions)

상전이 현상(예를 들면, 체적변화, 열의 흡수와 손실 등)을 이용한다.

예제 : 냉동 액체를 이용한 냉각

**문제** : 뚫는 공간에 냉각수의 역할도 하는 물질을 칠함으로써 드릴을 냉각시키는 프로세스를 향상시킨다.

**원리의 적용** : 구멍을 뚫기 전에 냉동된 윤활 냉각수로 채워질 수 있는 구멍을 가지도록 드릴의 헤드는 설계된다. 냉동된 냉각수가 녹는 동안 상전이를 하면서 추가적인 열을 흡수하기 때문에 냉각 효율은 향상된다(그림 4-2-41).

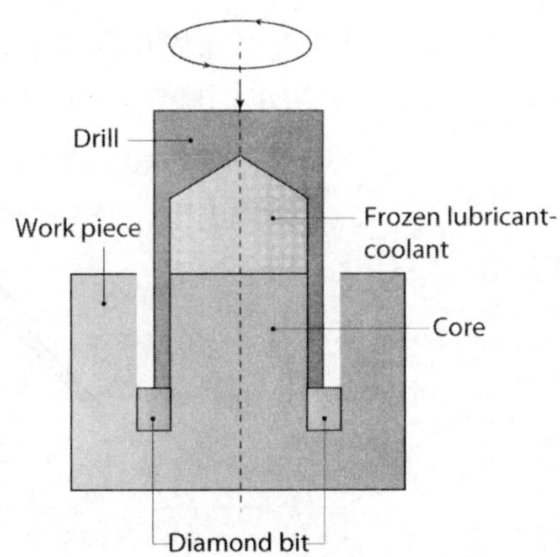


그림 4-2-41. 냉동된 윤활 냉각수의 녹는 동안의 상전이 현상은 뚫는 영역에서의 추가적인 열을 흡수한다.

## 원리 37 열팽창(Thermal expansion)

a. 물질의 열팽창(또는 수축)을 이용한다.

b. 열팽창이 사용되고 있으면, 열팽창 계수가 다른 여러 가지 재료를 사용한다.

→ 예제 : 열량계

**문제** : 화학적 반응 동안 방출된 열의 양을 측정하기 위해 사용되는 열량계가 충분히 민감하지 않다.

**원리의 적용** : 반응물을 받치고 있는 두 가지 금속으로 된 판이 화학적 반응에 의해 방출된 열에너지에 비례해 굽어진다. 제어 시스템은 굽어진 값을 사용해 방출된 열의 양을 결정한다. (그림 4-2-42).

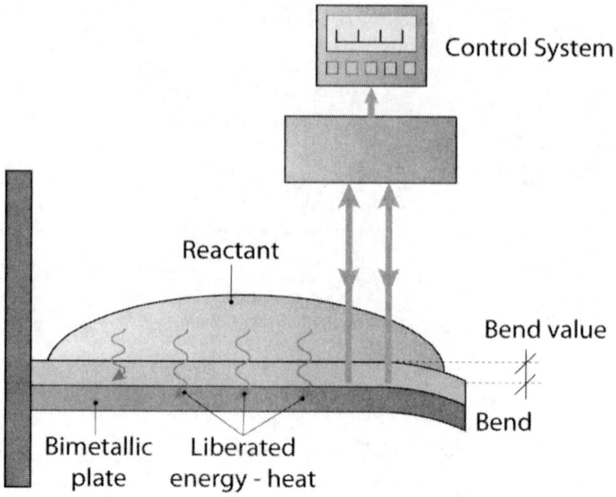


그림 4-2-42. 제어 시스템은 굽어진 값을 사용해 화학적 반응 동안 방출된 열의 양을 결정한다.

## 원리 38 산화 가속 / 강한 산화제(Accelerated oxidation / Strong oxidants)

a. 일반 공기를 산소가 풍부한 공기로 대체한다.

b. 산소가 풍부한 공기를 순수한 산소로 대체한다.

c. 공기나 산소를 이온화 방사선에 노출시킨다.

d. 이온화된 산소를 사용한다.

e. 오존화된 또는 이온화된 산소를 오존으로 대체한다.

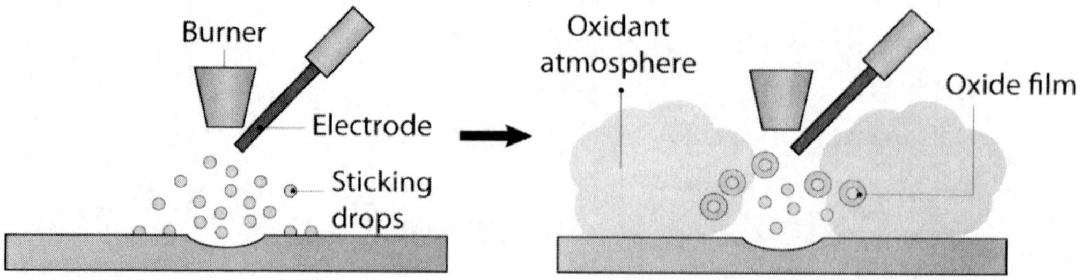


그림 4-2-43. 산화막을 방울 주변에 만들어 줌으로써, 강한 산화제는 용접 영역으로부터 떨어진 부분에 금속 방울들이 부착되는 것을 방지한다.

•➔ 예제 : 산화제 대기가 있는 곳에서의 용접

**문제** : 금속 방울들은 용접되는 부분들뿐만 아니라 다른 곳에 달라붙는다.

**원리의 적용** : 용접 품질을 향상시키는 산화제로 산소나 질소를 사용한다. 산소나 질소는 용접 영역 주변에 산화제 대기를 만들 것이다. 백열성의 튀는 방울들은 산화막이나 질화막으로 코팅된다. 이것은 방울들이 용접되지 않는 부분에 달라붙는 것을 막아준다(그림 4-2-43).

## 원리 39 불활성 분위기 / 불활성 환경(Inert atmosphere / Inert environment)

a. 평범한 환경을 불활성 환경으로 바꾼다.

b. 사물에 중성물질이나 불활성 첨가제를 넣는다.

•➔ 예제 : 필터 청소

**문제** : 금속생산에서, 난방과 압연을 위한 버너를 사용하기 위하여 고로 가스에서 일산화가스를 추출한다. 가스를 버너에 공급하기 전에 백필터를 사용하여 가스에서 모든 먼지를 분리한다. 필터는 오래 쓰면 먼지로 막힌다. 백필터의 먼지는 압축공기를 사용하여 제거된다. 이 과정에서 폭발성이 있는 일산화가스/공기 혼합물이 형성된다.

**원리의 적용** : 공기를 질소와 같은 불활성 기체로 교체한다. 질소가 포대 거르개 속으로 들어가 먼지를 제거하면 폭발성 혼합물이 형성되지 않는다. 프로세스가 안전해진다. (그림 4-2-44).

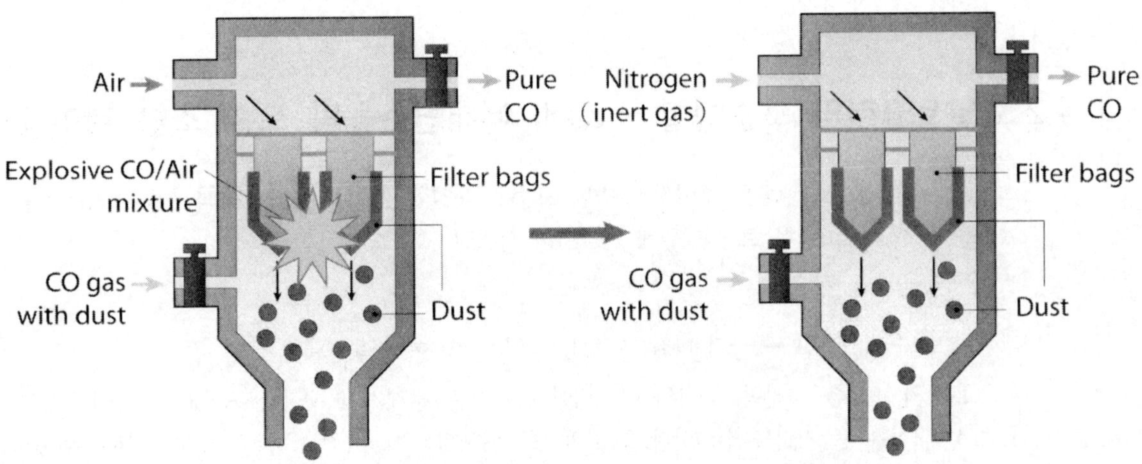


그림 4-2-44. 질소는 백필터를 청소하고 일산화가스와 혼합된 폭발성 혼합물을 만들어 내지 않는다.

**원리 40 복합재료(Composite materials)**

동질성 재료를 복합 재료로 바꾼다.

↠ 예제 : 갈륨비소 장치를 위한 다층 금속실리콘 게이트

**문제** : 내화금속의 규소 화합물은 전계효과 트랜지스터, 게이트 전극 그리고 상호 접속으로 사용된다. 하지만 규소화합물은 갈륨비소에 접착력이 약하다.

**원리의 적용** : 동종 규소 화합물 대신 금속과 실리콘으로 된 복합재료를 사용한다. 복합체는 실리콘과 금속이 번갈아 층을 이루는 굉장히 얇은(10nm이하) 집합체이다. 실리콘 층이 갈륨비소 표면에 먼저 놓아져서 좋은 접착력을 제공한다. 이 복합체는 동종 규소 화합물과 같은 전기적 특성을 갖는다. (그림 4-2-45).

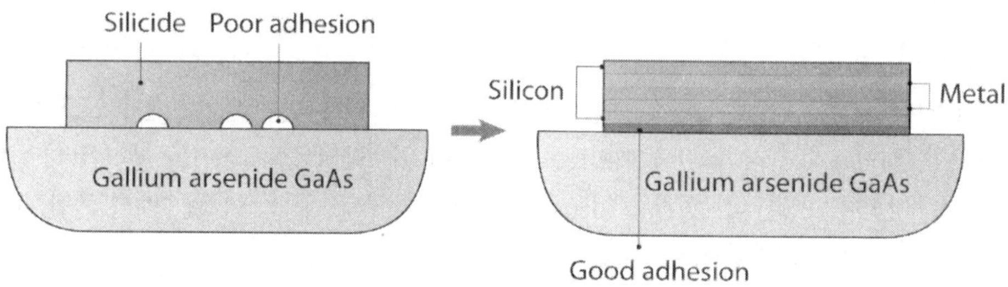


그림 4-2-45. 실리콘은 규소 화합물보다 더 좋은 접착력을 갖는다.

이제 알고 있는 40개 발명 원리를 가지고, 어떻게 주어진 갈등 매개변수를 위한 가장 효과적인 발명 원리를 선택할 수 있는지 배울 수 있다.

## 4.2.3 알트슐러의 모순행렬 - 39개 매개변수들의 모순 조합 테이블

알트슐러의 모순행렬은 주어진 시스템 모순을 해결할 수 있는 가장 효과적인 발명원리를 찾도록 도와준다. 예로, 4.2.1은 트럭을 위해 만들어진 시스템 모순을 이용한 것이다.

↠ 예제 : 트럭

속도 ↑(9. 속력) ↔ 공기 마찰 ↑ (11. 응력/압력) ⇒ 모순 (SC)

트럭의 속도를 올리면, 공기의 마찰력이 증가하는 문제가 발생한다. 39개 매개변수 요소 중에서 가장 적절한 두 가지를 선택한다. : 스피드를 위해서는 9. 속력, 그리고 공기 마찰을 위해서는 11. 응력/압력. 그림 4-2-46에서는 매개변수 9와 11이 교차하는 알트슐러의 행렬 몫을 보여준다. 선택된 시스템 모순을 다룰 발명 원리를 찾는 데는 4개의 단계가 필요하다.

**1 단계**

39개 매개변수 리스트의 수직축에서 9. 속력 열을 선택한다. 그 열은 향상된 매개변수들을 나타낸다.

**2 단계**

39개 매개변수 리스트의 수평축에서 11. 응력/압력 행을 선택한다. 그 행은 악화된 매개변수를 나타낸다.

**3 단계**

행과 열의 교차점은 이 시스템 모순을 해결하는데 가장 유용한 발명원리의 번호를 나타낸다. : 6. 다용도, 18. 기계적 진동, 38. 강한 산화제, 그리고 40. 복합재료.

**4 단계**

4.2.2는 40개 발명원리의 각각을 설명한다. 제안된 설명을 검토하라. 이제 선택된 발명 원리들에서 탐색이 시작되고, 시스템 모순에 대한 좋은 해결책을 찾을 수 있다.

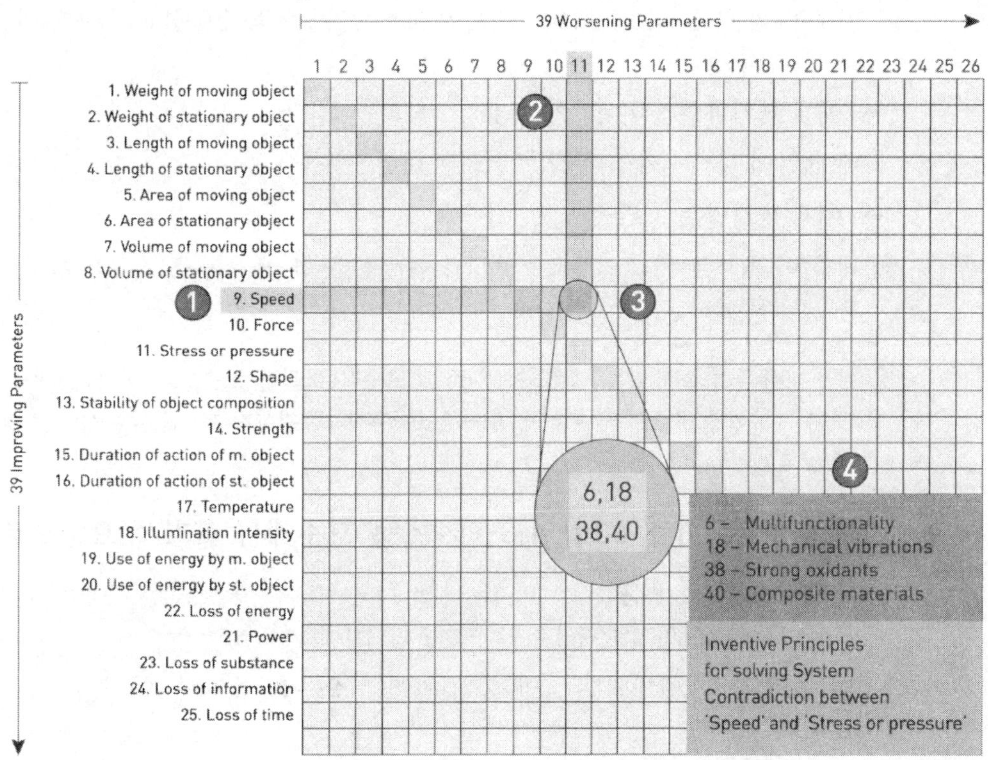


그림 4-2-46. 알트슐러의 모순행렬 일부분 - 발명원리 6, 18, 38 그리고 40이 트럭의 상승된 속력(9.속력)와 상승된 공기 마찰(11. 응력/압력) 사이의 갈등을 해결하기 위해 확인되었다.

## 4.3 물리적 모순

### 4.3.1 물리적 모순 - 하나의 매개변수를 위한 두 개의 목표 값

시스템 모순이 한 시스템의 두 매개변수 사이의 갈등이라고 했을 때, 물리적 모순은 한 시스템, 한 매개변수의 두 개의 다른 가치 사이의 갈등이다.

- 예제 매개변수 : 도전체

  매개변수의 다른 가치 : 도전체는 낮은 전류에 대하여 전도성을 갖고 높은 전류 값에 대하여 유전체 특성을 가져야 한다.

- 예제 매개변수 : TV의 음량

  매개변수의 다른 가치 : TV의 음량은 아내가 듣기에는 높아야 하고, 나에게 이 책을 쓰는 동안에는 낮아야 한다.

- 예제 매개변수 : 비행기의 속도

  매개변수의 다른 가치 : 비행기의 속도는 비행 도중에는 높아야 하고 착륙할 때에서 낮아야 한다.

- 예제 매개변수 : 온도

  매개변수의 다른 가치 : 온도는 바닷가에서는 편안한 휴가가 될 수 있도록 높아야 하고, 동물원의 북극곰 가족에게는 낮아야 한다.

4-3-1 과 4-3-2에 있는 예제들은 시스템 모순이 물리적 모순으로 변하는 것이 얼마나 쉬운 것인지를 보여준다. 시스템 모순의 이해를 도와주고 문제를 해결하기 더 쉬운 문제로 변형시킨다.

#### 예제 4-3-1 : 마차 (그림 4-3-1)시스템 모순에서 물리적 모순으로의 이행 :

**시스템 모순** : 키가 큰 이층 마차는 일반 마차보다 두 배 더 많은 승객을 운송할 수 있다. 하지만 이층 마차가 높으면 안정적이지 않다(특히 급커브에서).

두 개의 갈등 매개변수 : 마차의 '높이' ←-→ 마차의 '안정성'

⬇

**물리적 모순** : 마차는 많은 승객을 운송하기 위해 높이가 높아야 한다, 그리고 안정적이기 위해 낮아야 한다. 하나의 매개변수인 마차의 높이가 높고 낮은 다른 값들을 가져야 한다.

그림 4-3-1.
왼쪽에 있는 마차는 낮다; 급커브에서 좋다, 하지만 많은 승객을 태울 수 없다. 오른쪽에 있는 마차는 높다; 많은 승객을 태울 수 있지만 급커브에서 좋지 않다.

**▶▶ 예제 4-3-2 : 버스 (그림 4-3-2) 시스템 갈등에서 물리적 갈등으로의 이행:**

**시스템 갈등** : 긴 버스는 많은 승객을 옮길 수 있다. 하지만 조종성이 좋지 않다.

두 개의 갈등 매개변수 : 버스의 '길이' ↔ 버스의 '기동성'

⬇

**물리적 모순** : 버스는 많은 승객을 옮기기 위해 길어야 하면서도 조동성을 위해 짧아야 한다. 하나의 매개변수에 버스의 길이는 길고 짧은 다른 값을 가져야 한다.

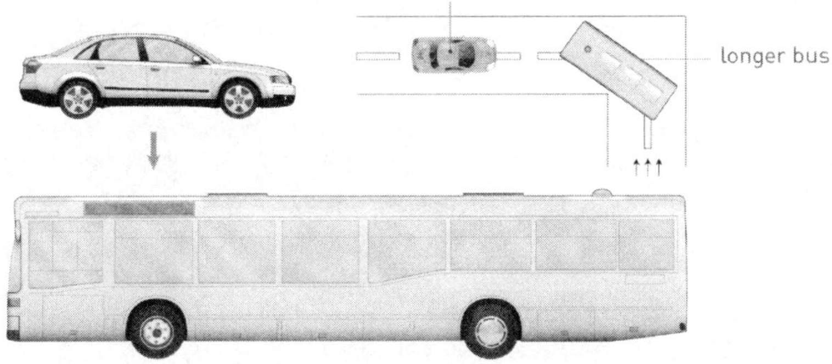


그림 4-3-2.
자동차는 짧다 ; 그래서 조종성이 좋지만 많은 승객을 옮길 수 없다. 버스는 길다; 그래서 많은 승객을 옮길 수 있지만 코너를 돌기 힘들다.

**▶▶ 예제 4-3-3 : 배의 선체 (그림 4-3-3)**

**물리적 모순** : 배의 선체는 안정적이어야 하기 때문에 넓어야 하고, 속도를 위해 좁아야 한다. 선체의 너비라는 하나의 매개변수에는 넓고 좁음의 다른 값이 있어야 한다.

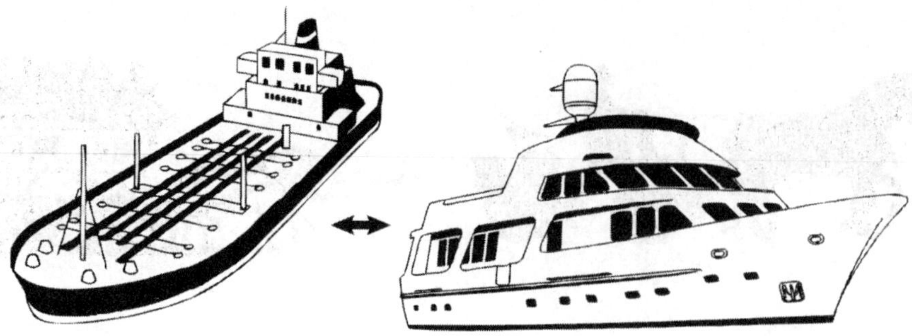

그림 4-3-3. 왼쪽에 있는 배의 선체는 넓어서 거친 바다 속에서 안정적이다. 하지만 빠르지는 않다. 오른쪽에 있는 배의 선체는 좁고 빠르다. 하지만 거친 바다에서 안정적이지 않다.

### 예제 4-3-4 : 멀고 가까운 물체의 조명 (그림 4-3-4)

**물리적 모순** : 먼 물체에게 조명 렌즈는 초점 거리가 짧다. 이 렌즈를 관통하는 불빛의 확대 각은 작다. 빛의 확산은 최소이다. 그러므로 짧은 초점 거리를 가진 렌즈는 먼 물체의 조명을 위해 사용된다. 가까이에 있는 물체를 보기 위해서는 조명 렌즈가 긴 초점 거리를 가져야 한다. 이 렌즈를 관통하는 불빛의 확대 각은 꽤 크다. 불빛은 약간 산란되어 있다. 그러므로 긴 초점 거리를 가진 렌즈가 가까운 물체를 보기 위해 사용되어야 한다. 렌즈의 초점거리라는 하나의 매개변수는 짧고 긴 다른 값을 가져야 한다.

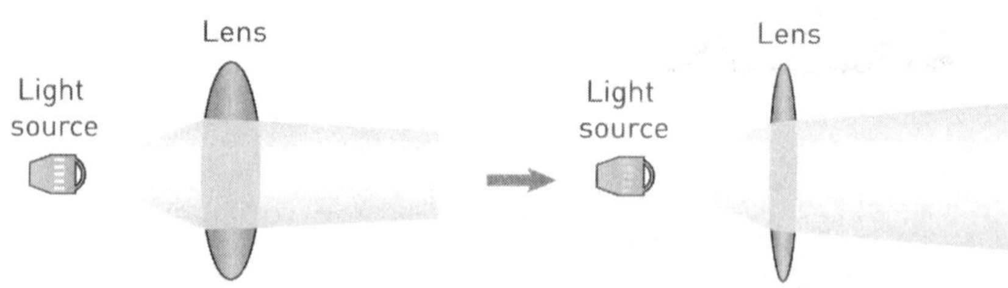


그림 4-3-4. 짧은 초점 거리를 가진 왼쪽의 렌즈는 먼 물체를 비추기 좋지만 가까운 물체를 비추기에는 좋지 않다. 더 긴 초점 거리를 가진 오른쪽의 렌즈는 도로의 탁 트인 지역에 있는 가까운 물체를 비추기에는 좋지만 먼 거리에 있는 물체를 비추기에는 좋지 않다.

## 4.3.2 물리적 모순 제거를 위한 분리 원리

### 분리 원리 1 : 시간에 의한 매개변수 갈등 값의 분리

- 시간 1에서 물체는 매개변수 값 A를 갖는다.
- 시간 2에서 물체는 매개변수 값 B를 갖는다.

↠ 예제 : 신호등 (그림 4-3-5)

교통신호등은 각기 다른 지시를 위해 세 가지 색깔의 신호등을 사용한다. 신호들은 시간별로 구분된다. 다른 방향을 지시하고 있는 각각의 신호등도 시간별로 나누어 색깔 신호를 갖는다.

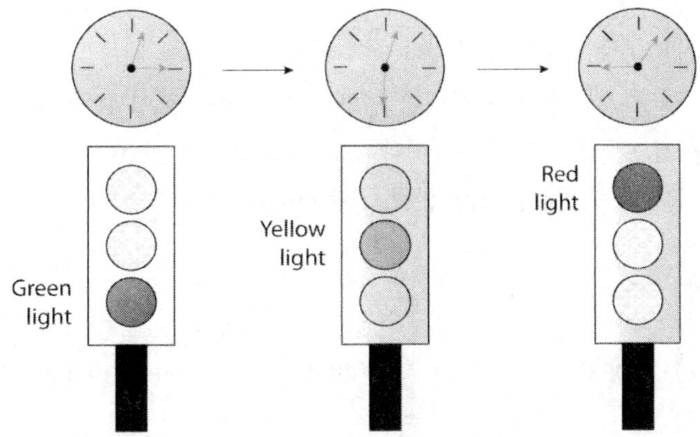


그림 4-3-5
교통신호등은 서로 다른 지시를 위하여 시간에 의해 분리된 다른 색깔을 사용한다.

## 분리 원리 2 : 공간에 의한 매개변수 갈등 값의 분리

- 공간 1에서 물체는 매개변수 값 A를 갖는다.
- 공간 2에서 물체는 매개변수 값 B를 갖는다.

↠ 예제 : 밴드 (그림 4-3-6)

밴드는 상처를 보호하고 치료하기 위해 사용된다. 밴드의 중간 부분 흡수율은 상처 부분에 약을 전달하고, 상처의 수분을 흡수하기 위해서 높아야 하고, 가장자리는 낮거나 0이 되어야 한다. 밴드의 부착력은 가장자리에서는 높아야 건강한 피부에 붙어 자리를 지킬 수 있고, 중간부분은 낮아야 상처의 표면에 달라붙지 않는다.

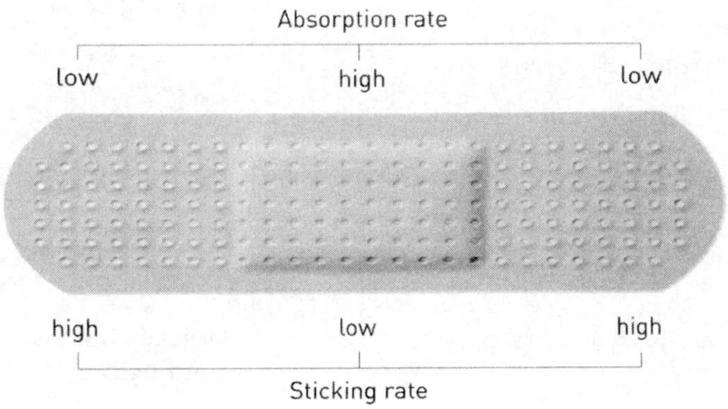


그림 4-3-6
흡수율과 부착력의 다른 값이 밴드의 장소에 따라 분리되어 있다.

## 분리 원리 3 : 조건 변경에 의한 매개변수의 갈등 값의 분리

- 조건 1에서 사물은 매개변수 값 A를 갖는다.
- 조건 2에서 사물은 매개변수 값 B를 갖는다.

↠ 예제 : 물의 다른 상태 (그림 4-3-7)

물은 온도에 따라 세 가지의 물리적 상태에 있다. : 0℃ 아래에 있을 때 물은 고체(얼음) 상태이다 ; 0℃ 와 100℃ 사이일 때 물은 액체 상태이다. ; 그리고 온도가 100℃ 이상이면 물은 증기 상태이다.

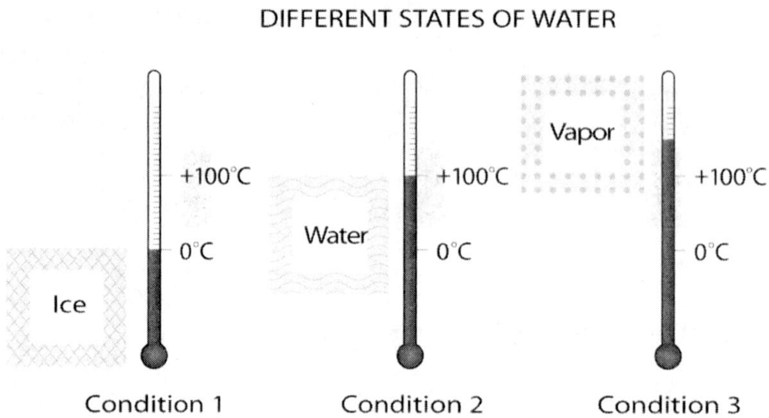


그림 4-3-7
이 세 가지 다른 조건(다른 온도 범위) 아래, 물은 다른 물리적 상태에 있다.

## 분리 원리 4 : 시스템과 하위 시스템 수준에서 매개변수의 갈등 값의 분리

- 시스템 수준에서 물체는 매개변수 값 A를 갖는다.
- 하위 시스템 수준에서 물체는 매개변수 값 B를 갖는다.

↠ 예제 : 체인 링크의 다른 상태들 (그림 4-3-8)

체인은 여러 링크들로 구성되어 있다. 링크는 체인의 하위시스템이다. 하위시스템 각각은 견고한 반면에 시스템은 유연하다

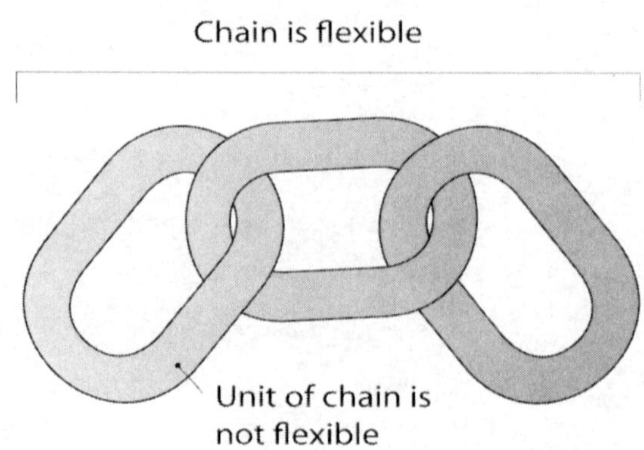


그림 4-3-8
체인과 하위시스템(링크).

**분리 원리 5 : 시스템과 상위시스템 수준에서 매개변수의 갈등 값의 분리.**

- 시스템 수준에서 물체는 매개변수 값 A를 갖는다.
- 상위시스템 수준에서 물체는 매개변수 값 B를 갖는다.

↠ 예제 : 부서지기 쉬운 평판 연마하기 (그림 4-3-9)

연마 숫돌이 얇은 유리평판을 손질하는데 사용된다. 하지만 평판이 깨지기 쉬워서 연마 숫돌이 평판에 손상을 입히기 쉽다. 몇 개의 유리 평판들을 절단 과정동안 같이 모아 둘 수 있다면 여러 장의 평판는 한 장의 평판보다 더 강해서 숫돌이 연마하는 동안 손상을 입히지 않을 것이다.

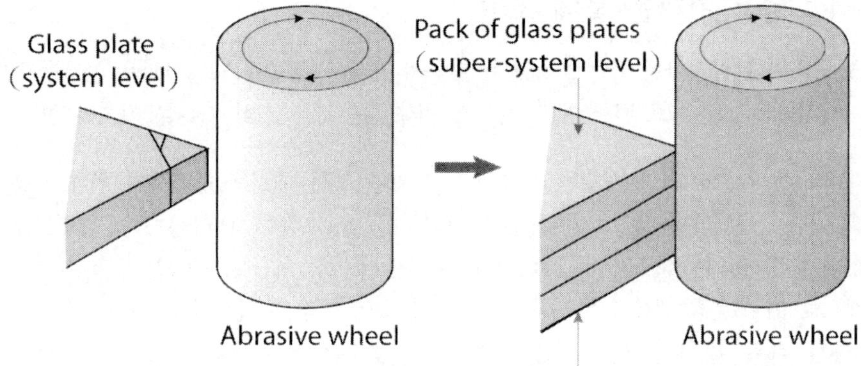


그림 4-3-9
연마 숫돌이 한 장의 유리 평판(시스템 수준)을 손질할 때 손상을 입힐 수 있다. 유리 평판 여러 장(상위 시스템)은 연마 숫돌에 손상을 입지 않는다.

**이 다섯 개의 분리 원리가 예제 4-3-3와 4-3-4에서 물리적 모순을 해결하는데 사용된다.**

## ↠ 예제 4-3-3 : 배의 선체

예제 4-3-3을 위한 공식화된 물리적 모순은 아래와 같다. ; 배의 선체는 안정적이기 위해 넓어야 하고, 빠르기 위해 좁아야(물의 마찰을 줄이는) 한다. 분리 원리 5 (시스템과 상위시스템 수준에서 매개변수의 갈등 분리)가 가능한 해결책을 만드는데 사용 될 수 있다. 시스템 수준에서, 배의 선체(시스템)은 좁아지면서, 상위시스템 수준에서 배의 선체는 넓어질 수 있다. 이 점으로부터 실제 디자인 컨셉을 만드는 것은 쉽다. : 상위시스템 수준(배 전체)에서 상위시스템으로 연결된 두 개, 세 개 또는 그 이상의 좁은 선체가 있을 수 있다(그림 4-3-10).

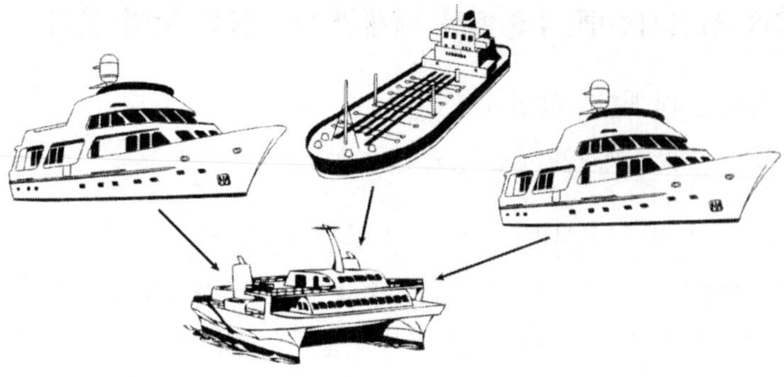


그림 4-3-10 쌍동선의 선체는 시스템 수준(선체)에서는 좁고 상위시스템(쌍동선) 수준에서는 넓다.

## ➽ 예제 4-3-4 : 멀고 가까운 물체 조명

예제 4-3-4를 위한 공식화된 물리적 모순은 다음과 같다 : 조명렌즈는 가까운 물체를 비추기 위해서 긴 초점 거리를 가져야 하고 먼 물체를 비추기 위해서는 짧은 초점 거리를 가져야 한다.

1. <u>분리 원리 2</u> (공간에 의한 매개변수 갈등 분리)가 가능한 해결책을 만들기 위해 사용된다. 렌즈의 표면은 곡률이 큰 중앙부와 곡률이 낮은 주변부를 갖고 있다(그림4-3-11). 그러므로 두 개의 다른 값의 초점 거리는 렌즈의 두 개의 분리된 부분에 만들어진다. 중앙부는 짧은 초점거리를 갖는다. 렌즈의 이 부분을 관통하는 확대 각은 작고 빛의 퍼짐은 최소이다. 그러므로 렌즈의 중앙부는 먼 물체를 비추는데 사용 될 수 있다. 렌즈의 주변부는 초점 거리가 길다. 렌즈의 이 부분을 관통하는 빛의 반사각은 꽤 크고 빛은 넓게 퍼진다. 그러므로 렌즈의 주변부는 가까운 물체를 보기 위해 사용될 수 있다. 자동차에 이 해결책의 적용은 도로 표면에 더 넓은 부위를 비출 수 있는 확대 각을 가능케 했다.

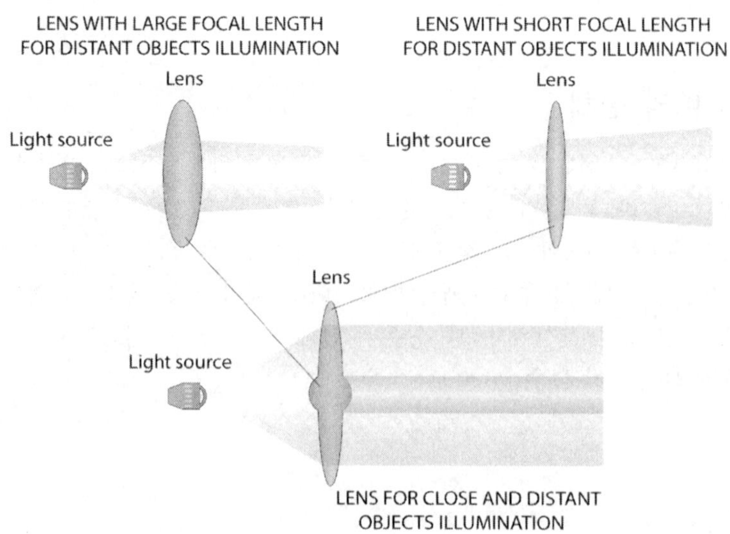


그림 4-3-11. 중앙 아래에 있는 렌즈는 길고 짧은 초점거리를 공간에 의해 분리되고, 따라서 가깝고 먼 물체의 조명 모두 사용된다.

2. 분리 원리 1 (시간에 의한 매개변수 갈등 분리)이 또 다른 가능성 있는 해결책을 만드는데 사용된다. 렌즈는 투명한 압전기 재료로 제조될 수 있다. 두 개의 전기적 접점이 렌즈에 부착된다. (그림 4-3-12). 접촉부위의 전압이 역압전효과로 인해 렌즈의 모양을 바꾼다. 다른 전압을 가하면 쉽게 압전기 렌즈의 초점 거리를 바꾼다. 그래서 시간에 따라 하나의 렌즈와 하나의 불빛만이 가깝고 먼 물체를 비추기 위해 필요하다. 그러므로 두 개의 다른 초점 거리의 값이 시간에 분리되어 있다.

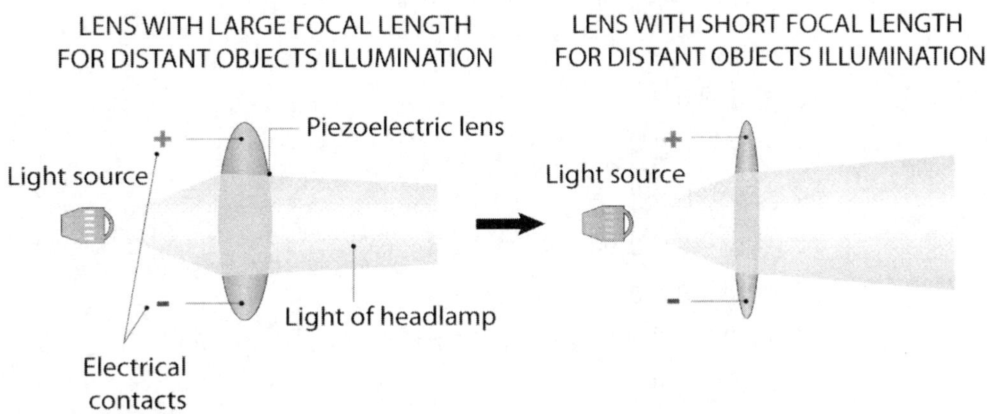


그림 4-3-12 왼쪽 그림처럼 전압이 압전기 렌즈에 인가되면 렌즈는 짧은 초점거리를 갖는다. 전압이 오른쪽 그림처럼 인가되면 압전기 렌즈는 긴 초점거리를 갖는다.

## 4.4 소프트웨어 모순

### 4.4.1 소프트웨어 모순

시스템 모순의 수정본인 소프트웨어 모순은 소프트웨어와 정보기술 문제들을 해결하기 위해 만들어졌다. 소프트웨어 모순 이론과 기술은 시스템 모순과 유사하다.

#### 예제 4-4-1 : 데이터베이스 정규화

**소프트웨어 모순** : 데이터베이스가 성장하면 중복 정보가 자주 저장된다. 이것은 데이터베이스의 크기를 늘리고, 데이터의 무결합성과 정비성에 문제를 일으킨다.

**갈등 매개변수** : 응용프로그램과 유용성 향상을 위해 데이터 크기는 커져야 한다. 하지만 데이터베이스를 통제하기 힘들게 할 수 있다. 응용프로그램과 의존도를 높이기 위해서 데이터 무결합성과 데이터 정비성이 높아야 한다.

### ➽ 예제 4-4-2 : 오디오와 비디오 파일들의 비트 전송률

**소프트웨어 갈등** : 오디오와 비디오 파일들은 고정된 비트 전송률을 사용해 인코딩된다. 더 높은 비트 전송률은 재생시킬 때 더 좋은 질을 제공한다. 하지만 높은 비트 전송률은 더 많은 저장 공간을 필요로 한다.

**갈등 매개변수** : 서비스의 질 개선은 메모리 소비를 상승시킨다.

#### 소프트웨어 모순 공식의 24개 매개변수 리스트

1. 적응성
2. 제어 복잡성
3. 시스템 복잡성
4. 하드웨어 가격
5. 데이터 접근성 (더 많은 사람에게 가능한)
6. 데이터 완전성
7. 데이터 크기
8. 사용의 용이성
9. 유연성
10. 데이터 사용 강도
11. 데이터 손실
12. 시간 손실
13. 정비성
14. 메모리 소비
15. 성능
16. 서비스의 질
17. 지원되는 체제와 장비의 범위
18. 신뢰성
19. 자원 소비
20. 보안
21. 데이터 접근 속도
22. 처리량
23. 비디지털 방식 자원의 사용
24. 사용자의 능력

## 4.4.2 소프트웨어 모순 제거를 위한 소프트웨어 원리

소프트웨어 원리들은 소프트웨어 모순들을 해결하기에 추상적인 규칙들이다.

### 원리 1 분할

a. 물체를 독립적인 몇 개의 부분으로 나눈다.

b. 물체를 분리하기 쉽게 만든다.

c. 물체의 분할정도를 높인다.

↔ 예제 : 데이터베이스 정규화

데이터베이스가 성장하면 중복 정보가 자주 저장된다. 이것은 데이터베이스의 크기를 늘리고, 데이터의 완전성과 정비성에 문제를 일으킨다. 데이터베이스 정규화 절차를 사용해 중복 데이터(예를 들면 같은 데이터가 하나 이상의 테이블에 저장되었는지)를 제거한다. 그리고 데이터 종속성이 작동하는지 확인한다(한 테이블에 관련된 데이터만 저장한다.)(그림 4-4-1).

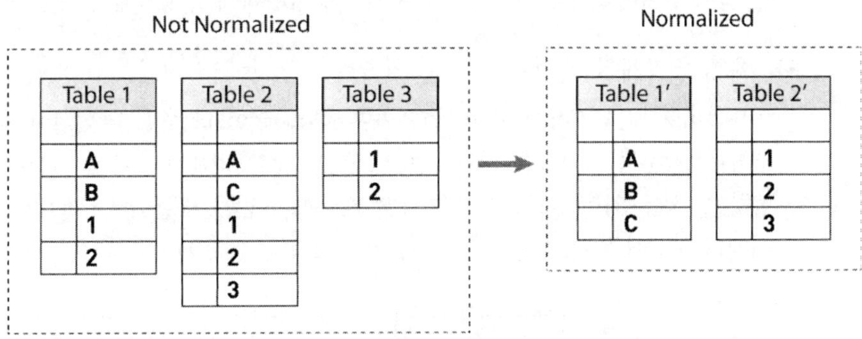


그림 4-4-1. 정규화 모드(오른쪽)에서, 각각의 테이블은 관련된 데이터만 담고 있다. 정규화된 모드가 적용되지 않으면(왼쪽), 테이블들은 한 곳 이상의 테이블에 저장되는 데이터를 담을 수 있다. 그러므로 정규화 모드로의 이동은 몇 개의 테이블들을 데이터로 분할하는 것이다.

### 원리 2 분리/제거/추출

a. 물체에서 방해가 되는 부분이나 특성을 추출한다.

b. 물체에서 필요한 부분이나 특성만을 추출한다.

↔ 예제 : 연결 공유 (다중화)

두 연결망의 접속점(예를 들면, processes) 사이에 복합 데이터 스트림을 전송하기 위한 분리된 링크를 갖는 것은 비용이 많이 든다. 경로 공유 기술(다중화라 부르는)을 사용하면 하나의 연결선이 분리된 데이터 스트림을 전송하는 데 사용된다. 다중 통신용 장치는 몇 개의 입력을 하나의 입력으로 묶고, 하나의 입력을 단일 연결선을 통해 보낸다. 그러면 역다중화기가 전송받은 데이터를 원래의 분리된 데이터 스트림으로 쪼갠다. 이런 기술은 단일 연결 링크를 사용해 다중 데이터 스트림을 전송하기 때문에 비용을 절감시킨다(그림 4-4-2).

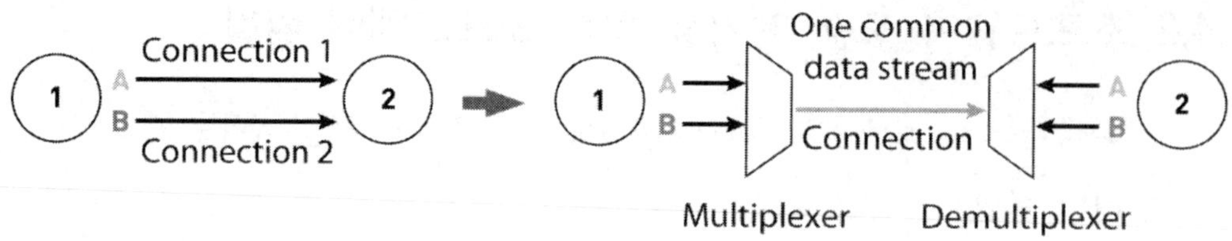


그림 4-4-2. 다중 통신용 장치는 몇 개의 입력들을 하나의 공통된 데이터 스트림으로 묶는다. 역다중화기는 전송된 복합체데이터를 몇 개의 입력들로 나눈다.

## 원리 3 국부적 품질

a. 물체의 구조를 동질적인 것에서 이질적인 것으로 바꾼다. : 외부적인 환경이나 외부적인 영향을 동질한 것에서 이질적인 것으로 바꾼다.

b. 물체의 각 부분을 작용상 가장 유리한 조건이 되도록 배치한다.

c. 물체의 여러 부분들이 서로 다른 기능을 유용하게 수행하게 한다.

➜ 예제 : 기계어 생성

하드웨어와 다른 운용시스템이 사용되면 (예를 들면 다른 특수 명령어 세트 조합을 가진 프로세스의 컴퓨터) 성능이 떨어진다. 왜냐하면 시스템은 모든 기계에 사용이 가능한 일반적인 명령어 세트만 사용하고, 성능 최적화된 특수한 기능은 사용하지 않기 때문이다. 단일의 소스코드에서 각각의 목표된 기계의 구성에 맞는 실행코드를 만들어라(그림 4-4-3).

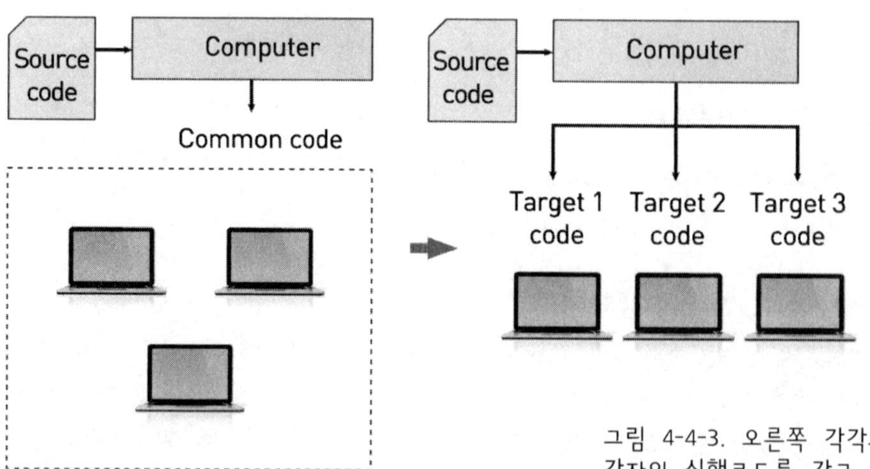


그림 4-4-3. 오른쪽 각각의 컴퓨터는 각자의 실행코드를 갖고 있다 (국부적 품질).

### 원리 4 대칭변경/비대칭

a. 물체의 형상을 대칭에서 비대칭으로 변경한다.

b. 물체가 비대칭이면 비대칭의 정도를 높인다.

↠ 예제 : 비정형적 배열

단순한 이차원 배열은 배열에서 열이 다른 길이를 가질 때 너무 많은 메모리를 소비한다. 배열들의 배열, 또는 이차원 배열의 각각의 열이 배열인 들쑥날쑥한 구조 배열을 사용하라. 이 방법을 사용하면 열들은 메모리의 사용을 극대화 시키면서 다른 길이를 가질 수 있다(그림 4-4-4).

그림 4-4-4. 사용되거나 사용되지 않는 공간을 모두 담고 있는 대칭열(왼쪽)에서 오직 사용된 공간을 담고 있는 비대칭열(오른쪽)으로의 이동.

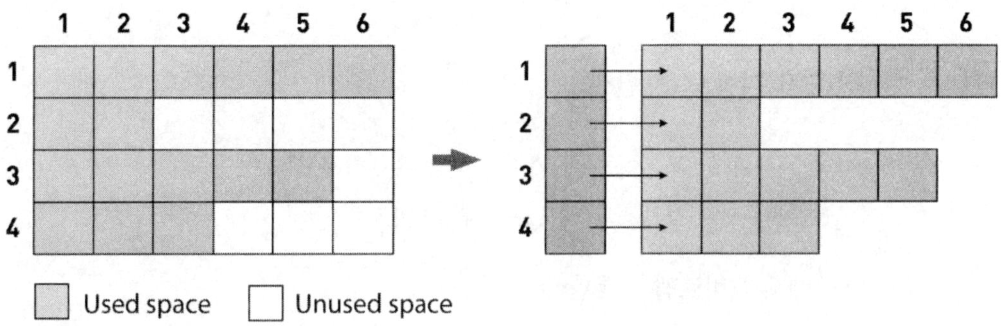


### 원리 5 병합/합병

a. 동일하거나 비슷한 물체를 가까이 가져와서 동일하거나 비슷한 물체를 합친다. 그리고 동일하거나 비슷한 부분을 유사한 작업을 수행하기 위해 조립한다.

b. 병렬이거나 연속적인 동작을 시간적으로 통합한다.

↠ 예제 : 합병 정렬

빠른 정렬 알고리즘은 가장 빠른 범용 정렬 알고리즘이다. 하지만 데이터가 오직 순서적으로만(예를 들어, 접속된 리스트 안) 접근 가능할 때, 빠른 정렬 알고리즘은 임의적 접근이 안 되는 중심축 선택으로 어려워진다. 연계된 리스트를 분류하는데 최적화 되어 있는 합병 정렬 알고리즘(그림 4-4-5)을 사용하라. 대부분의 실행에서 매우 안정적이고 분류된 산출에서 같은 요소들의 주문 입력을 보호한다.

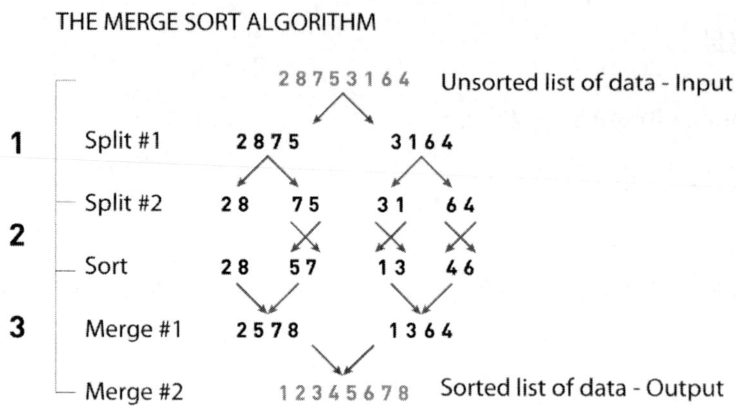


그림 4-4-5.
합병 정렬의 기본 생각은 : 1. 분류되지 않은 리스트를 두 개의 같은 사이즈의 하위 리스트로 나눈다. 2. 두 개의 하위리스트 각각을 분류하고, 3. 두개의 분류된 하위 리스트를 다시 하나의 분류된 리스트로 합병한다.

## 원리 6 다용도/보편성

a. 물체의 한 부분이 여러 가지 기능을 수행하게 한다.

b. 다른 부분·물체들의 필요성을 제거한다.

### ↠ 예제 : 비트맵 / 통합

응용프로그램이 여러 부울 값으로 작동할 때, 각각의 부울 값은 최소 1바이트의 공간을 차지할 수 있다. 하지만 하나의 부울 값은 오직 1비트만을 필요로 한다. 여러 부울 값을 분류하기 위해 비트맵 정렬을 사용하라. 비트맵 정렬에서 부울 값은 오직 1비트만 차지해서 8-정렬 요소들이 하나의 바이트 안에 저장 될 수 있다(그림 4-4-6).

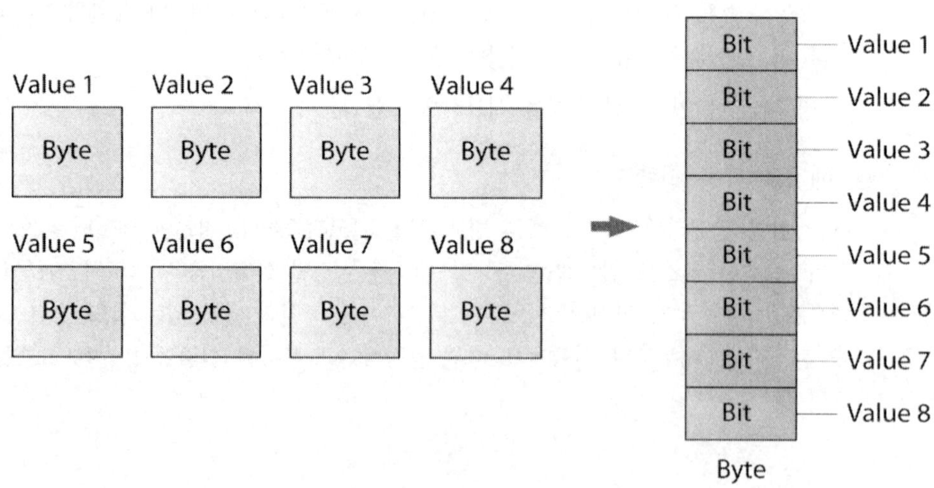


그림 4-4-6. 비트맵 정렬에서 부울 값은 1비트만을 차지한다. 따라서 8-정렬 요소가 1바이트 안에 저장 될 수 있다.

## 원리 7 포개기

a. 한 물체를 다른 물체에 넣는다. : 각각의 물체를 차례로 다른 물체 속에 넣는다.

↔ 예제 : 마이크로소프트 오피스 객체 연결과 삽입

다른 응용프로그램 안에 있는 한 응용 프로그램의 결과나 기능을 갖는 것은 유용하다. 하지만 모든 임무를 수행하는 범용적인 응용프로그램은 사용하기 매우 복잡할 것이다. 하나의 응용프로그램으로 생산된 물체가 다른 응용프로그램으로 만들어진 물체에 삽입되거나 연결해 주는 객체 연결과 삽입(OLE)을 사용하라(그림 4-4-7).

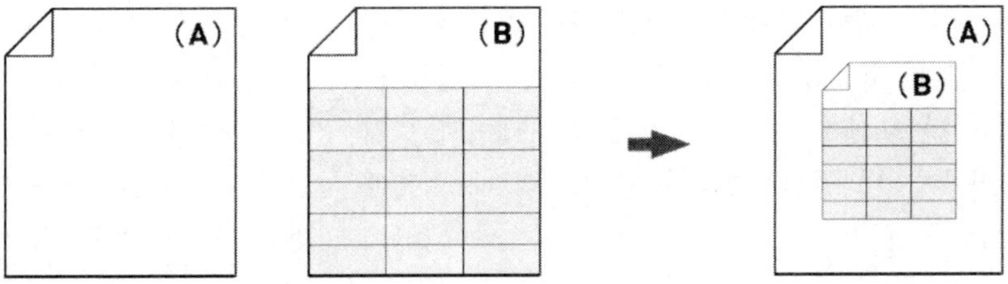


그림 4-4-7.
OLE는 다른 응용프로그램 안에서 하나의 응용프로그램의 기능을 사용하는 메커니즘을 제공한다.

## 원리 8 보상

a. 원하지 않는 물체의 작동을 보상하기 위해 이에 반하는 작동을 하는 다른 물체와 합병한다.

b. 원하지 않는 물체의 작동을 보상하기 위해 물체가 환경과 상호작용하게 한다.

↔ 예제 : 공유 코드 조각

다중 처리 프로그램에서 각각의 프로그램에 같은 코드의 분리된 코드 조각(실행 프로그램의 기계 코드 구조를 담고 있는 메모리 공간)을 사용하는 것은 메모리 소비에 있어서 비용이 클 수 있다. 몇 개의 프로세스들이 같은 코드 조각을 수정하지 않은 메모리 안에서 공유한 모든 특수 조각을 합쳐서 만들어진 공유 코드 조각을 사용하라. 몇 개의 프로세스에 의해 사용되어지는 동적 링크 라이브러리(DLL)는 공유 코드 조각의 대표적인 예이다(그림 4-4-8).

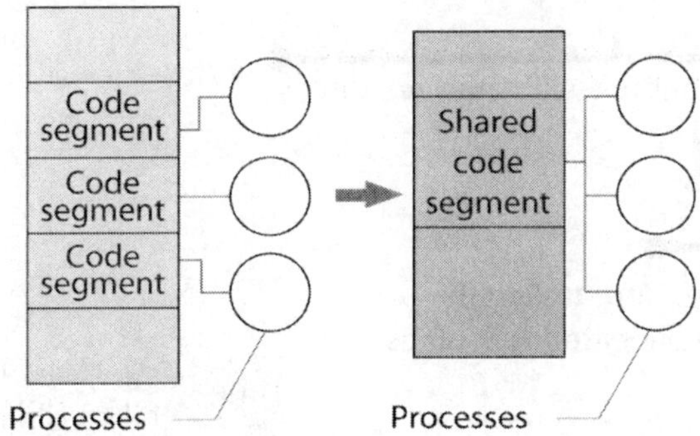


그림 4-4-8.
분리된 불필요한 코드 조각을 사용하는 것(왼쪽)에 반해, 몇 개의 프로세스들이 수정하지 않은 메모리 안에서 같은 코드 조각을 공유하는 공유 코드 조각의 사용(오른쪽)은 메모리 소비를 줄인다.

## 원리 9 사전반대조치

a. 유해한 효과와 유용한 효과를 가진 조치를 수행할 필요가 있다면, 우선 유해한 효과를 제어할 수 있는 반대조치를 시행한다.

b. 물체에 사전 압박을 만들면 예측 가능한 미래의 원치 않는 작동 압박에 반대로 작용할 것이다.

⊷ 예제 : 데이터 압축(전송 또는 저장/검색의 비용에 대한 대응조치)

수용할 수 있는 크기를 초과한 데이터는 저장 가능 공간이나 대역폭에 맞추어져야 한다. 저장 공간이나 대역폭의 요구조건을 줄이기 위해 저장이나 전송 전에 데이터를 압축해라. 데이터는 저장 공간에서 회수되어지거나 통신채널을 통해 받아질 때 압축에서 풀릴 수 있다(그림 4-4-9).

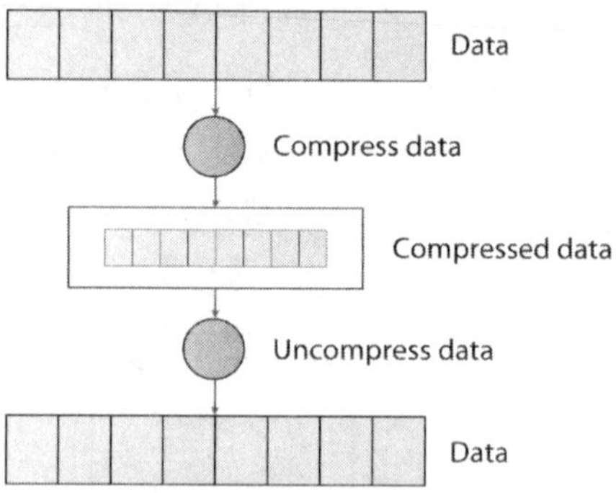


그림 4-4-9. 데이터가 메모리 공간 절약을 위해 압축되는 데이터 저장 공간

## 원리 10 사전조치/미리 해두기

a. 물체에 요구되는 변화를 미리 (전부 또는 부분적으로) 가한다.

b. 가장 편리한 위치에서 바로 작동할 수 있도록 물체를 미리 배치한다.

⊷ 예제 : 자원들의 사전 할당

자원의 동적 할당(메모리 같은)은 자원이 필요할 때 실행되면 시간낭비일 수 있다. 왜냐하면 자원들은 접근하기 전에 할당되어야 하기 때문이다. 많은 할당을 필요로 하는 프로세스는 임무수행에 상당히 영향을 미칠 수 있다. 자원이 필요하기 전에 자원들을 할당해 두어라(그림 4-4-10).

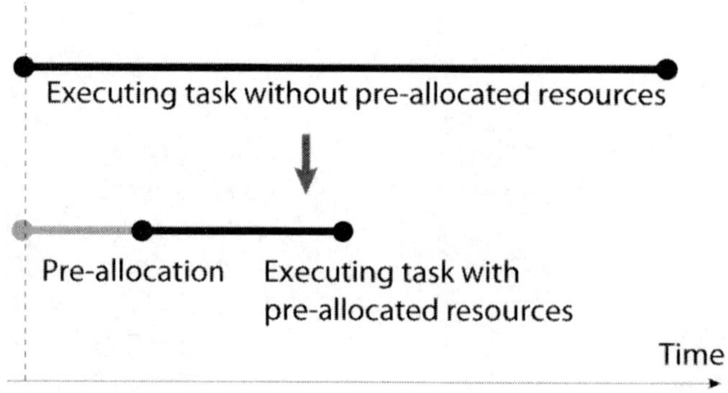


그림 4-4-10. 자원의 사전 할당은 시간을 절약한다.

## 원리 11 사전보상/사전 보호조치

어떤 행동의 신뢰성이 그다지 높지 않은 경우, 미리 준비된 비상수단을 써서 보완한다.

- 예제 : 백업과 복구

가끔 데이터의 손실은 소프트웨어 또는 하드웨어의 실패에 의해 발생한다. 데이터 백업과 복구 메커니즘을 사용해라. 백업에는 전체백업, 증분백업, 차등백업이 있다. 전체 백업은 시스템 내의 모든 데이터를 저장한다. 증분백업은 마지막 백업에서 수정된 데이터들만 백업한다. 차등백업은 마지막 전체백업에서 수정된 것들만 백업한다. 백업은 오프라인(시스템이 백업 이외에 어떠한 작동도 수행하지 않을 때)이나 온라인(시스템이 데이터 백업 중에 정상적으로 작동을 계속할 때) 모드에서 수행 될 수 있다(그림 4-4-11).

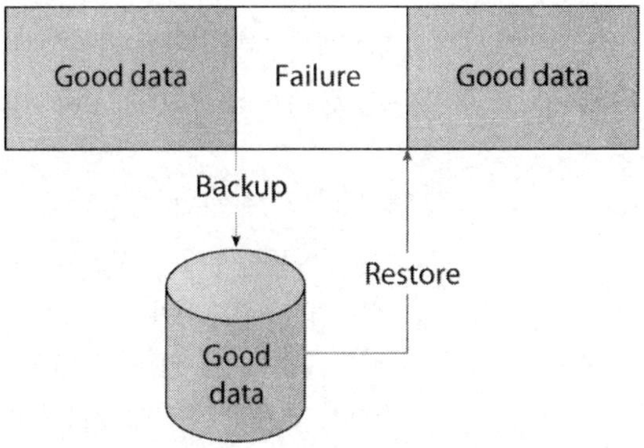


그림 4-4-11. 데이터 백업과 복구 메커니즘

## 원리 12 등위성

물체에서 에너지(정보) 사용을 최소화시키거나 안정화시키기 위해 행동을 바꾼다.

- 예제 : 코드 국지성

만약 실행 가능한 코드가 본래 코드(예를 들면 소스코드들)에 기반한 수많은 가상기억 페이지에 분배되었다면, 시간 속에 긴밀하게 실행된 코드는 다른 기억 페이지에 있을 수 있다. 이것은 페이지의 재로딩을 요구하는데 실행을 감소시킬 것이다. 코드국지성을 향상시키기 위해 연결된 방법과 기능들로 묶어 조직하라. 이 방법을 사용하면 시간 속에서 긴밀하게 실행되는 조각들이 메모리 속에 함께 저장된다(그림 4-4-12).

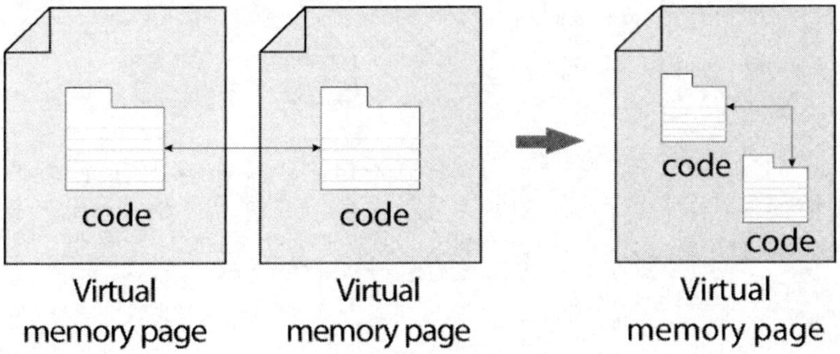


그림 4-4-12.
오른쪽에 시간 속에서 긴밀하게 실행되는 조각들이 메모리 속에 함께 있다. 따라서 수행 능력을 향상시킨다.

## 원리 13 반대로 함/거꾸로

a. 문제를 해결하기 위해 사용되었던 조치를 반대로 한다.

b. 이동 가능한 부분이나 환경을 고정시키고, 고정된 부분을 이동 가능하게 한다.

c. 물체(또는 공정)의 위와 아래를 뒤집는다.

↠ 예제 : 역색인

문서들은 문서에서 사용되어지는 단어를 기준으로 빠르게 정렬되어야 할 필요가 있다. 위치의 실마리를 보여주는 짝의 순서(위치에 대한 키나 포인터)인 역색인 구조를 사용하라. 결과적으로 그 단어가 문서 어디에 있는지를 알기 위하여 모든 문서를 찾아볼 필요 없이 색인에서 정확한 위치를 찾아낼 수 있다(그림 4-4-13).

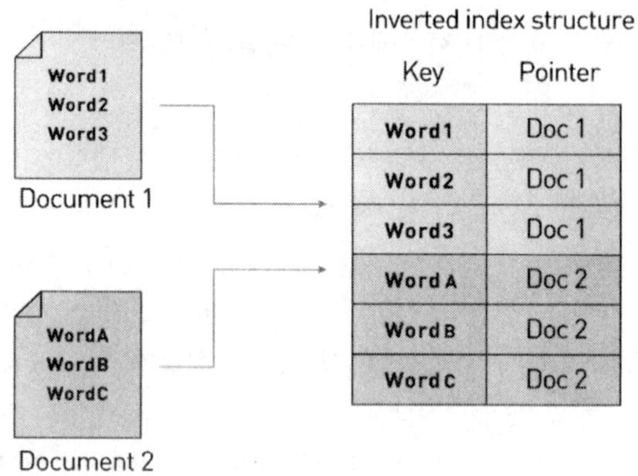


그림 4-4-13. 역색인 구조는 문서를 더 빨리 찾을 수 있도록 도와준다.

## 원리 14 진원도

선형구조 대신 원형구조물을 사용한다.

↠ 예제 : 순차순환 대기방식 도메인 이름 시스템

한 응용프로그램의 고가용성과 최고 업무수행성이 중요하다면, 단일의 지질학적 위치에서 시행된 해결책은 자연재해와 정치적 위협에 취약할 수 있다. 세계 몇몇 지역에 손님들에게 직접, 그리고 순차순환 대기 방식 DNS를 사용해 응용프로그램 기반을 다른 클러스터에 복사하라. 순차순환 대기방식 DNS는 회전 방식을 기반으로 작동한다. : 서버의 IP주소가 제출되면, 그 주소는 바뀌는 주소의 연속적인 고리를 만들기 위해 리스트의 맨 끝으로 움직인다(그림 4-4-14).

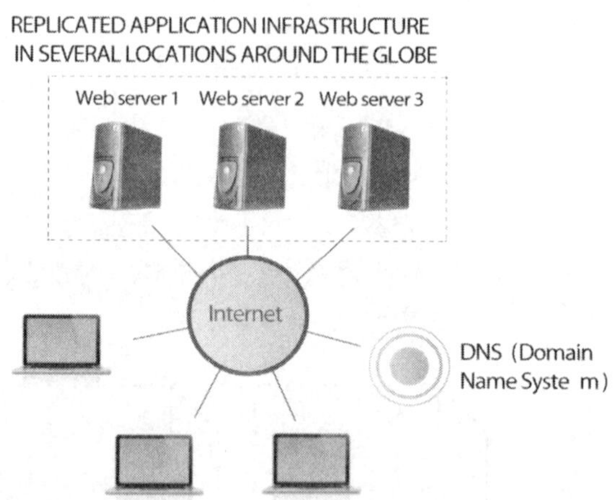


그림 4-4-14. 순차순환 대기 방식 도메인 이름 시스템은 응용프로그램 인프라 접근을 제공하고, 데이터를 자연 재해나 정치적 협박에 의한 손실이나 부패로부터 차단시킨다.

## 원리 15 역동성

a. 사물이나 외부환경의 특성을 변화시켜 작동단계마다 최상의 성능을 얻을 수 있게 한다.

b. 상대적 위치를 서로 바꿀 수 있는 요소들로 물체를 분할한다.

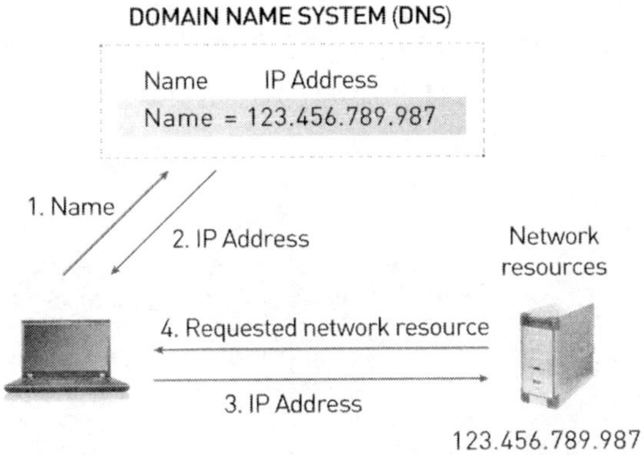


그림 4-4-15. 도메인 이름 시스템은 기억하기 쉬운 이름을 IP주소로 변형시킨다.

↔ 예제 : 도메인 이름 시스템(DNS)

손님은 IP 주소보다 더 사용자 친화적인 이름을 사용해서 네트워크 자원의 접근을 간소화하길 원한다. 기억하기 쉬운 이름을 IP주소에 배정해서 타이핑해서 넣으면 도메인의 이름을 바꾸지 않고 실제 IP주소로 번역해서 유지를 간단하게 만드는 도메인 이름 시스템을 사용하라(그림 4-4-15).

## 원리 16 과부족조치

주어진 방법을 사용하여 100%의 효과를 얻기 어렵다면, 문제를 쉽게 풀기 위하여 그 방법을 약간 적거나 과하게 사용한다.

↔ 예제 : 시스템 사이의 상호작용을 관리하기 위한 데이터 흐름 속도를 조절

클라이언트/서버 실행에서, 클라이언트는 큰 크기의 데이터를 서버에게서 요구받을 수 있다. 만약 서버 수행이 클라이언트에서 모든 데이터 집합을 허용하지 않으면, 그 결과는 이상행동이나 데이터 손실로 이어질 수 있다. 클라이언트에게 예상된 서버 수행에 관한 프로토콜을 시행하라. 서버에게서 받은 응답을 기반으로 클라이언트는 데이터 흐름 속도를 조절하고 데이터 흐름은 서버의 능력과 조화된다(그림 4-4-16).

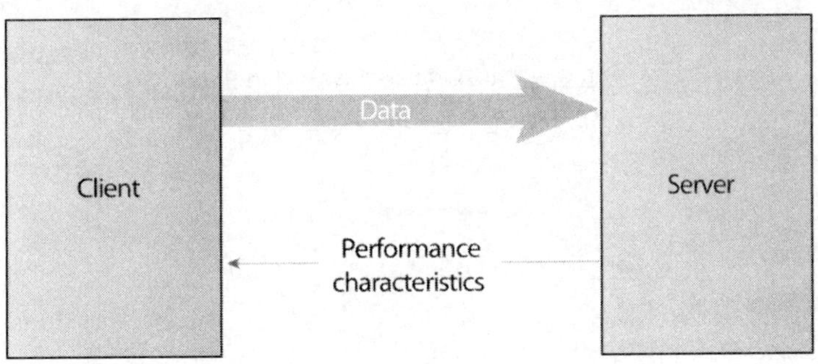


그림 4-4-16. 클라이언트의 데이터 크기와 데이터 흐름의 속도는 동작 특성과 조화된다.

## 원리 17 차원변경

물체의 차원 수를 변화시킨다.

↠ 예제 : 내비게이션/ 복잡한 데이터를 위한 시각화 모델

사용자들이 복잡한 큰 크기의 데이터를 다룰 때, 그 과정은 종종 어렵고 시간낭비에 비효율적이다. 사용자들이 데이터 접근하기 위한 데이터의 시각적 제시와 직감적인 내비게이션 모델을 만들어라 (그림 4-4-17).

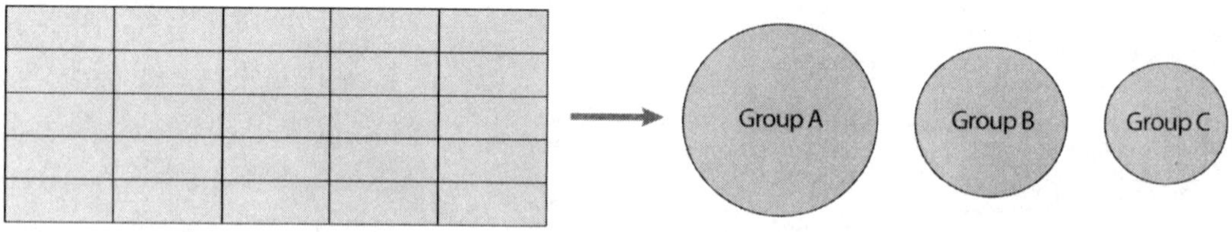


그림 4-4-17. 그룹 A, B 그리고 C(오른쪽)는 공통적 특징을 가진 큰 크기의 데이터 그룹을 나타낸다.

## 원리 18 무작위화

a. 프로세스에서 무작위 추출을 사용한다.

b. 데이터의 무작위 추출을 사용한다.

↠ 예제 : salt를 이용한 비밀번호의 암호화

암호화된 비밀번호는 비밀번호 추측 프로그램("사전"공격)을 사용해 공격 받을 수 있다. 공격을 더 어렵게 하기 위해 암호화 전에 데이터에 salt 값(무작위로 생성된 바이트)을 입력하라(그림 4-4-18).

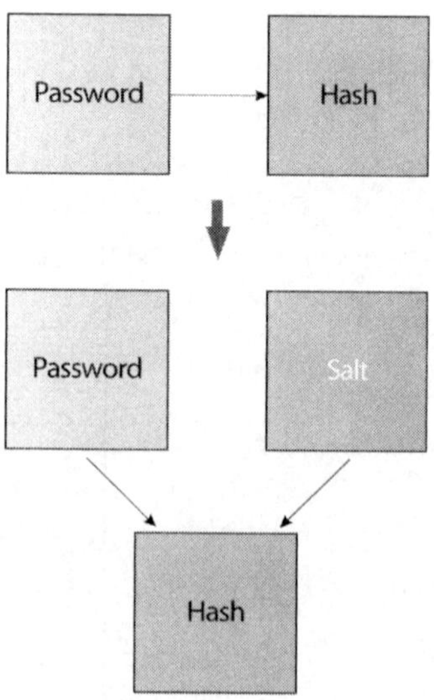


그림 4-4-18.
암호화를 하기 전에 "사전"공격을 더 어렵게 만드는 salt 값을 입력하라.

## 원리 19 주기적 작용

a. 연속적 동작 대신 주기적이거나 순간 동작을 이용한다.

b. 동작이 이미 주기적이라면 주기의 크기나 주파수를 바꾼다.

c. 추가적인 동작을 할 수 있도록 작동 사이의 정지 시간을 이용한다.

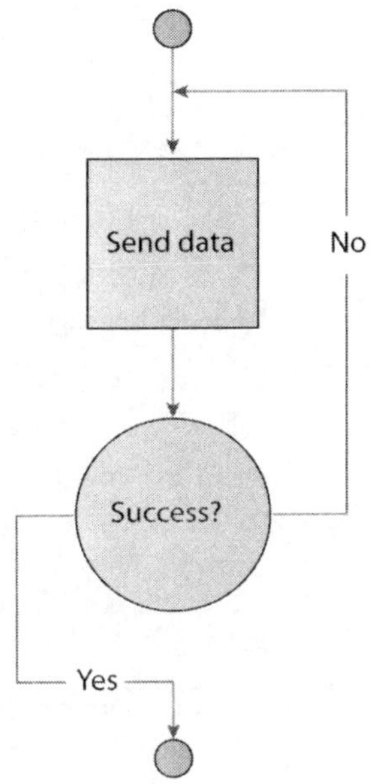


➻ 예제 : 프로토콜의 재시도

데이터는 연결이 끊기고 약간의 데이터 패킷 손실이 있는 불안정한 네트워크 환경에서 전송된다. 데이터가 성공적으로 전송될 수 있도록 프로토콜의 재시도를 사용하라. 프로토콜 재시도는 전송 중에 손실된 데이터 패킷을 데이터가 모두 성공적으로 보내질 때까지 재전송한다(그림 4-4-19).

그림 4-4-19.
프로토콜 재시도는 전송 중에 손실된 데이터 패킷을 데이터가 모두 성공적으로 보내질 때까지 재전송한다.

## 원리 20 유용한 작용의 지속

a. 연속적으로 작동하게 한다. : 물체의 모든 부분을 계속해서 최대치로 작동하게 한다.

b. 모든 헛된 또는 간헐적인 작용이나 동작을 제거한다.

➻ 예제 : 작동하지 않는 사이클을 사용하기 위한 배경처리

사용자가 컴퓨터와 상호작용하지 않을 때, 컴퓨터는 가동되지 않고 어떠한 유용한 임무도 수행하지 않는다. 디스크 조각 모으기나 바이러스 체크 같은 유용한 배경업무를 작동시킬 때 놀고 있는 중앙처리장치 사이클을 사용하라(그림 4-4-20).

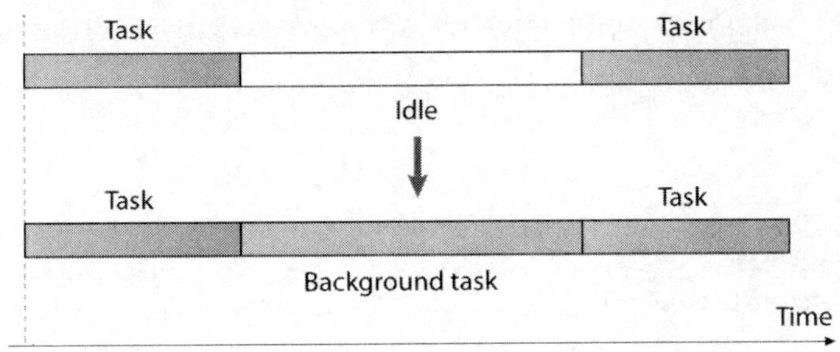


그림 4-4-20.
아무런 작업을 하지 않는 동안 컴퓨터는 유용한 배경 작업을 할 수 있다

## 원리 21 급히 통과 / 뛰어넘기/서두름

프로세스(파괴적이고, 유해하고 위험한 작동)의 과정이나 단계를 빠른 속도로 한다.

⊷ 예제 : 중요한 코드 조각의 크기나 지속의 최소화.

멀티스레드 응용프로그램에서 스레드가 공유 자원(한계 단면)에 접근하는 코드 면적을 실행 할 때, 경쟁 스레드는 회전하거나 대기열에서 기다리고 있다. 이것은 중앙처리장치시간의 불필요한 손실이나 시스템 응답의 느림을 초래할 수 있다. 스레드가 한계 단면에서 소비하는 시간을 최소화 시켜라. 이는 한계단면에서 코드를 줄인다는 뜻이다(그림 4-4-21).

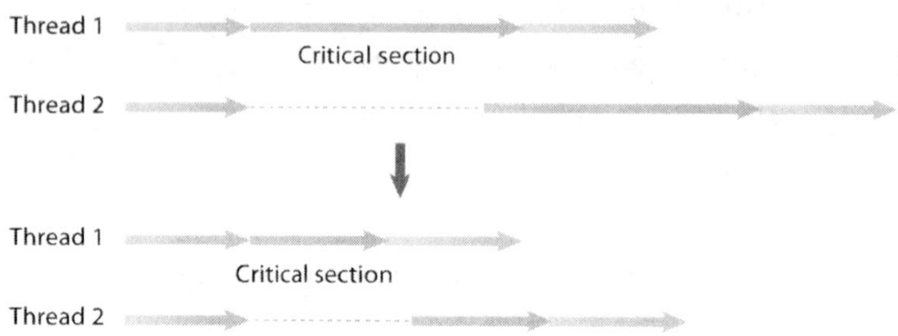


그림 4-4-21. 한계단면에서의 코드를 줄이는 것은 스레드가 한계단면에서 소비하는 시간을 최소화 시킨다.

## 원리 22 유해한 것을 유익한 것으로 바꾸기

a. 유해한 인자들(특히 환경에 해로운 영향을 주는 효과)을 이용하여 바람직한 효과를 얻는다.

b. 문제해결을 위해 처음 유해한 작용을 다른 해로운 작용에 결합해 제거한다.

c. 유해한 인자의 정도를 증가시켜 더 이상 해롭지 않게 한다.

⊷ 예제 : 다른 임무를 요구된 임무와 동시에 수행하기

몇몇 종류의 정비 업무는 시스템 정지시간을 필요로 한다. 예를 들면, 밀려들어오는 패치들과 업데이트들은 응용프로그램의 정지를 뜻한다. 시스템 정지가 불가피할 때 또 다른 추가적 정비 업무를 실행하라. 응용프로그램을 오프라인에서 업데이트할 때 응용프로그램 데이터를 백업을 병행하여 할 수 있을 것이다. 결과적으로 시스템의 총 정지시간은 줄어든다(그림 4-4-22).

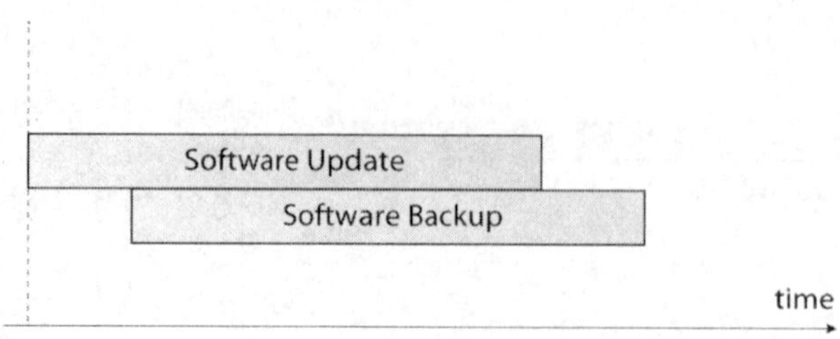


그림 4-4-22. 소프트웨어 업데이트, 소프트웨어 백업 그리고 다른 몇 가지 정비 업무는 총 정지시간을 줄이면서 동시에 실행될 수 있다.

## 원리 23 피드백

a. 공정이나 동작을 증가시키기 위해 피드백(재조회, 교차점검)을 도입한다.

b. 피드백이 이미 사용되고 있으면, 피드백의 규모나 영향을 변화시킨다.

### 예제 : 감시 소프트웨어

소프트웨어 응용프로그램과 서비스의 기능 요구조건을 향상시키는 것은 복잡한 소프트웨어와 하드웨어 해결책을 필요로 한다. 그것들은 시스템들을 건전한 상태로 유지하기 위해서 필요한 노력을 증가시키는 결과를 가져온다. 시스템과 시스템의 하위요소를 건전성을 체크하기 위해 감시 소프트웨어를 계속해서 사용하라. 감시 소프트웨어는 종종 시스템이 엄청난 실패를 회복할 수 있는 방법을 제공하고, 설비관리 담당자에게 모든 실패에 관한 사항을 알려준다(그림 4-4-23).

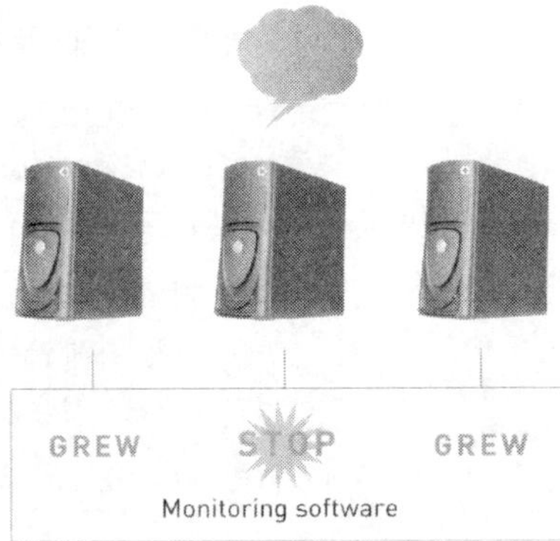


그림 4-4-23. 감시 소프트웨어는 복잡한 소프트와 하드웨어를 실패로부터 보호해 주고, 시스템의 건전성을 감시해준다.

## 원리 24 중개자 / 매개체

a. 매개체를 이용하여 동작의 특성을 변화시킨다.

b. 나중에 쉽게 제거될 수 있는 물체를 다른 물체에 임시로 연결한다.

### 예제 : 트랜잭션 관리

응용프로그램이 다중 독립 자원 관리(예를 들어 몇몇 데이터베이스)와 함께 작동해야 할 때, ACID(원자수, 농도, 분리, 지속성) 속성을 획득하는데 문제가 있다. 응용프로그램의 분리된 트랜잭션을 제어하기 위해 트랜잭션 관리를 사용하라. 트랜잭션 동안 접근된 모든 자원 관리는 트랜잭션의 참가자가 된다. 응용프로그램이 의뢰 요청이나 후퇴요청을 가진 트랜잭션을 완성하면, 트랜잭션 관리는 모든 참가중인 트랜잭션 관리와 상호 교류한다(그림 4-4-24).

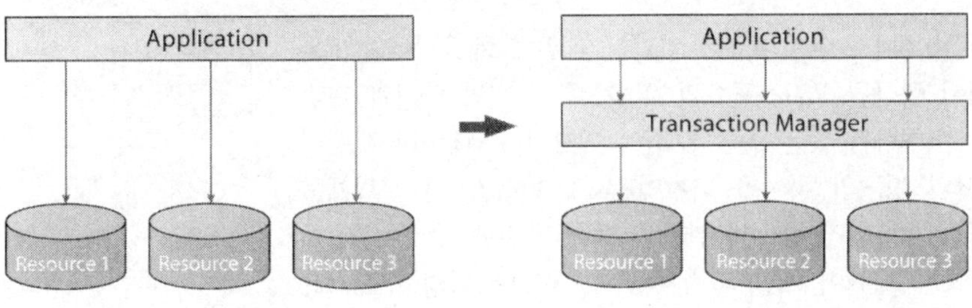


그림 4-4-24. 트랜잭션 관리는 응용프로그램의 분배된 트랜잭션을 제어한다.

## 원리 25 셀프서비스

a. 물체 스스로 보조적인 유용한 기능을 수행함으로써 작업을 수행한다.
b. 현존하는 자원/폐기물을 사용한다.

➻ 예제 : 자체 풀림 압축 파일

큰 양의 데이터를 여러 사용자에게 배분할 필요가 있을 때, 파일보관 유틸리티는 종종 데이터를 보관하는 압축된 파일을 만들기 위해 사용된다. 그러면 압축된 파일이 사용자에게 이용 가능하게 만들어진다. 하지만 압축된 파일에 있는 데이터에 접근하려면, 사용자들이 맞는 버전의 파일보관 유틸리티를 갖고 있어야 한다. 하지만 항상 가능한 것이 아니다. 데이터를 담기위해 자체 풀림 압축 파일을 만들어라. 자체 풀림 압출 파일은 보관된 데이터뿐만 아니라 데이터를 추출하는 데이터도 담고 있다. 결과적으로 사용자들은 파일보관 유틸리티를 그들의 기계에 갖고 있을 필요가 없어진다(그림 4-4-25).

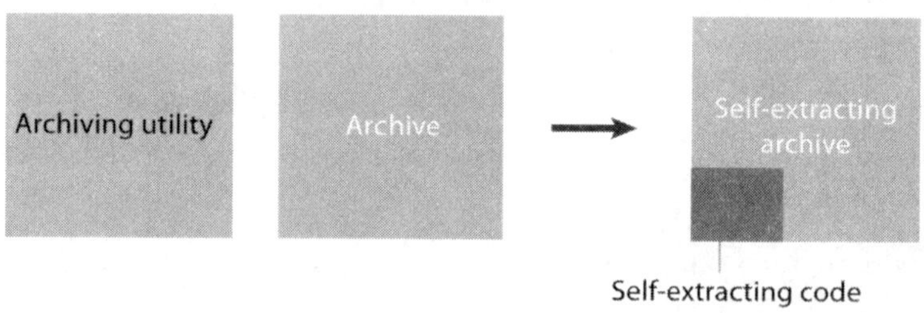


그림 4-4-25. 파일보관 유틸리티를 사용하는 것 대신에 자체 풀림 압축파일(오른쪽)이 대용량 파일을 압축하고 풀 때 사용된다.

## 원리 26 복사

사용하기 어렵고, 비싼 물체 대신 단순하고 값싼 복제품을 사용한다.

➻ 예제 : 데이터 모델링 (실제 세계의 상황들의 추상적인 모델링)

정보 시스템이 비즈니스 프로세스를 지원하기 위해 개발되어질(또는 기존의 시스템이 향상될 필요) 필요가 있을 때, 현재의 환경과 관련된 요구조건을 이해하는 것은 종종 도전이 필요하다. 데이터 모델링(시스템 내에서의 정도의 분석과 디자인)을 실행하라. 이 독립체들 사이에서 논리적 독립체와 종속에 관한 분석에 초점을 맞추어라. 데이터 모델들은 소프트웨어 개발 과정 동안 가이드나 설명서로 사용될 수 있다(그림 4-4-26).

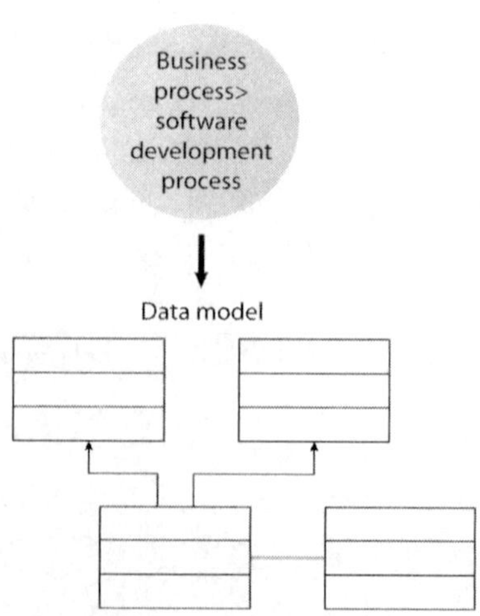


그림 4-4-26. 데이터 모델들은 소프트웨어 개발 과정 동안 가이드나 설명서로 사용될 수 있다.

## 원리 27 싸고 수명이 짧은 제품/일회용품

다른 특성(예를 들면 사용기간)들과 타협해서, 값비싼 물체를 많은 값싼 물체로 대체한다.

•➜ 예제 : 섬네일

그래픽 응용프로그램에서 사용자들은 여러 개의 이미지 파일들로 작업을 한다. 이미지들의 수가 여러 개일 때, 하나의 이미지를 다루거나 선택하기가 어려워진다. 이미지의 작은 사이즈 버전의 섬네일을 진열하라. 그렇게 하면 사용자들이 빠르게 그림을 훑어 볼 수 있고 관심 있는 이미지를 선택할 수 있다(그림 4-4-27).

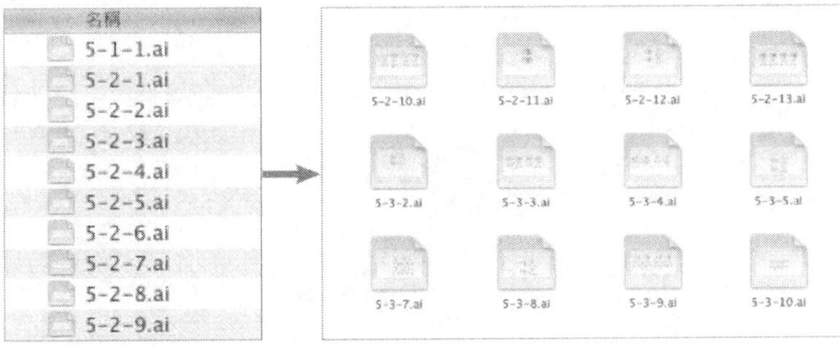


그림 4-4-27.
그래픽 응용프로그램을 가진 파일들의 시각적 이미지(섬네일)는 사용자들이 흥미 있는 이미지를 선택할 수 있게 도와준다.

## 원리 28 상호작용의 타입을 바꿈

a. 물체들 사이에서 상호작용의 타입을 바꿈.

b. 정지된 관계에서 역동적인 관계로, 구조화되지 않은 데이터에서 구조화된 데이터로 바꿈.

•➜ 예제 : Entity-Attribute-Value 데이터 모델

데이터의 관계 모델은 정적으로 정의된 테이블 세트로 작동한다. 모든 테이블은 기 정의된 분야의 집합을 포함한다. 새로운 타입의 데이터가 작동에 포함되어야 할 때, 정지된 데이터 모델이 새로운 분야, 새로운 테이블 또는 둘 다에 업데이트 되어야만 한다. 자주 변하는 타입의 매개변수들(예를 들면 임상 데이터 관리 시스템)과 작동하는 응용프로그램에서 정지된 테이블 구조를 유지하는 것은 어렵고 오류발생이 쉽다. 유연하고 확장 가능한 데이터로 실행하기 위해 EAV 데이터 모델을 사용하라. EAV 모델에서 테이블은 열들로 구성되어 있다. 각각의 열은 단일의 팩트나 관계를 저장하고 있다. 이 조직은 데이터 구조가 관계 테이블의 구조 변화를 요구하지 않고 정적으로 확장할 수 있게 만든다(그림 4-4-28).

**Table A**

| ID | A1 | A2 | A3 | A4 |
|---|---|---|---|---|
| 1 | - | V1 | - | V2 |
| 2 | V3 | - | - | - |
| 3 | - | - | V4 | A5 |

**Entity-Attrubute-Value(EAV)Table**

| ID-Entity | Attribute | Value |
|---|---|---|
| 1 | A2 | V1 |
| 1 | A4 | V2 |
| 2 | A1 | V3 |
| 3 | A3 | V4 |
| 3 | A4 | V5 |

그림 4-4-28.
EAV 테이블(오른쪽)은 유연하고 확장 가능한, 단일의 팩트를 저장하는 데이터와 함께 작동한다.

## 원리 29 자유도의 변화

물체의 자유도를 변화시킨다.

예제 : 페이징

한 프로세스는 RAM에서 가능한 것 보다 더 많은 물리적 메모리를 필요로 할 수 있다. 선형 메모리 주소가 RAM이나 하드 드라이브를 포함한 물리적 메모리의 모든 부분에 있는 페이징 메커니즘을 사용하라. 프로세스에 의해 현재 사용되지 않는 데이터 부분은 RAM에서 하드 드라이브로 로드되지 않고, 필요한 부분은 하드 디스크에서 RAM으로 로드된다(그림 4-4-29).

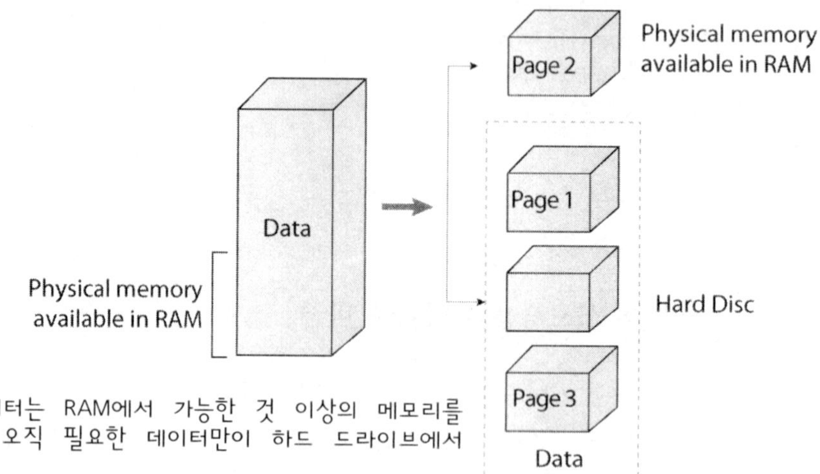


그림 4-4-29. 왼쪽 데이터는 RAM에서 가능한 것 이상의 메모리를 필요로 한다. 오른쪽은 오직 필요한 데이터만이 하드 드라이브에서 RAM으로 로드된다.

## 원리 30 유연한 막과 분리층

a. 경계 조건을 변화시킨다.

b. 유연한 막과 분리층으로 물체를 외부환경과 격리시킨다.

예제 : 웹 서버

사용자가 팻 클라이언트를 사용하는 여러 개의 크라이언트 서버 응용프로그램으로 작업을 할 때, 사용자들을 교육시키고 여러 개의 응용프로그램과 클라이언트들을 배치하고 유지하는 데에는 많은 노력이 요구된다. 응용프로그램을 작동하기 위해 웹 서버를 사용하라. 이 경우 각각의 응용프로그램에 독립적인 클라이언트 프로그램을 만들고 유지할 필요가 없다. 클라이언트들은 웹 브라우저를 사용한 모든 응용프로그램에 통합된 접근을 받는다(그림 4-4-30).

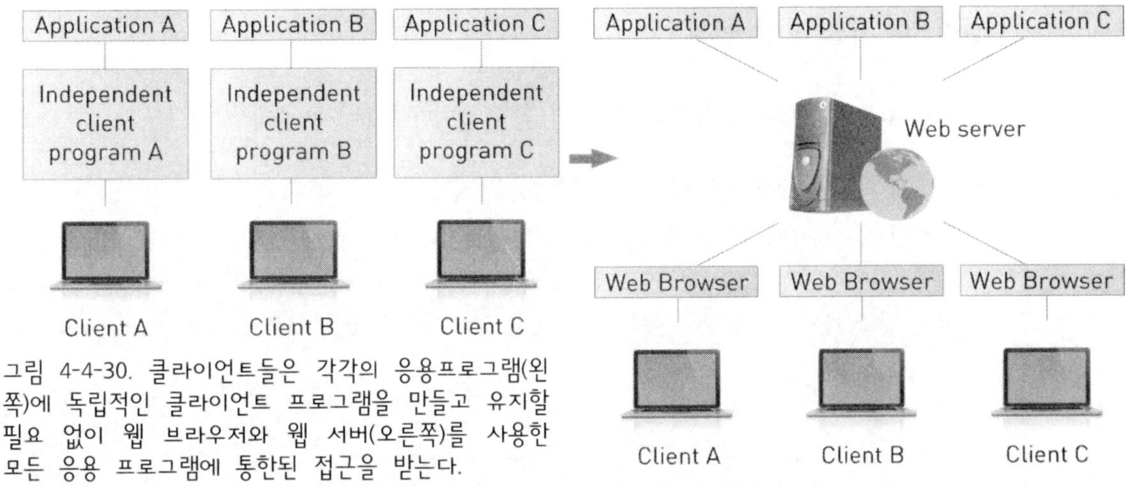


그림 4-4-30. 클라이언트들은 각각의 응용프로그램(왼쪽)에 독립적인 클라이언트 프로그램을 만들고 유지할 필요 없이 웹 브라우저와 웹 서버(오른쪽)를 사용한 모든 응용 프로그램에 통한된 접근을 받는다.

## 원리 31 함정

a. 함정을 물체 속에 넣는다.

b. 존재하는 함정을 사용한다.

●▸ 예제 : 해커들을 유인하고 잡기위한 꿀단지

인터넷에 연결된 네트워크와 서버들은 해커들의 공격을 막기 위해 계속해서 감시되고 유지되어야 한다. 꿀단지로 해커들을 유인하고 잡을 추가 보안 수단으로 사용하라. 꿀단지는 인터넷에 있는 컴퓨터 시스템인데 해커들을 유인하고 잡기위해 특별히 설치되어있다. 공격자는 이용해먹기 위해 엄청난 시간을 쓰며 꿀단지를 탐색한다. 꿀단지는 또 침입을 감지하는 것을 도와준다(그림 4-4-31).

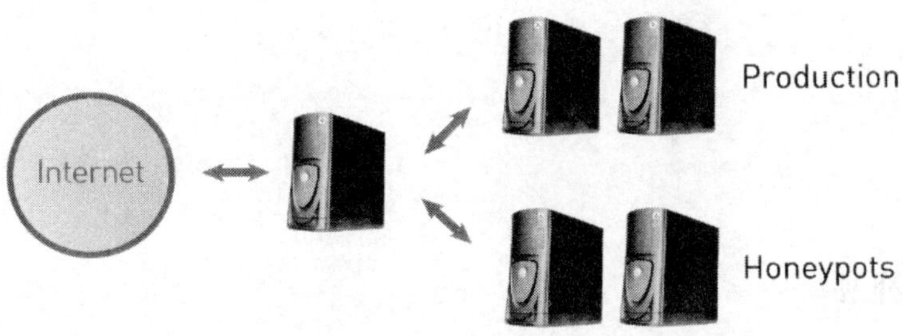


그림 4-4-31. 꿀단지는 해커들을 유인하고 잡는 것을 도와준다.

## 원리 32 자료 표현 변경

가장 효과적인 데이터 취급을 제공하기 위해 데이터 표현을 바꿔라.

●▸ 예제 : 원문서에서의 키워드와 문장들의 강조

검색엔진은 사용자의 문의에 대한 결과를 원문서와 소스에 대한 링크가 달린 참고문헌과 함께 보여준다. 사용자들은 원문서를 열고 참고문헌을 찾아야 한다. 자동적으로 원래의 문서에 키워드와 문장들을 강조하는 것은 사용자들이 사용가능한 참고자료를 찾는 것을 도와준다(그림 4-4-32).

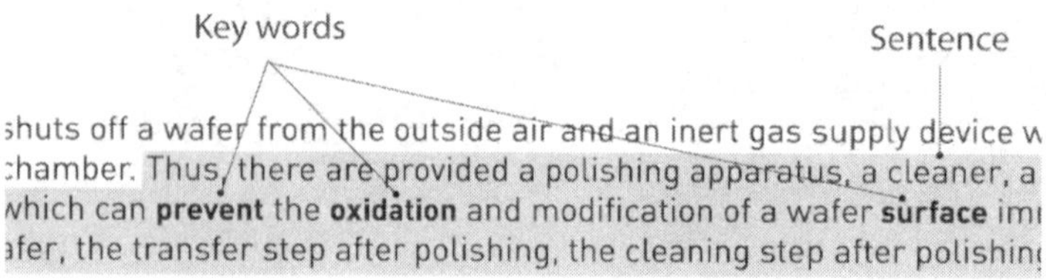


그림 4-4-32. 선택된 문서 내에서 키워드와 이에 상응하는 문장들의 자동적인 강조는 사용자가 사용가능한 참고자료를 찾는 것을 도와준다.

## 원리 33 동질성

상호작용하는 물체에 대하여 똑같은 구조를 사용한다.

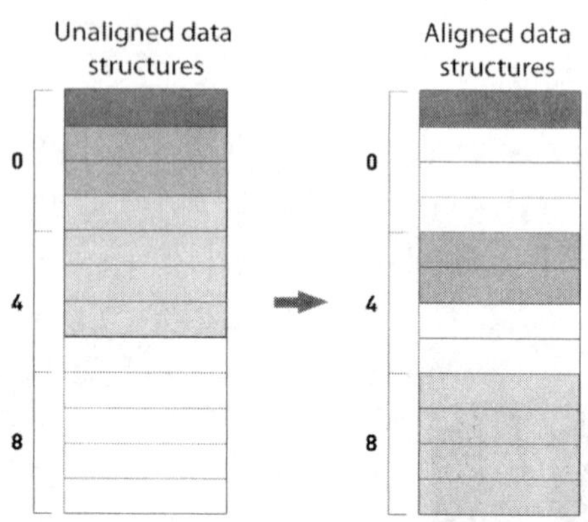


그림 4-4-33. 오른쪽 데이터 구조는 메모리 접근의 수를 줄이기 위해 프로세서의 메모리 접근 범위로 정렬되어있다.

●▸ 예제 : 데이터 정렬

프로세서 구조는 메모리 접근 범위(단어들)로 정렬된 메모리 주소로 작동될 때 더 잘 실행된다. 정렬되지 않은 데이터 구조들은 실행 저하를 야기한다. 메모리 접근의 수를 줄여 응용프로그램의 실행을 향상시키기 위해 데이터 구조를 프로세서의 메모리 접근 범위로 정렬한다(그림 4-4-32).

## 원리 34 폐기 및 재생

a. 기능을 다 이행한 물체의 부분들을 없애거나 작동 중에 직접 수정한다.

b. 반대로 물체에서 소모할 수 있는 부분은 작동 중에 저장한다.

↠ 예제 : 데이터 구조(연결 리스트)

많은 요소를 저장하기 위한 메모리 정렬은 요소들을 할당하는데 많은 시간이 걸리거나, 메모리 배열이 할당 되는 중에 요소들의 수가 정해지지 않을 때, 또는 물리적 메모리가 배열의 단일 블록으로 할당될 수 없을 때 문제를 야기할 수 있다. 연결리스트(분리된 메모리 블록을 각각의 요소에 할당해 주는 데이터 구조)를 사용하라. 메모리 블록은 연결 리스트 요소 또는 접속점이라고 부른다. 리스트는 체인에 있는 링크들처럼 접속점들을 하나로 연결하기 위해 포인터들을 사용함으로써 전체적인 구조를 갖게 된다. 각각의 접속점은 두 개의 분야를 포함한다. : 요소를 저장하는 데이터 분야, 그리고 리스트안의 다음 접속점을 향하는 포인터를 저장하는 분야(그림 4-4-34).

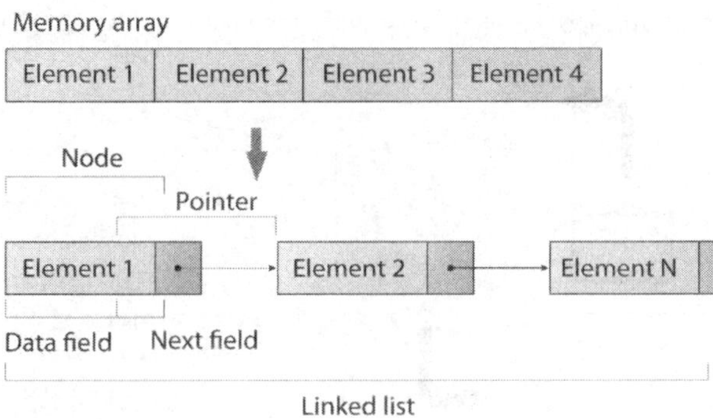


그림 4-4-34.
연결 리스트는 메모리 배열의 각각의 요소를 위한 분리된 접속점(메모리 블록)을 할당하는 데이터 구조이다.

## 원리 35 속성변화

a. 물체의 상태(정적, 동적 등)를 변화시킨다.

b. 자료 형식을 변화시킨다.

c. 유연성의 정도를 변화시킨다.

↠ 예제 : 오디오나 비디오 파일내의 가변 비트율

오디오와 비디오 파일들은 고정된 비트율을 사용해 인코딩된다. 더 높은 비트율은 재생되는 동안 더 좋은 질을 제공한다. 하지만 높은 비트율은 낮은 비트율 보다 더 많은 저장 공간을 필요로 한다. 오디오와 비디오 프레임들을 가변 비트율을 사용하여 인코딩하라. 더 많은 동작을 갖는 부분에 더 높은 비트, 적은 동작을 갖는 부분에는 더 낮은 비트를 사용하라. 그 결과 재생하는 동안 더 좋은 품질이 제공되고 필요한 저장 공간은 줄어든다. (그림 4-4-35)

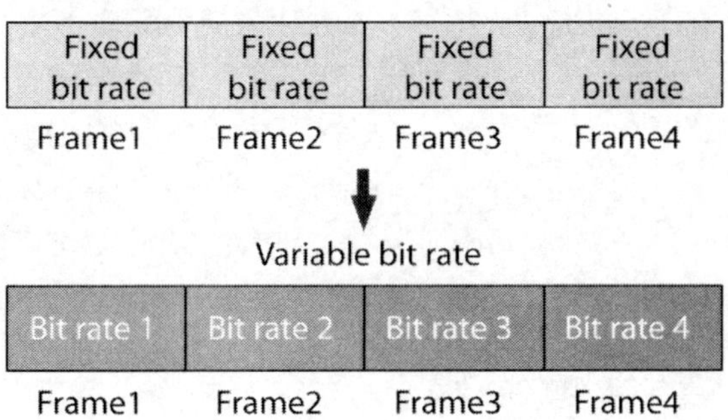


그림 4-4-35.
오디오와 비디오 프레임을 인코딩하는 가변 비트율은 오디오와 비디오 프레임의 역동성(높음과 낮음)으로 조율이 되어있다.

## 원리 36 상전이

상전이 현상(예를 들면, 자료 크기의 변화)을 이용한다.

### 예제 : LOB 분야에서의 데이터 압축

데이터베이스 관리 시스템에서의 LOB (대용량) 분야는 구분화 되지 않은 2진법, 원문 자료를 저장하는데 주로 쓰인다. 하지만 LOB 분야는 데이터베이스 서버에 상당한 저장 자원을 필요로 한다. 데이터베이스 관리 시스템에서 LOB 분야를 위해 서버 측 데이터 압축을 실행하라. 몇몇 데이터베이스 관리 시스템들은 데이터 압축을 위한 이미 만들어진 절차를 제공한다. 데이터 압축은 LOB 분야를 위한 원래 내장된 압축 메커니즘 데이터베이스 관리 시스템에서도 실행된다(그림 4-4-36).

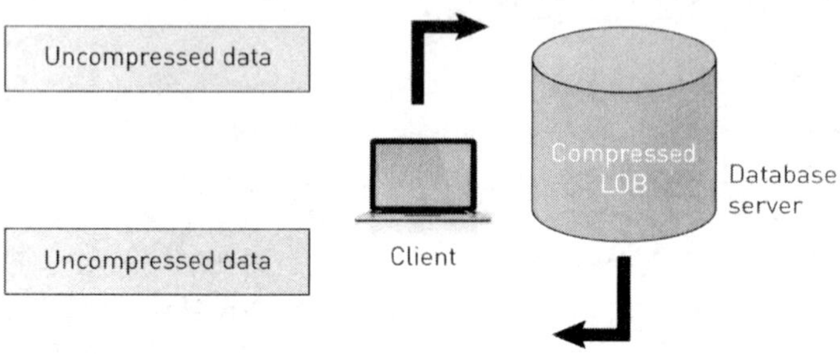


그림 4-4-36. 데이터베이스 관리 시스템에서 LOB 분야를 위한 서버 측 데이터 압축은 데이터베이스 서버에서 자원의 저장에 필요한 선점된 공간을 줄여준다

## 원리 37 주문식 확장

a. 자원의 주문식 확장을 이용한다.

b. 주문식 확장이 사용되었으면 다른 요소들의 여러 수준의 확장을 사용하라.

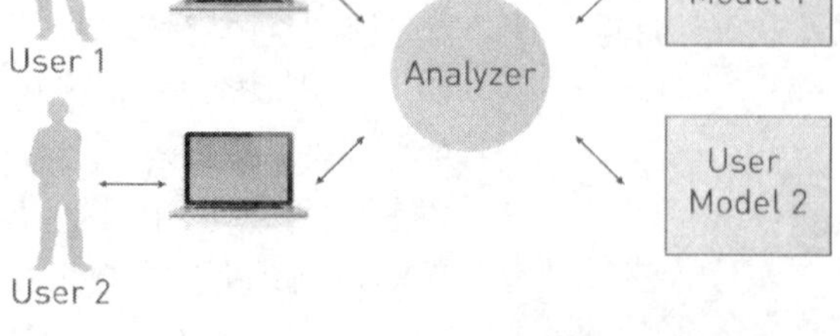


그림 4-4-37. 분석기는 응용 프로그램의 행동에 맞추고 그래서 사용자의 요구를 더 충분히 충족시킨다.

### 예제 : 사용자의 인터페이스에 맞춘 소프트웨어

복잡한 소프트웨어 응용프로그램에 대한 다른 지식과 경험을 갖고 있는 사용자들은 같은 프로그램에서 다른 결과를 얻을 수 있다. 응용프로그램의 행동을 맞추기 위해 사용자의 행동을 관찰하라, 그러면 사용자의 요구를 더 충분히 충족시킬 것이다. 시스템은 먼저 사용자를 인터뷰하고 변화를 만들면서 사용자의 인터페이스를 맞출 수 있다. 그래서 시스템은 정의된 사용자의 프로파일에 더 적합해 질 수 있다(그림 4-4-37).

## 원리 38 활성화 객체

기존의 상호작용 대신 집중적인 상호작용을 제공하는 객체를 사용하라.

### ↠ 예제 : 소프트웨어 에이전트

고객이 온라인 상점에서 제품을 찾을 때, 온라인 상점은 굉장히 많은 종류의 제품을 사용자가 흥미있어 하는 카테고리에서 가져올 수 있다. 고객은 가이드 없이 제품을 고르는 게 어려울 수 있다. 경험과 다른 고객들의 피드백을 바탕으로 최고의 제품을 추천해주는 소프트 에이전트를 만들어라(그림 4-4-38).

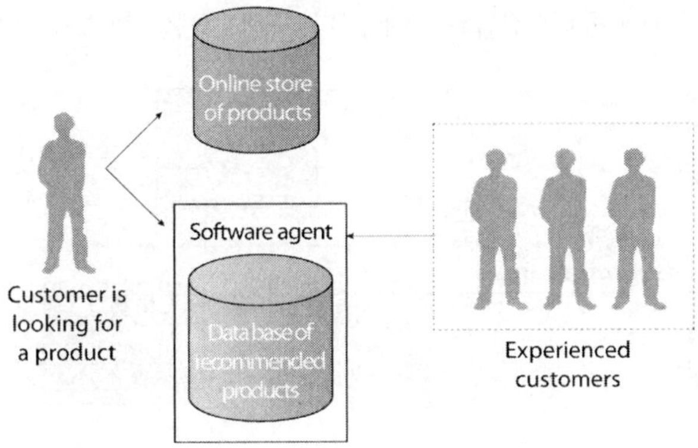


그림 4-4-38. 수천가지의 추천된 제품들의 데이터베이스를 담고 있는 소프트웨어 에이전트는 고객들의 필요에 가장 최고의 제품을 선택하고 살 수 있도록 도와준다.

## 원리 39 불활성 환경

a. 평범한 환경을 불활성 환경으로 바꾼다.

b. 원하지 않는 상호작용을 제공하지 않는 객체를 사용하라.

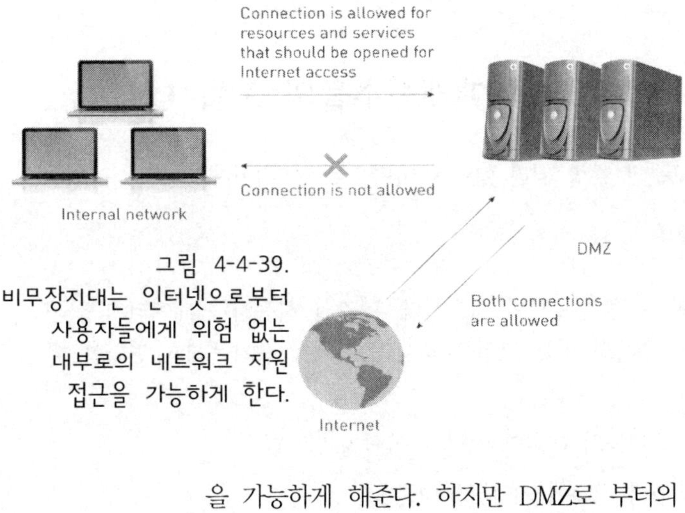


그림 4-4-39. 비무장지대는 인터넷으로부터 사용자들에게 위험 없는 내부로의 네트워크 자원 접근을 가능하게 한다.

### ↠ 예제 : 비무장지대 (DMZ)

한 조직은 보통 인터넷에서 자신의 네트워크 자원에 대한 열린 접근을 필요로 한다(메일, www 그리고 DNS 서비스). 하지만 이것은 인터넷 네트워크가 침입 공격자에게 취약해질 수 있다. 인터넷 접근을 위해 열린 자원과 서비스를 위해 비무장지대를 설정하라. DMZ는 내부로의 네트워크와 인터넷으로 부터의 연결을 가능하게 해준다. 하지만 DMZ로 부터의 연결은 오직 외부로의 네트워크로만 가능하다. DMZ에 있는 호스트와 타협했다고 할지라도 내부로의 네트워크는 보호된다(그림 4-4-39).

### 원리 40 복합객체

단순 구조를 갖는 사물을 복합구조를 갖는 객체로 바꾼다.

➻ 예제 : 집합 (객체 지향 설계)

크래스 디자인에서 계승(한 클래스는 다른 클래스들 관점에서 정의된다.)을 사용하는 것은 몇 가지 단점을 갖고 있다. : 큰 프로그램 사이즈, 큰 시스템의 이해와 유지의 어려움. 계승 대신 집합을 사용하라. 집합은 집합된 크래스가 하나 또는 그 이상의 크래스들을 담고 있는 크래스들의 전체적/부분적 합성이다. 하지만 집합된 크래스는 담고 있는 크래스들의 객체 형성과 함께 또는 형성 없이 규정된다. 계승된 객체는 다른 '객체임'에 반해, 집합된 객체는 다른 객체들을 '갖고'있다. (그림 4-4-40)

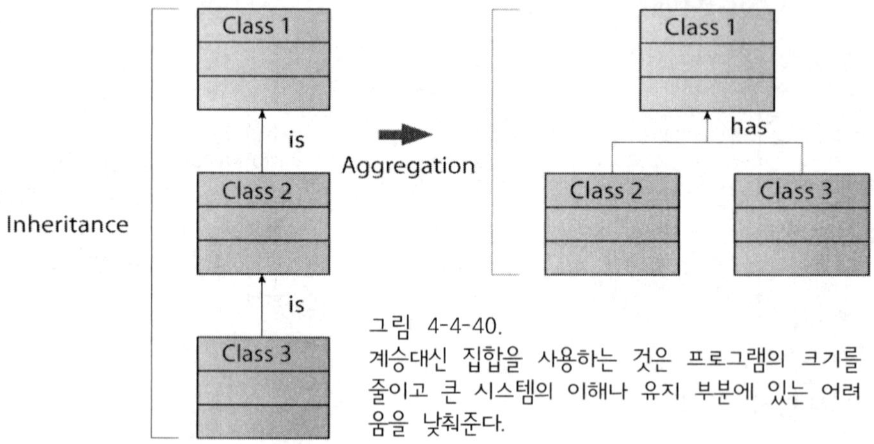


그림 4-4-40.
계승대신 집합을 사용하는 것은 프로그램의 크기를 줄이고 큰 시스템의 이해나 유지 부분에 있는 어려움을 낮춰준다.

## 4.4.3 소프트웨어와 관련된 문제를 위한 갈등 매개변수들의 조합 테이블

이 테이블은 겐리흐 알트슐러의 시스템 모순과 발명 원리 행렬을 바탕으로 한 것이다.

**➻ 예제 :**

**문제** : 정보의 손실을 막기 위해서는 높은 수준의 보안이 필요하다. 하지만 사용자가 데이터에 접근하기에는 어려워진다. 우리는 어떻게 높은 수준의 정보 보완을 하는 동시에 사용자들에게 편리한 데이터 접근을 가능하게 할 수 있을까?

**소프트웨어 모순** : 데이터 보안의 향상은 유저들의 데이터 접근을 어렵게 만든다.

**갈등 매개변수** : 데이터 보안의 향상은 데이터 접근의 저하를 야기한다.

그림 4-4-41에 사용되는 소프트웨어 모순 행렬의 일부분을 보여준다. 소프트웨어 모순을 위한 소프

트웨어 원리를 선택 하려면 다음 4가지 단계를 실행하라.

### 단계 1

24개 매개변수의 수직 리스트에서 '20. 보안'을 선택하라. 열은 향상된 매개변수를 나타낸다.

### 단계 2

24개 매개변수 수평 리스트에서 '5. 데이터 접근'을 선택하라. 행은 악화된 매개변수를 나타낸다.

### 단계 3

선택된 매개변수의 교차점에서 소프트웨어 모순을 해결하는 데 도움을 줄 소프트웨어 원리의 번호를 찾아라. : 24. 중개자/매개체, 30. 유연한 막과 분리층, 9. 사전반대조치, 4. 대칭 변경.

### 단계 4

정의된 소프트웨어 모순에 대한 좋은 해결책을 찾기 위해서 선택된 소프트웨어 원리를 연구할 소프트웨어 원리 리스트(4-4-2)로 가라.

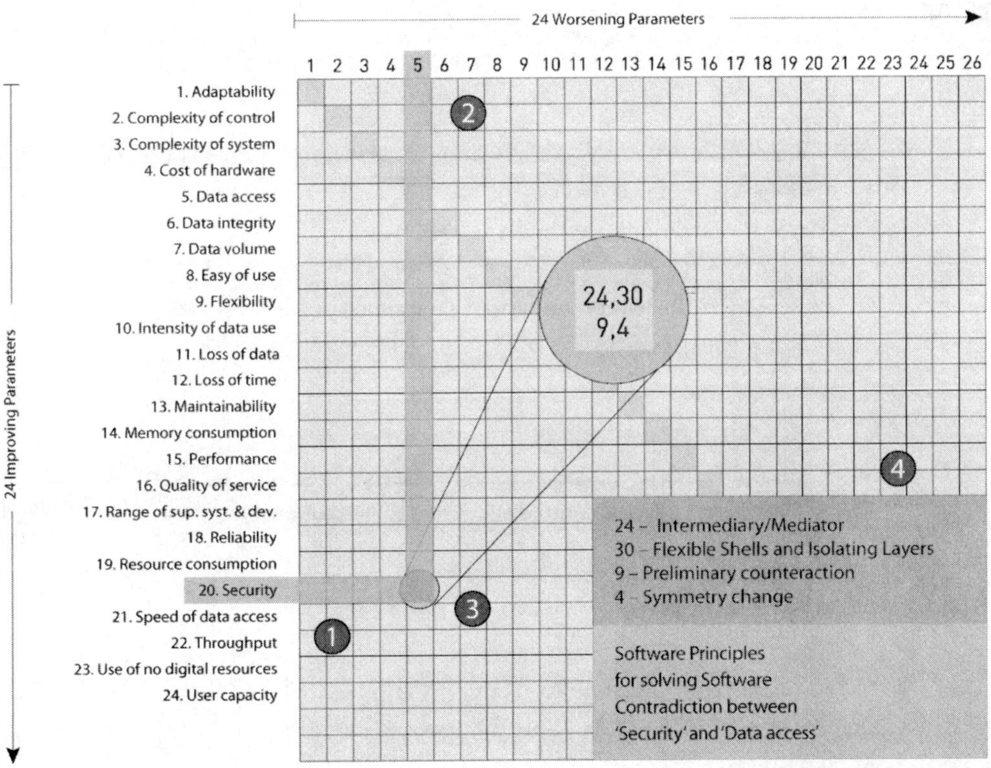


그림 4-4-41. 주어진 소프트웨어 모순을 해결하기 위한 소프트웨어 원리 선택의 4가지 단계.

원리 24. 중개자/매개체는 프록시 서버를 사용하는 컨셉을 제안한다. 프록시 서버는 고객들이 다른 네트워크 서비스에 우회 네트워크 연결을 만들 수 있게 해준다. 고객이 네트워크 자원을 요구할 때, 프록시 서버는 명시된 서버나 고속기억장치로부터 자원을 제공한다(그림 4-4-42).

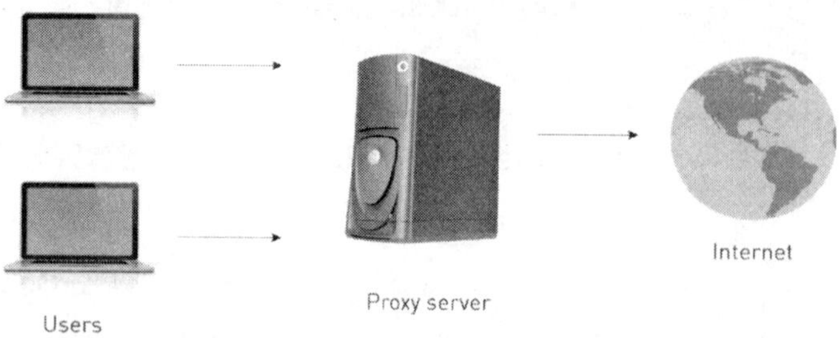


그림 4-4-42. 프록시 서버는 사용자 정보를 위해 높은 수준의 보안을 제공한다. 또 사용자에게 다른 네트워크 서비스에 우회 네트워크 연결을 통한 편리한 데이터 접근을 제공한다.

## 4.5 요약

❖ 성능 요구사항의 맥락에서 시스템 모순과 물리적 모순의 정의와 해결에 의해 시스템 진화는 이끌어진다. (그림 4-5-1)

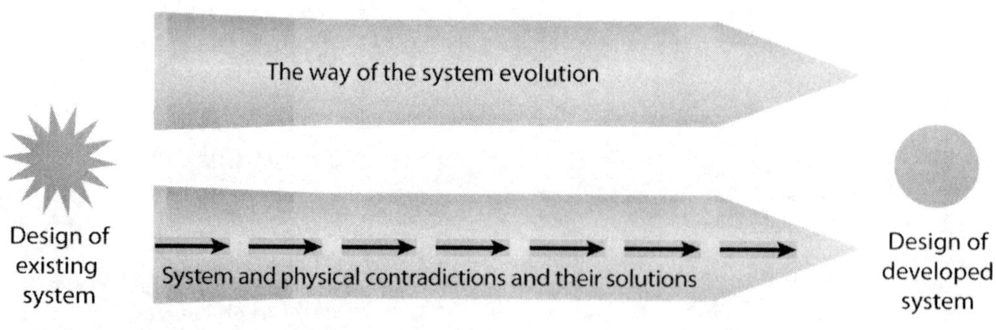


그림 4-5-1. 시스템 진화의 방법.

❖ 시스템 모순과 물리적 모순의 주요 차이점은 시스템 모순은 두 개 또는 그 이상의 매개변수 사이의 갈등인데 반해, 물리적 모순은 한 매개변수의 두 개 또는 그 이상의 값들 사이의 갈등이다.

❖ 모든 시스템(제품, 프로세스, 서비스)에 대한 시스템 모순을 정의하기 위해서는 다음 4가지 단계가 실행된다. :

1. 주어진 시스템에 대한 매개변수들의 리스트를 만든다.
2. 하나의 매개변수를 선택하고 그 값을 바꾼다(성능을 향상시킨다.).
3. 리스트에서 바뀐 매개변수와 다른 매개변수들 사이의 상호작용을 분석한다. 갈등이 있는 짝을 선택한다. 각각의 갈등 짝이 시스템 모순을 나타낸다.
4. 39개의 매개변수 리스트에서 가장 적절한 매개변수를 선택한다.

❖ 시스템 모순을 해결하기 위해서 트리즈 발명 원리를 사용하라. 발명원리들은 시스템 모순을 해결하기 위한 추상적인 규칙들이다.

❖ 트리즈는 주어진 시스템 모순의 가장 효과적인 발명원리를 선택하기 위해서 알트슐러 행렬을 사용할 것을 추천한다. 주어진 시스템 모순을 위한 가장 적절한 발명원리를 선택하고 사용하기 위해서는 다음 4가지 단계가 실행되어야 한다. :

1. 39개 매개변수의 수직 리스트에서 향상된 매개변수를 선택한다. 값이 향상되어야 할 매개변수를 선택하기 위해 행렬의 열을 사용한다.
2. 모순/악화시키는 매개변수를 39개 매개변수의 수평축 리스트에서 선택한다. 향상되는 매개변수와 갈등이 있는 매개변수를 선택하기 위해서 행렬의 행들을 사용하라.
3. 선택된 매개변수들의 교차점에서 시스템 모순을 해결하는데 도움을 줄 발명원리의 번호들을 찾아라.
4. 정의된 시스템 모순에 대한 좋은 해결책을 찾기 위해 선택된 발명원리의 자세한 설명을 위한 발명원리 리스트(4-2-2)로 간다.

❖ 좋은 컨셉이 발견되었다고 할지라도 시스템 모순에서 머무르지 마라. 더 나아가 각각의 모순 매개변수를 분석하라. 어떤 것이 먼저 분석되어야 하는가? 그것은 주어진 문제의 상황과 요구조건에 달려있다.

❖ 만약 문제가 정말로 존재한다면, 선택된 매개변수의 다른 값들 사이의 갈등이다. 이것을 물리적 모순이라고 부른다.

❖ 물리적 모순을 해결하기 위해 5개의 분리 원리 모두를 사용하길 추천한다. :

1. 시간에 의한 매개변수 갈등 값의 분리
2. 공간에 의한 매개변수 갈등 값의 분리.
3. 조건 변경에 의한 매개변수 갈등 값의 분리.
4. 시스템과 하위시스템 수준에서 매개변수 갈등 값의 분리.
5. 시스템과 상위시스템 수준에서 매개변수 갈등 값의 분리.

❖ 소프트웨어 모순은 시스템 모순의 변형이다. 이 모순은 특히 소프트웨어와 정보 기술과 관련된 문제를 해결하기 위해 만들어졌다. 소프트웨어 모순의 이론과 기술은 시스템 모순의 이론 및 기술과 유사하다.

❖ 소프트웨어와 관련된 문제들을 위한 갈등 매개변수의 다른 조합들을 찾기 위해 소프트웨어 모순의 행렬을 사용하는 것을 추천한다. 그 다음에 정의된 소프트웨어 모순을 위해 가장 효과적인 소프트웨어 원리를 선택하라. 주어진 소프트웨어 모순을 위한 소프트웨어 원리를 선택하기 위해서는 다음 4단계가 실행되어야 한다.

1. 24개 매개변수의 수직 리스트에서 향상된 매개변수를 선택하라.
2. 24개 매개변수의 수평 리스트에서 갈등/악화되는 매개변수를 선택하라.
3. 선택된 매개변수의 교차점에서 소프트웨어 모순을 해결하는 데 도움을 줄 소프트웨어 원리의 번호를 찾아라.
4. 정의된 소프트웨어 모순에 대한 좋은 해결책을 찾기 위해 자세한 설명을 위한 소프트웨어 원리 리스트(4-4-2)로 가라.

❖ 각각의 분석된 매개변수는 그 값에 대한 단위를 갖는다. 다른 말로 하면, 각각의 매개변수는 측정이 가능해야 한다. 그렇지 않으면 문제를 공식화하거나, 시스템 모순/물리적 모순/소프트웨어 모순을 정의하거나, 해결책을 만들 수 없다.

## 4.6 연습문제

### 시스템 모순

**연습 4-6-1 : 단순 마차를 위한 시스템 모순을 만들어라 (그림 4-6-1).**

시스템 모순을 위한 적절한 발명원리를 선택해라. 그리고 그 모순을 해결하기 위해 선택된 발명원리를 사용하라.

그림 4-6-1. 단순 마차

**연습 4-6-2 : 전투용 전차를 위한 시스템 모순을 만들어라(그림 4-6-2).**

시스템 모순을 위한 적절한 발명원리를 선택하라. 그리고 그 모순을 해결하기 위해 선택된 발명원리를 사용하라.

그림 4-6-2. 전투용 전차.

**연습 4-6-3 : 보잉 우주왕복항공기 운송을 위한 시스템 모순을 만들어라(그림 4-6-3).**

시스템 모순을 위한 적절한 발명원리를 선택하라. 그리고 그 모순을 해결하기 위해 선택된 발명원리를 사용하라.

그림 4-6-3.
우주 왕복항공기를 운송하는 개량된 보잉 747.

**➽ 연습 4-6-4 : 양초를 위한 시스템 모순을 만들어라 (그림 4-6-4).**

시스템 모순을 위한 적절한 발명원리를 선택하라. 그리고 그 모순을 해결하기 위한 선택된 발명원리를 사용하라.

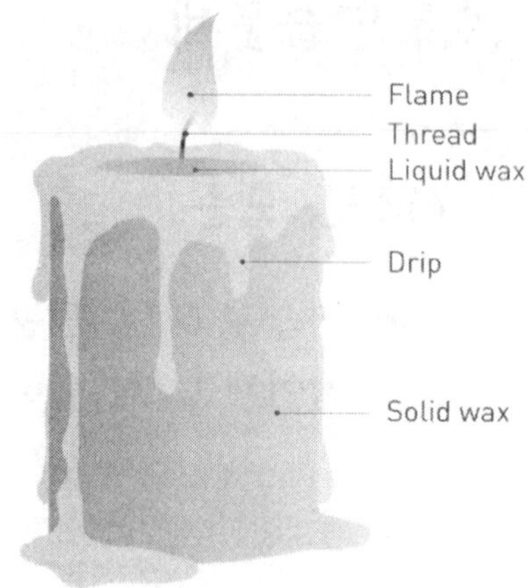


그림 4-6-4. 양초.

## 물리적 모순

**➽ 연습 4-6-5 : 단순 마차를 위한 시스템 모순에서 물리적 모순으로 가라(그림 4-6-1).**

**➽ 연습 4-6-6 : 전투용 탱크를 위한 시스템 모순에서 물리적 모순으로 가라(그림 4-6-2).**

**➽ 연습 4-6-7 : 비행기를 위한 시스템 모순에서 물리적 모순으로 가라(그림 4-6-3).**

**➽ 연습 4-6-8 : 양초를 위한 시스템 모순에서 물리적 모순으로 가라(그림 4-6-4).**

**➽ 연습 4-6-9 : 배의 선체를 위한 시스템 모순에서 물리적 모순으로 가라(그림 4-3-3).**

감사의 말
저자는 이 장에서 Invention Machine Corporation의 골드파이어 소프트웨어 기여에 특별히 감사드립니다. 이번 장의 4.4는 골드파이어 소프트웨어의 발명원리 모듈에서 소프트웨어 추천 섹션을 사용해서 만들어진 것이다.

# 문제 해결을 위한 표준 접근 시스템:

## 표준해 시스템

*TRIZ Technology for Innovation*

5

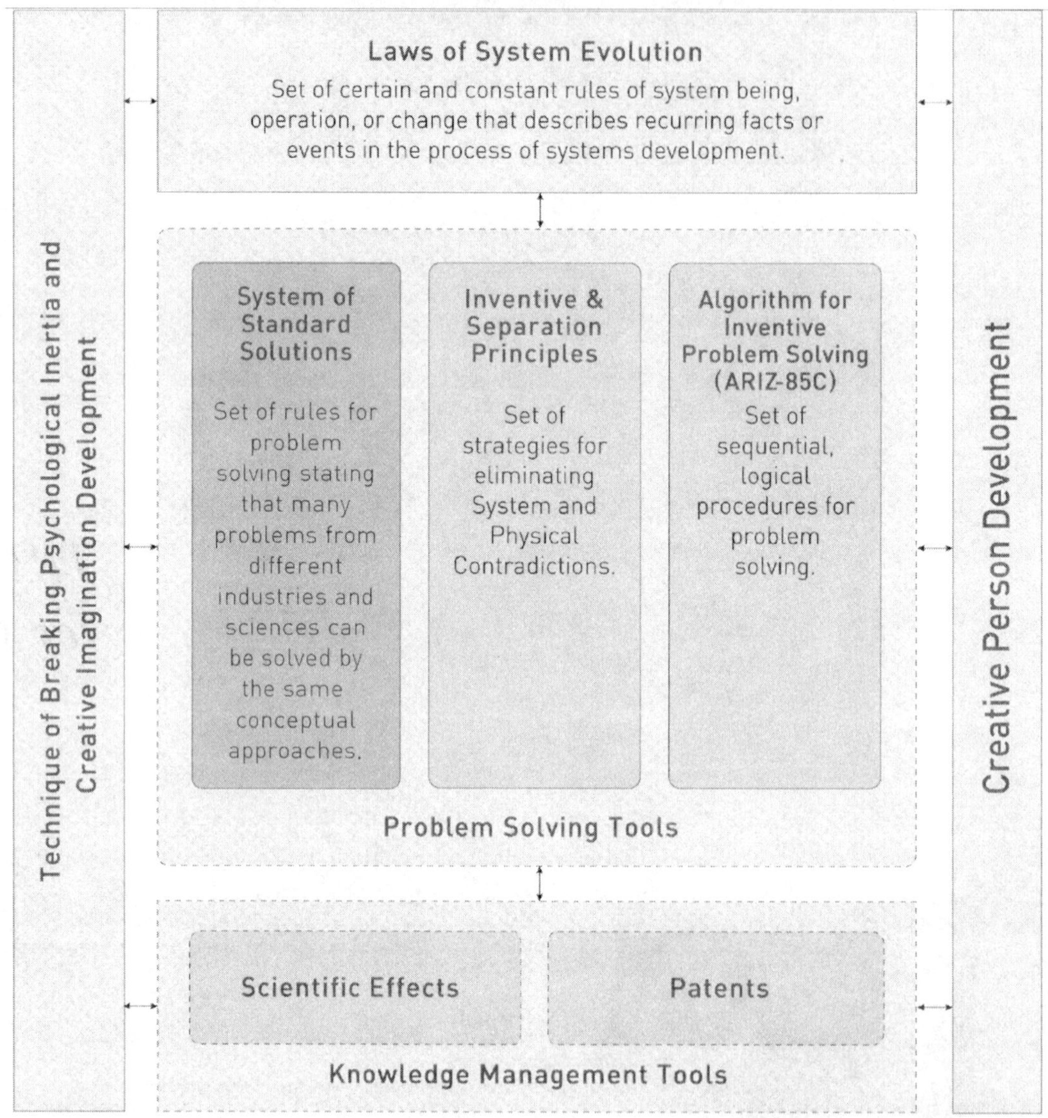
Laws of System Evolution
Set of certain and constant rules of system being, operation, or change that describes recurring facts or events in the process of systems development.
Technique of Breaking Psychological Inertia and Creative Imagination Development
System of Standard Solutions
Set of rules for problem solving stating that many problems from different industries and sciences can be solved by the same conceptual approaches.
Inventive & Separation Principles
Set of strategies for eliminating System and Physical Contradictions.
Algorithm for Inventive Problem Solving (ARIZ-85C)
Set of sequential, logical procedures for problem solving.
Creative Person Development
Problem Solving Tools
Scientific Effects
Patents
Knowledge Management Tools

## 5.1 소개

다른 산업과 과학의 분야에 존재하는 수천 가지 시스템들 중에 수백만 가지의 문제들이 있다. 하지만 이러한 많은 문제를 설명할 수 있는 한정적인 그래픽 모델들이 있고, 가능한 해결책을 알려주는 한정적인 변형된 그래픽 모델이 있다. 그것이 표준해의 주요 아이디어이고, 대부분 각각의 표준해는 그래픽 모델 짝들 중에 하나를 보여준다.

표준해는 비슷한 표준 문제들뿐만 아니라 매우 복잡한 문제를 해결하기 위한 트리즈 도구이다. 표준해결은 특정 기술 범위에 연관되지 않고, 효과적인 해결책을 한 분야의 기술에서 다른 분야로 옮기는 것을 도와준다.

대부분의 표준해 기술은 두 부분을 포함하고 있다.(그림 5-1-1):

- ❖ 추상적인 기술, 그리고 특정한 표준이 사용되도록 추천되는 문제 상황의 그래픽 모델
- ❖ 추천, 그리고 문제 상황을 어떻게 가능한 해결책으로 바꾸는지에 대한 그래픽 모델.

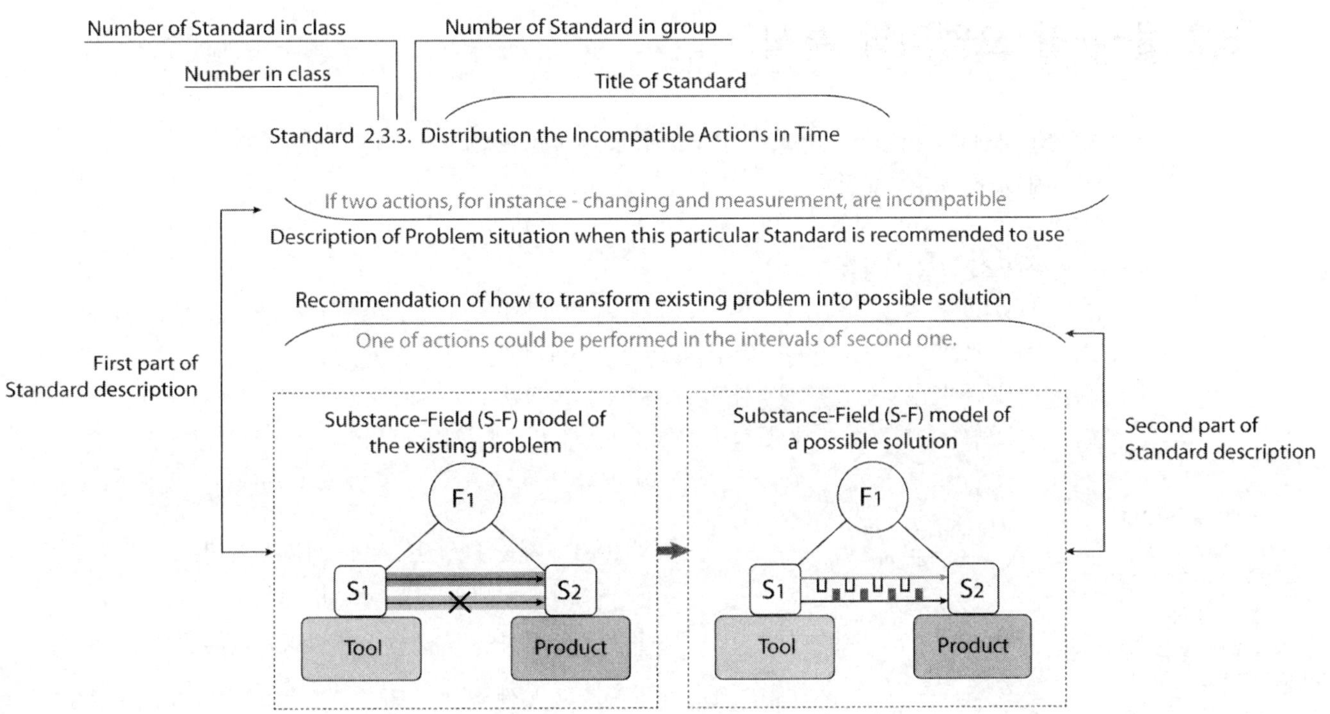


그림 5-1-1 전형적인 표준해 시스템 기술의 구조.

알트슐러와 트리즈 팀은 76개의 표준해 시스템을 찾고 기록했다. 그리고 다섯 개의 구별되는 종류로 정리했다. :

**분류 1** 기본적인(단순한) 물질-장 모델의 창조, 변형 및 제거 ; 두 개의 그룹과 13개의 표준을 포함한다.

**분류 2** 물질-장 모델 개발 ; 네 개의 그룹과 23개의 표준을 포함한다.

**분류 3** 상위 시스템과 미시 수준으로의 이행 ; 두 개의 그룹과 6개의 표준을 포함한다.

**분류 4** 측정의 표준과 시스템(시스템 내부) ; 다섯 개의 그룹과 17개의 표준을 포함한다.

**분류 5** 표준해 시스템의 사용을 위한 규정 ; 5개의 그룹과 17개의 표준을 포함한다.

물질-장 분석과 표준해 분석은 이 장에서 설명되어 있다. 물질-장 분석은 표준해의 언어이다. 물질-장 모델링은 모든 표준해의 통합적인 부분이다. 물질-장 모델링은 선택된 표준을 위한 문제의 물질-장 모델을 만들기 위해 ARIZ-85C(단계 1.7과 3.6)에서도 사용된다. 5.3에 표준해 시스템 예제로 표준해의 4 분류의 첫 그룹들을 보여줄 것이다.

## 5.2 물질-장 모델링과 분석

물질-장 모델은 서로 상호작용하는 요소들의 두 그룹을 포함한다.

**첫 번째 요소 그룹 : 물질들**

물질은 분자, 물, 가스, 모래, 컴퓨터, 펜, 자동차, 개, 달, 바퀴 등등 어떤 물질적인 것도 다 될 수 있다.

**두 번째 요소 그룹 : 장들**

장은 에너지의 원천을 나타내고, 보통 모델에 사용되어지는 에너지 종류(자기, 전기, 기계, 화학, 열, 핵, 음향 등등)로 확인된다. 완벽한 장의 리스트는 6.5에서 찾아볼 수 있다.

모델링에서 글자'S'는 물질을 상징하고, 'F'는 장을 상징한다.

*물질-장* 모델은 추상적인 그래픽 형태로 상황, 문제 및 해결책을 설명한다. 가장 단순한 물질-장 모델은 세 개의 기본 요소를 담고 있다. (그림 5-2-1) :

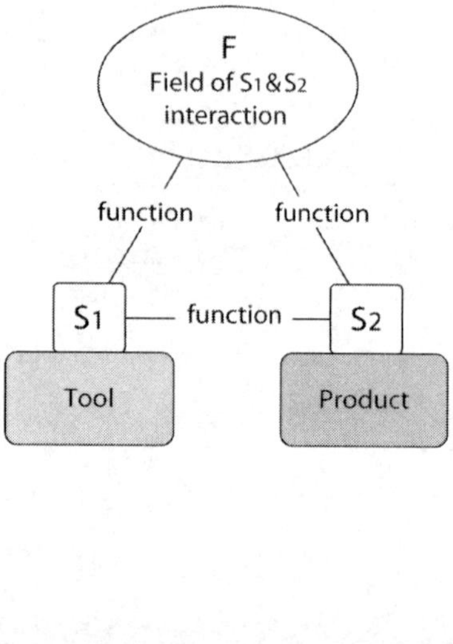


그림 5-2-1 세 가지 기본 요소를 포함하는 물질-장 모델 : 물질 S1 (도구), 물질 S2 (제품) 그리고 장 F. 물질-장 모델은 상황들, 문제, 그리고 해결책을 설명 할 수 있다.

1. 물질 1($S_1$) : 제품을 생산하거나, 제품 매개변수의 값을 제어하고, 측정하거나 바꾸는데 사용되는 도구
2. 물질 2($S_2$) : 생산되고, 측정되고, 제어되고, 변화되는 산출물
3. 장 (F) : 첫 번째 물질과 두 번째 물질 사이에 상호작용을 위해 사용되는 에너지

만약 이 세 가지 기본 요소가 갖춰지지 않으면, 모델은 작동하는 시스템을 나타내는 것이 아니다.

### ➽ 예제 5-2-1 : 의자에 앉아있는 아내 Galina (그림 5-2-2)

시스템은 완전한 물질-장 모델이고 작동 가능하다. 이 특정한 상황에서, 의자는 도구 $S_1$이고, 아내 Galina는 제품 $S_2$이다, 그리고 중력장 F는 둘을 잡고 있다.

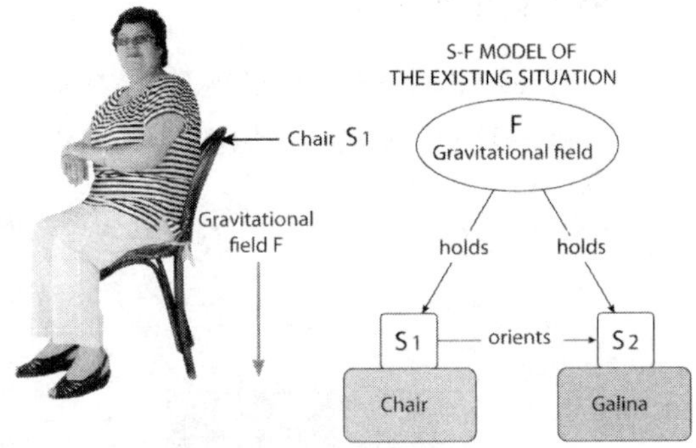


그림 5-2-2. 아내 Galina가 의자 위에 앉아있는 상황의 물질-장 모델.

### ➽ 예제 5-2-2 : 이를 닦는 과정(그림 5-2-3)

칫솔(칫솔모 끝)은 도구 $S_1$이고, 이는 제품 $S_2$이다. 그리고 기계장(닦기)은 $S_1$과 $S_2$ 상호작용의 장이다.

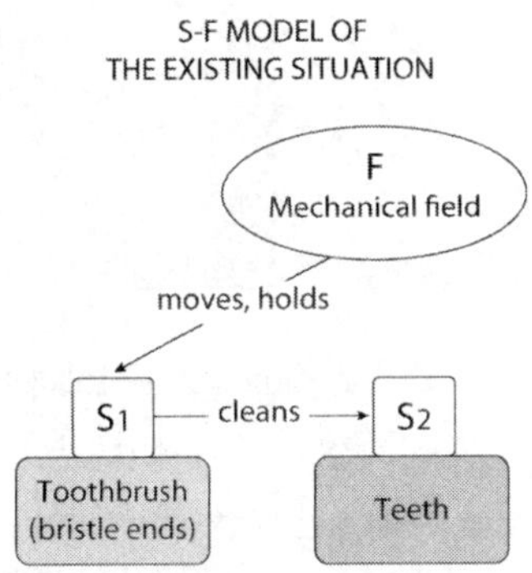


그림 5-2-3. 이를 닦는 물질-장 모델.

예제 5-2-1과 5-2-2에서, 시스템이 어떻게 작동하는지 설명해주는 실제 상황에서의 물질-장 모델을 보았다. 그 다음 단계는 상황 속에서 존재하는 문제를 정의하는 것이다. 이것은 존재하는 상황의 물질-장을 분석하고, 그 상황 속에서 갈등 또는 모순을 포함하는 모델로 바꾸면 된다.

따라서 우리는 두 가지를 모두 한다 : 물질-장 모델을 만들고 이 모델의 물질-장 분석을 동시에 실행하는 것. 요소들 사이의 상호작용 분석은 주어진 상황의 대부분의 문제를 인식하는 올바른 방법이다. 이를 닦는 물질-장 모델의 예를 들어보자(그림 5-2-4) :

❖ '닦기' 는 유용한 기능이다, 하지만 우리는 '닦기'의 실행으로 기쁘지 않다. 그리고 이 기능이 향상되기를 바랄 것이다.

❖ 칫솔로 이를 닦는 것은 잇몸 손상을 야기 할 수 있다. 이 해로운 기능은 제거되거나 감소되어야 한다.

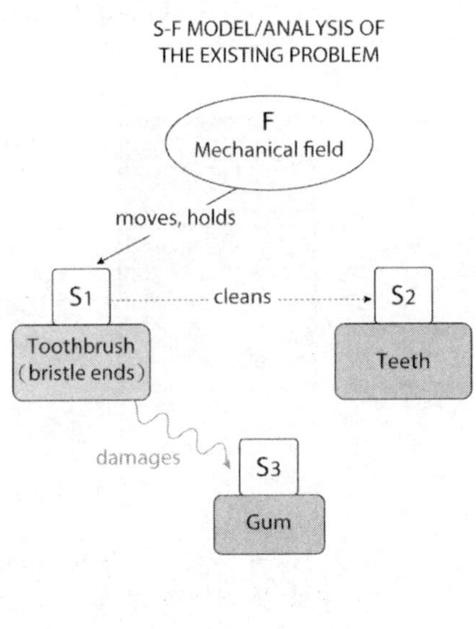


그림 5-2-4. "닦기"기능이 충분하지 않고 향상되어야 하는 물질-장 모델과 분석. '손상'기능은 해롭고 제거되거나 감소되어야 한다.

### ➽ 예제 5-2-3 :

자동차 피스톤은 상당한 열과 기계적 하중을 받는 상황에 있다. 이러한 상황은 피스톤 표면의 산화를 증가시킨다. 산화는 피스톤의 내구성을 감소시킨다(그림 5-2-5).

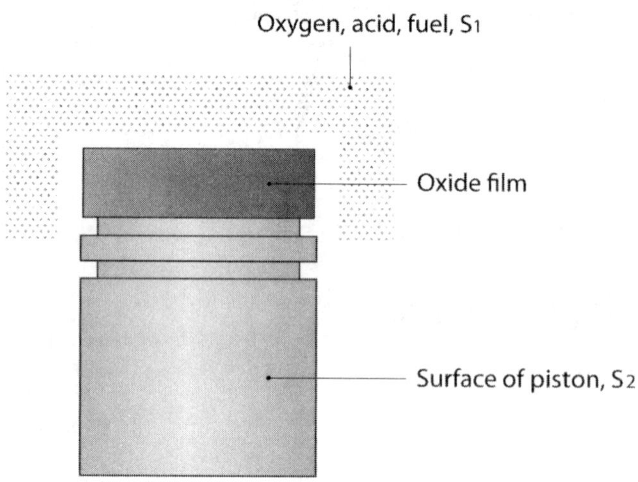


그림 5-2-5. 공격적인 산소/산/연료 매체 속의 피스톤 표면의 산화

문제를 잘 도식화하여 나타냈고, 물질-장 모델을 만들고 물질-장 분석(그림 5-2-6)을 실행할 준비가 되어있다. 사례에서 산소/산/연료($S_1$)와 피스톤의 표면($S_2$) 사이의 상호작용은 위험(산화물 형성)하므로, 제거되거나 감소되어야 한다.

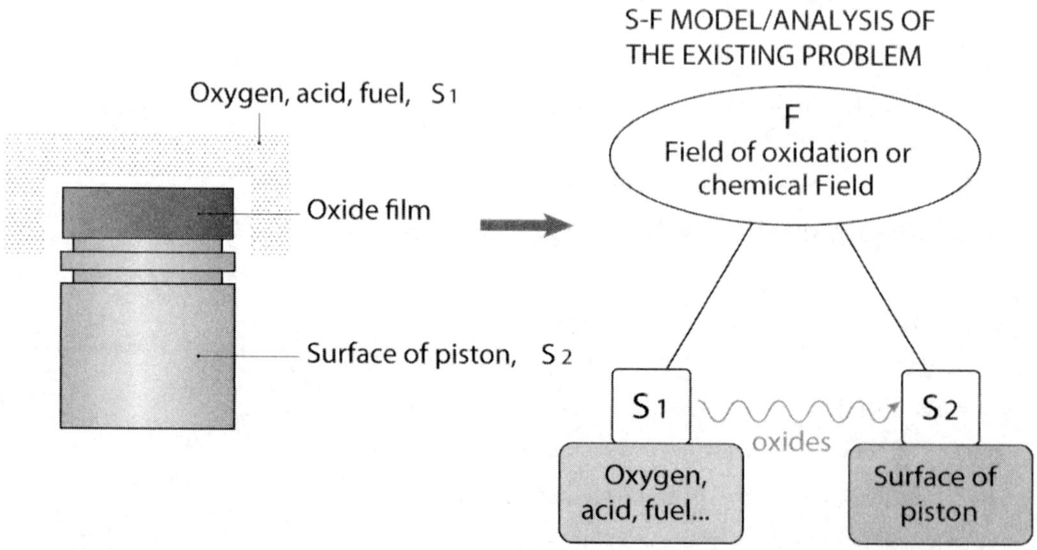


그림 5-2-6. '산화' 기능이 유해하고 제거되거나 감소되어야 하는 피스톤 표면의 산화현상에 대한 물질-장 모델과 분석

가능한 해결안(그림 5-2-7)은 산화에 대한 저항력을 향상시키기 위해 박막을 피스톤 표면에 증착시키는 것이다. 박막은 진공열증착법으로 형성된다. 니켈합금과 같은 금속들은 내산화성 박막 재료가 될 수 있다. 피스톤의 내구성은 향상된다.

해결안은 $S_1$ 과 $S_2$ 사이에 새로운 외부의 물질(니켈합금 박막)$S_3$을 도입하는 것이다.

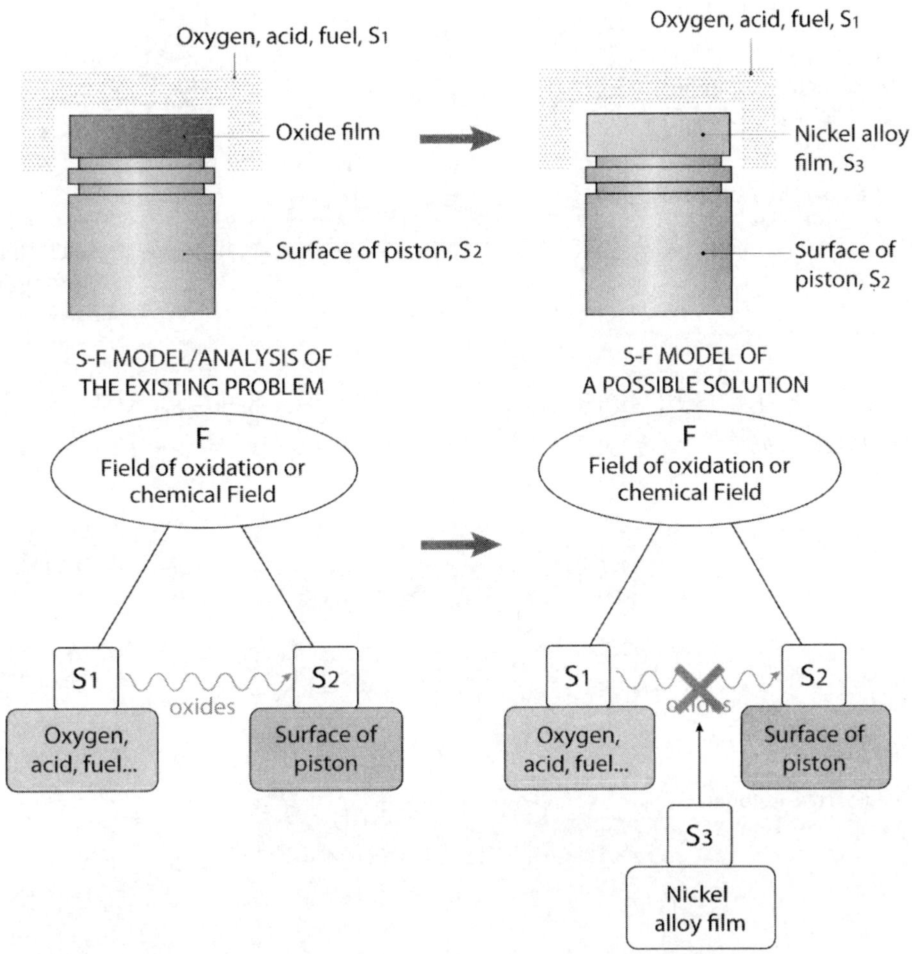


그림 5-2-7. 어떤 문제(피스톤의 표면 산화)의 물질-장 모델과 분석에서 새로운 물질 $S_3$(니켈합금 박막)을 $S_1$과 $S_2$ 사이에 도입함으로써 가능한 해결안의 물질-장 모델로 이행한 사례

### ➡ 예제 5-2-4: 알파 입자 산란 세라믹 용기

마이크로칩의 세라믹 패키지에서 자연적으로 발생하는 방사성 동위원소들이 존재한다. 이 방사선(알파 입자)은 전자 장치의 작동에 영향을 줄 수 있다(그림 5-2-8).

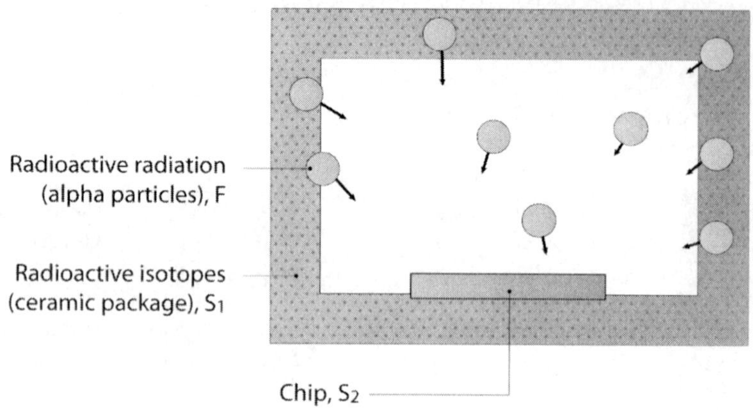


그림 5-2-8. 마이크로칩의 세라믹 패키지에서 자연적으로 발생하는 방사성 동위원소들은 손상을 야기한다.

방사성 동위원소($S_1$)와 마이크로칩($S_2$) 사이의 상호작용은 유해(손상)하므로, 제거되거나 감소되어야 한다(그림 5-2-9).

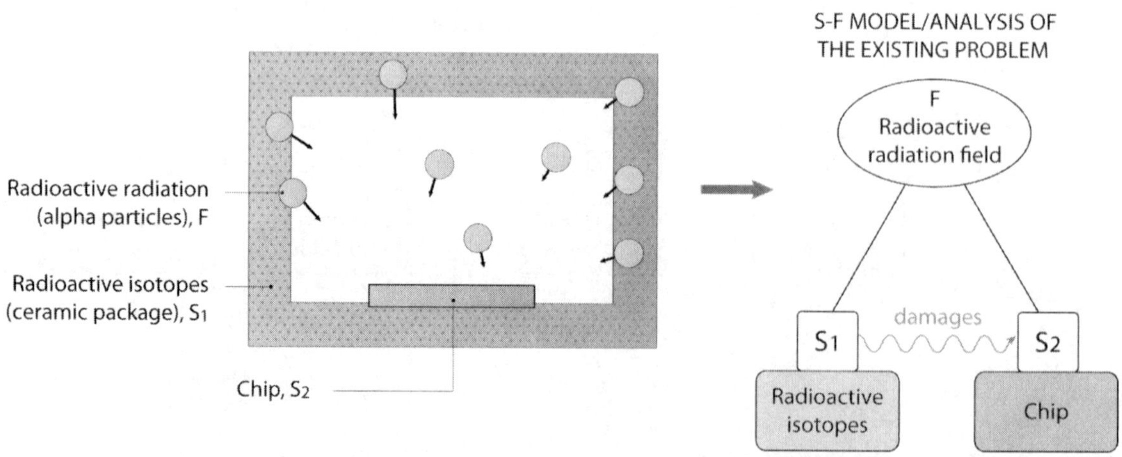


그림 5-2-9. '손상' 기능이 해롭고 제거되거나 감소되어야 하는 칩 손상의 물질-장 모델과 분석

가능한 해결안(그림 5-2-10)은 보호 용기를 세라믹 몸통의 표면 위에 덮는 것이다. 알파 분자의 운동 에너지는 패키지 표면 안쪽에 위치해 있는 수지층 속에서 급속히 줄어든다. 결과적으로, 알파 분자는 그 수지층에서 멈추게 되고 마이크로칩 속으로 관통하지 못한다. 이 아이디어는 새로운 물질 $S_3$(보호 용기)이 $S_1$과 $S_2$ 사이에 도입된 것이다.

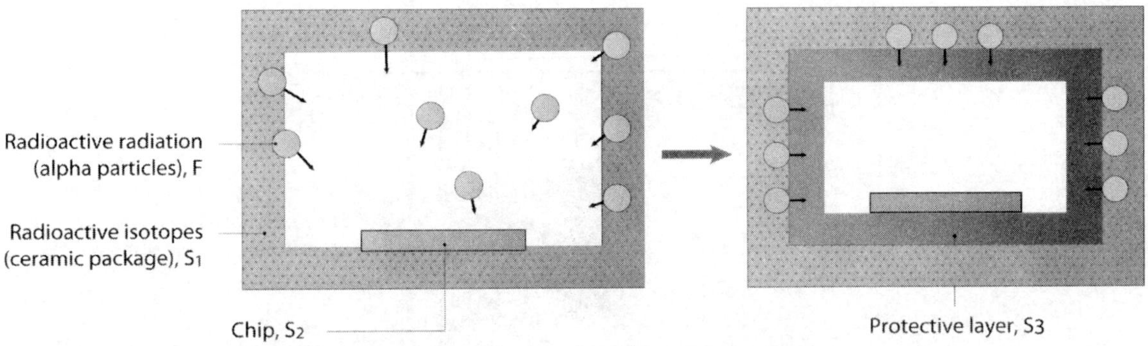


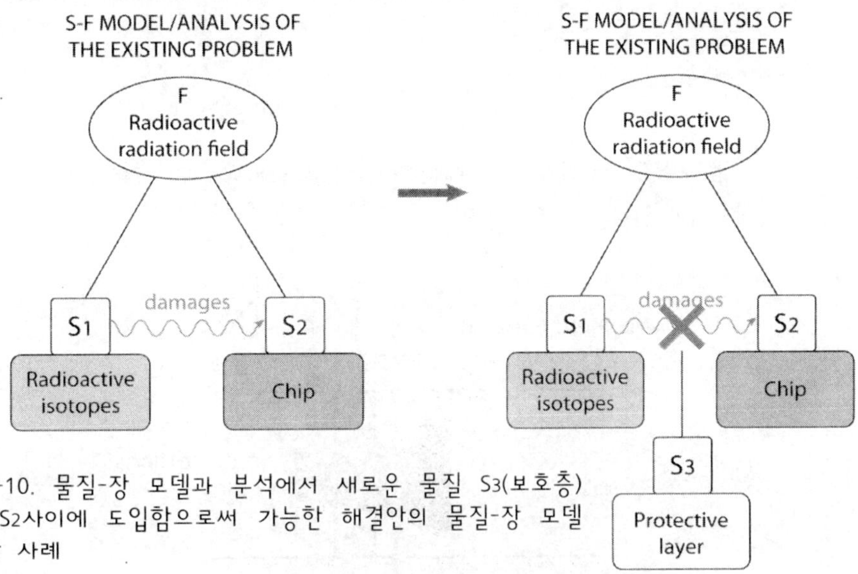


그림 5-2-10. 물질-장 모델과 분석에서 새로운 물질 $S_3$(보호층)을 $S_1$과 $S_2$사이에 도입함으로써 가능한 해결안의 물질-장 모델로 이행한 사례

### ➽ 예제 5-2-5 : 강자성 밸브

자성의 밸브는 공기 흐름 통로를 막는다. 자기장은 솔레노이드(주위에 전류가 흐르는 코일)에 의해서 만들어진다. 이 디자인은 움직일 수 있는 부품들 사이를 꽉 밀폐시킬 수 없기 때문에 믿을 수가 없다. 공기 흐름을 완벽하게 막지 못하는 것이다(그림 5-2-11).

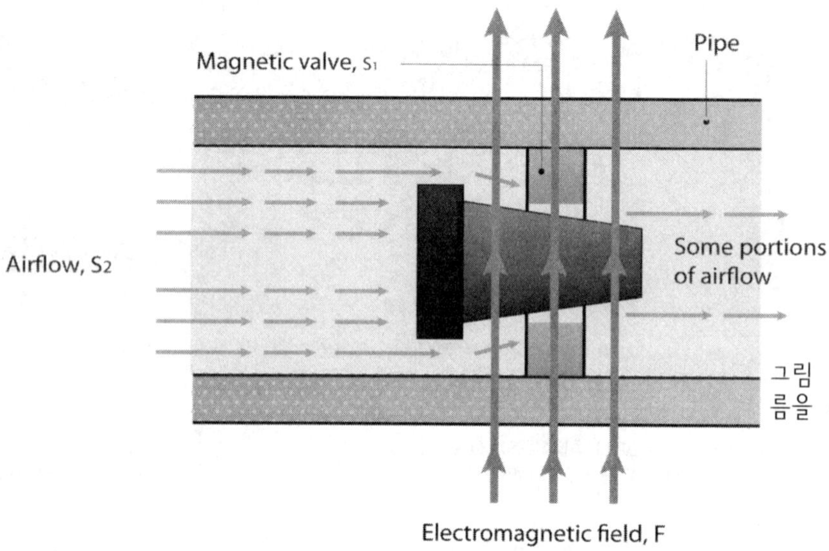


그림 5-2-11. 자성 밸브는 공기 흐름을 완벽히 막지 못한다.

밸브가 밀폐되어야 하기 때문에, 자성 밸브(S1)와 공기 흐름(S2) 사이의 상호 작용의 성능과 품질은 향상되어야 한다(그림 5-2-12).

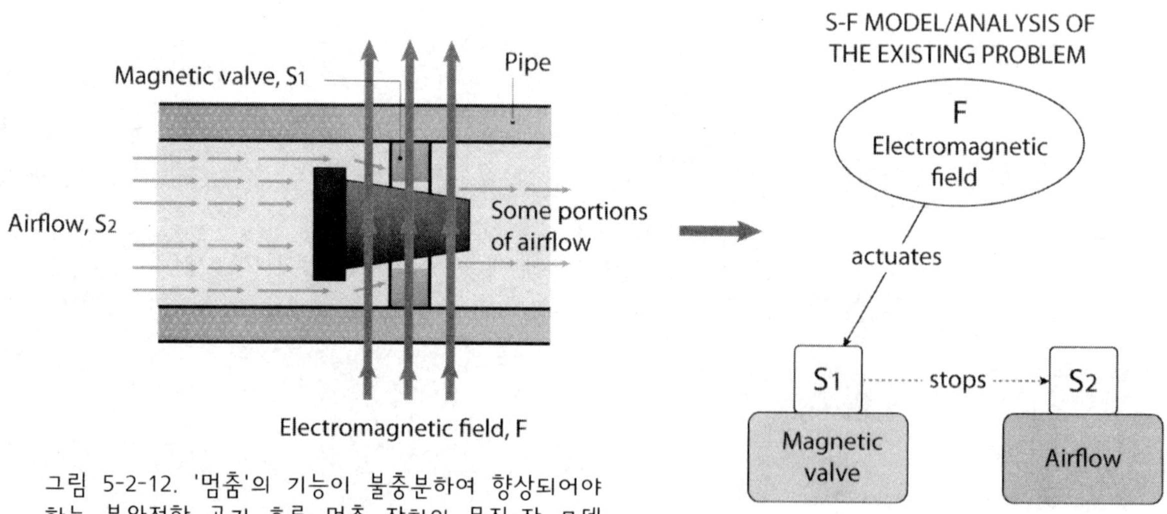


그림 5-2-12. '멈춤'의 기능이 불충분하여 향상되어야 하는 불완전한 공기 흐름 멈춤 장치의 물질-장 모델과 분석

가능한 해결안 중의 하나는(그림 5-2-13) 강자성 분말을 공기흐름 통로에 있는 두 개의 쇠살대 사이에 장착한 밸브를 만드는 것이다. 자기장이 작용할 때, 강자성 분말은 자기장에 따라 정열되어 밀착된다. 이것은 공기 흐름에 대한 저항을 증가시킨다. 자기장의 강도는 공기 흐름에 대한 저항을 제어 가능하므로, 결국 공기 흐름을 제어할 수 있다.

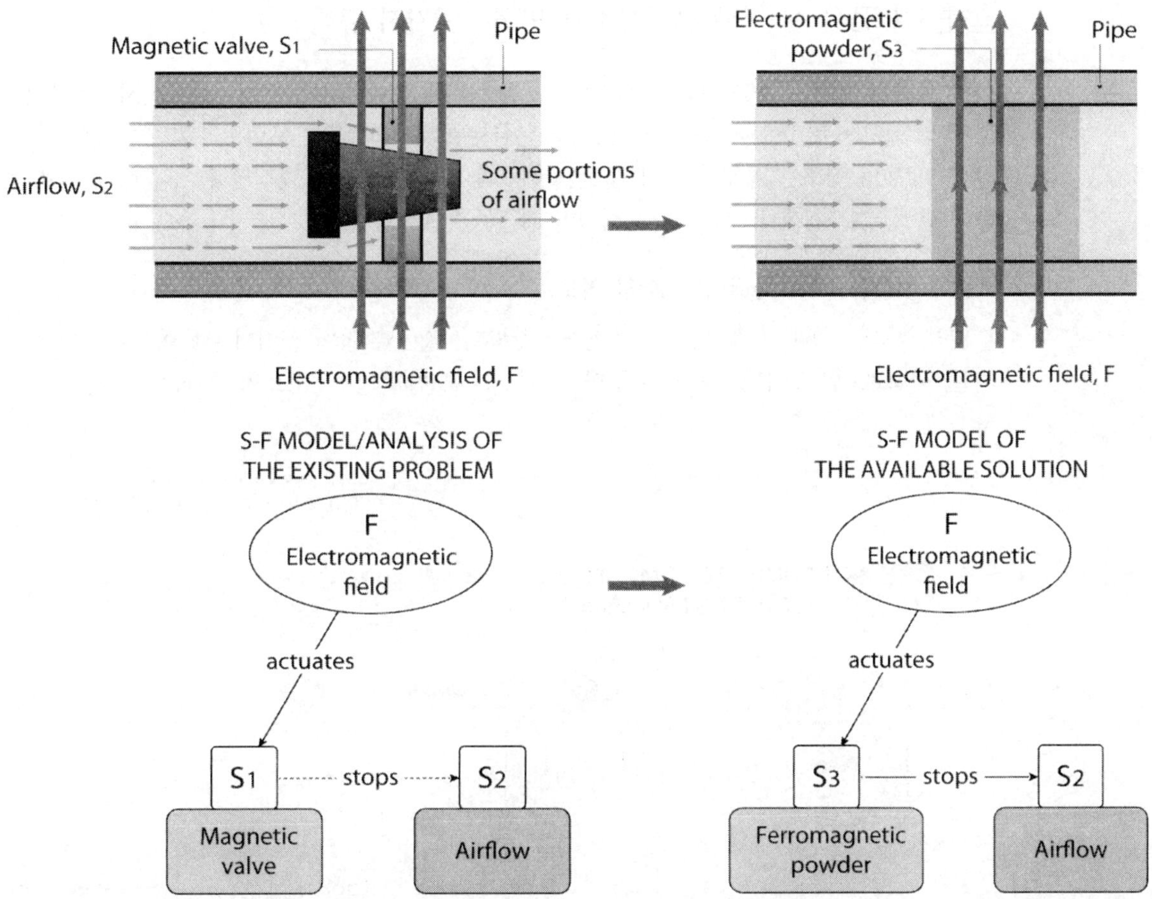


그림 5-2-13. 문제(공기 흐름이 완전히 멈추지 않음)의 물질-장 모델과 분석에서 해결 가능한(S1이었던 자성 밸브와 교체할 S3로 사용된 자기장 속의 강자성 분말) 물질-장 모델과 분석으로 이행한 사례

## 5.3 표준해 시스템

### 5.3.1 분류1. 기본적인 물질-장 모델의 창조, 변형 및 제거

#### 그룹 1.1 물질-장 모델들의 창조와 변형 - 8가지 규칙

이 그룹의 주된 컨셉은 표준해 시스템 1.1.1에 의해 나타난다. ; 작동 가능한 시스템의 창조(가장 쉬운 방법으로)는 완전하지 않은 물질-장 모델에서 완전한 물질-장 모델로의 변형을 요구한다. 흔히, 물질-장 모델의 창조는 물질과 장이 포함된 제약과 관련된 문제와 부딪힌다. 표준해 시스템 1.1.2-1.1.8은 이런 제약 조건에서 작동하는 전형적인 접근들을 보여준다.

**표준해 시스템 1.1.1 물질-장 모델의 창조**

만약 제품이 쉽게 바뀔 수 없고 작동에 새로운 물질이나 장이 도입되는데 아무런 제약이 없다면, 미비된 구성요소의 도입을 통해 완전한 물질-장 모델을 구성함으로써 문제가 해결될 수 있다(그림 5-3-1).

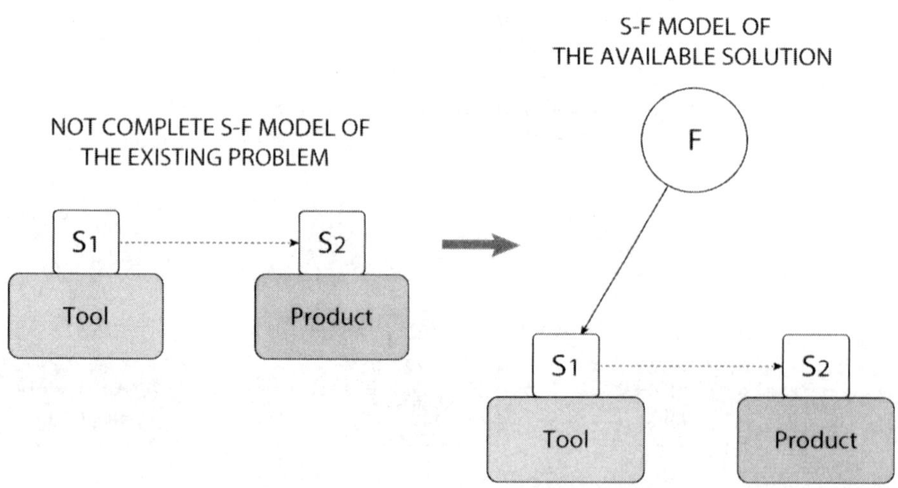


그림 5-3-1. 불완전한 물질-장 모델에서 완전한 물질-장 모델로의 이행

#### ➡ 예제 5-3-1: 터빈을 위한 장

덴마크 엔지니어는 3날개의 훌륭한 터빈을 디자인했다. 그들의 문제는 터빈 날개를 돌려줄 적절한 장을 찾는 것이었다. 날개의 목적은 전기를 만들기 위해 발전기와 연결된 축을 돌리는 것이다(그림 5-3-2).

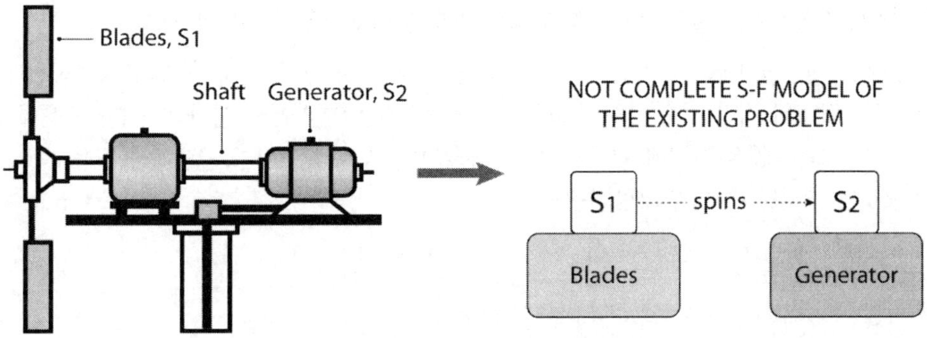


그림 5-3-2.
장이 없어 불완전한 시스템의 물질-장 모델

날개들을 돌릴 수 있는 장으로 바람 에너지가 선택되었다(그림 5-3-3).

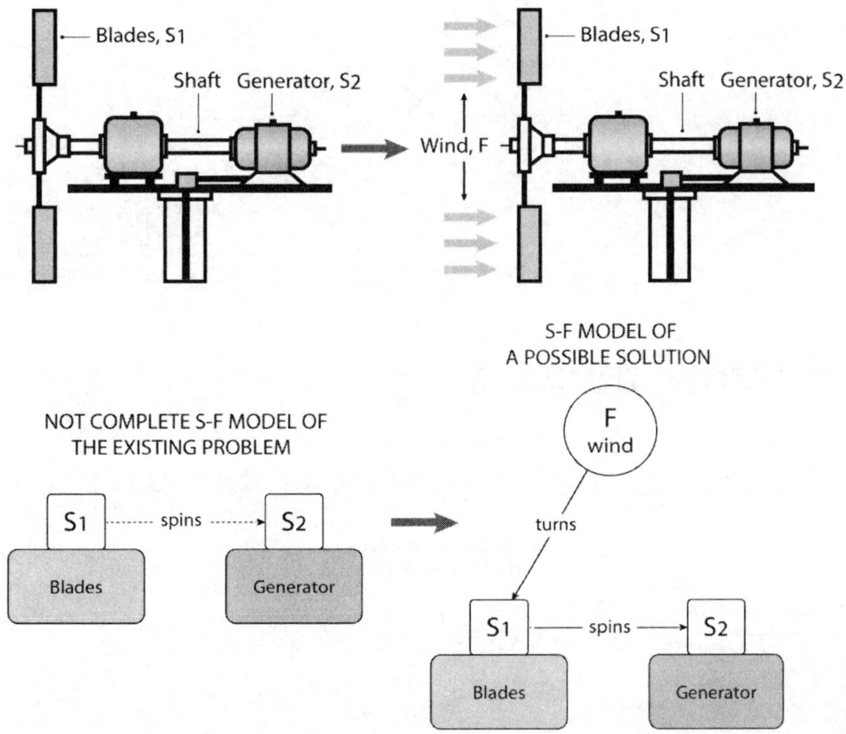


그림 5-3-3.
불완전한 물질-장 모델에서 바람이 날개의 회전 장으로 선택된 해결 가능한 물질-장 모델로의 이행

## 그룹 1.2 물질장 내의 해로운 상호작용(기능)의 제거 - 5가지 규칙

그룹 1.2는 물질장 모델 내의 해로운 상호작용(기능)을 제거하거나 중립화시킴으로써 해로운 작용을 없애는 표준해 시스템들을 포함하고 있다. 주된 아이디어는 활용 가능한 물질-장 자원들을 활용함으로써 필요한 요소들을 동기화시키는 것이다. 핵심적 응용은 표준해 시스템 1.2.2이며, 새로운 물질의 기능은 모델에서 기존에 활용 가능한 물질을 변형한 물질을 사용해서 얻어진다.

**표준해 시스템 1.2.2 기존 물질들의 변형에 의한 해로운 상호작용(기능)들의 제거**

만약 유용한 작용과 해로운 작용들이 하나의 물질-장 모델 안에서 두 물질의 상호작용과 관련되어 있다면(물질들 사이의 직접 접촉이 불필요하거나 새로운 물질의 사용이 불가능하거나 도움이 되지 않는다면), 문제는 이 두 물질 사이에 변형된 제3의 물질(바람직하기는 이미 모델에서 활용 가능한 물질)을 도입시킴으로써 해결될 수 있다(그림 5-3-4).

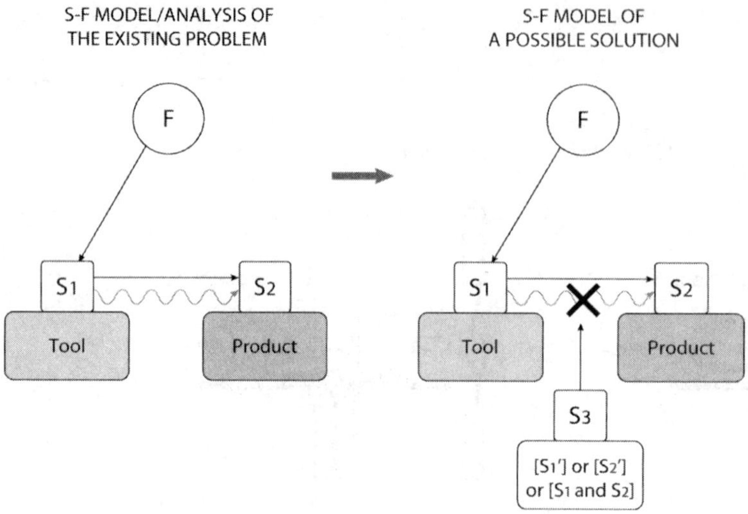


그림 5-3-4.
도구와 제품 사이의 해로운 상호작용(왼쪽)은 도구와 제품 사이(오른쪽)에 제3의 물질의 도입(또는 기존 물질의 변형)으로 제거되거나 줄어든다.

## 예제 5-3-2: 파이프라인을 위한 보호 층

유리 제조업에서 사용되는 연마제에는 산성 슬러리가 있다. 슬러리는 관을 통해 장치로 이동된다. 연마제와 강산성 슬러리는 관을 손상시킨다(그림 5-3-5). 이 관의 내부 표면은 보호되어야 한다.

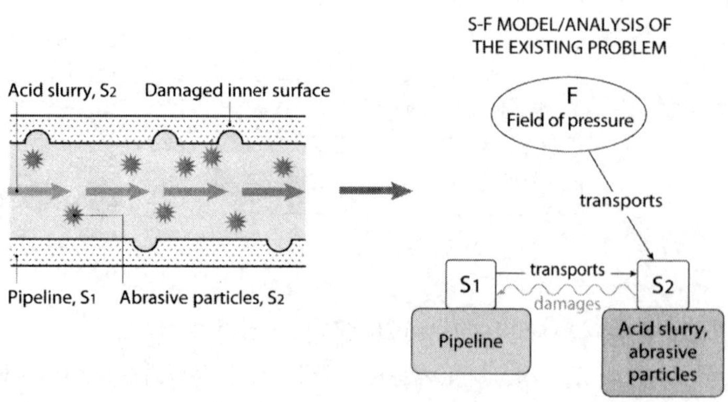


그림 5-3-5.
'손상' 기능이 해롭고 제거되거나 감소될 필요가 있는 관 내부 표면의 손상에 대한 물질-장 모델과 분석

하얀 석회가 주기적으로 관을 따라 연마재의 산성 슬러리에 첨가된다. 산성 슬러리와 상호작용을 하게 되면 중성화 반응이 나타난다. 하얀 석회는 알칼리성이다. 이 하얀 석회가 산성 슬러리와 반응하면

중화 반응이 일어난다. 이 중화반응은 용해되기 어려운 염(침전물)을 생성한다. 침전물은 관 내부 표면에 석출되어 두꺼운 층을 형성한다. 침전물 층은 파이프의 내부 표면이 연마제와 산성 슬러리에 의해 손상되는 것으로부터 보호해 준다(그림 5-3-6).

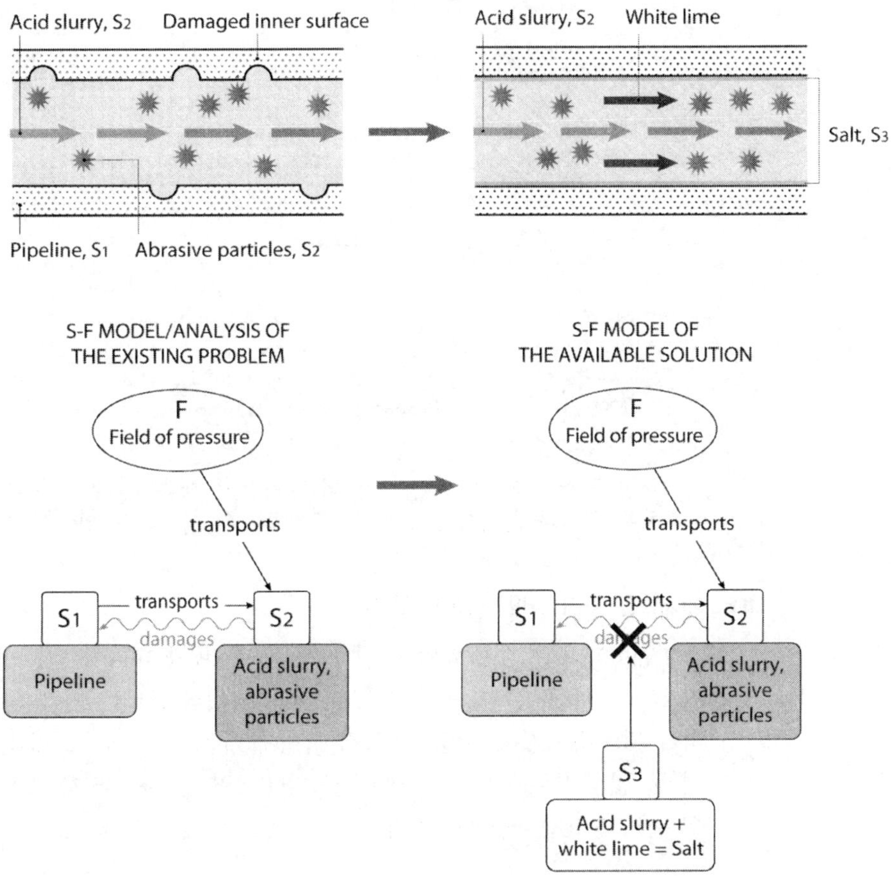


그림 5-3-6. 문제의 물질-장 모델/분석에서 S3(하얀 석회와 산성 슬러리의 결합으로부터 나온 침전물)가 S1(파이프의 내부 표면)과 S2(연마제 입자를 가진 산성 슬러리의 흐름)사이에 도입되는 해결 가능한 물질-장 모델/분석으로의 이행.

## 5.3.2 분류 2. 물질-장 모델 개발

### 그룹 2.1 복잡한 물질-장 모델로의 이행 - 2가지 규칙

이 그룹에서는 단순한 물질-장 모델을 변화시키거나 복제하여 복잡한 물질-장 모델로 바꿈으로써 물질-장 모델의 효율이 향상되게 하는 것이다. 복잡성은 새로운 특성을 제공하고 기존의 특성을 강화하기 위해, 단순한 물질-장 모델을 연결하기 위해 매우 소규모로 수정이 이루어진다는 점에서 비례적이다(그림 5-3-7).

**표준해 시스템 2.1.1 연쇄 물질장 모델**

만약 물질-장 모델의 효율을 증가시키는 것이 목적이라면, 문제는 물질-장 모델의 한 부분을 하나의 독립적인 물질-장 모델로 대체함으로써 향상될 수 있고, 그 모델은 기존 물질-장 모델을 복제하여 연쇄적으로 연결함으로써 가능하다.

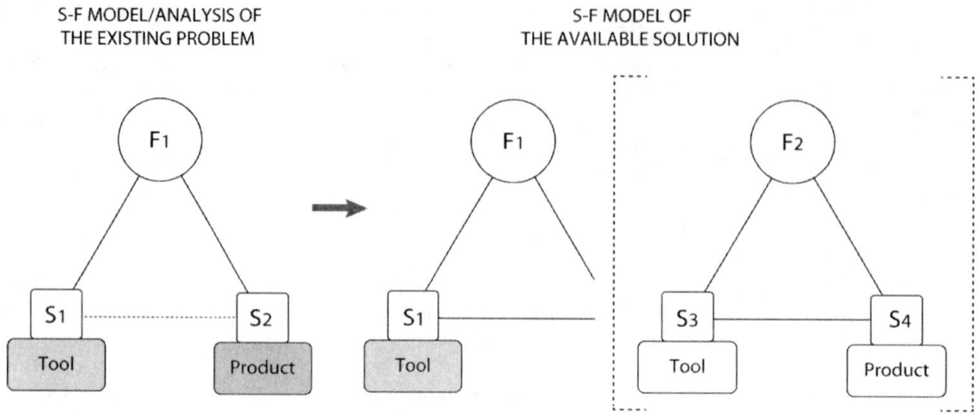


그림 5-3-7. 도구와 제품 사이의 불충분한 상호작용의 효율(왼쪽)은 물질-장 모델의 한 부분을 하나의 독립적인 물질-장 모델로 대체함으로써 향상될 수 있다(오른쪽).

## ➽ 예제 5-3-3: 배 선체 청소

따개비와 같은 조류(藻類)와 바다 동물들은 배가 바다에 있는 동안 긴 시간에 걸쳐 배의 선체에 달라붙는다. 이 층은 다공질이고 매우 강하다. 따라서 배는 가끔 청소되어야 한다. 이 배의 선체를 청소하기 위해서 기계적 방법과 화학적 방법이 사용되어 왔다. 그러나 이러한 시간 낭비적 방법은 배가 오직 물 없는 부두에 있을 때에만 가능하다(그림 5-3-8). 선체의 청소 과정은 단순화될 필요가 있다. 배의 선체 청소에 바닷물과 전기장을 사용하는 방법이 제안되었다.

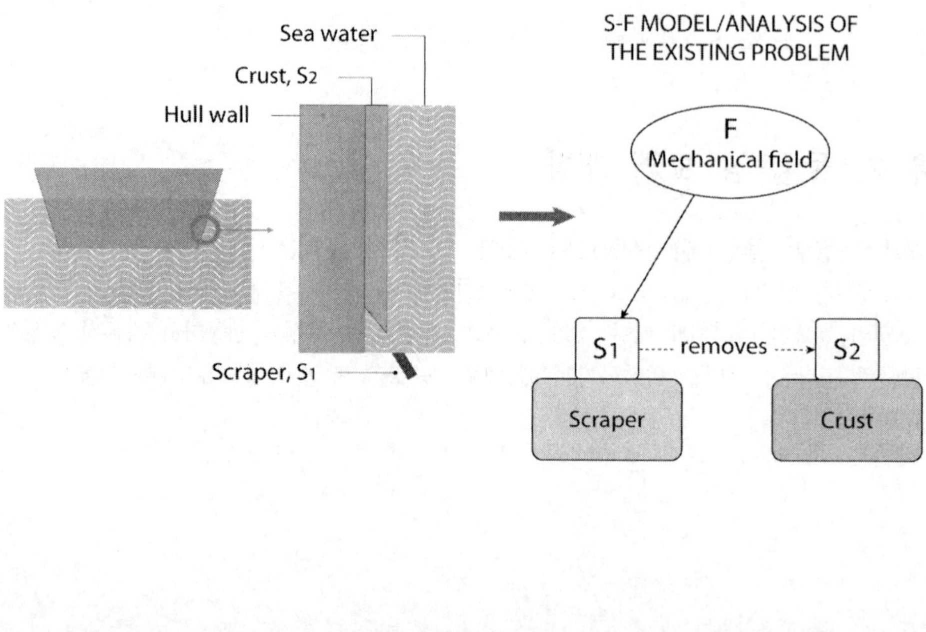


그림 5-3-8. '따개비류 제거를 위한' 기능이 향상 될 필요가 있는 배 선체 청소의 비효율적 방법의 물질-장 모델/분석

스텐리스 강으로 된 음극이 배의 선체로부터 5-10cm 바다 속에 장착된다. 전기장이 적용되면 바닷물은 따개비류의 틈으로 들어가서 전해질로 작용한다. 이 과정은 선체 벽면과 따개비류 사이에 헐겁고 스펀지 같은 얇은 금속층을 만든다. 이 스폰지 같은 얇은 금속층을 제거함으로써 따개비류를 제거할 수 있다(그림 5-3-9). 배의 선체를 청소하는 시간은 줄어들었고, 청소는 물 없는 부두 대신 물속에서도 이루어질 수 있게 되었다.

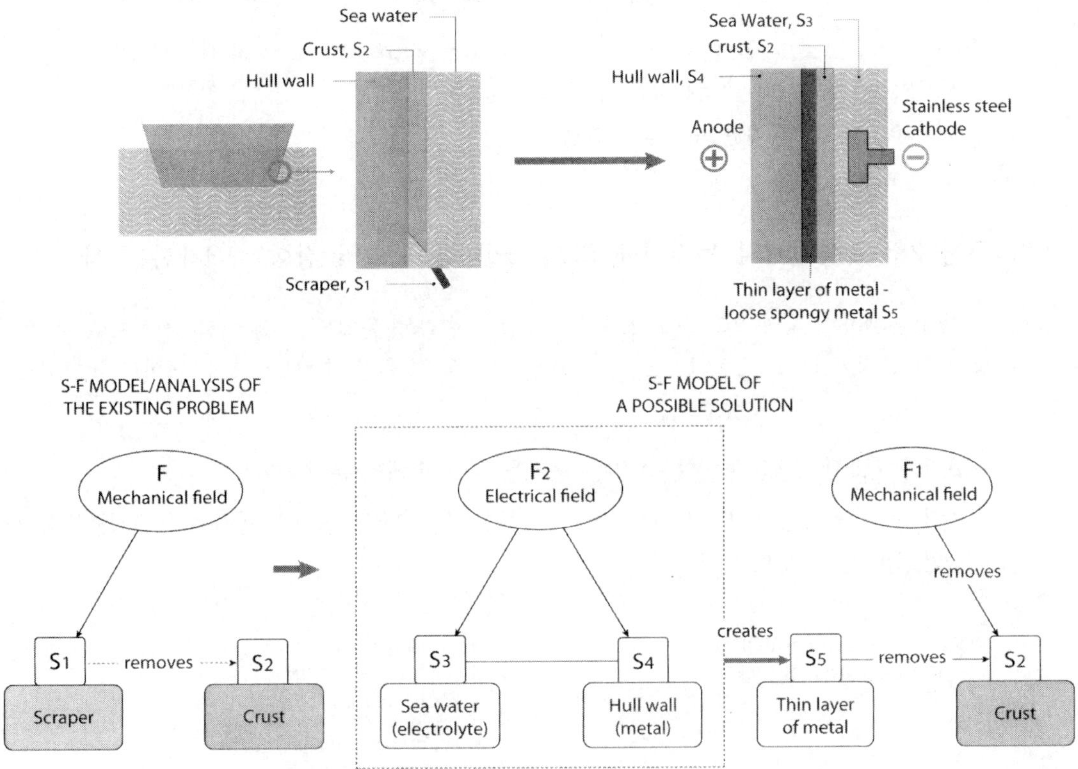


그림 5-3-9. 비효율적 배 선체 청소 방법의 물질-장 모델/분석으로부터 긁개 $S_1$(왼쪽)를 대신해 만들어진 전기 분해법의 완전한 물질-장 모델로써 해결 가능한 물질-장 모델/분석으로의 이행

## 그룹 2.2 물질-장 모델 강화 - 6가지 규칙

이 그룹의 일반적인 개념은 단순하고 복잡한 물질-장 모델을 새로운 장이나 물질의 도입 없이 그 효율을 높이는 것이다. 이것은 활용 가능한 물질-장 자원을 사용함으로써 가능하다(6장 참고).

### 표준해 시스템 2.2.4 역동적인(유연한) 물질-장 모델로의 이행

물질-장 모델의 효율은 유연한 시스템 구조로 이행함으로써 향상될 수 있다(그림 5-3-10). 유연한 $S_1$(도구)으로의 이행은 보통 도구를 두 개의 연결된 부분으로 나누는데서 시작한다. 더 유연한 구조로의 이행은 단일 연결에서 복수의 연결, 장으로 연결 등으로 진보된다.

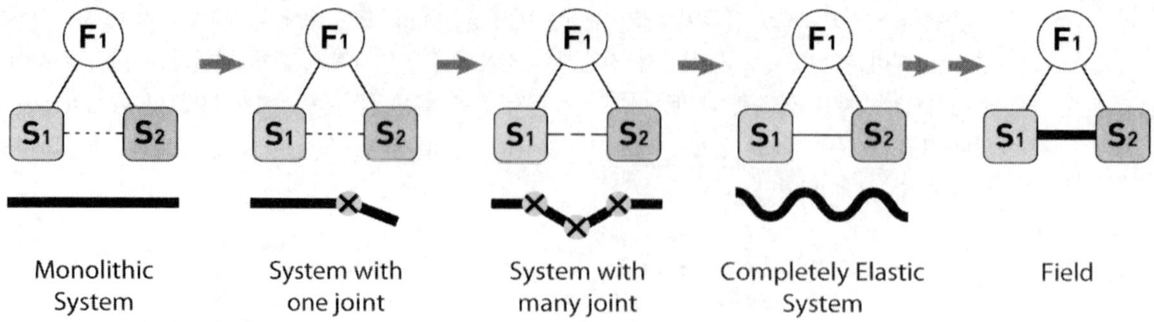


그림 5-3-10. 도구의 유연한 구조로의 이행.

## 그룹 2.3 특성인자의 동기화에 의한 물질-장 모델의 강화 - 3가지 규칙

이미 존재하는 물질이나 장에 새롭거나 상당한 변화를 도입하는 것 대신, 전적으로 주기, 크기, 무게 등의 양적 변화만을 제공한다. 그래서 뛰어난 새로운 특징은 시스템의 최소 변화로 만들어질 수 있다.

### 표준해 시스템 2.3.3 공존할 수 없는 동작을 시간 속에서 분리한다.

만약 두 동작(예를 들면 변화와 측정)이 공존할 수 없다면, 하나의 동작은 두 번째 동작 사이의 간격 동안 실행될 수 있다(그림 5-3-11).

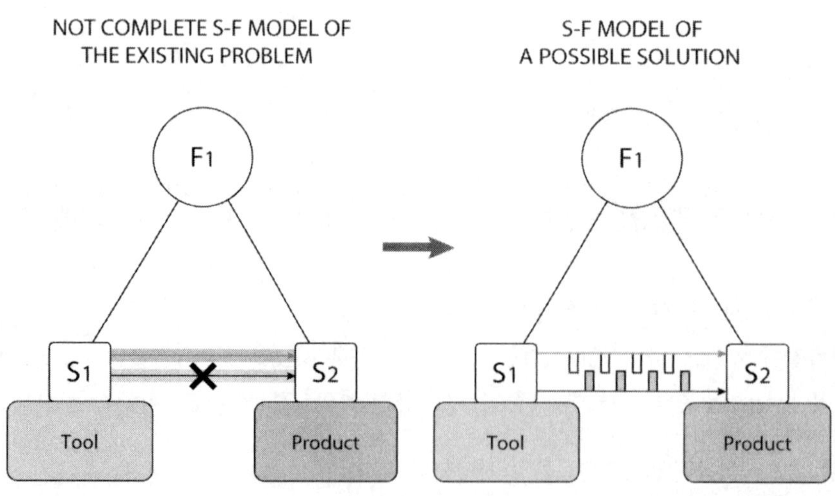


그림 5-3-11. 두 개의 공존할 수 없는 동작(왼쪽)은 각각의 동작 사이 간격에 실행 될 수 있다(오른쪽)

### ➽ 예제 5-3-4: 코팅의 품질 (그림 5-3-12)

일부분에만 코팅을 해야 할 경우, 분말 용융 구역에 전류가 펄스로 공급된다. 펄스 전류의 주된 기능은 분말을 녹이는 것이다. 적용된 영구 자기장의 주된 기능은 분말을 증착 구역에 잡아두는 것이다. 공정 후 코팅의 경도와 균일성은 좋지 않다. 왜냐하면 전류가 분말을 붙잡고 있는 자기장의 성능을 상쇄시키기 때문이다.

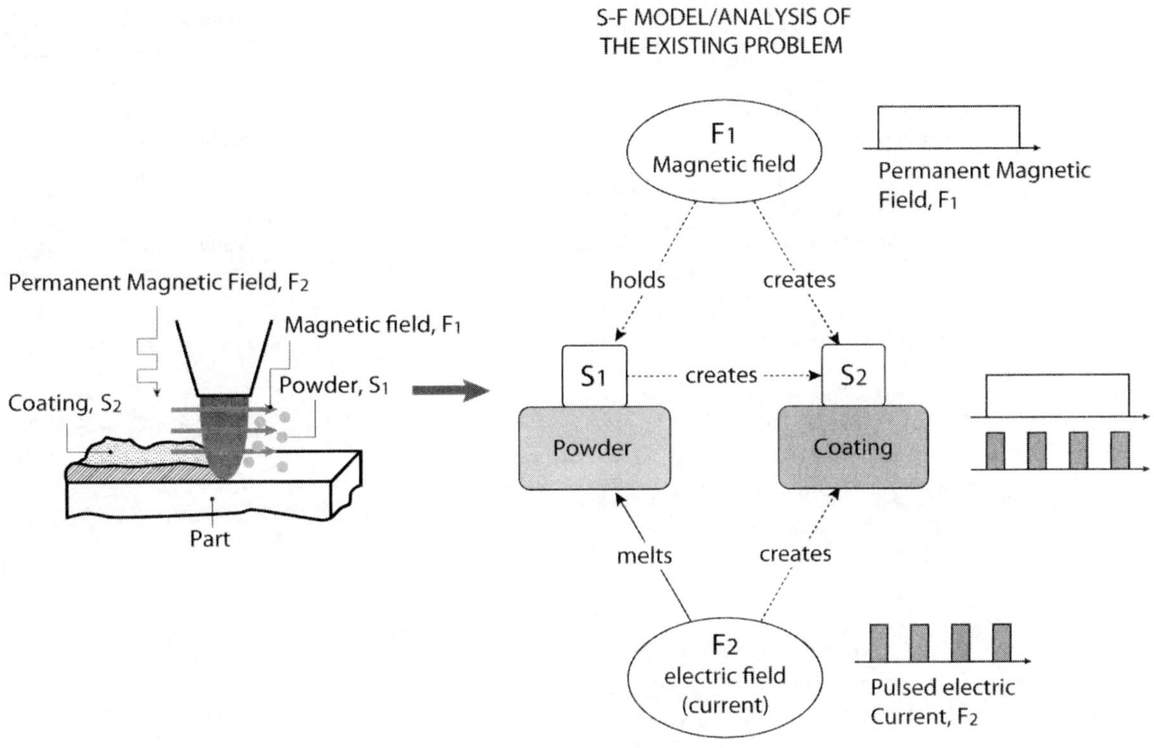


그림 5-3-12. 펄스 전류가 적용될 때 분말 용융으로 형성된 코팅의 물질장 모델 및 분석; 분말이 용융되는 동안 증착 구역에 분말을 잡아두는 자기장의 성능은 증가되어야 한다.

만약 자기장이 펄스 전류의 진동과 교대로 적용된다면, 용융 분말이 표면에 균일하게 코딩되고 경도도 향상될 것이다(그림 5-3-13).

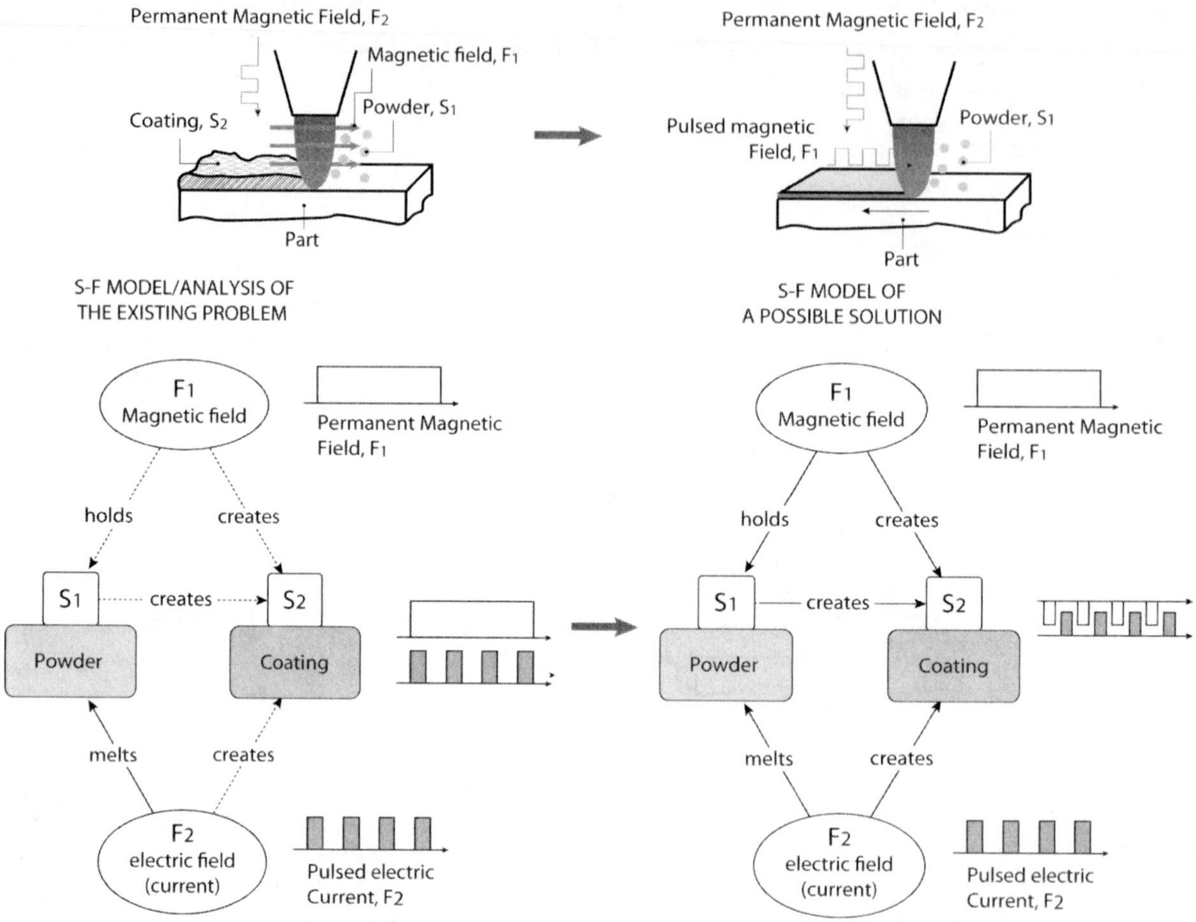


그림 5-3-13. 취약한 코팅의 물질-장 모델/분석(왼쪽)에서 자기장이 전류의 진동들과 교대로 적용되는 해결 가능한 물질-장 모델(오른쪽)로의 이행

## 그룹 2.4 자성재료 물질-장(FS-fields) 모델로의 이행 - 12가지 규칙

물질-장 모델들의 강화는 몇 가지 표준 방법으로 달성될 수 있고 FS-field가 그 중 하나이다. FS-field는 자성재료와 자기장을 포함하는 물질-장 모델이다.

**표준해 시스템 2.4.2 자성재료 입자를 가진 자성재료계 물질-장으로의 이행**

물질-장 모델의 제어성을 향상시키기 위해서 자성재료를 가진 물질 중 하나 속에 포함시키거나 그 물질로 교체한다. 그리고 자기장을 적용한다(그림 5-3-14).

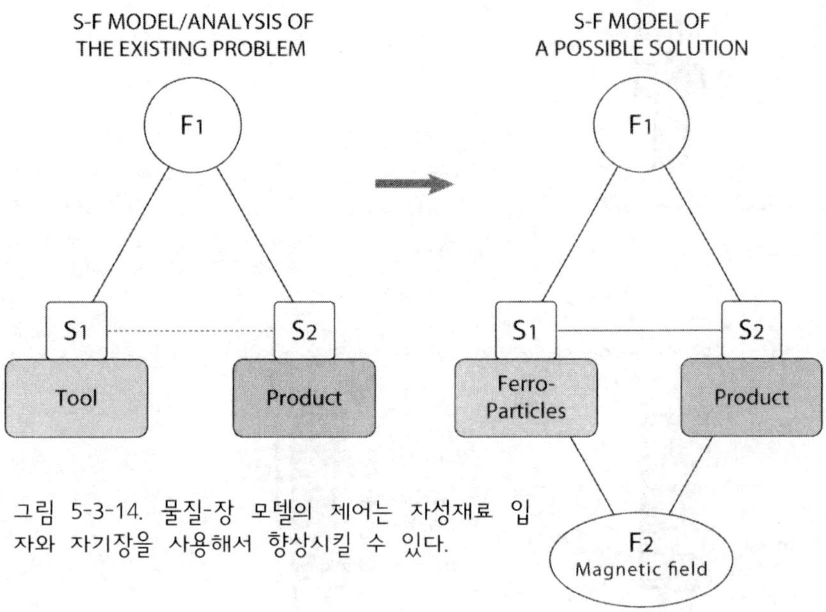


그림 5-3-14. 물질-장 모델의 제어는 자성재료 입자와 자기장을 사용해서 향상시킬 수 있다.

FS-field 모델의 진화 경향은 아래와 같다 :

- 자성재료 입자: 과립 → 분말 → 미세분산 입자 (그림 5-3-15)

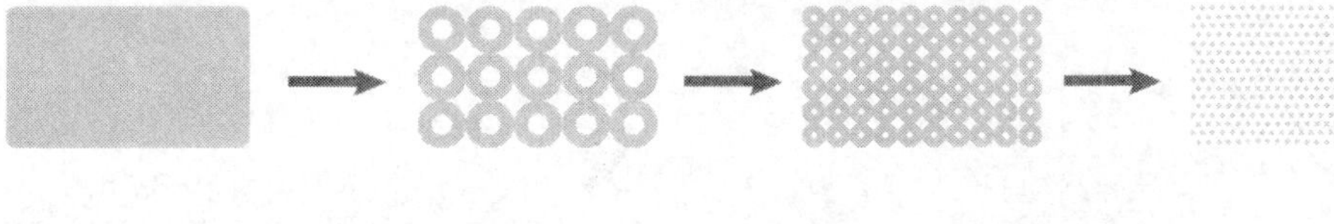

그림 5-3-15. 자성재료 입자의 미시 수준으로의 이행

- 자성재료 입자가 함유되는 물질: 고체 덩어리 → 과립 → 분말 → 액체 (그림 5-3-16)

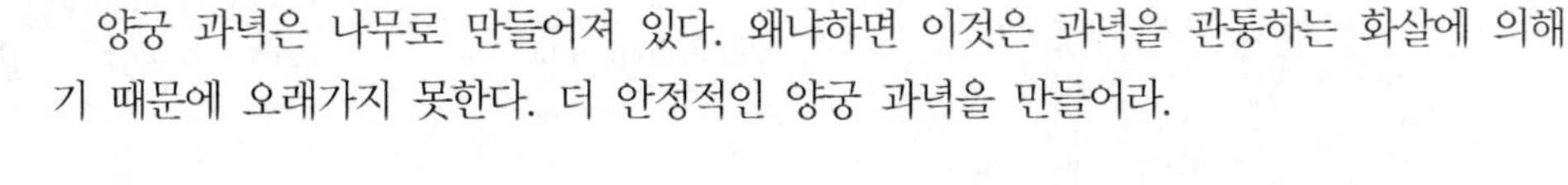

그림 5-3-16. 함유된 자성재료 입자물질의 미시 수준으로의 이

## 예제 5-3-5 : 양궁 과녁 (그림 5-3-17)

양궁 과녁은 나무로 만들어져 있다. 왜냐하면 이것은 과녁을 관통하는 화살에 의해 쉽게 손상을 입기 때문에 오래가지 못한다. 더 안정적인 양궁 과녁을 만들어라.

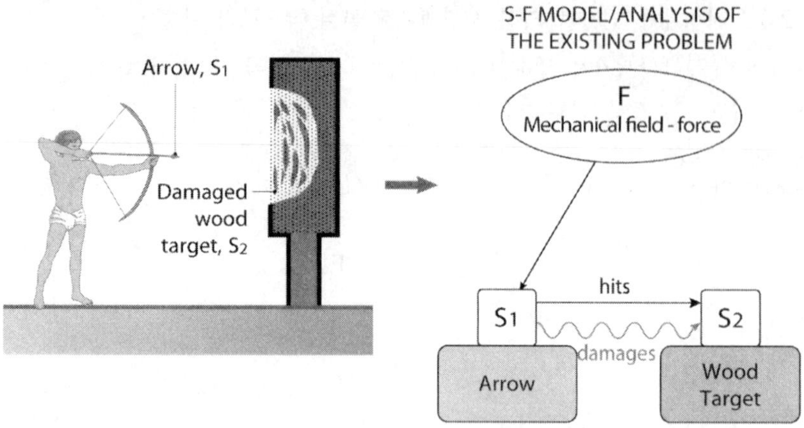


그림 5-3-17.
해로운 상호작용 '손상'이 줄어들거나 제거되어야 하는, 화살에 의해 쉽게 손상되는 나무 과녁의 물질-장 모델/분석

스스로 회복되는 과녁 디자인에 강자성 입자와 전자기장을 활용하라(그림 5-3-18).

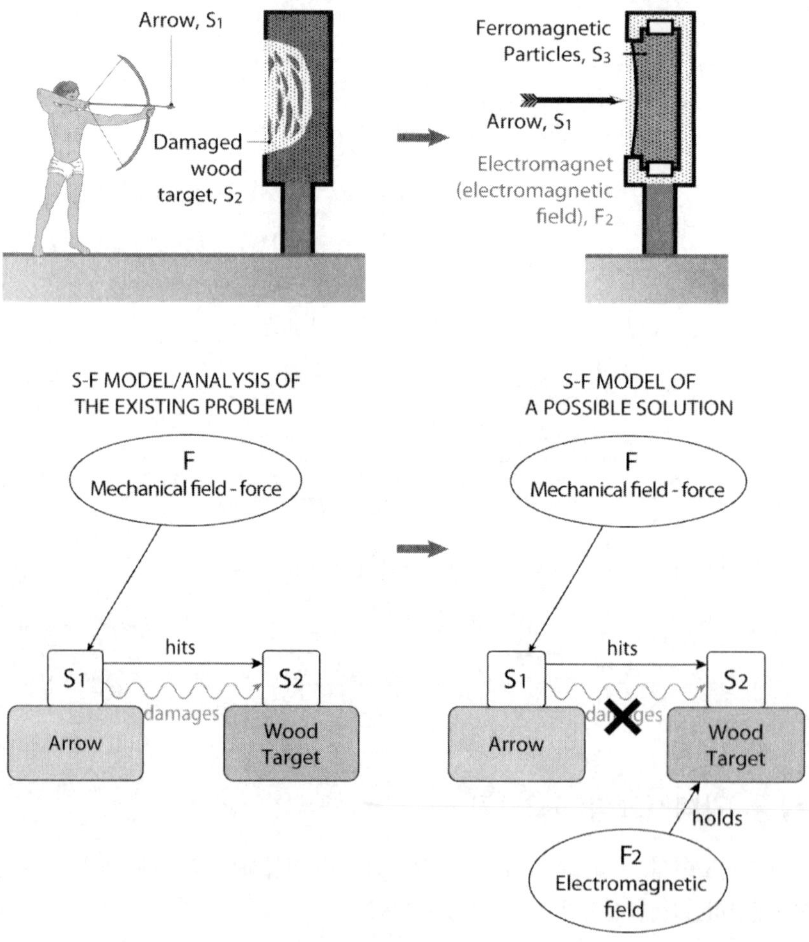


그림 5-3-18.
오른쪽에 있는 FS-field 모델로의 이행은 강자성 입자 S3와 전자기장 F2가 과녁 디자인 속의 나무를 교체하면서 실행 가능한 해결안을 보여준다.

## 5.3.3 분류 3. 상위 시스템과 미시 수준으로의 이행

### 그룹 3.1 이중 시스템, 다중 시스템 물질-장 모델로의 이행 - 5가지 규칙

시스템 진화의 단계에서, 시스템은 다른 유사 시스템과 결합하여 새로운 성질은 가진 상위 시스템으로 통합될 수 있다.

**표준해 시스템 3.1.3 요소들 차이점들의 이중, 다중 시스템 개발**

이중시스템과 다중시스템의 효율성은 시스템들의 요소 사이의 차이점을 개발함으로써 향상될 수 있다. 예컨대 같은 특성인자의 같은 구성요소를 갖는 표준 연필 한 박스를 보자. 색연필 한통을 얻기 위해 특성인자를 바꿀 수 있다. 그리고 우리는 미술도구를 얻기 위해 요소를 바꿀 수도 있다. 이러한 이행은 이중, 다중 시스템을 위해 1)유사한 특성인자를 갖고 있는 유사한 구성요소들로부터 시작되고, 2)변화된 특성인자를 갖고 있는 유사한 구성요소들로 이동한 다음, 3)시스템들을 위한 다른 구성요소들로 이동하고, 4)시스템을 위한 반대 구성요소를 갖고 있는 쪽으로 이동한다. 예시는 전투용 탱크와 대전차 미사일이 있다(그림 5-3-19).

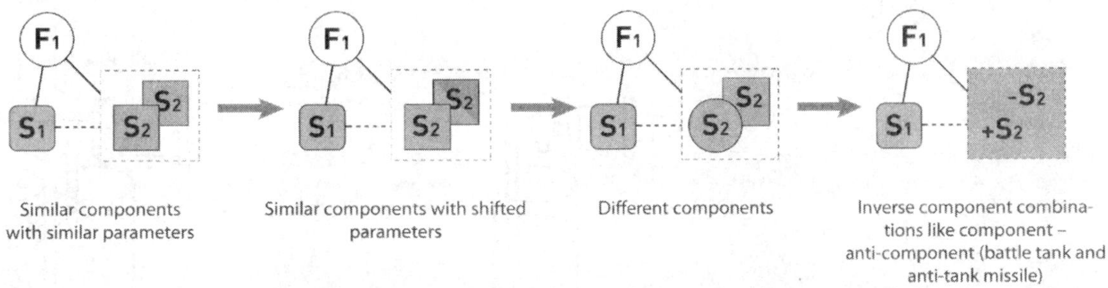


그림 5-3-19. 도구(S1)나 제품(S2)의 효율성을 위해 이중, 다중 시스템은 시스템 구성요소들 사이의 차이점 발전에 의해 향상될 수 있다.

### ➽ 예제 5-3-6 : 에어로졸 분무기 (그림 5-3-20)

다른 부분들은 다른 색깔로 칠해져야 한다. 원래의 에어로졸 분무기는 한 부분을 빠르고 균일하게 칠하지만 오직 하나의 색깔로만 칠할 수 있다. 페인트를 다른 색깔로 바꾸는 것은 시간을 매우 낭비하는 과정이다. 다른 색깔로 칠하는 기술이 향상되어야 한다.

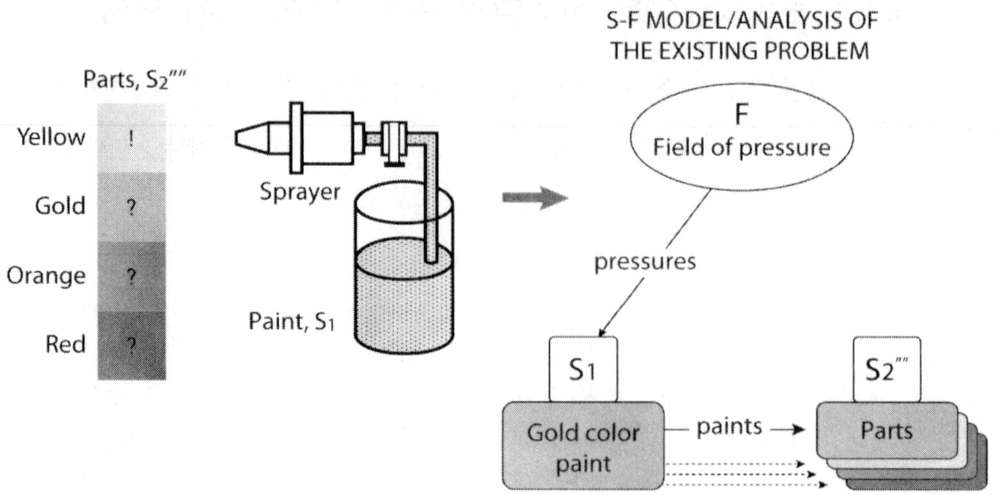


그림 5-3-20. 다른 색으로 바꾸는 속도의 향상을 필요로 하는 다른 색깔로 칠하기 물질-장 모델/분석

분무기에 다른 색깔의 두 페인트 통을 장착한다. 각각의 통마다 별도의 페인트 공급 조절기를 갖고 있다(그림 5-3-21). 칠하는 색깔은 각각의 통으로부터 분무기로 공급되는 페인트 양을 변화시킴으로써 조절된다.

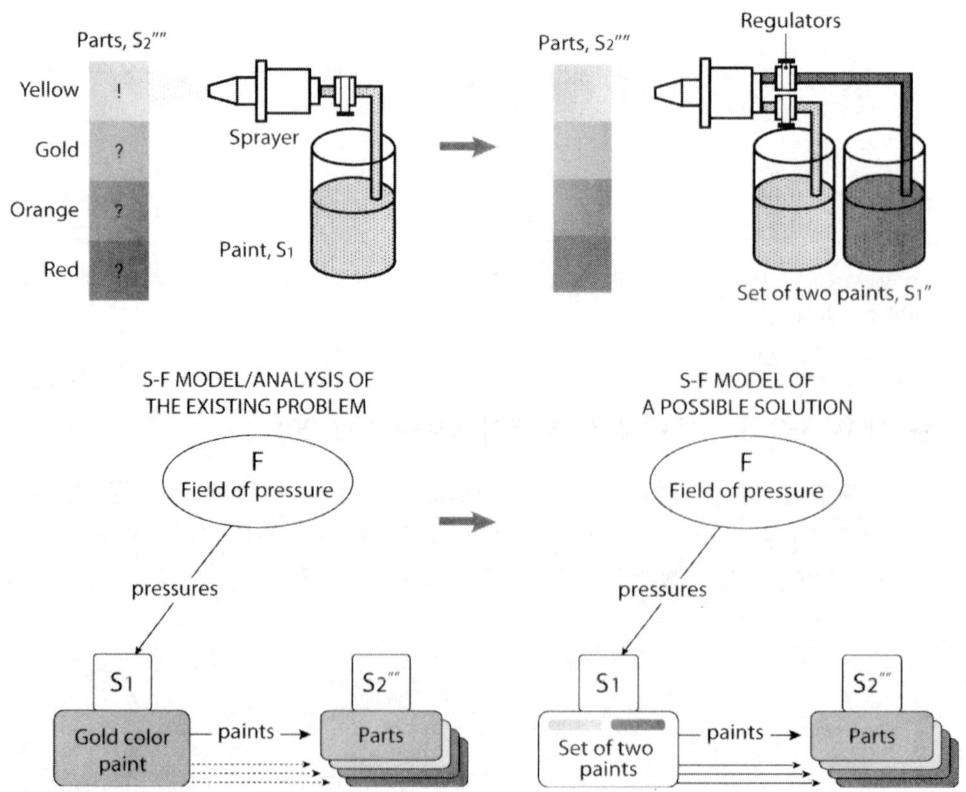


그림 5-3-21. 하나의 색깔만을 가진 페인트(S1) 물질-장 모델에서 다른 색깔(S1") 을 가진 물질-장 모델로의 이행은 변화된 특성인자를 갖는 구성요소들로 이루어진 이중 시스템으로의 이행을 보여준다.

## 그룹 3.2 미시 수준으로의 이행 - 1가지 규칙

### 표준해 시스템 3.2.1 미시 수준으로의 이행

한 시스템 발전 단계의 시스템의 효율성은, 시스템(또는 시스템의 구성요소)이 하나의 장과 상호작용함으로써 필요한 동작을 수행할 수 있는 물질로 교체될 때 미시 수준으로 이행함으로써 향상될 수 있다. 거시에서 미시로의 이행은 일반적인 개념이다. 미시 수준에는 여러 단계가 있으므로(과립에서 분말, 액체, 분자, 원자 등), 미시 수준으로의 이행도 여러 가지가 있다(그림 5-3-22).

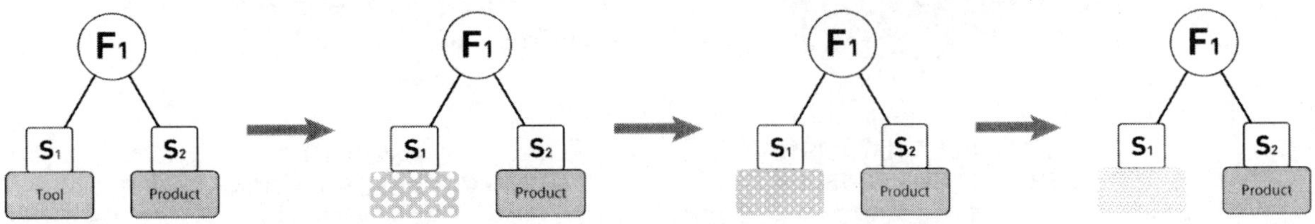


그림 5-3-22. 미시 수준으로의 이행은 도구나 제품에 대해 진행될 수 있다.

## ➽ 예제 5-3-7: 환경 친화 엔진 (그림 5-3-23)

미세하게 원자화 된 연료가 실린더 안으로 주입된다. 연료의 연소는 불완전하다.

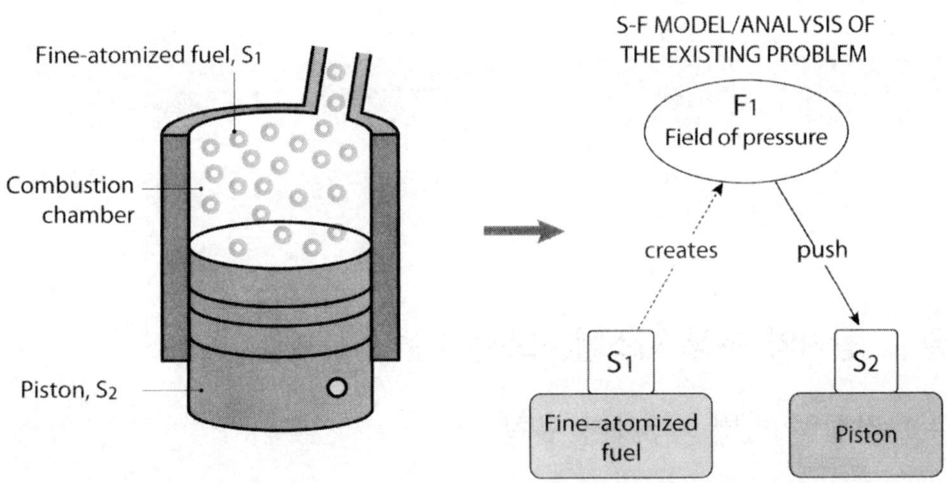


그림 5-3-23. 미세하게 원자화된 연료가 실린더 안에 주입된다.

연료를 기체 형태로 주입하라(그림 5-3-24). 휘발유가 내장된 배기장치의 증발기 안으로 공급된다. 열화학 반응의 결과로, 휘발유는 메탄과 일산화탄소로 분해된다. 이 혼합물은 엔진 실린더 내에서 효율적으로 연소되고, 유독성의 배출가스를 감소시킨다.

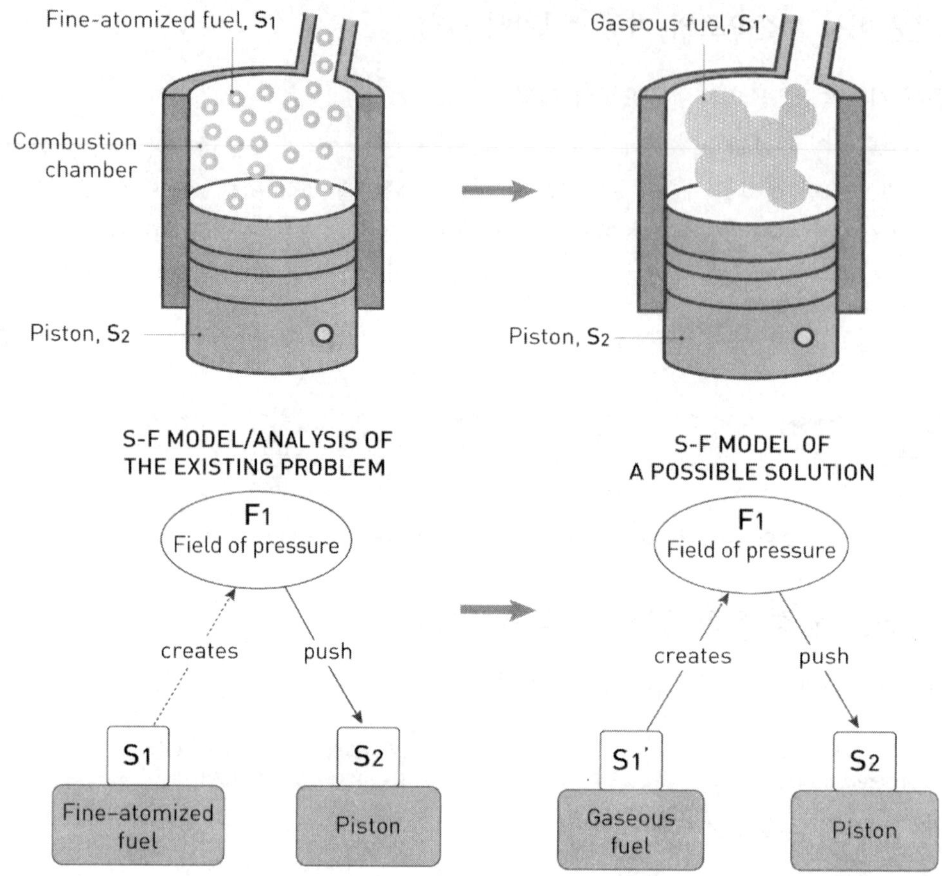


그림 5-3-24. 미세하게 원자화된 연료($S_1$)의 미시 수준으로의 이행은 기체 형태의 연료($S_1$")로 나타나고, 이는 연료 소비의 효율성을 높이고 유독성 배출의 양을 감소시킨다.

## 5.3.4 분류 4. 탐지와 측정 시스템(시스템 내부)의 표준

### 그룹 4.1 간접적 방법 - 3가지 규칙

정확도를 감소시키지 않고 시스템의 주요 기능으로부터 측정-탐지 기능에 대한 필요성을 없애거나 크게 줄이는 것이 바람직하다.

**표준해 시스템 4.1.2 물체 탐지와 측정의 복사**

만약 탐지나 측정에 문제가 있다면, 복사나 물체의 사진으로 대체함으로써 물체를 통한 직접 실행으로 인한 모순을 해결할 수 있다(그림 5-3-25).

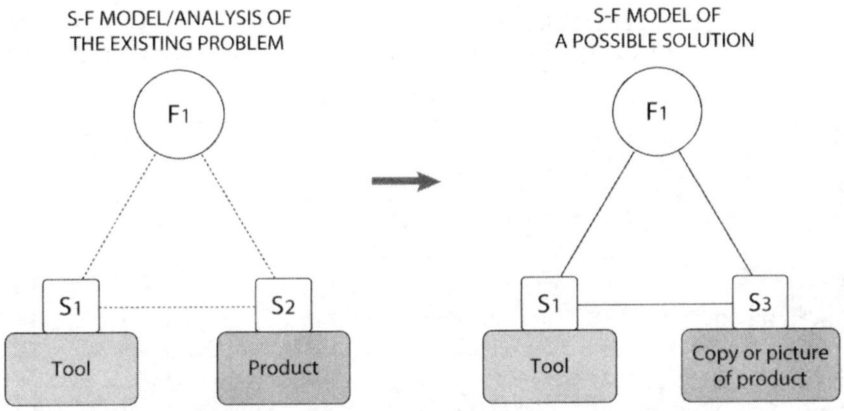


그림 5-3-25. 물체의 복사나 사진(S3)이 제품의 직접 작동을 사용하는 대신 특성인자를 측정하거나 탐지하는데 사용된다.

### 예제 5-3-8: 통나무 지름의 측정

작업자들은 손으로 트럭에 실어지는 통나무의 지름을 일일이 측정한다. 그 대신에 내장형 디지털 카메라가 달린 휴대용 컴퓨터가 사용될 수 있다. 컴퓨터는 트럭 위에 실어지는 통나무의 디지털 이미지를 사용함으로써 각각의 통나무 지름을 측정하는데 몇 초밖에 걸리지 않는다(그림 5-3-26).

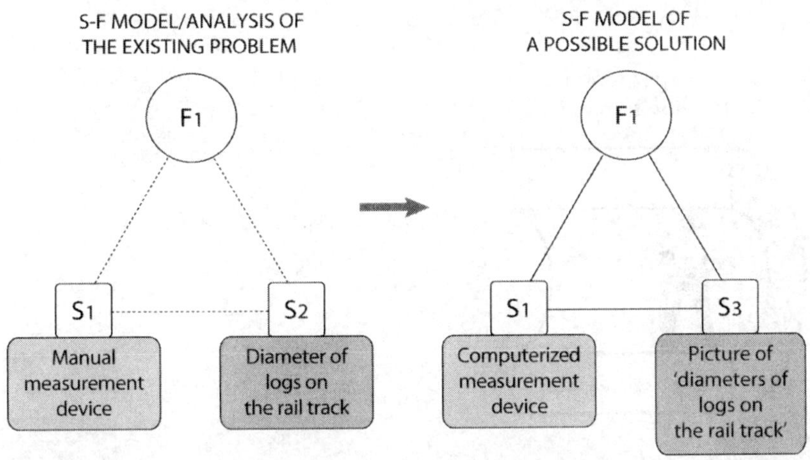


그림 5-3-26. 수동의 측정 대신, '트럭 위 통나무의 지름'의 디지털 이미지 (S3)는 통나무의 지름을 측정하는데 사용된다.

## 그룹 4.2 측정 시스템의 통합 - 4가지 규칙

#### 표준해 시스템 4.2.3 도입된 첨가물로 측정 가능한 환경

만약 시스템이 적절하게 탐지되고 측정되지 못하고 쉽게 탐지되는 첨가물의 도입이 불가능하다면, 첨가물들은 주위 환경에서 도입되어야한다. 물체의 상태는 환경 속에서의 변화에 의해 정의될 수 있다(그림 5-3-27).

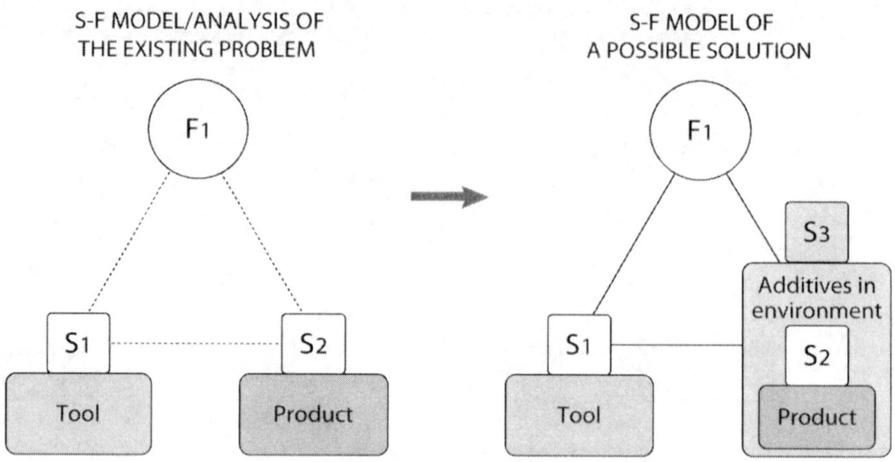


그림 5-3-27. 제품 환경 속에서 쉽게 탐지되는 첨가물은 제품의 특성인자를 측정하고 탐지하는데 겪는 어려움을 도와줄 것이다.

## 예제 5-3-9: 자연 발화의 탐지

석탄층 속에서 자연 발화의 초기 상태를 탐지할 필요가 있다. 전통적인 관찰 장비는 복잡하고 비싸다(그림 5-3-28).

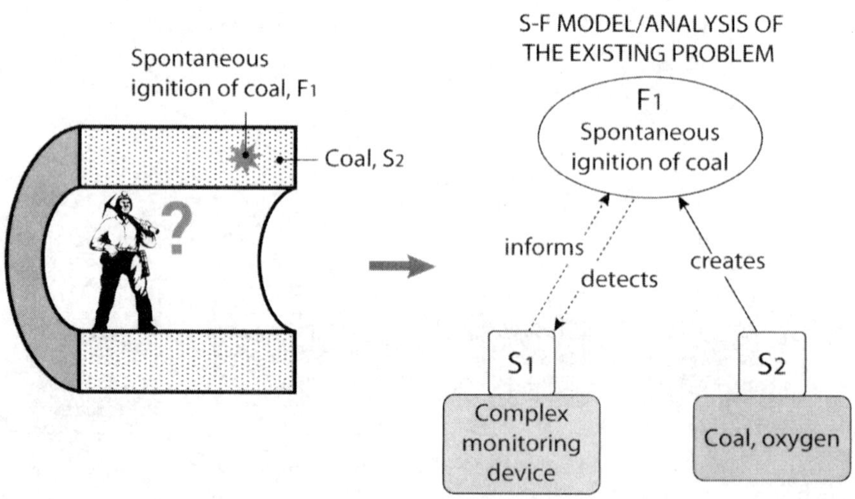


그림 5-3-28. 기존의 자연 발화 탐지 기술이 비싸고 복잡한 분야에서 자연발화의 물질-장 모델/분석

석탄의 자연 발화를 탐지하기 위해 향기 발산 장치를 사용하라. 휘발성이고 향기나는 물질로 채워진 앰플들을 광산 내의 전략적 위치에 설치한다. 석탄이 발화할 때, 열은 가장 가까이에 있는 앰플을 깨뜨려 공기 중으로 확산되어 쉽게 감지되는 향기를 퍼뜨린다. 특정한 향기는 석탄 발화의 시점과 위치를 알려준다(그림 5-3-29).

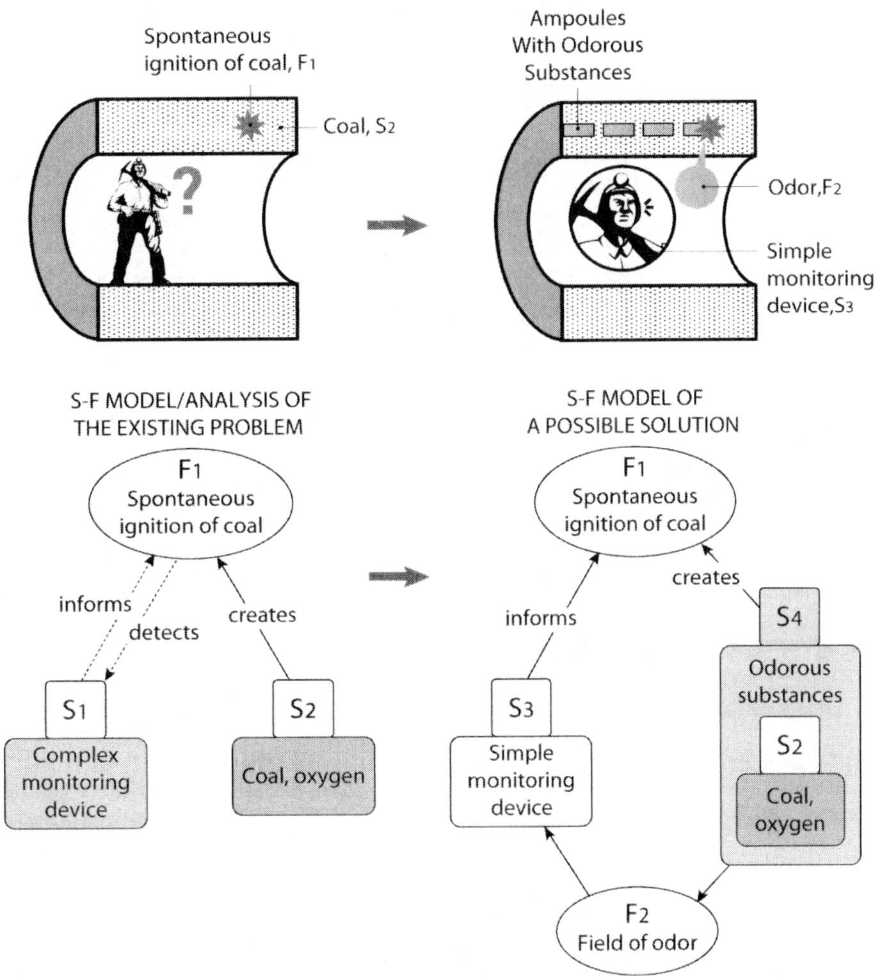


그림 5-3-29. 휘발성 향료로 채워진 앰플들(S4)은 광산 속에 놓여진다. 자연 발화로 생성된 열이 앰플을 깨뜨려서 사람이나 개의 코 같이 간단한 관찰 장치(S3)가 자연 발화의 지점을 쉽게 탐지할 수 있다.

## 그룹 4.3 측정 시스템의 유도 - 3가지 규칙

물리적 효과와 리듬 조화를 사용하여 물질-장 모델에서 측정을 유도할 수 있다.

### 표준해 시스템 4.3.2 시스템 또는 구성요소의 측정 가능한 공명 진동

직접적으로 시스템 속의 변화를 탐지하거나 측정하는 것이 불가능 하거나, 시스템에 장을 통과시키는 것이 불가능 하다면, 문제는 전체 시스템이나 시스템의 한 부분 속에서 공명 진동을 통해 해결될 수 있다. 시스템 속의 변화들이 공명 진동수의 변화에 의해 결정될 수 있다(그림 5-3-30).

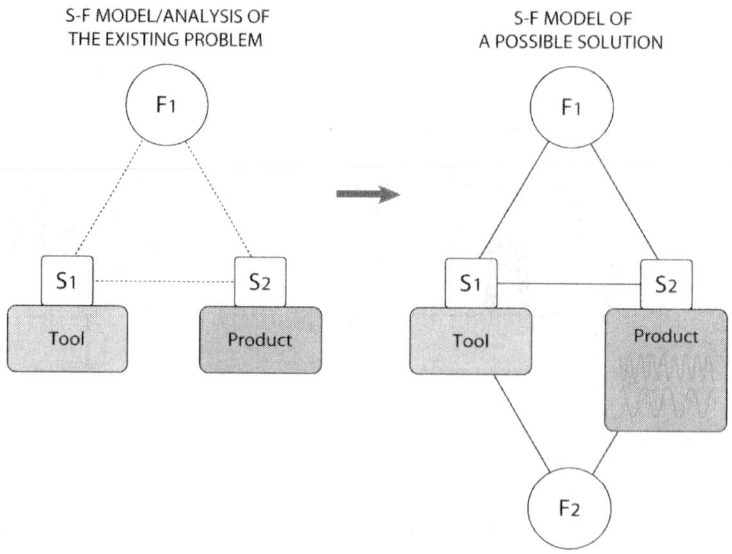


그림 5-3-30. 시스템 제품이나 요소의 공명 주기 변화는 시스템의 특성인자를 탐지하거나 측정할 수 있다.

## 예제 5-3-10 : 질량 측정

저장조 속의 액체나 유체의 무게를 측정하여야 한다. 기존 프로세스는 비싸고 복잡하므로 새로운 개념이 필요하다(그림 5-3-31).

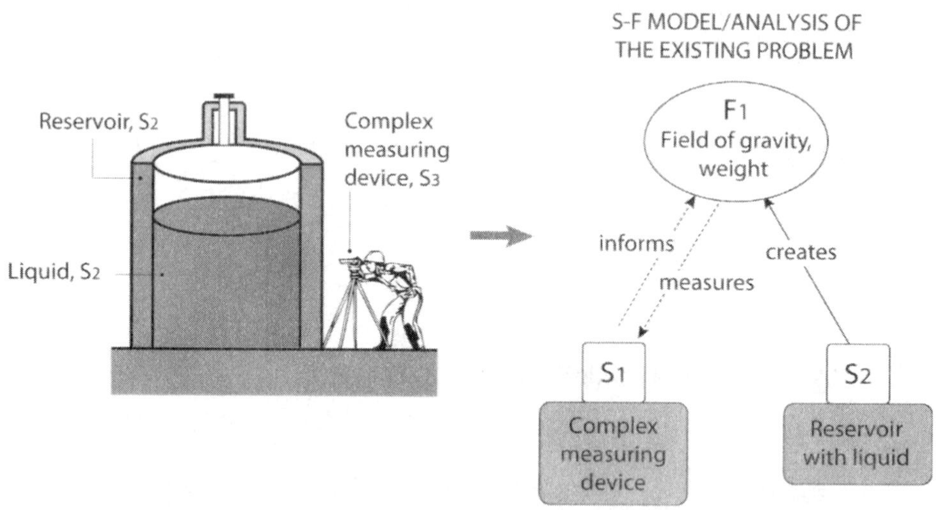


그림 5-3-31. 기존 측정 기술은 비싸고 복잡한 저장조 속 유체의 무게 측정을 위한 물질-장 모델/분석

저장조 물질 시스템의 자연 진동 주파수를 측정한다. 진동은 유체의 물질을 담고 있는 저장조 속의 기계적 공명을 일으킨다. 시스템 공명 진동의 주파수(저장통–물질)가 물질의 질량을 결정한다(그림 5-3-32).

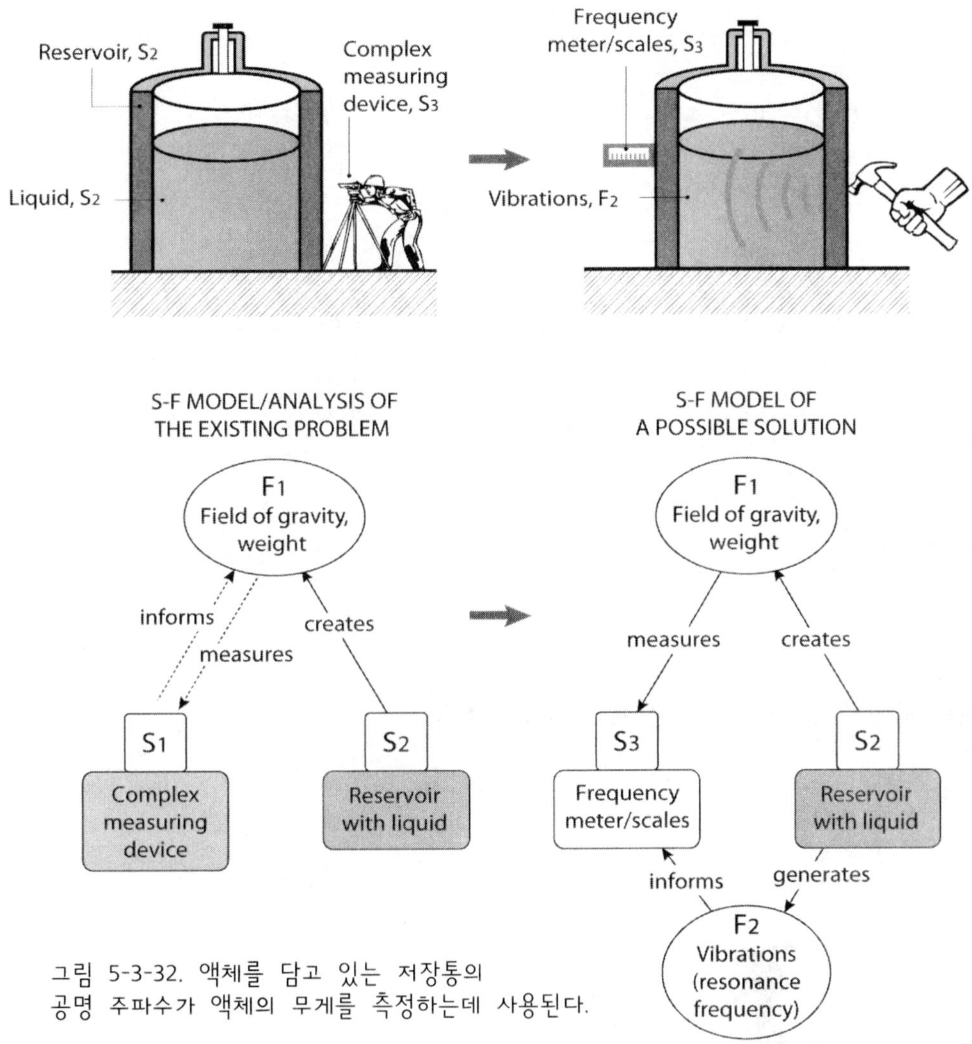


그림 5-3-32. 액체를 담고 있는 저장통의 공명 주파수가 액체의 무게를 측정하는데 사용된다.

## 그룹 4.4 자성재료 물질-장 (FS-fields) 모델로의 이행 - 5가지 규칙

자성재료 물질-장으로의 이행은 물질-장 모델을 측정하는데 특히 효과적이다.

### 표준해 시스템 4.4.1 자성재료 물질로 측정 가능한 물질-장 모델로의 이행

자성이 없는 장으로 물질-장 모델의 측정은 강자성의 물질과 자기장을 사용함으로써 향상될 수 있다 (그림 5-3-33).

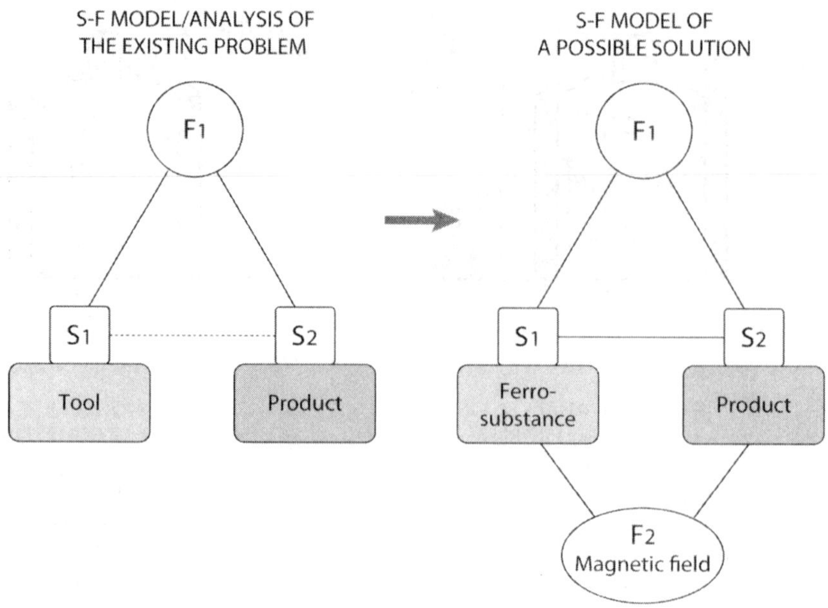


그림 5-3-33. 제품 특성인자의 측정은 강자성 물질과 자기장을 사용함으로써 향상될 수 있다.

## 예제 5-3-11: 스키 점프 길이의 측정

스키 점프의 비행 거리는 착륙지점을 조사함으로써 측정된다. 이러한 수작업은 노동 집약적이고 많은 심판을 필요로 한다(그림 5-3-34).

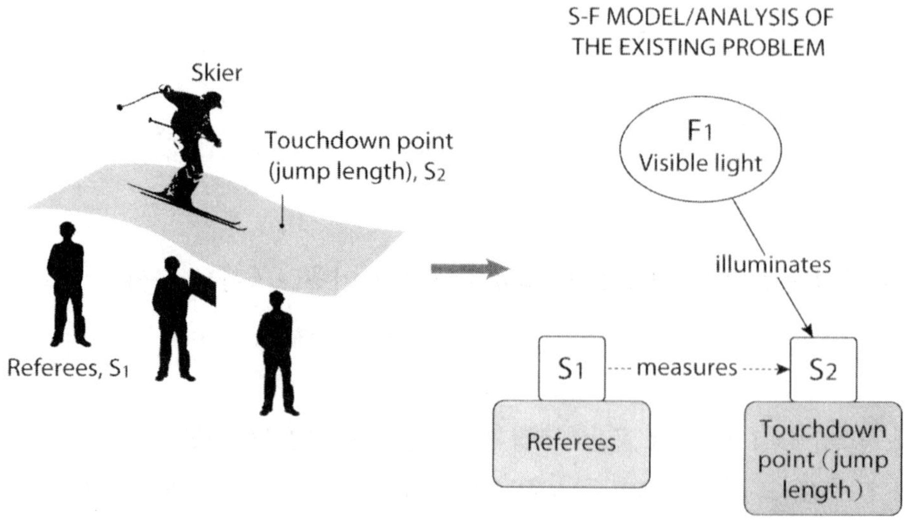


그림 5-3-34. 스키 점프의 비행 거리 측정을 위한 물질-장 모델/분석. 수동으로 조사되는 착륙지점은 항상 옳지 못하고 많은 실수를 초래한다.

작은 영구자석을 하나의 스키에 장착한다. 그리고 스키장을 따라 자기유도 감응장치를 설치한다. 스키를 타는 사람이 땅에 닿을 때, 각 폐회로는 자기장은 자석이 지나가면서 변하게 된다. 그러므로 착륙지점(점프 길이)과 속도가 감응된 신호에 의해 측정될 수 있다(그림 5-3-35).

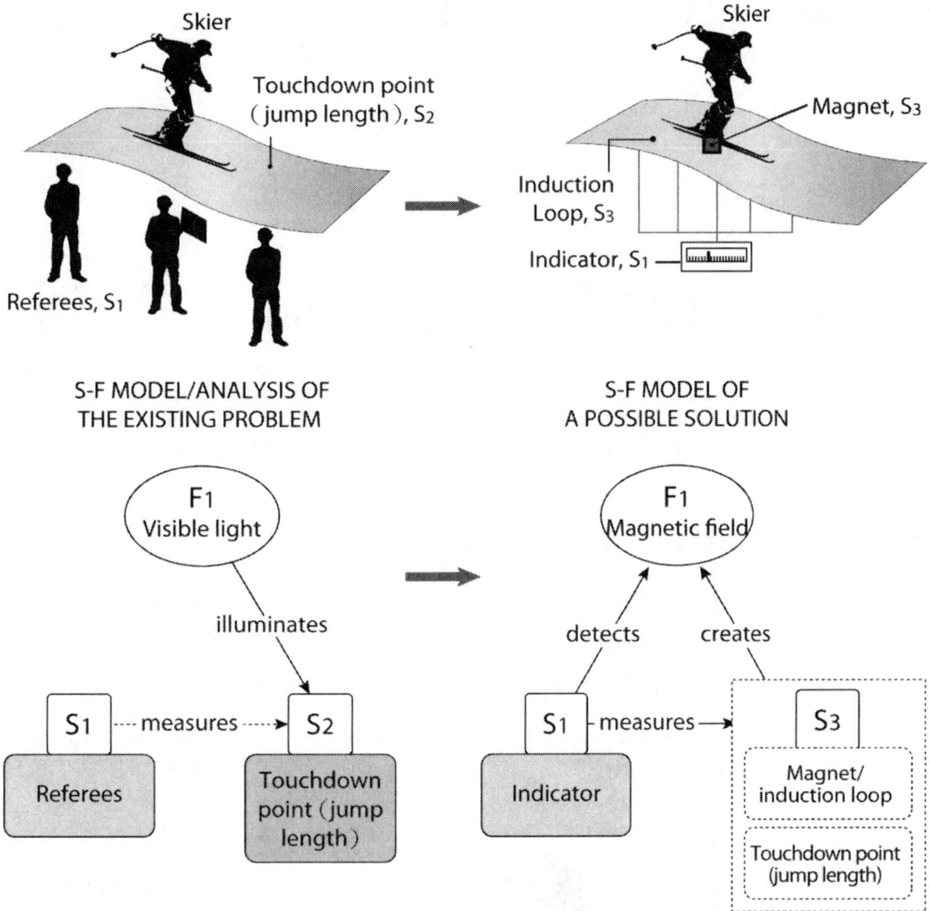


그림 5-3-35. 스키에 있는 작은 영구자석과 스키장에 있는 자기 감응장치가 착륙지점을 정확히 측정한다.

## 그룹 4.5 측정 시스템의 발전 방향 - 2가지 규칙

측정 물질-장 모델의 발전은 시스템 발전의 일반적인 이행을 따르지만, 몇 가지 특징이 있다.

### 표준해 시스템 4.5.1 측정 가능한 이중 또는 다중 시스템

어떤 발전 단계에서의 측정 시스템의 효율성은 더욱 복잡한 이중 또는 다중 시스템을 형성하기 위한 또 다른 시스템과의 통합으로 향상될 수 있다(그림 5-3-36).

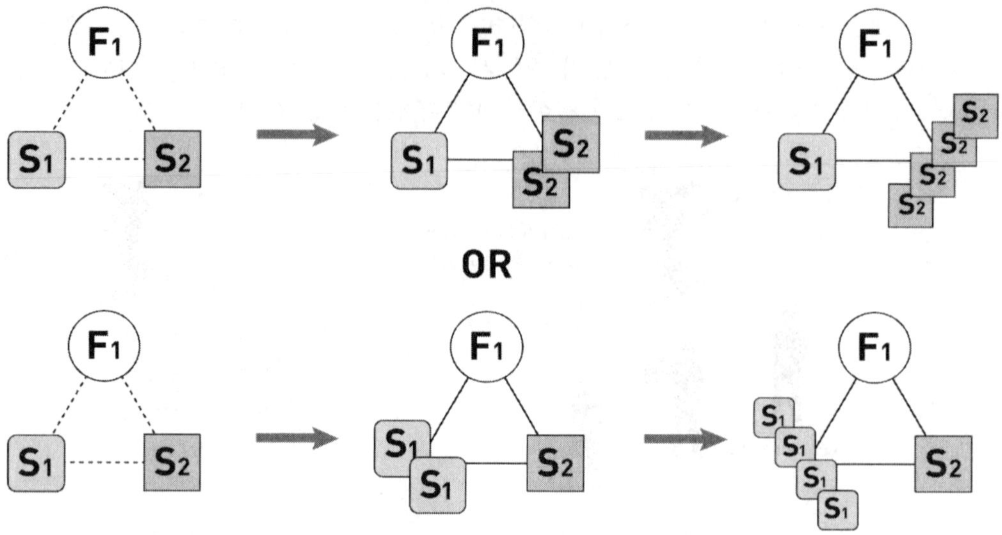


그림 5.3.36. 제품 특성인자(S2)를 측정하는 효율성은 도구(S1) 또는 제품(S2)을 위해 단일 시스템에서 이중 또는 다중 시스템으로 이행하면서 형성될 수 있다.

## 예제 5-3-12: 점프 길이의 측정

수상스키 점프 길이는 수상 스키어가 물의 표면에 착륙되는 물의 소리를 기록하는 마이크를 사용해 측정된다. 심판은 착륙하는 순간을 표시한다. 소리의 전파 시간과 공기 중의 소리의 속도가 길이를 결정한다. 착륙하는 순간은 더 정확하게 측정 되어야 할 필요가 있다(그림 5-3-37).

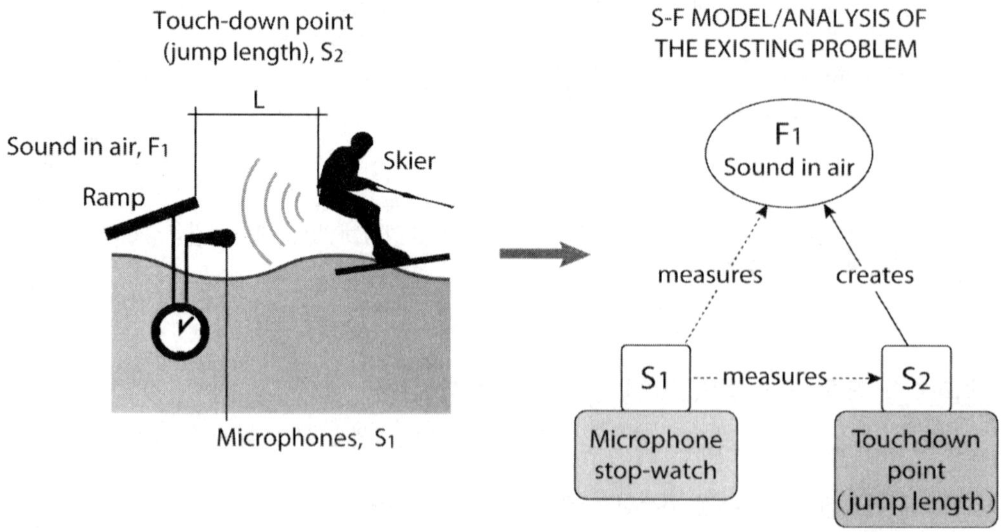


그림 5-3-37. 수상 스키 점프의 길이를 측정하는 물질-장 모델/분석. 시스템은 항상 정확하지 않고 실수를 일으킬 수 있다.

공기나 물속의 시간 차이나 소리의 전파를 측정하라. 두 개의 마이크가 사용된다. 소리는 물밑의 마이크에 먼저 도착한다. 그리고 공기 중의 마이크에 전달된다. 이들 사이의 시간 차이는 점프 길이와 정확하게 대응된다(그림 5-3-38). 신뢰도를 높이기 위해서, 지향성 마이크와 소음 필터가 사용된다.

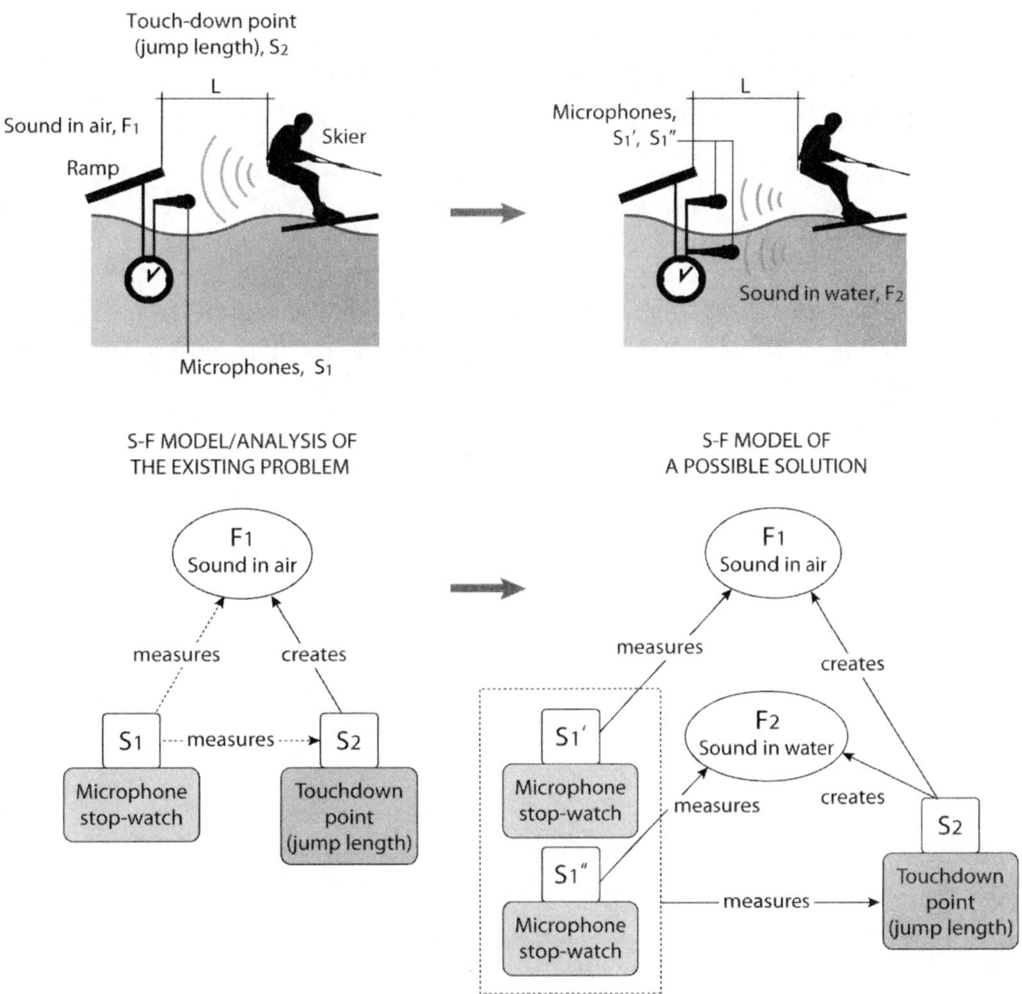


그림 5-3-38. 단일 마이크 시스템(S1)에서 이중 마이크 시스템(S1',S1")으로 이행. 공기와 물속에서 소리 전파의 시간적 차이가 점프 길이와 정확하게 상응한다.

## 5.4 요약

표준해 시스템 사용을 위한 권고 :

- ❖ 항상 문제의 물질-장 모델을 먼저 만들고, 적절한 표준해 시스템 시스템의 분류를 선택한 다음, 그 문제에 적합한 표준해 시스템을 설정하라.
- ❖ 복잡한 문제들은 몇 가지 표준해 시스템의 조합을 사용해서 해결될 수 있다.
- ❖ ARIZ-85C와 결합하여 표준해 시스템을 사용하라. ARIZ-85C는 표준해 시스템이 프로세스를 해결하는 문제에 포함되어야 할 때를 알려주는 단계들(1.7과 3.6)을 담고 있다.

비록 물질-장 분석은 기능 분석과 시각적으로 유사하지만, 차이점은 간단하다. 물질-장 분석/모델링은 문제를 분석/모델링 하는데 추천되는 반면, 기능 분석/모델링은 시스템을 분석/모델링 하는데 추천된다.

# 5.5 연습문제

## ➽ 연습 5-5-1: 물 분자 (그림 5-5-1)

물 분자는 작은 자석들처럼 같이 묶여 있는 3개의 원자(1개의 산소 원자와 2개의 수소 원자)로 이루어져 있다. 수소는 원자핵 속에 하나의 양성자를 갖고 있고, 산소는 8개의 양성자를 갖고 있다. 또 원자핵 속에는 중성자라고 불리는 전하를 띠지 않은 입자들이 있다. 양성자와 중성자 이외에도 원자들은 원자핵 주변의 전자구름 속에서 찾아 볼 수 있는 음전하인 전자를 갖고 있다. 원자 속에 있는 전자들의 수는 원자핵 속에 있는 양성자의 수와 같다. 양성자와 전자들 사이의 인력은 원자를 하나로 잡고 있는 힘이다. 물 분자의 구조를 위한 모든 가능한 물질-장 모델을 만들어라.

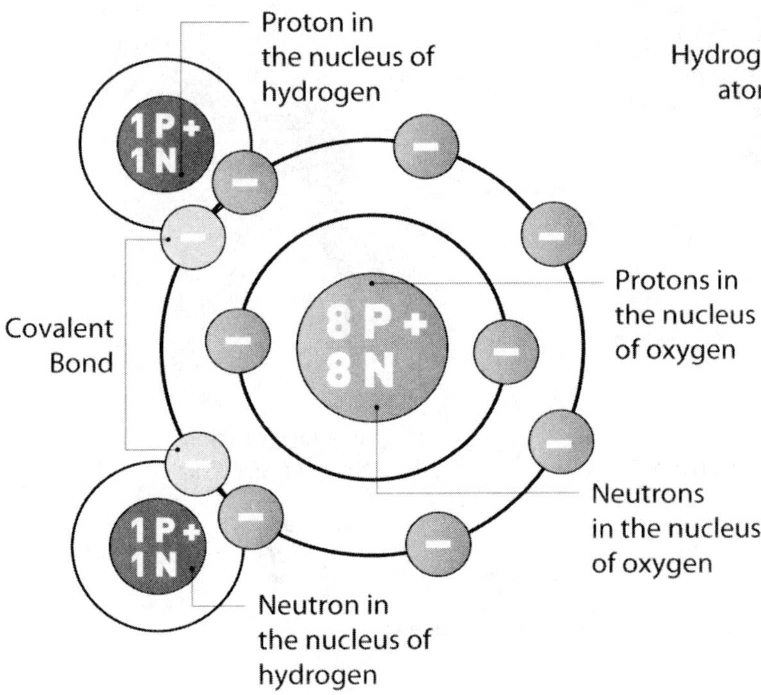


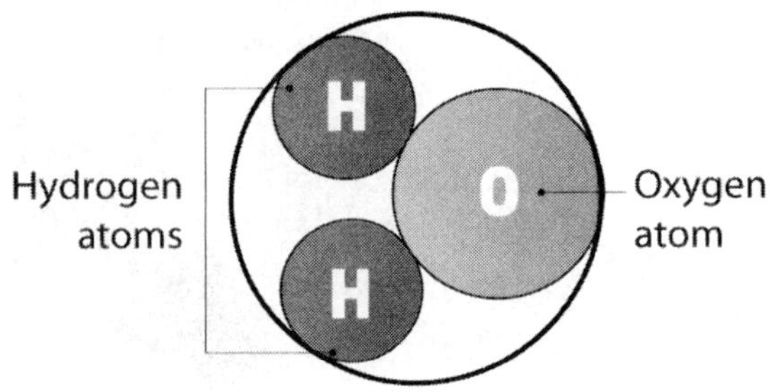


그림 5-5-1. 물 분자의 구조

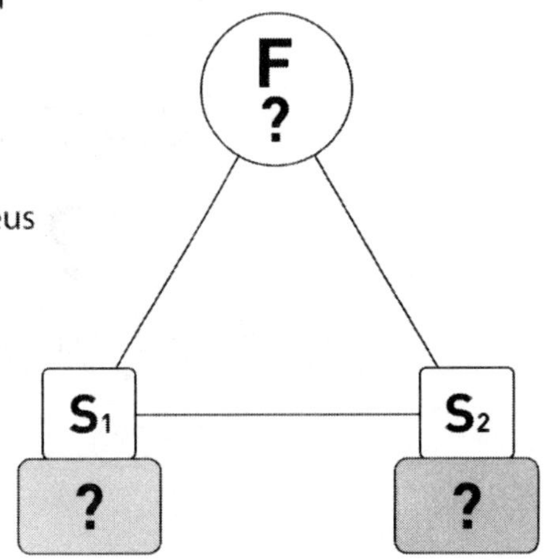

아래의 연습문제들은 문제의 설명과 가능한 해결책을 주고 있다. 각각의 문제와 가능한 해결책이 서술되어 있다. 문제와 가능한 해결책을 위한 물질-장 모델을 만들어라.

## ➽ 연습 5-5-2: 수리된 구멍의 정확한 위치 찾기 (그림 5-5-2)

**문제**: 선박 선체에 이전에 수리된 구멍들은 물의 누수를 위해 그 위치가 찾아지고 점검되어야 한다. 시각적인 검사는 방해가 된다. 왜냐하면 선체가 해조, 토사 또는 얼음으로 뒤덮여 있을 수 있기 때문이다.

**가능한 해결책**: 수리된 부분을 밀봉하기 전에 구멍에 영구자석을 심는다. 수리된 부분은 바늘 자기 탐지기로 쉽게 그 위치가 찾아 질 수 있다.

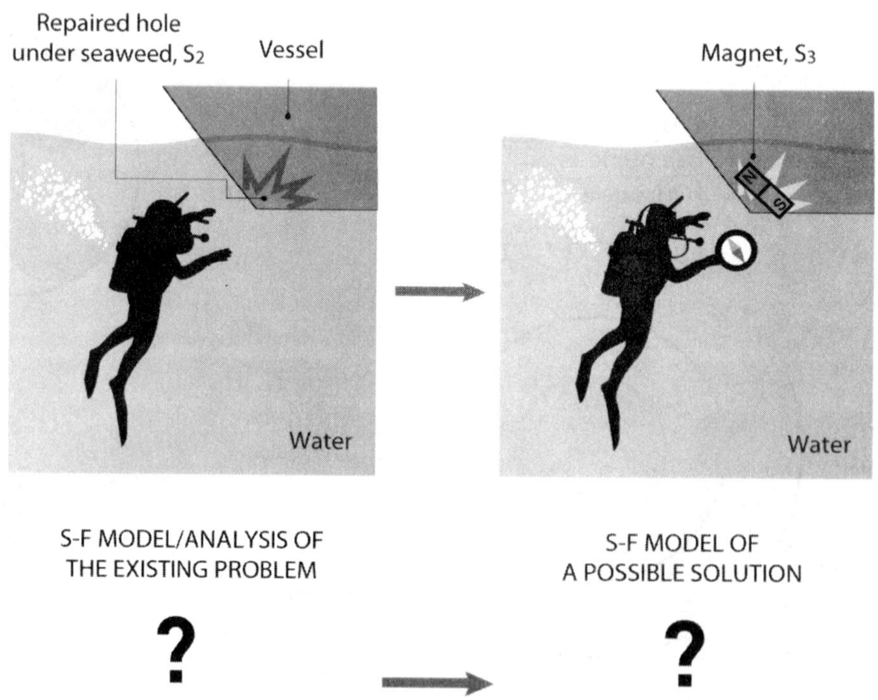


그림 5-5-2. 수리된 구멍의 위치문제와 가능한 해결책

### ➽ 연습 5-5-3: 기름 속의 물 탐지하기 (그림 5-5-3)

**문제**: 기름 속에 있는 물이 탐지되어야 한다. 전문화된 기름 분석 처리는 시간 낭비적이고 많은 비용이 든다.

**가능한 해결책**: 물 증발에 반응하는 계기 장치를 사용하라. 기름이 가열되고 과망간산칼륨으로 묻힌 탈지면을 오일 표면에 놓는다. 만약 오일 속에 물이 있다면 탈지면은 밝은 적색으로 바뀔 것이다.

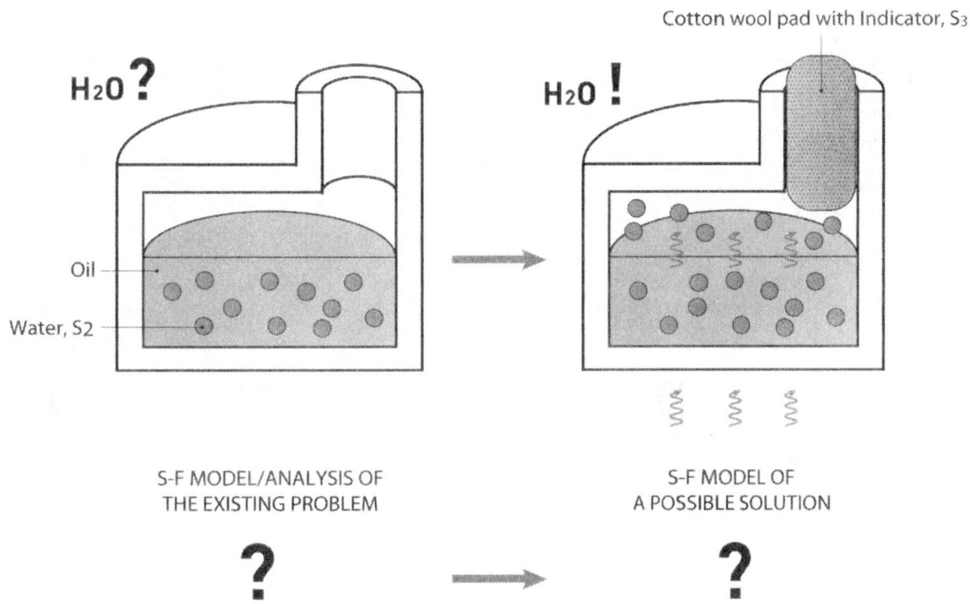


그림 5-5-3. 오일속의 물 탐지의 문제와 가능한 해결책

### ➡ 연습 5-5-4: 자동차 소음장치 (그림 5-5-4)

**문제**: 자동차 배기가스는 엔진에서 파이프를 통해 소음장치로 배출된다. 하지만 방음 효과가 충분하지 않다.

**가능한 해결책**: 배기가스를 엔진에서 더 작은 직경의 두 개의 파이프를 통해 소음장치로 공급해라. 파이프들은 엔진의 소음 빈도와 소음장치의 특징에 의해 결정된 다른 길이와 두께를 갖는다. 방음 효과는 향상된다.

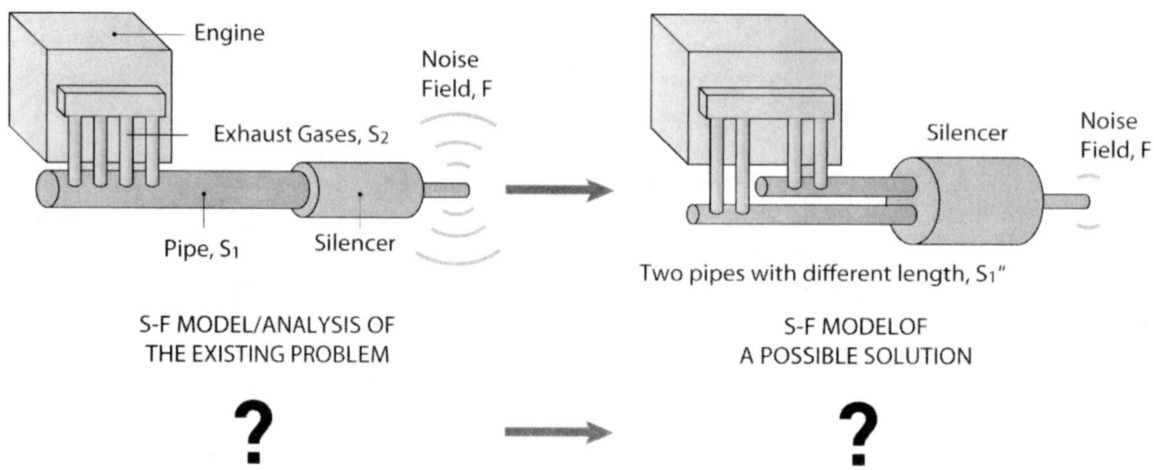


그림 5-5-4. 소음장치의 문제와 가능한 해결책

### ➽ 연습 5-5-5: 화합물 반도체의 레이저강화 화학기상증착법(LECVD) (그림 5-5-6)

**문제**: 화합물 반도체의 다층의 박막 구조들은 유기금속기상증착법(MOCVD)에 의해 성장한다. 하지만 이것은 층간의 급격한 계면 구조를 형성하기 어렵다.

**가능한 해결책**: 화합물 반도체가 화학 증착하는 동안 기판을 레이저 펄스로 방사능 처리 하라. 레이저 펄스가 꺼졌다 켜졌다 하면, 에피택시 구조는 조성이 변한다. 레이저가 방사된 층과 방사되지 않은 층 사이의 계면에서 급작스런 조성 변화가 가능하다.

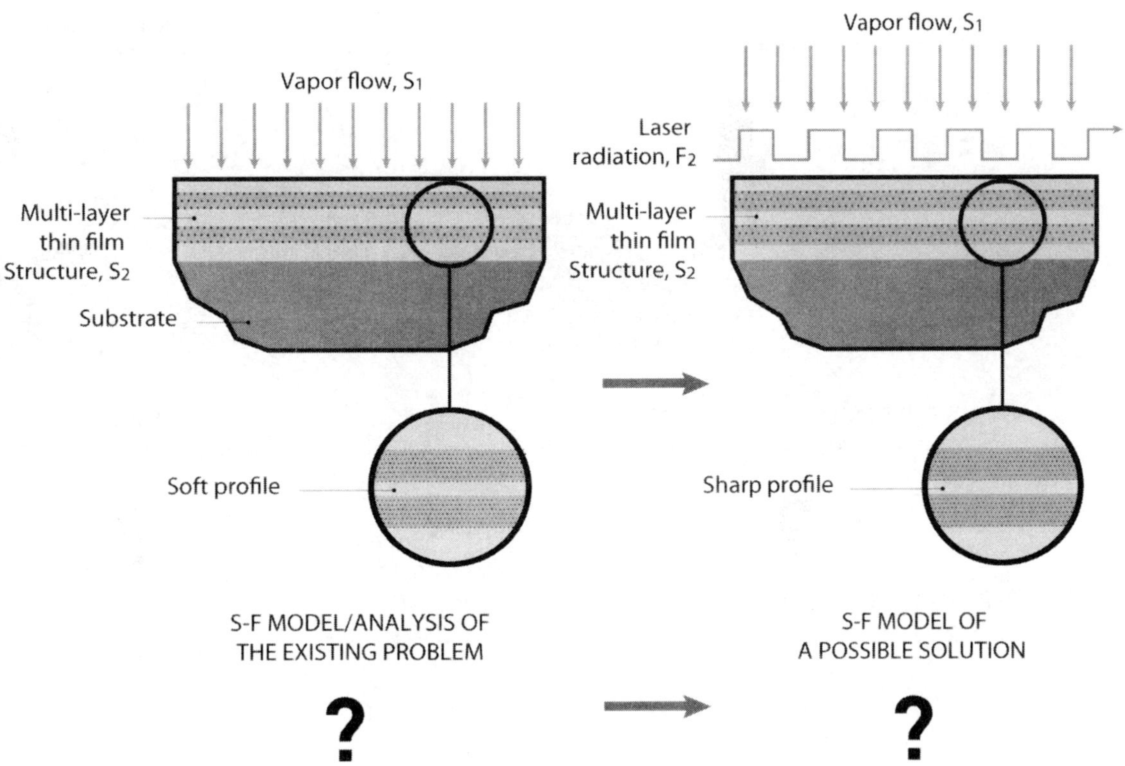


그림 5-5-5. 화합물 반도체의 기상 증착의 문제와 가능한 해결책

### ➽ 연습 5-5-6: 얼음의 두께 측정 (그림 5-5-6)

**문제**: 저녁에 얼음의 두께를 측정하려면 배가 반드시 멈추어야 하고 관측자가 얼음 위로 직접 자를 들고 나가야 한다.

**가능한 해결책**: 자의 이미지를 빔 프로젝터를 사용해 얼음 위에 투사하라. 얼음의 정확한 두께는 계산에 의해 결정된다. 이 방법을 사용하면 얼음의 두께는 배를 멈출 필요 없이 배 안에서 측정될 수 있다.

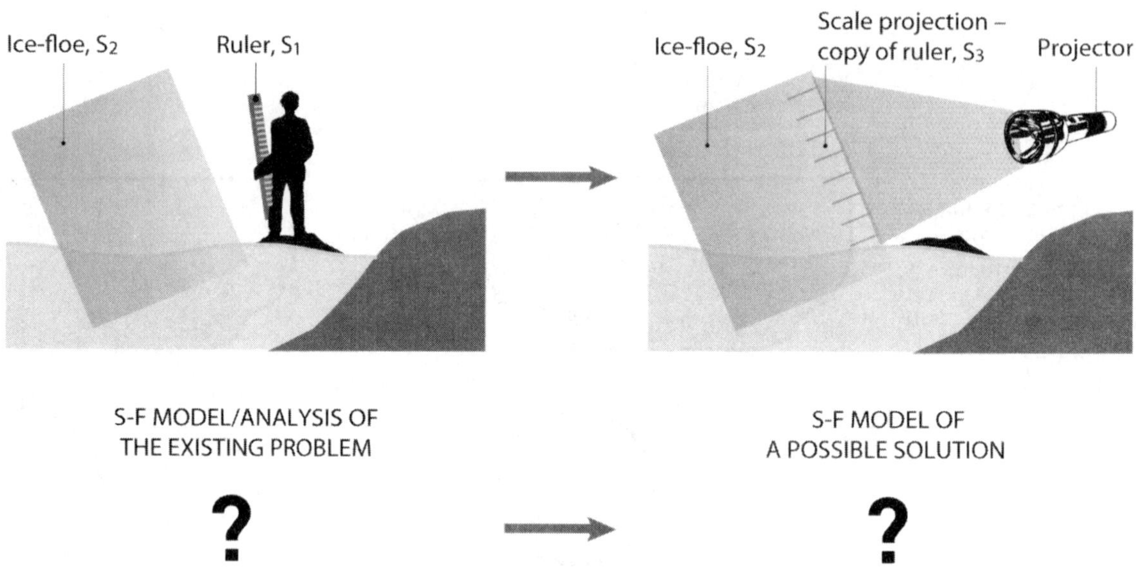


그림 5-5-6. 얼음 두께 측정의 문제와 가능한 해결책

### ➽ 연습 5-5-7: 우주선을 위한 열절연체 (그림 5-5-7)

**문제**: 우주선이 지구 대기에 재진입 할 때 과열되는 것으로부터 보호하기 위해 열절연체가 사용된다. 열절연체는 보통 다른 재료의 층들로 이루어져 있다. 고전적인 절연체의 열전도율과 무게는 충분히 낮지 않다. 게다가 절연체는 재진입하는 동안 온도 차이 때문에 높은 열응력을 받는다.

**가능한 해결책**: 1층 이상의 다공질 또는 섬유질 내부 층을 만들어라. 이것은 열전도율뿐만 아니라 절연체의 무게도 줄여준다. 이것은 또 절연체 내의 열응력도 줄인다.

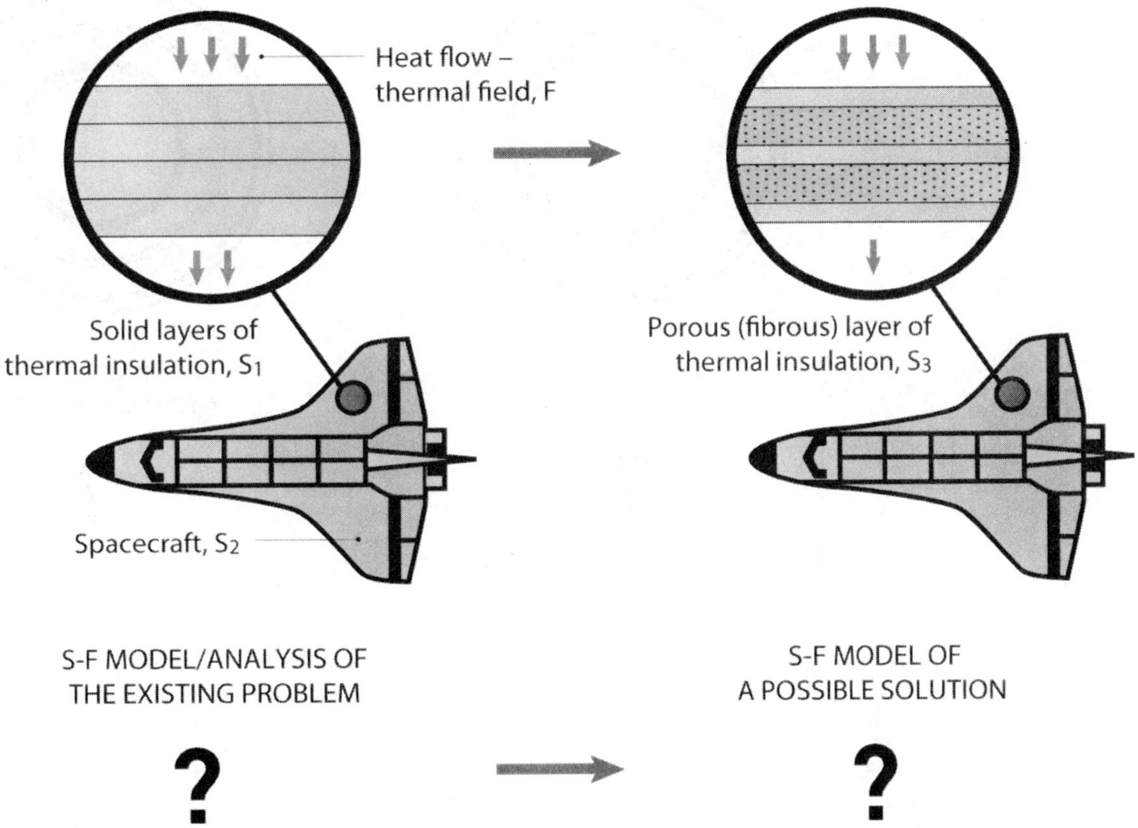


그림 5-5-7. 우주선을 위한 열절연체의 문제와 가능한 해결책

### ➽ 연습 5-5-8: 이중의 베어링 (그림 5-5-8)

**문제**: 볼베어링은 자동차 구조에 널리 사용된다. 그러나 높은 회전 속도로 인한 과부하는 낮은 내구성을 초래한다.

**가능한 해결책**: 베이링을 이층으로 배열하라. 각 층에서 진행된 총 회전수는 감소하고 베어링의 서비스 수명은 늘어난다.

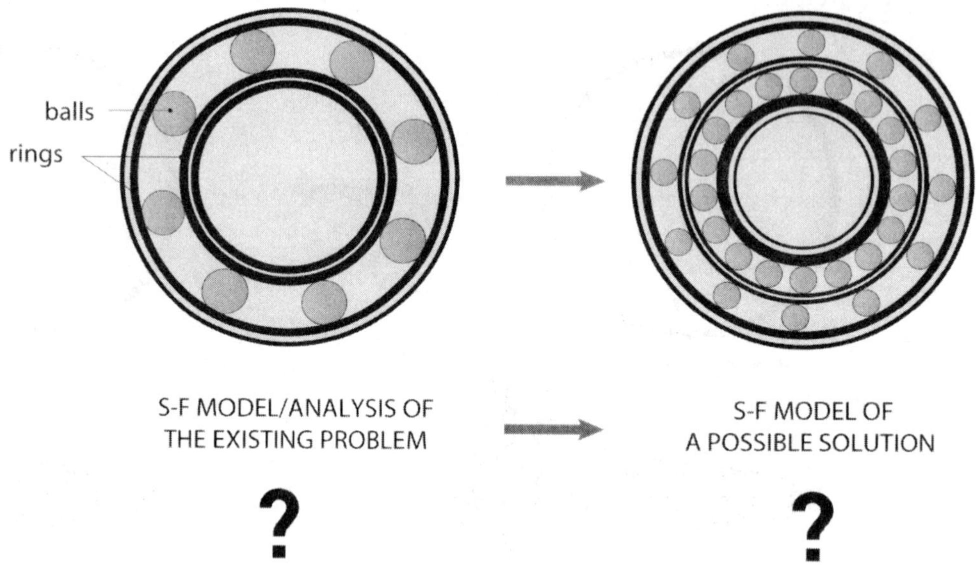


그림 5-5-8. 이중 베어링의 문제와 가능한 해결책

감사의 말

Invention Machine Corporation에게 이번 장의 Goldfire™ 소프트웨어의 예시들을 공유해 주신 것에 대해 감사드린다.

# 자원과 자원의 특성인자
## (Resources and Parameters of Resources)

*TRIZ Technology for Innovation*

6

## 6.1 소개

태양계, 지구, 그리고 인간 사회를 포함한 우주에 있는 모든 것들은 어떤 것이나 누군가를 위한 자원이다. 우리는 자원의 세계 속에 산다고 말 할 수 있다. 유일한 의문은 누가 또는 무엇이 다른 요소의 자원이고, 누가  특정한 경우에 그 자원을 사용하느냐 하는 것이다.

자연 발생 시스템 속에는 자원과 사용자들 간에 자연스러운 규칙이 존재한다. 사람의 행동에 의해 직접적 또는 간접적으로 만들어진 인공 시스템 속에서, 우리는 우리 스스로 이 규칙을 수행해야 한다.

기존의 자원을 문제 해결과 시스템 발전을 위해 쓰는 것이 트리즈의 기본 원리 중 하나이다. 트리즈는 이미 존재하는 자원을 시간, 공간, 물질(어떤 구성 요소), 그리고 장의 모든 자원으로 정의한다. 이 자원은 분석된 시스템의 내부에 있을 수도 있고, 일반 자원과 환경의 배경이 되는 장(예를 들면 지구의 중력 또는 자기장)과 함께 시스템 외부에 존재할 수 있다. 문제를 해결하는데 존재하는 자원들 중 아무것이나 사용할 수 있다는 것이다. 이 장은 시스템 개발과 문제 해결을 위해 이미 존재하고 있는 자원들을 가능한 한 어떻게 효율적으로 사용할 수 있는가에 대한 것이다.

## 6.2 시간자원

시간은 모든 것, 모든 사람, 모든 장소에 존재하는 보편적인 자원이다. 무료 사전 웹사이트 http://www.thefreedictionalry.com/time에서 몇 가지 시간에 대한 정의를 찾았다:

- ❖ 과거에서부터 현재를 통해 미래로 가는 절대 되돌릴 수 없는 계속 발생되는 사건들의 비공간적인 연속체
- ❖ 연속체 위의 두 점이 분리시키는 간격 - 기간
- ❖ 간격을 나타내는 년, 일 또는 분 등의 숫자

목표는 시스템(프로세스, 제품 또는 장치) 속에서 시간과 관련된 모든 것을 정의하고, 문제점을 해결하고 시스템을 개발하는데 시간이라는 특성인자의 이용 가능한 변화를 활용하는 데 있다.

## ➤ 예제 6-2-1 : 시간 속의 앰플(그림 6-2-1)

유리 앰플들은 액체 상태의 약을 보관하는데 사용된다. 앰플을 봉합하기 위해서 목 부분은 불꽃으로 용접된다. 불꽃의 온도는 유리를 녹이기에는 상대적으로 높아야 한다. 그러나 용접 불꽃의 높은 온도는 문제를 야기한다. 약에 손상을 입히는 열전도가 앰플을 통해 일어난다.

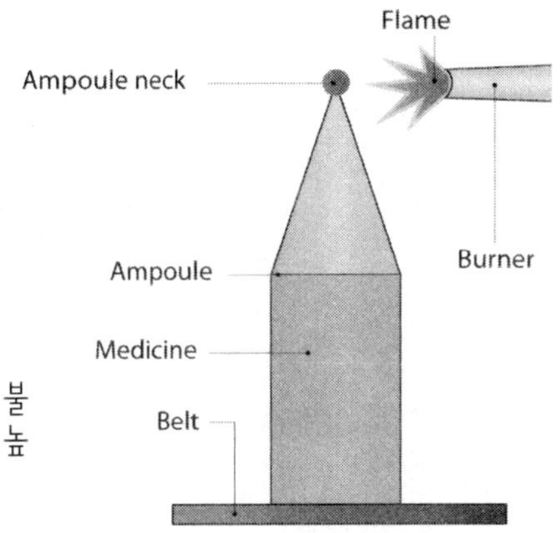


그림 6-2-1. 앰플의 목 부분은 봉합을 위해서 불꽃으로 용접된다. 그러나 앰플을 용접하기 위한 높은 온도가 약품에 열 손상을 일으킨다.

'시간'과 관련된 시스템의 특성인자로써 '용접 시간'을 선택 할 수 있다. 만약 '용접 시간'을 줄일 수 있다면, 용접 시간은 목 부분에서 약 까지 발생하는 열전도를 일으키는 시간보다 더 짧아질 수 있다. 결론적으로, 약의 특성은 유지되고 손상은 막을 수 있다. 그러나 짧아진 용접 시간은 완벽하게 목 부분을 용접할 충분한 열에너지를 제공하지 못한다(그림 6-2-2).

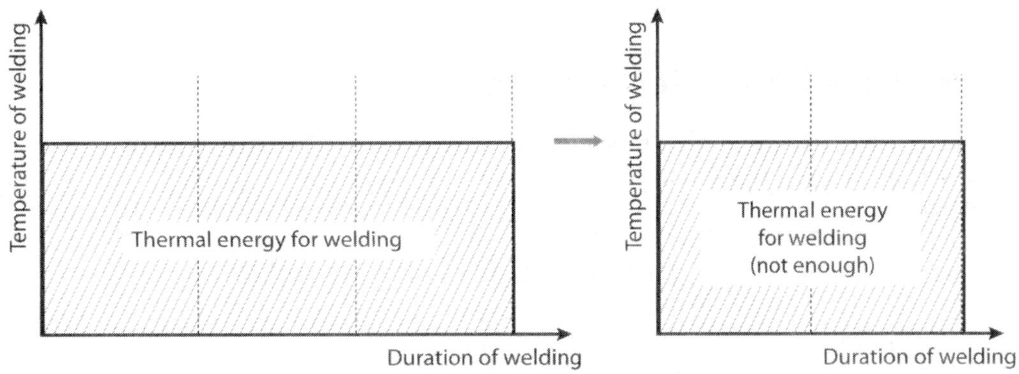


그림 6-2-2. '용접의 온도'와 관련된 실질적인 '용접 시간'은 왼쪽에 보인다. 오른쪽의 '용접 시간'은 약품 쪽으로의 열 전이를 막기 위해 짧아진다. 그러나 이것은 용접을 마치기에는 충분치 못하다.

용접을 위한 열에너지의 부족을 용접 불꽃의 온도를 상승시킴으로써 보충시킬 수 있다. 이것은 프로세스 특성인자들 사이의 허용된 균형을 이룬다(그림 6-2-3)

- ❖ 용접의 짧은 지속시간과 용접 불꽃의 높은 온도는 고품질과 완전한 앰플 봉합을 제공한다.
- ❖ 용접의 짧은 지속시간은 약품에 대한 손상을 줄여준다. 왜냐하면 열전도가 목 부분에서 약까지 이동하기에 시간이 너무 짧기 때문이다.

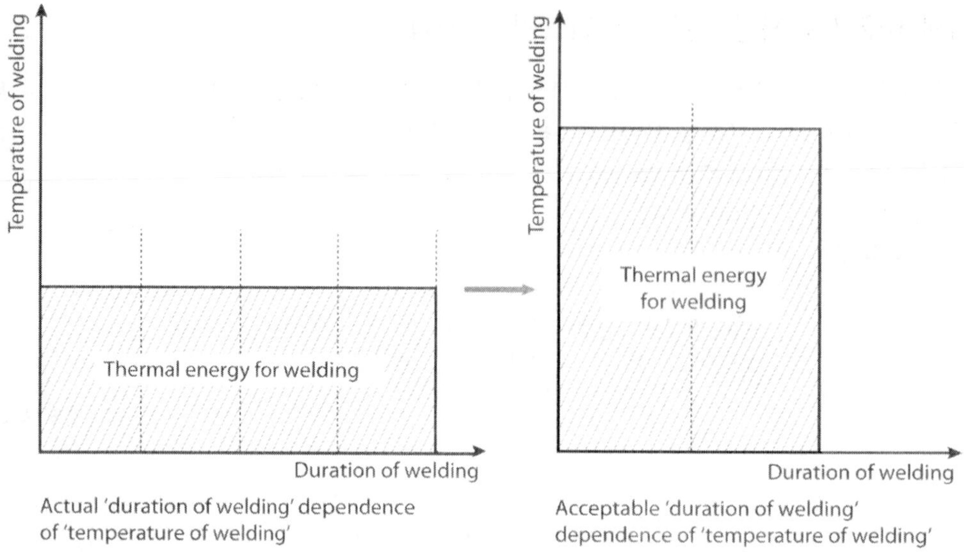


그림 6-2-3. '용접 온도'로 허용된 '용접 시간' 용접을 끝내는데 충분한 높은 온도를 제공하면서 짧은 용접 시간은 약품의 손상을 막아준다.

## ➽ 예제 6-2-2 : 두 개의 디지털 신호

같은 시간 동안 하나의 채널에서 한 개 이상의 디지털 신호를 전송해야 한다고 가정하자. 아마 무선 라디오 주파수 채널이거나 광섬유 케이블일 것이다. 하나의 해결안으로는 각각의 신호의 인터벌 시간을 똑같이 맞춰 첫 번째 신호가 꺼지는 사이에 두 번째 신호를 전송하는 것이다. 이것은 디지털 신호 1이 홀수 시간 간격에 전송되고 디지털 신호 2가 짝수 시간 간격에 전송되는 것이다(그림 6-2-4). 이 개념은 같은 시간에 양립할 수 없는 두 개의 동작을 실행할 필요가 있는 대부분의 상황에서 사용될 수 있다.

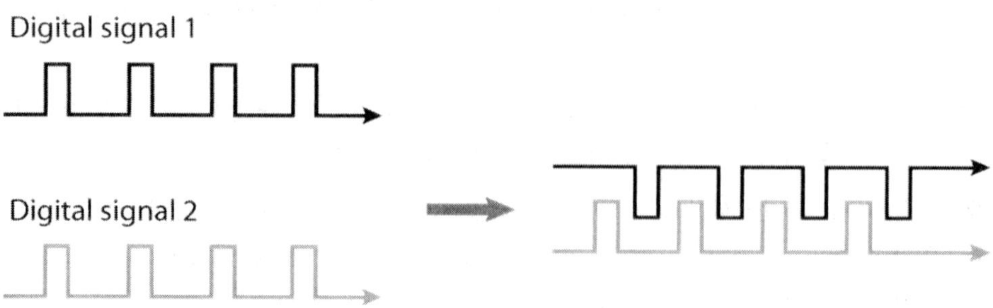


그림 6-2-4. 두 개의 분리된 디지털 신호들은 간격을 교대로 사용하면서 동시에 전송될 수 있다.

## 작동 시간(Operational Time)

ARIZ-85C (2.2 부분)에서, 시간 자원을 작동 시간으로 인지한다. 작동 시간은 시간의 이용 가능한 총 자원이다(그림 6-2-5). 작동 시간은 더 세분될 수 있다:

- 모순 발생 이전 시간 $T_1$
- 모순 발생 시간 $T_2$

$T_1$의 시간 자원을 $T_2$(특히 빨리 지나고, 순간적인 모순) 동안 모순을 막기 위해 이용할 수 있다.

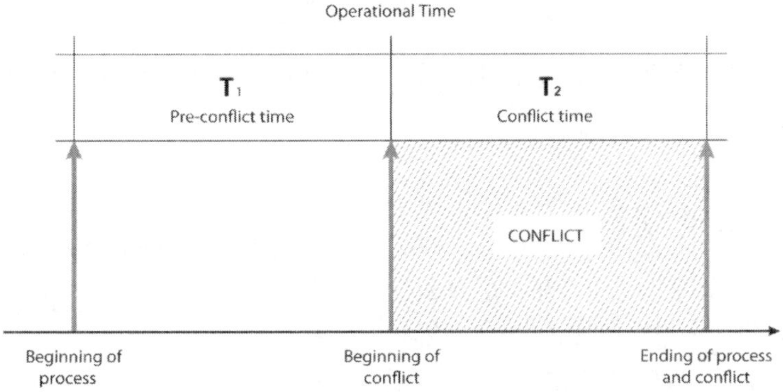


그림 6-2-5. 작동 시간은 시간의 이용 가능한 총 자원이다.

## ➽ 예제 6-2-3: 자연 발생적인 번개(그림 6-2-6)

자연 발생적인 번개의 방전은 매우 위험할 수 있다. 먼저, 시간의 자원을 자연 발생적인 번개의 방전을 위한 작동 시간으로 정의한다:

- $T_1$ (모순 발생 이전 시간 → 방출 이전 시간)
- $T_2$ (모순 발생 시간 → 방출 시간).

폭풍우 구름이 모이는 것을 보고 천둥소리가 가까워져 오는 것을 듣는다($T_1$). $T_1$ 동안 번개 방출로부터 지켜줄 피난처를 찾을 시간을 갖는다.

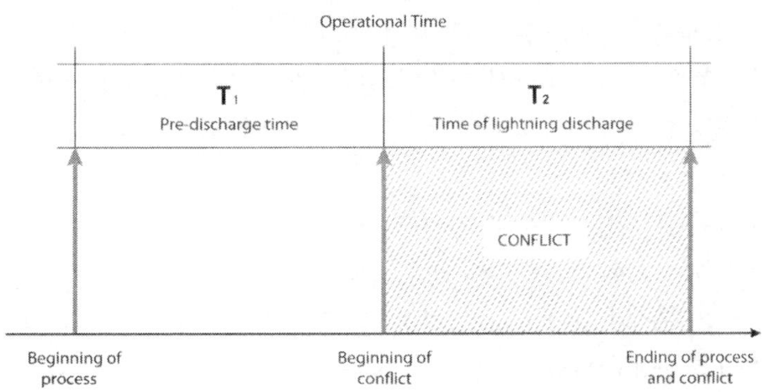


그림 6-2-6. 자연 발생적인 번개 방전을 위한 작동 시간: 방전 이전 시간 $T_1$ 그리고 번개 방전 시간 $T_2$.

# 6.3 공간자원

공간 자원을 모든 기하학적 치수나 크기, 길이, 높이, 너비, 지름, 반경, 면적, 또는 깊이 같은 물체의 특성인자로 만들어진 값의 어떤 변화로 이해한다. 시스템 속의 공간적인 특성인자와 관련된 모든 것을 정의하고, 문제를 해결하고 시스템을 개발하기 위해서 공간 특성인자의 이용 가능한 변화를 사용하려고 하는 데 목표가 있다.

## 예제 6-3-1: 병

둥근 병과 사각형의 병 사이의 점유 공간의 차이는 21.5%이다. 이것은 병 운송과 저장의 심각한 고려사항이다.

## 예제 6-3-2: 공간 속의 앰플

예제 6-2-1에 묘사된 문제로 돌아가면(그림 6-2-1), '앰플의 높이'를 '공간'과 관련된 특성인자로 선택할 수 있다. 그림 6-3-1은 그래프로 '용접의 온도'와 '앰플의 높이'사이의 실제 관계를 나타내고 있다.

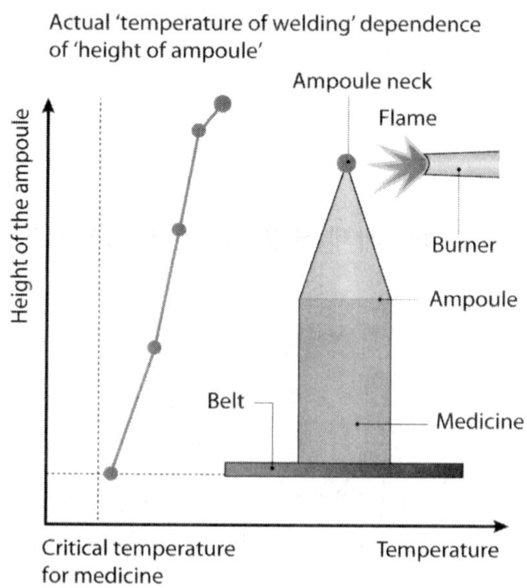


그림 6-3-1. 최고 온도 값은 앰플의 불꽃이 앰플을 봉합하는 가장 꼭대기에 있다. 그리고 온도는 불꽃으로부터의 거리가 늘어날 때 더 낮아진다(약품이 손상을 입을 정도의 온도에도 불구하고).

'용접 온도'에 대한 '앰플의 높이'의 실제 상황에서 온도가 가장 높은 불꽃이 앰플을 봉합하는 앰플의 가장 꼭대기이다. 열전도의 특징은 환경 속에서 약간의 열을 잃는 것을 야기하고, 그래서 앰플의 꼭대기에서 아래로 내려갈 때 온도는 내려간다. 그러나 약품의 위치로 이동되는 열의 양은 약품을 손상시키기 충분히 높다(그림 6-3-1).

그림 6-3-2 '용접의 온도'와 '앰플의 길이' 사이의 허용된 그래픽 이미지를 나타낸다. 가장 높은 온도는 불꽃이 앰플을 봉합하는 가장 높은 곳에 있다. 앰플의 길이를 늘임으로써 불꽃(열 자원)과 약품 사이에는 공간적으로 더 큰 분리가 존재한다. 공간적 분리는 앰플 속의 약으로의 열전도 정도를 낮춘다. 약품의 특성은 보존되고 손상도 막을 수 있다.

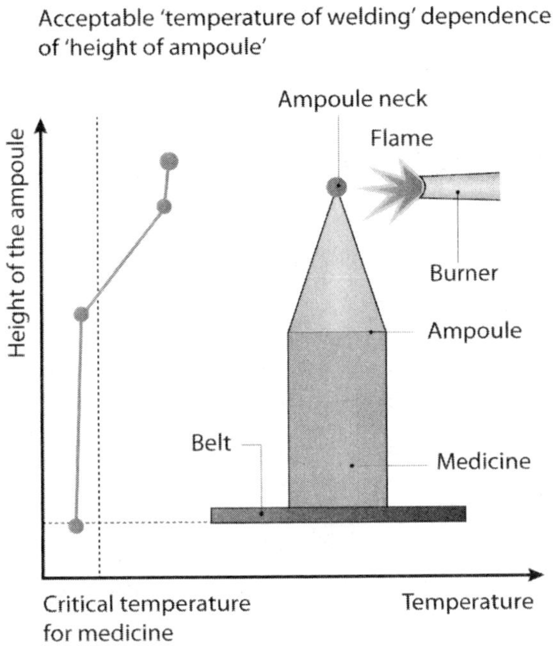


그림 6-3-2. '용접의 온도'와 '앰플의 높이' 사이의 허용된 이미지

우리는 온도를 조절하기 위해 앰플의 부분을 분리하도록 한 온도 모순 값을 분리하기 위해 어떻게 공간 자원들을 사용할지를 안다. 용접을 완성하기 위해서 앰플의 목 부분에는 높은 온도를 필요로 하고, 약품의 손상을 막기 위해서 앰플의 바닥 부분에는 그것보다는 낮은 온도를 필요로 한다. 앰플의 목 부분과 약품의 공간 사이에 열전도의 접근을 막기 위해 공기나 물의 흐름과 같은 몇 개의 물질을 도입할 수 있다.

## 공간 분리(그림 6-3-3)

새로운 시스템은 그들의 요소가 차지하는 부피가 더 효율적으로 사용될 수 있는 방법으로 개발된다. 공간 분리는 공간 자원을 시스템의 효율 향상을 위해 이용할 수 있도록 하는 시스템 발전 개념의 하나이다. 단순한 사각형 덩어리의 사용이 공간 분리의 개발에 의해서 어떻게 확장되는지 생각해 보라. 점진적인 '공간 분리의 경향'의 출발점은 단일 시스템이다. 다음 단계는 단일 구멍을 가진 시스템이고, 다음은 다중의 구멍을 가진 시스템이다. 다음 경향은 모세 또는 다공 시스템이다. 이것은 활성 모세관을 가진 시스템으로 진화한다.

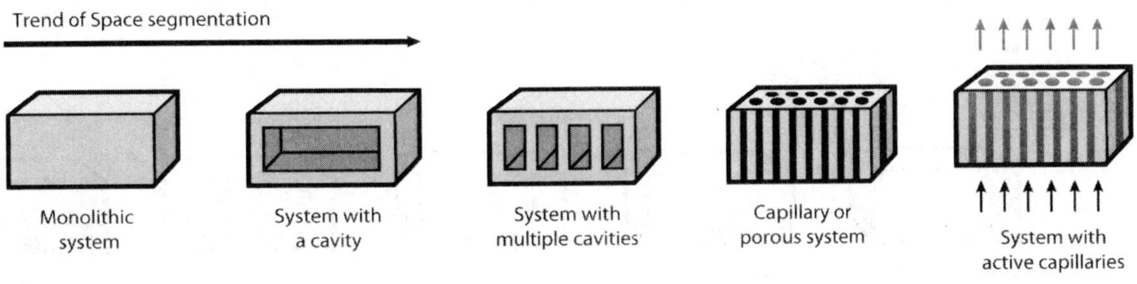


그림 6-3-3. 공간 분리 경향

그림 6-3-3의 시스템 발전을 반도체 수정 복사 냉각기와 다리미 바닥에 적용하는 것은 공간 분리의 개념을 보여준다.

### ➽ 예제 6-3-3: 반도체 칩 냉각기(그림 6-3-4)

- 고체 복사냉각기: 집적회로 칩은 패키지의 벽에 고정되어 있다. 작동하는 동안 반도체 칩 속의 전기의 흐름은 패키지에 열을 발생시킨다. 패키지 벽을 통한 열의 제거는 반도체 칩이 과열로 손상을 입는 것을 막기에 충분하지 못하다.
- 히트 파이프 복사냉각기: 칩 주변에 빨리 증발하는 액체로 채워진 구멍을 갖고 있다. 패키지가 작동 중에 열을 받으면 액체가 증발한다. 이것이 칩에서 열을 제거한다.
- 다중 히트 파이프 복사냉각기: 벽에 빠르게 증발하는 액체로 채워진 몇 개의 구멍을 갖고 있다. 그래서 냉각 효과가 증대된다.
- 다공성 복사냉각기: 빨리 증발하는 액체로 채워진 구멍들을 많이 갖고 있다. 구멍들은 모세관과 연결되어 있다. 모세관들은 열 받은 액체를 구멍들로 끌고 올라온다. 따라서 칩에서 더 많은 열을 제거한다.
- 상변화 복사냉각기: 상변화를 할 수 있는 재료로 만들어진 벽을 갖고 있다. 고온에서 재료는 다른 상으로 변한다. 이 변화는 열을 흡수한다. 그러므로 칩 작동으로 인한 열은 계속해서 효과적으로 흡수되고 칩은 과열되지 않는다.

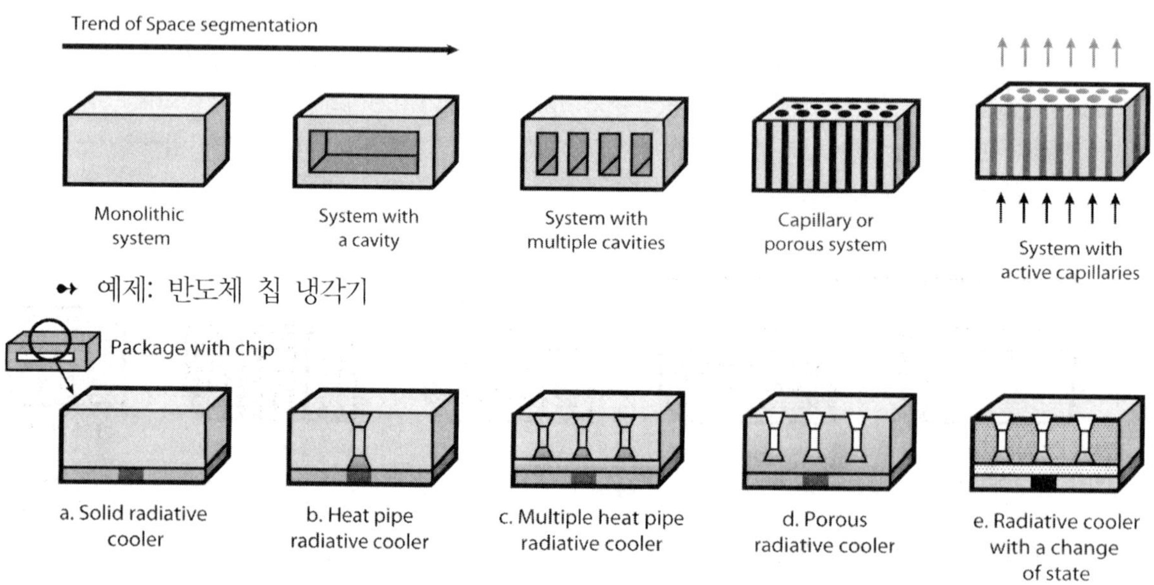


그림 6-3-4. 공간 분리 경향에 따른 반도체 수정 복사 냉각기의 개발.

### ➽ 예제 6-3-4: 다리미 바닥(그림 6-3-5)

- 고체 다리미 바닥: 바닥은 고체이고, 전기 코일에 의해 유도 가열되는 평탄한 금속 표면이다. 가열된 판재는 주름을 없애기 위해 옷 위에 눌러진다.
- 구멍을 가진 다리미 바닥: 구멍을 가진 다리미 바닥은 물을 옷에 전달하는 구멍을 갖고 있다. 물은 증발하여 증기로 되는데, 증기는 옷을 적신다. 촉촉한 옷을 다리미질하면 효율이 향상된다.
- 다중의 구멍을 가진 다리미 바닥: 다중의 구멍을 가진 바닥은 물을 옷에 전달하는 여러 개의 구멍을 가지고 있다. 재료의 섬유를 느슨하게 하여 주름을 제거하기 위해 더 많은 증기가 만들어진다.
- 다공질 다리미 바닥: 다공질 바닥은 물이 옷으로 공급되는 여러 개의 작은 구멍들을 갖고 있다. 옷은 효과적으로 증기가 주입되고, 짧은 시간에 옷을 다리는 질 높은 작업을 한다.

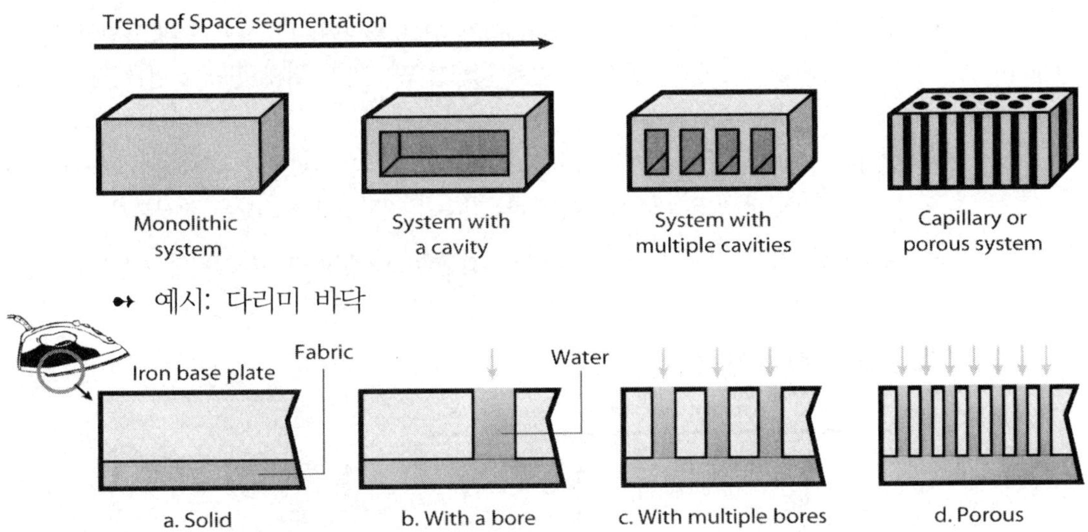


그림 6-3-5. 공간 분리 경향에 상응하는 다리미 바닥의 개발.

## 차원의 기하학적 진화(그림 6-3-6)

점 구조는 엔지니어링 시스템의 진화 과정에서 선 구조로 발전된다. 시스템의 그 다음 진화는 표면 위의 구조로 이끌고, 그 다음으로 부피 구조물인 3차원으로 발전된다.

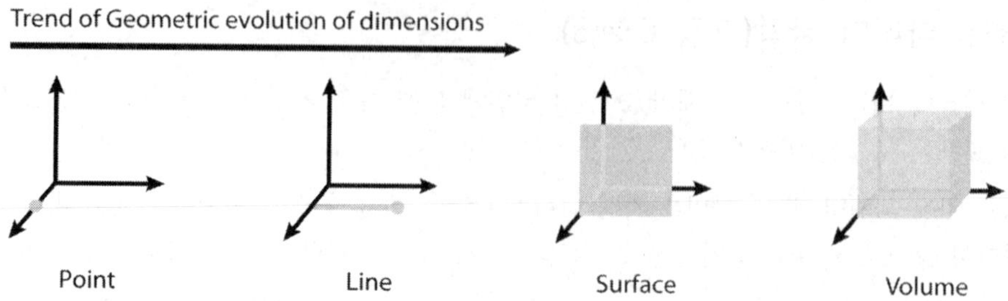


그림 6-3-6. 차원의 기하학적 진화 트렌드

## ➽ 예제 6-3-5: 전등(그림 6-3-7)

- **점광원**: 전구의 광원 요소는 전류에 의해 가열되는 높은 저항을 가진 재료로부터 만들어진다. 점 형태의 광원은 작은 공간을 갖고 있으므로 발광을 위해서는 높은 온도를 유지하고 있어야 한다. 높은 온도는 전구의 내구성을 감소시킨다.
- **선광원**: 광원은 비추는 영역을 증가시키기 위한 필라멘트나 선의 형태로 만들어진다. 필라멘트는 적은 저항을 제공하고, 점광원과 같은 광도를 생산하기 위해 필요한 열은 감소한다. 전구의 내구성은 향상된다.
- **면광원**: 광원은 면 형태로 만들어진다. 면광원 요소는 큰 공간을 가지고 있는데, 이것은 낮은 온도로 전구에 더 높은 광도를 제공한다. 전구의 내구성과 신뢰도는 향상된다.
- **부피광원**: 빛은 불활성 기체로 채워진 전구의 전 방향으로 발산된다. 전구 디자인은 더 단순해졌고, 내구성과 신뢰도는 향상되었다.

차원의 기하학적 진화 경향

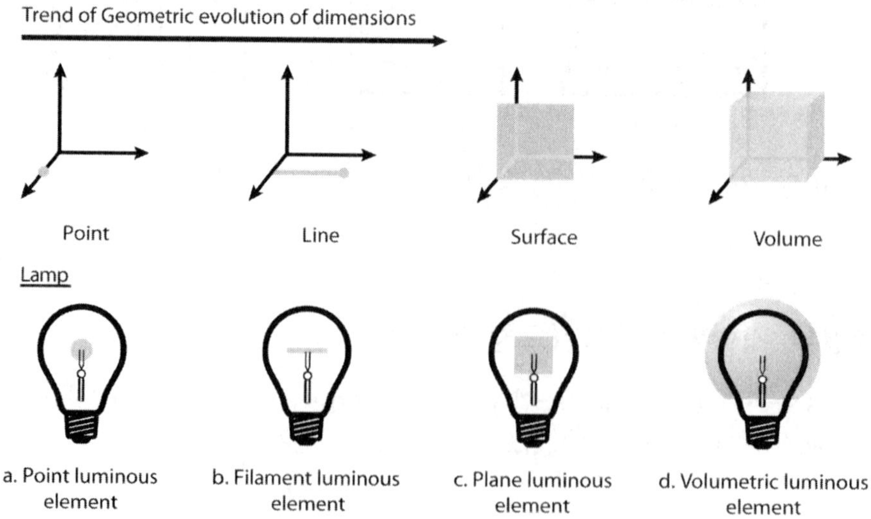


그림 6-3-7. 차원의 기하학적 진화 경향에 상응하는 전구의 진화

## 6.4 물질 자원

'물질'은 분자부터 물, 기체, 모래, 컴퓨터, 펜, 자동차, 개, 달, 바퀴 등 어떤 재료도 될 수 있다.

시스템의 어떤 구성요소나 물질들의 특성인자나 특징을 변화시킬 수 있다. 시스템 밖에 있는 구성요소와 물질, 시스템 내에 있는 구성요소와 물질을 동시에 또는 별개로 사용할 수 있다. 물질 자원은 문제 해결과 시스템 개발을 위해 사용될 수 있다. 트리즈 응용은 다른 산업 분야에서 혁신적인 개념 창조를 위한 원천으로 특정한 그룹의 물질을 사용하기를 권한다. 두 개의 특정 물질 그룹의 예시는 '변형 가능한 물질'과 '특별한 특성을 갖는 물질'이다.

### 변형 가능한 물질

변형 가능한 물질은 상태나 특징을 바꿀 수 있다.

- 쉽게 증발되는
- 압전 특성이 있는
- 쉽게 승화되는
- 쉽게 압축되는
- 가스를 생성하는
- 쉽게 녹는
- 액체를 생성하는
- 액체 흡수하는
- 쉽게 용해되는
- 쉽게 결정화 되는
- 쉽게 딱딱해지는
- 형상기억 특성이 있는
- 큐리 효과가 있는
- 발열하는
- 흡열하는
- 열을 축적하는
- 폭발성의

### 특별한 특성을 가진 물질들

특별한 특성을 가진 물질들은 물체의 변화에 사용될 수 있다.

- 접착성의
- 쉽게 변형되는
- 두 가지 금속으로 된
- 바이메탈
- 저항이 변하는
- 색깔이 변하는
- 마찰 저항이 낮은
- 마찰 저항이 높은
- 강한 냄새를 갖는
- 감광성의
- 강자성의
- 강자성의 분말
- 강자성의 액체
- 유전체(誘電體)의
- 반도체

## 6.5 장 자원

장은 물리적 특성에 의해 특성화된 공간으로 정의된다. 예컨대 중력, 전자기력 그리고 유압 등은 특정 지역의 모든 점에서 특정 값을 갖는다.

장 자원을 사용한다는 것은 문제 해결과 시스템 개발을 위해 시스템의 내부나 외부의 모든 가능한 장을 사용한다는 뜻이다. 아래는 현재 존재하는 장 자원을 사용하는 예제들이다.

### ➽ 예제 6-5-1 : 운동과 수송 무게로부터 에너지 수확(그림 6-5-1)

장 자원을 사용해서 이스라엘 회사인 인노와트테크(www.innowattech.co.il)는 사용 중인 고속도로와 철로 아래에 있는 발전기로부터 에너지를 추출하는 프로세스를 개발했다. 이 발전기들은 기계적 압력을 전기 에너지로 전환할 수 있는 압전 재료를 포함하고 있다.

고속도로의 1킬로미터 구역에 설치된 압전식 발전기는 시간당 200킬로와트의 전기를 생산해 낼 수 있다. 이것은 200~300 가구에 그런 에너지 자원을 제공하기에 충분한 양이다. 새로운 발전기가 계획된 수리와 재건축 프로젝트 동안 도로 표면의 3~5센티미터 아래의 깊이에 설치 될 수 있다. 압전 재료는 30년의 기능 수명을 갖고 있다. 이것은 대부분의 도로의 기대 수명보다 길다. 회사는 발전기들로부터 생산된 에너지의 킬로와트 당 가격을 3~10센트 정도로 기대하고 있다. 기존의 열과 힘을 결합한 전기의 가격은 킬로와트 당 약 5센트였다.

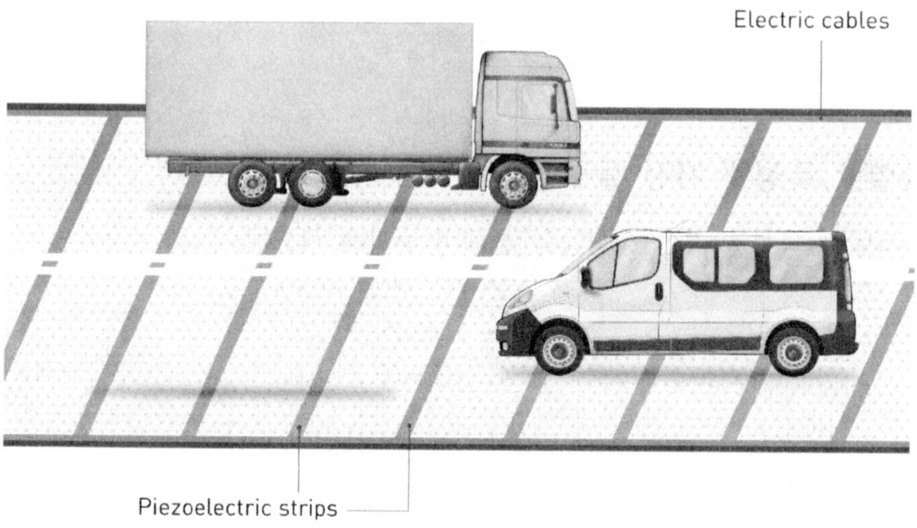


그림 6-5-1. 고속도로 수송은 기계적 압력이 압전판에 전해져 전기에너지를 만든다.

## 예제 6-5-2: 태양열 동력의 난로

태양열 동력의 난로는 직사 태양광의 에너지를 이용하여 음식을 요리하고 오염된 물을 끓여서 소독하는 데 사용하는 5달러짜리 골판지 상자로 만들어졌고(http://news.cnet.com/8301-17938_105-10219635-1.html), 지구 온난화와 싸울 아이디어로 75,000달러의 상금을 받았다. 이 간단한 난로는 30억 인구가 온실가스를 줄일 수 있도록 도와준다.

난로는 2개의 골판지 상자로 만들어져 있는데 큰 상자 안에 작은 상자가 들어있다. 작은 상자의 내부 표면은 우수한 열전도와 열 축적을 위해서 검은 색으로 페인트칠 되어있다. 작은 박스의 열린 뚜껑은 플라스틱 필름으로 덮여있다. 투명한 필름은 축적된 열이 도망가지 못하게 하는 동시에 태양 광선이 통과할 수 있도록 한다. 작은 박스는 절연재로 분리되어 큰 박스 안에 놓인다. 절연재는 열 손실을 더 막기 위해 신문이나 짚으로 만들어져 두 박스 사이에 있다. 큰 박스의 덮개 안쪽은 호일로 덮여있다. 호일은 태양광선을 집중시키고 작은 박스의 투명한 천장을 통과하도록 햇빛을 반사시킨다. 요리를 하려면 단지 작은 박스 안에 음식 냄비를 올려놓고 난로를 햇볕에 놓으면 된다(그림 6-5-2).

그림 6-5-2. 태양 에너지는 음식을 요리하기 위해 열을 생산한다.

### 트리즈는 다음과 같이 예시된 물리적 장을 다룬다:

- 4가지 기본 장: 자기장, 중력장, 핵력장(약력 및 강력)
- 기계장 및 음향장:
  - · 음파
  - · 정상파
  - · 극초음파
  - · 표면 탄성파
  - · 충격파
  - · 초음파
  - · 초저주파
  - · 진동
  - · 고립파

- 전자기장과 광학장:

| · 간섭 무늬 | · 감마선 | · 광 펄스 |
|---|---|---|
| · 광에너지 | · 광학적 방사 | · 굴절광 |
| · 단색광 | · 등위상면 | · 레이저 광선 |
| · 마이크로파 | · 모아레 무늬 | · 무선 전파 |
| · 반사광 | · 발광 | · 복굴절 |
| · 스페클 무늬 | · 엑스선 | · 이미지 |
| · 자외선 | · 적외선 | · 전반사 |
| · 전자파 | · 정상파 | · 회절 |

- 전기장:

| · 글로우 방전 | · 기전력 | · 방전 |
|---|---|---|
| · 스트리머 방전 | · 아발란체 방전 | · 아아크 방전 |
| · 와류 | · 전기 불꽃 방전 | · 전기 충격 |
| · 전류 | · 코로나 방전 | · 표면 방전 |

- 힘, 에너지, 모멘텀의 장:

| · 관성력 | · 관성력 | · 광압 |
|---|---|---|
| · 구심력 | · 마찰력 | · 모세관 압 |
| · 부력 | · 비틀림 변형 | · 압력 |
| · 열응력 | · 원심력 | · 자이로 힘 |
| · 작용/반작용 힘 | · 충격 자극 | · 코리올리의 힘 |
| · 회전 | | |

- 자기장:

| · 마그네토 정적 스핀 파 | · 자기력 | · 자기장 |
|---|---|---|
| · 자력/로렌츠의 힘 | · 자력/암페어 힘 | |

- 열장:

| · 열에너지 | · 열 흐름 |
|---|---|

- 핵 에너지와 활동도의 장 :

| · 방사선 조사 | · 알파 입자의 흐름 | · 양성자의 흐름 |
|---|---|---|
| · 이온의 흐름 | · 전자의 흐름 | · 중성자의 흐름 |

장과 힘은 상수와 변수의 특성인자를 갖고 있다. 장과 힘의 변화를 사용함으로써 엔지니어링 시스템의 효율을 향상시킬 수 있다(그림 6-5-3).

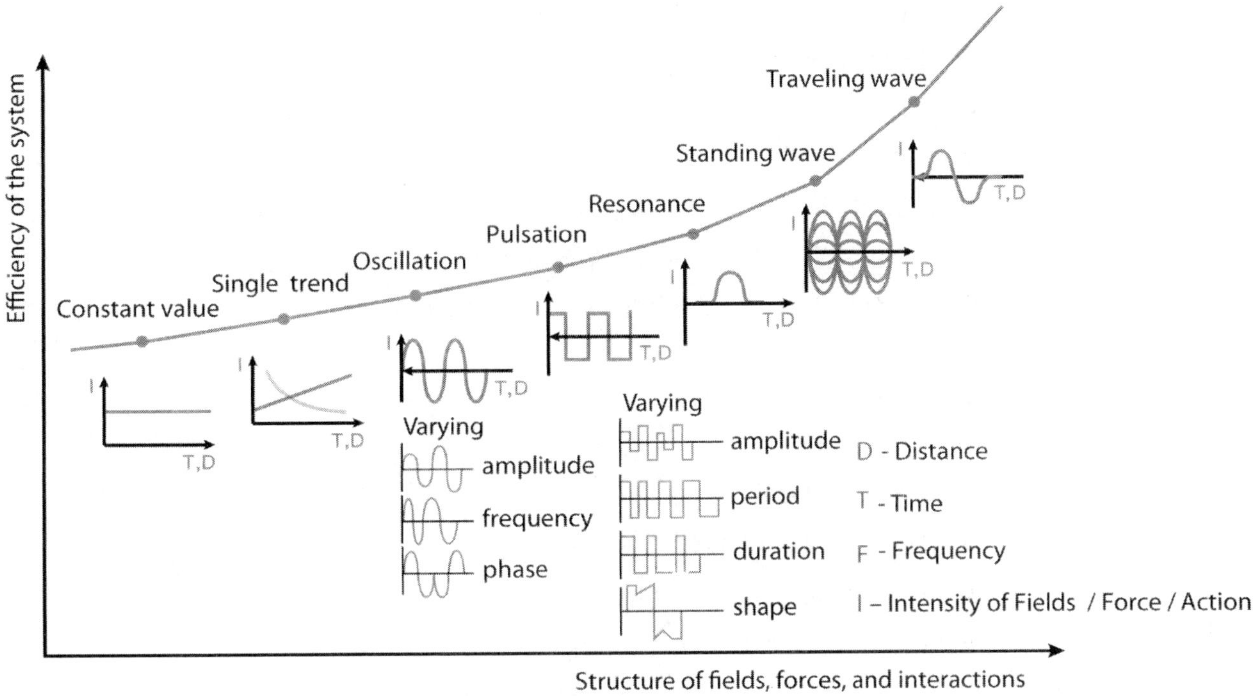


그림 6-5-3. 장, 힘 그리고 상호작용에서의 발전 경향

## 6.6 특성 인자

다른 자원들은 '특성인자'의 다른 정의를 가져다 준다:

- ❖ 한 시스템을 정의하고 그것의 성능을 결정하거나 제한하는 어떤 요소
- ❖ 어떤 것의 거동이나 특징을 결정짓는 물리적 특성치(예컨대 대기의 특성인자는 온도, 압력, 밀도).
- ❖ 시스템을 정의하고, 시스템의 거동을 결정하고, 실험에 따라 달라지는 온도나 압력 등의 측정 가능한 요소

특성인자의 몇 가지 예로는 다음과 같다:

- ❖ 가속도, $m/s^2$
- ❖ 물체의 질량, kg
- ❖ 온도, K
- ❖ 물체의 무게, N
- ❖ 밀도, $kg/m^3$
- ❖ 거리, m
- ❖ 효율, %
- ❖ 에너지 (운동에너지, 위치에너지를 포함하여), J
- ❖ 힘 (부력, 양력 / 공기역학력, 중력을 포함하여), N
- ❖ 마찰
- ❖ 힘, W
- ❖ 가격 / 비용
- ❖ 생산성, 시간당 출력
- ❖ 품질, 기회의 수에 대한 결함의 수
- ❖ 크기(면적 $m^2$; 길이 m; 높이 m; 부피 $m^3$)
- ❖ 물체의 속도 (빛과 소리 등), m/s
- ❖ 시간 / 프로세스의 지속 기간 / 사건 (속도, 비율), s
- ❖ 에너지 소비
- ❖ 점성, $N\ s/m^2$

대부분의 특성인자는 다음의 그룹으로 분리될 수 있다:

- ❖ 화학적 특성인자
- ❖ 변형 특성인자
- ❖ 전기장 특성인자
- ❖ 전자기장과 광학 특성인자
- ❖ 유체 특성인자
- ❖ 힘, 에너지, 모멘텀 특성인자
- ❖ 기하학적 특성인자
- ❖ 자기장 특성인자
- ❖ 기계와 음향 특성인자
- ❖ 동작과 진동 특성인자

- ❖ 프로세스 특성인자
- ❖ 수량 특성인자
- ❖ 방사능 특성인자
- ❖ 고체의 특성인자
- ❖ 표면 특성인자
- ❖ 열의 특성인자

특성인자는 자원이 아니다. 하지만 시스템 개발에서 특성인자와 그 값, 이 값을 제어할 능력을 생각해 볼 필요가 있다. 문제는 하나 또는 그 이상의 특성인자 값들을 바꿔야 할 때 나타난다. 해결안은 찾는다는 것은 시스템 내에서 특정 특성인자의 값을 효율적으로 바꾸기 위해 이용가능한 자원의 특성인자 값들을 바꿈으로써 이 값을 바꾸는 방법을 찾는다는 뜻이다.

## 6.7 자원을 정의하고 사용하는 방법

자원의 리스트를 만들고 그것들이 어떻게 사용될 것인지 결정하기 위한 3가지 단계가 있다.

**단계 1**

프로젝트나 문제의 요구조건 명세 리스트를 만들어라.

**단계 2**

물질과 장의 자원 리스트를 만들고, 그것들의 특성인자들을 정의하라.

**단계 3**

어떤 자원들의 특성인자들이 프로젝트의 목적을 성취하고 문제를 해결하기 위해 바뀌어야 할지 규정하라.

## ➽ 예제 6-7-1: 풍력 발전용 터빈 날개(그림 6-7-1)

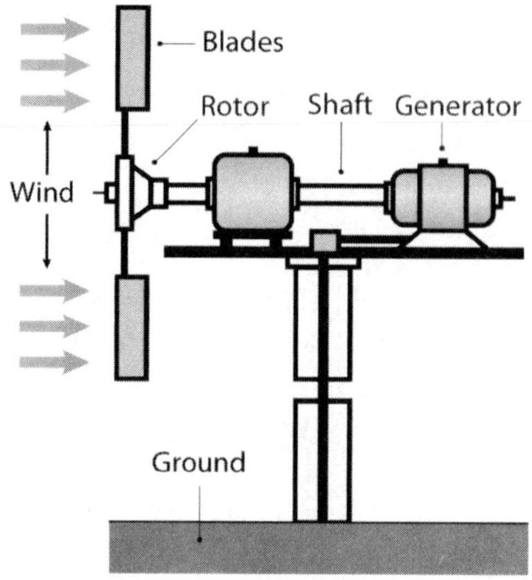


그림 6-7-1.
풍력 발전용 터빈

### 단계 1

프로젝트나 문제를 위한 요구조건 명세 리스트를 만들어라.

풍력 발전용 터빈 날개의 회전력이 향상되어야 한다.

### 단계2

물질과 장 자원의 리스트를 만들어라. 그리고 그것들의 특성인자를 규정하라.

1. **내부 시스템 물질-장 자원:**

- 물질과 물질의 특성인자:

 》날개

  * 날개의 무게
  * 날개의 길이
  * 날개의 너비
  * 날개 표면의 면적
  * 날개 재료의 구체적인 무게
  * **무게 중심의 위치**

 》회전자

  * 회전자의 회전 속도
  * 회전자와 지면 사이의 거리

- 장과 장의 특성인자 :
    * 날개 표면위의 바람 흐름 압력
    * 구심력

**2. 외부 시스템 물질-장 자원 :**

- 물질과 물질의 특성인자 :
  》공기
    * 공기의 온도
  》빗방울
  》눈
- 장과 장의 특성인자 :
  》바람의 흐름
    * 바람 흐름의 속도
    * 바람 흐름의 방향
    * 바람 흐름의 압력

**3. 일반적인 물질-장 자원 :**

- 장과 장의 특성인자 :
  》태양 에너지
  》중력

## 단계 3

자원의 어떤 특성인자가 프로젝트의 목적을 성취하거나 문제를 해결하기 위해 바뀌어야 할지 규정하라.

**'날개'의 '무게중심 위치'**를 바꾸는 것이 날개의 회전력을 상승시키는데 선택되었다(그림 6-7-2).

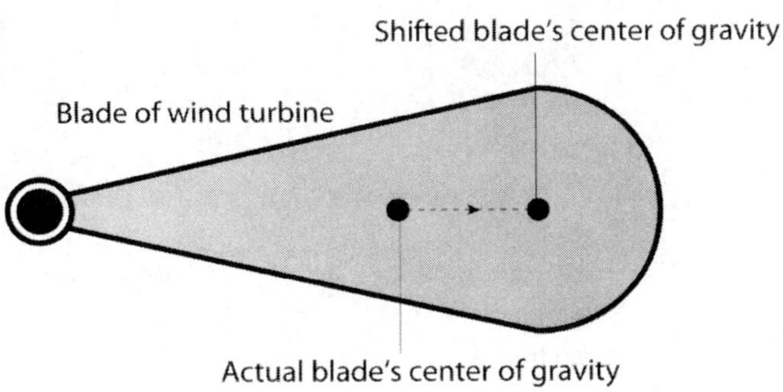


그림 6-7-2.
특성인자 '날개'의 '무게 중심 위치'를 바꾸는 것이 '풍력 발전용 날개의 회전력'을 향상시킨다.

## ➽ 예제 6-7-2 : 트랜지스터

### 단계 1

프로젝트나 문제의 요구조건 명세 리스트를 만들어라.

1. 트랜지스터 속에서 금형의 알루미늄(Al) 표면에 있는 수분을 줄여라.
2. 접촉 사이에 금형의 알루미늄 표면위의 누전을 줄여라.

### 단계 2

프로젝트를 위한 자원의 리스트를 만들어라.

1. ***금형*** (전기회로를 내장하고 있다)(그림 6-7-3)

   》금형의 특성인자:

   * *본딩 패드 알루미늄의 두께*
   * 두께
   * 표면적 (위 & 아래)
   * 접착제와의 접착력
   * 알루미늄의 표면적
   * 부식율
   * 몰딩 컴파운드와 실리콘의 접착력
   * 몰딩 컴파운드와 알루미늄의 접착력

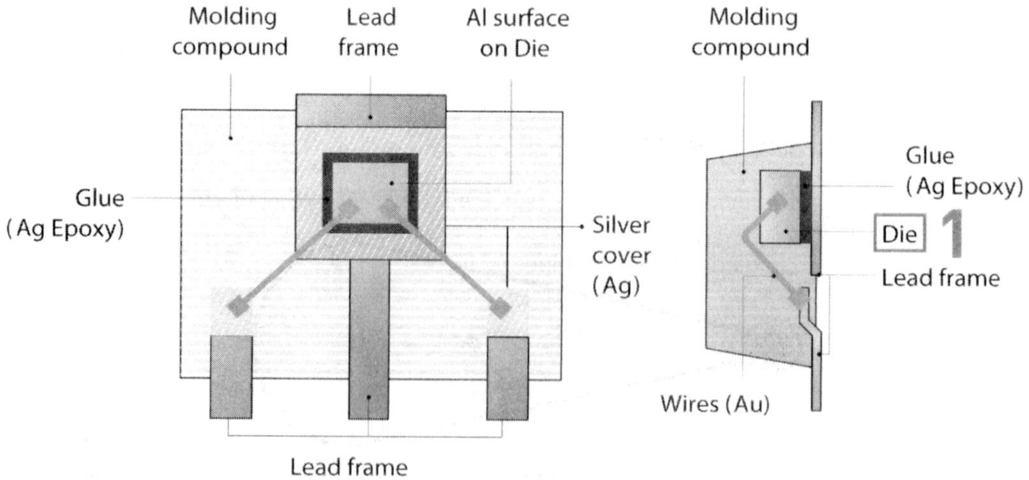


그림 6-7-3. '금형'의 특성인자를 가진 전형적인 트랜지스터 구조

2. ***몰딩 컴파운드*** (내장된 부품의 수분, 산화 그리고 기계적 손상으로부터 보호하기 위해 밀봉)(그림 6-7-4)

》몰딩 컴파운드의 특성인자:

* ***알루미늄과의 접착력***
* 규소와의 접착력
* 구리와의 접착력
* 은과의 접착력
* 금과 접착력
* 충진제의 크기
* ***수분 흡수율***

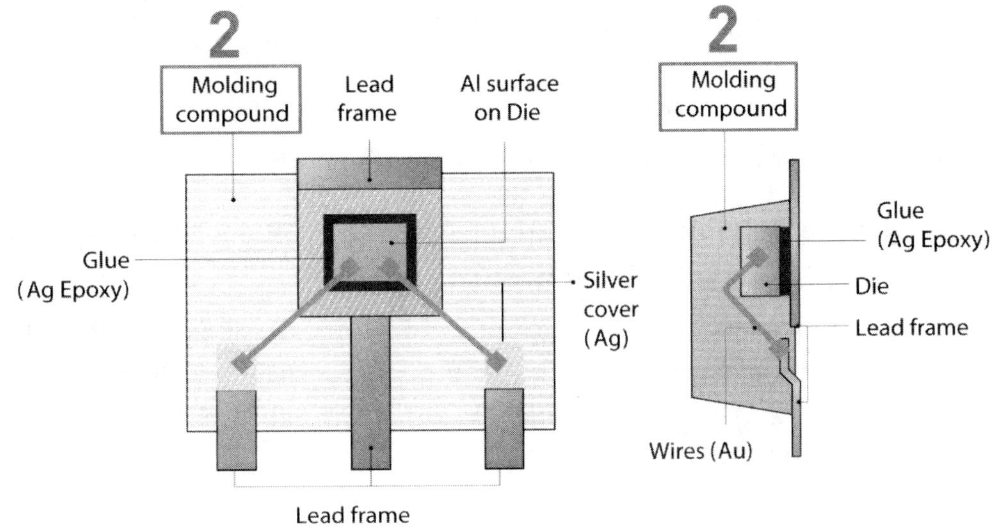


그림 6-7-4. '몰딩 컴파운드'의 특성인자들을 가진 전형적인 트랜지스터 구조

3. ***접착제*** (금형을 리드 프레임에 붙이고, 금형의 뒷부분에서 리드 프레임 쪽으로 열과 전기의 길을 제공)(그림 6-7-5)

》접착제의 특성인자 :

* 충전제의 높이
* 덮는 면적
* 은 함유량
* 두께
* 금형 뒤면과의 접착력
* 몰딩 컴파운드와의 접착력
* 에폭시 수지 기포(비율) / 다공성
* 은도금 표면과의 접착력
* 수분 흡수율

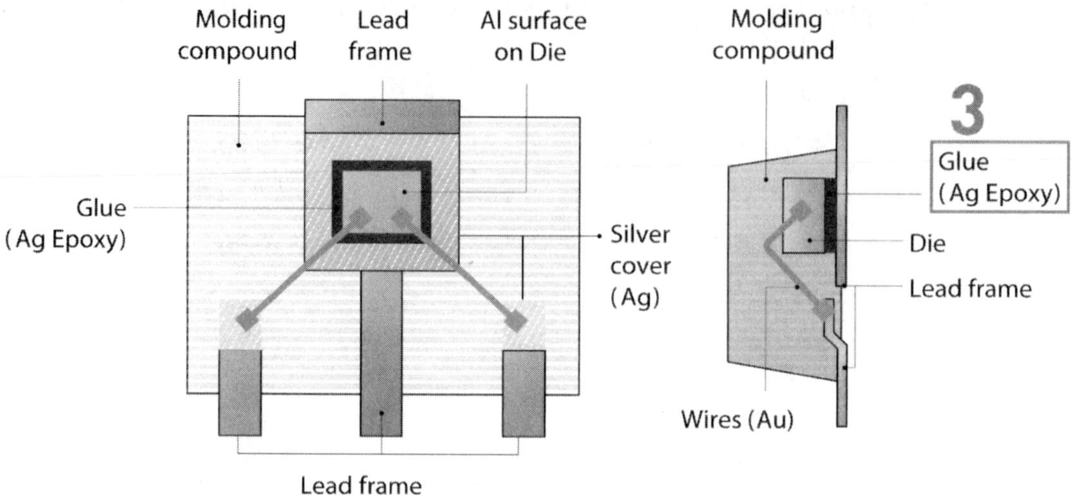


그림 6-7-5. '접착제'의 특성인자를 가진 전형적인 트랜지스터 구조

4. ***리드 프레임*** (와이어와 PCB 사이의 외부적 전기 연결을 제공)(그림 6-7-6)
   》리드 프레임의 특성인자:

* 몰딩 컴파운드와 접착력
* 은도금 표면의 면적
* 몰딩 컴파운드와 접촉 면적
* 표면 거칠기
* 리드 프레임 표면 위에 이온의 존재
* 리드 프레임의 모양
* 리드 프레임의 두께

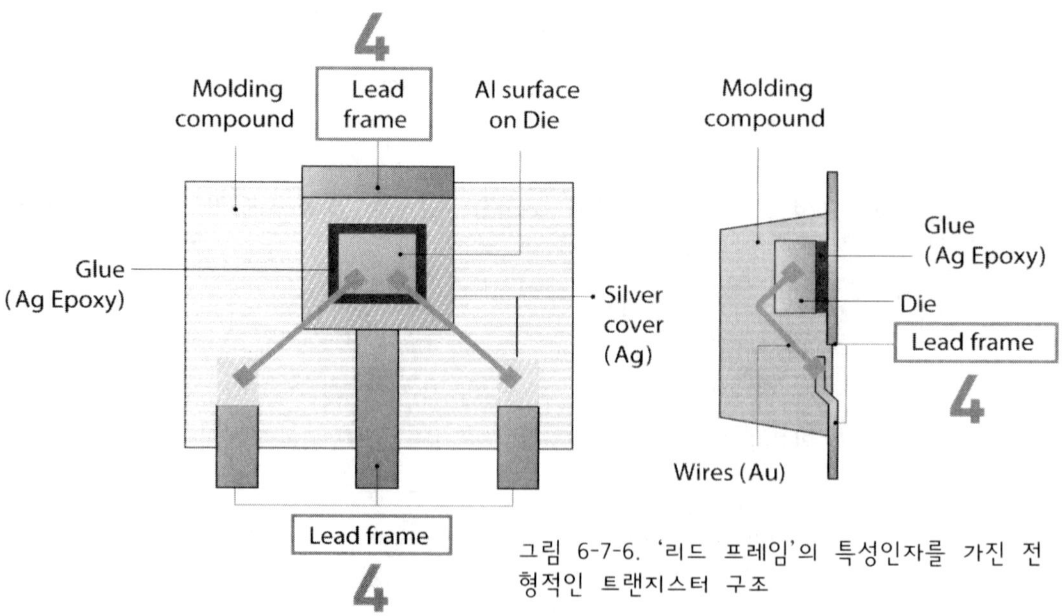


그림 6-7-6. '리드 프레임'의 특성인자를 가진 전형적인 트랜지스터 구조

5. ***와이어*** (전기회로를 금형에서 리드프레임까지 연결)(그림 6-7-7)

》 와이어의 특성인자:

* 지름 * 전도성 * 몰딩 컴파운드의 접착성

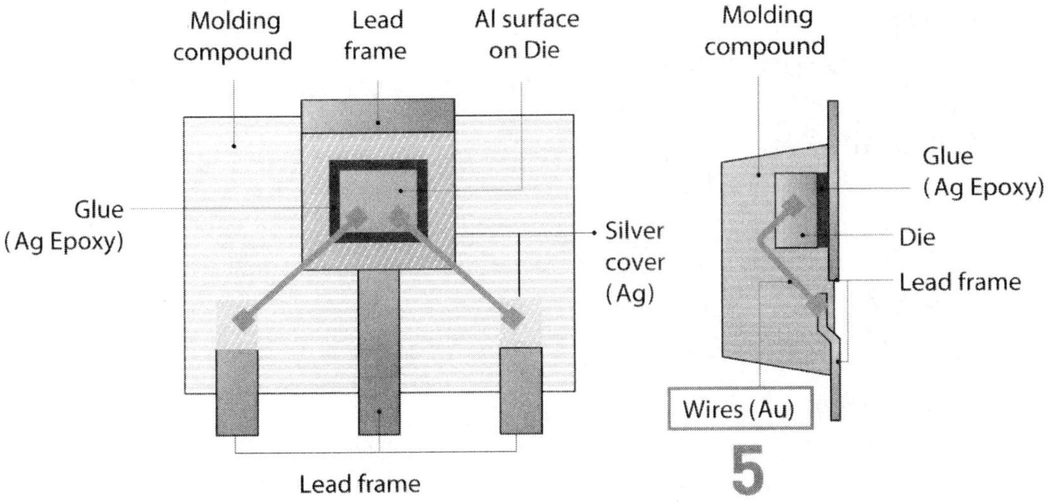


그림 6-7-7. '와이어'의 특성인자를 가진 전형적인 트랜지스터 구조.

6. ***리드 프레임에 덮여진 은***(와이어 본딩을 위한 접촉 표면을 제공)(그림 6-7-8)

》 리드 프레임에 덮여진 은의 특성인자:

* 은의 두께 * 은의 표면에 있는 이온의 존재

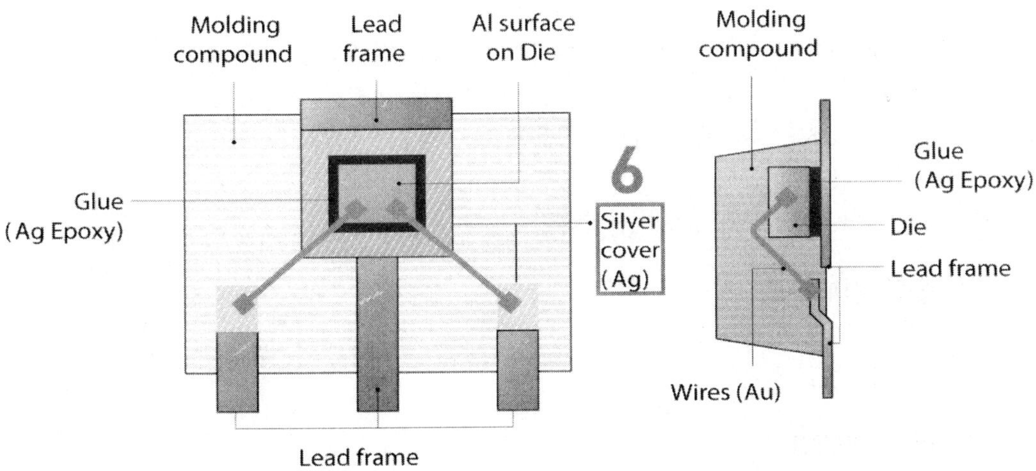


그림 6-7-8. '리드 프레임 위에 덮여진 은'의 특성인자를 가진 전형적인 트랜지스터 구조

## 단계 3

프로젝트의 목적을 성취하거나 문제를 해결하는데 자원의 어떤 특성인자가 바뀌어야 하는지 규정하라.

**첫 번째 요구조건**: 트랜지스터 속에 금형의 알루미늄 표면에 있는 수분을 줄여라.

**1. 금형**

* 몰딩 컴파운드와 알루미늄과 접착력

**2. 몰딩 컴파운드**

* 알루미늄과 접착력
* 수분 흡수율

**3. 접착제**

* 수분 흡수율

**4. 리드프레임**

* 몰딩 컴파운드와 접착력
* 몰딩 컴파운드와 접촉 면적
* 표면의 거칠기
* 리드 프레임의 모양
* 리드 프레임의 두께

**5. 와이어**

* 몰딩 컴파운드와 접착력

**두 번째 요구조건** : 접촉 사이에 금형의 알루미늄 표면 위의 누전을 줄여라.

**1. 금형**

* 본딩 패드 알루미늄의 두께
* 부식율
* 몰딩 컴파운드와 알루미늄의 접착력

**2. 몰딩 컴파운드**

* 알루미늄과 접착력
* 수분 흡수율

**3. 리드 프레임**

* 몰딩 컴파운드와 접착력
* 몰딩 컴파운드와 접촉 면적

* 표면 거칠기
* 리드 프레임의 모양
* 리드 프레임의 두께

**4. 와이어**

* 지름
* 전도성
* 몰딩 컴파운드와의 접착력

## 6.8 요약

❖ 트리즈는 아래와 같은 모든 물리적 장을 다루지만 한정되지는 않는다:

》4가지 기본적인 장: 자기장, 중력장, 핵력장(약력, 강력)

》기계장과 음향장

》전자기장과 광학장

》전기장

》힘, 에너지, 모멘텀 장

》자기장

》열장

》원자력 장

❖ 프로젝트나 문제의 요구사항 명세를 얻기 위해서 자원의 특성인자의 값을 바꿈으로써 기존 자원을 사용한다.

❖ 트리즈는 기존 자원을 모든 시간, 공간, 물질(모든 요소), 그리고 장의 자원으로 규정한다.

❖ 이미 존재하고 손쉽게 이용할 수 있는 자원의 사용은 적은 것으로 더 많은 것을 창조해내고, 문제에 대해 최소의 비용과 손해로 명쾌하고 기발한 해결안을 찾는 트리즈 철학의 기본이다.

❖ 이미 존재하고 손쉽게 이용할 수 있는 자원은 분석된 시스템 내·외부 환경의 일반자원, 또는 배경이 되는 장에 존재할 수 있다(예를 들면 지구의 중력이나 자기장).

❖ 문제를 갖는다는 것은 하나 이상의 특성인자의 값을 바꿔야 한다는 뜻이다.

❖ 해결안을 찾는다는 것은 하나 이상의 특성인자의 값을 바꾸는 방법을 찾는다는 뜻이다.

❖ 자원의 리스트를 완성시키기 위해서 3가지 단계가 권고된다:

**단계 1 프로젝트나 문제를 위한 요구사항 명세 리스트를 만든다.**

**단계 2 물질과 장 자원의 리스트를 만들고 그것들의 특성인자를 규정한다.**

**단계 3 프로젝트의 목적을 달성하고 문제를 해결하려면 어떤 자원의 특성인자가 바뀌어야 하는지 규정한다.**

❖ 우리의 가장 중요한 자원은 지능, 재능, 경험, 공학 그리고 과학 지식 등 우리 자신이다.

## 6.9 연습문제

### ➽ 연습 6-9-1 오토바이(그림 6-9-1)

오토바이의 속도는 향상되어야 한다. 선택된 각각 구성요소들에 대한 특성인자를 규정하라. 오토바이의 속도를 향상시키려면 선택된 요소들 중 어떤 특성인자의 무슨 값이 바뀌어야하는지 결정하라.

그림 6-9-1. '오토바이를 타는 운전자'시스템의 요소들

## ➽ 연습 6-9-2 돌고래(그림 6-9-2)

돌고래의 속도를 어떻게 향상시킬 것인가? 선택된 각각의 구성요소들에 대한 특성인자들을 정의하라. 돌고래의 속도를 향상시키려면 선택된 요소들 중 어떤 특성인자의 무슨 값이 바뀌어야하는지 결정하라.

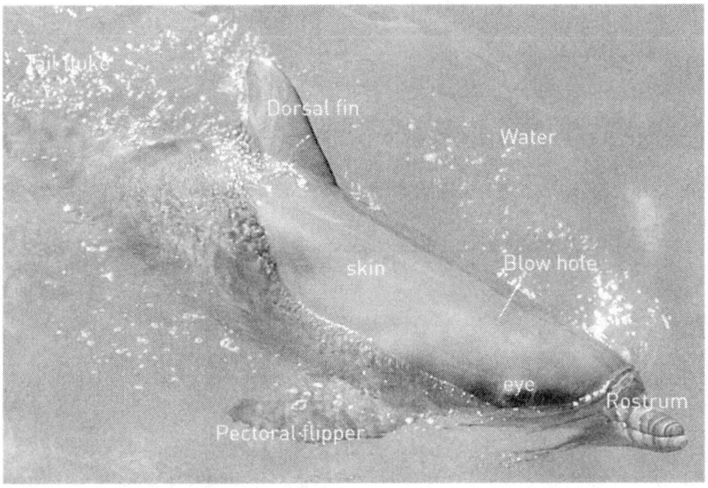


그림 6-9-2. 돌고래의 요소들

# 시스템 개발과 발전을 위한 과학

*TRIZ Technology for Innovation*

7

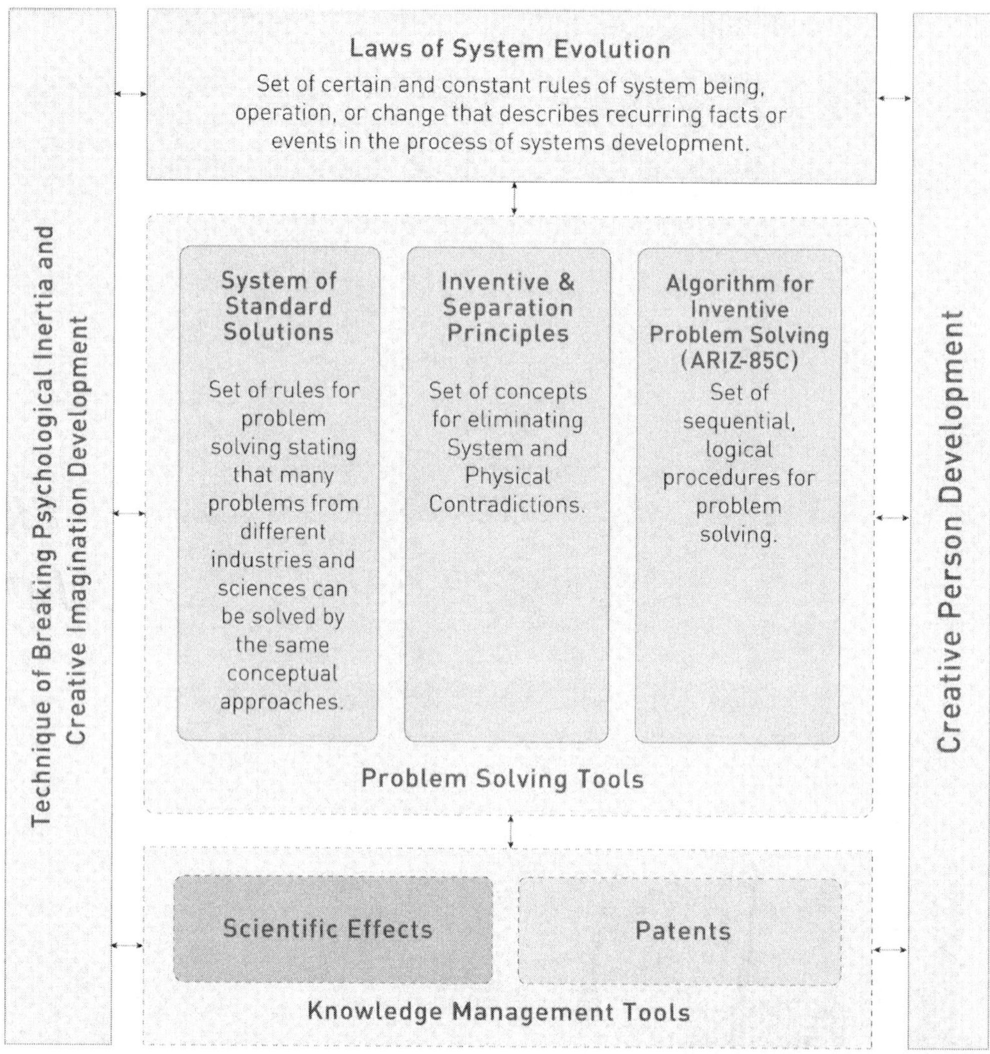
Laws of System Evolution
Set of certain and constant rules of system being, operation, or change that describes recurring facts or events in the process of systems development.
Technique of Breaking Psychological Inertia and Creative Imagination Development
Creative Person Development
System of Standard Solutions
Set of rules for problem solving stating that many problems from different industries and sciences can be solved by the same conceptual approaches.
Inventive & Separation Principles
Set of concepts for eliminating System and Physical Contradictions.
Algorithm for Inventive Problem Solving (ARIZ-85C)
Set of sequential, logical procedures for problem solving.
Problem Solving Tools
Scientific Effects
Patents
Knowledge Management Tools

## 7.1 소개

문제해결을 위해 과학적 효과와 현상을 사용하는 것은 그 시작에서 트리즈의 중요한 부분이었다. 과학은 독창적이고 특허를 받을 만한 해결책을 찾기 위한 촉매제이다. 우리는 종종 다른 과학들로부터의 영향의 혼합을 필요로 한다.

과학적 지식 데이터베이스는 알트슐러 시대 이후로 트리즈에 있어서 굉장히 높이 평가되는 요소이다. 트리즈는 현대의 빠르게 발전하는 기술과 늘어나는 천연자원 및 환경과 관련된 문제들 속에서 일어나는 현대에 있어서 더 중요해졌다.

이번 장은 과학적 효과들의 예제와 예제들의 응용프로그램, 과학 지식 데이터베이스, 그리고 과학적 효과들을 선택하는 방법을 탐구한다.

## 7.2 과학의 힘

일반적인 엔지니어는 20~50개의 과학적 효과를 기억한다. 하지만 우리는 많은 문제를 해결할 때에 이러한 과학적 효과들을 적용하는 실제 경험이 없다. 아직은, 경험이 시스템의 발전과 개발이 오직 완전한 과학 장의 배열을 사용하고, 그 힘들을 합칠 때만이 성취가능하다는 것을 확실히 보여준다. 이번 장에서 몇 개의 잘 알려진 과학적 효과와 적용의 예들을 살펴 볼 것이다.

### 압전(壓電) 효과(물리학)

이 효과의 주된 요소는 압전 결정이다. 기계적 압력이 결정에 가해지면, 결정은 전기 에너지를 생성한다. 만약 전기 에너지가 적용되면 결정은 크기를 바꾸면서 기계적 변형을 만들어낸다.

압전효과의 몇 가지 적용사례들

#### 압전 센서가 지나가는 자동차들을 탐지한다(그림 7-2-1).

교통제어 시스템을 작동하기 위해서, 도로의 일정 부분 위를 지나다니는 자동차를 감지해야 한다. 압전 교통 센서가 도로 표면 위에 부착된다. 센서는 압전 재료의 케이블을 포함한다. 자동차가 센서 위를 지나칠 때, 자동차의 무게는 압전 케이블을 변형시킨다. 압전 결정은 압전 조각 위의 기계적 압력으로 인해 전류를 생산한다. 이 전류는 지나가는 자동차를 모니터링 하기 위해 사용된다.

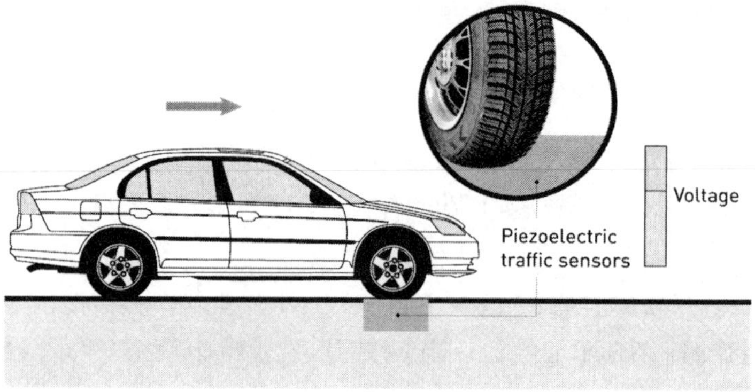


그림 7-2-1. 압전 센서들이 지나가는 자동차를 감지한다.

### 압전 요소가 잉크를 종이에 공급한다(그림 7-2-2).

인쇄 헤드 압력실의 측면 벽은 압전 요소들로 만들어졌다.

프린트 헤드를 지나는 전기장은 압전 요소들을 안으로 구부린다. 감소하는 방의 부피는 방 내부의 압력을 높인다.

압력 상승은 잉크를 프린트 헤드 바깥으로 밀어내고 작은 물방울의 형태로 종이 위로 밀어낸다. 전기장의 스위치를 끄면 압전 요소는 원래의 모양으로 돌아온다. 압력 방은 잉크 저장통에서 잉크를 다시 채워준다.

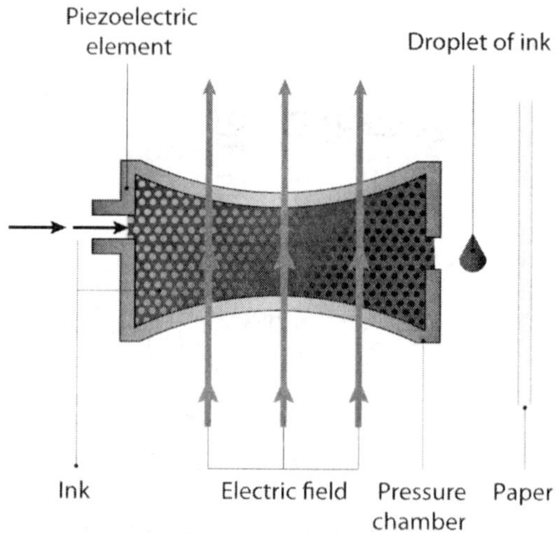


그림 7-2-2. 압전 요소가 잉크를 종이에 공급한다.

### 압전 판이 가스 흐름을 조절한다(그림 7-2-3).

이 장치는 실리콘 같은 신축성의 스페이서와 두 개의 압전 판으로 파이프라인 속에 만들어졌다. 신축성의 스페이서는 두 개의 압전 판 사이에 위치해있다. 전기장이 적용될 때, 압전 판은 크기를 바꾼다. 압전 판 크기의 확장은 바깥의 전기장의 세기에 비례한다. 압전 판의 크기 확장은 스페이서를 파이프와 평행하게 압축해 스페이서가 파이프에 수직적으로 확장하도록 한다. 따라서 스페이서는 가스 통로를 막는다. 전기장의 세기는 가스 유속을 상승시키거나 억제하기 위해 변할 수 있다.

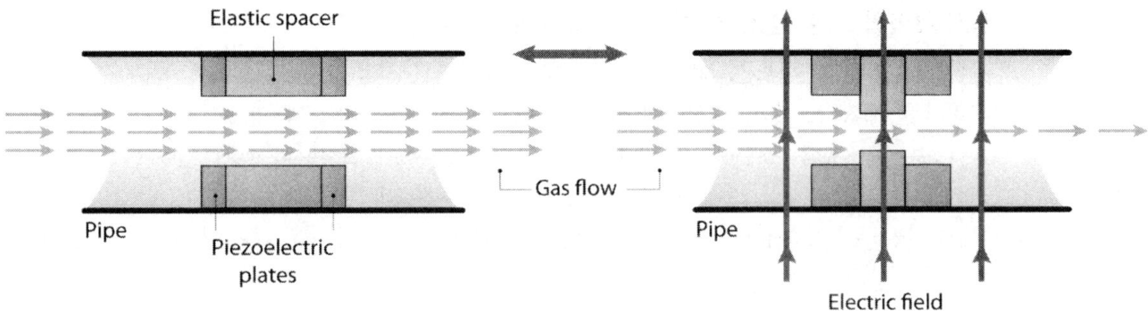


그림 7-2-3. 압전 판은 가스 유속을 조절한다.

## 형상기억 효과(물리학)

형상기억은 몇 개 재료(합금과 중합체)가 가열될 때 원래의 모양으로 돌아가려는 특징이다. 마르텐사이트(martensitic) 상변태 이하의 온도에서 늘어나는 외부의 힘이 형상기억 재료에서 발생한다. 결과적으로, 재료의 길이는 증가하고, 재료는 잠재적인 에너지를 보관(저장)하고 있다. 그 재료는 그때서야 가열된다. 온도가 마르텐사이트 상변태 온도를 초과할 때, 재료는 최초의 모양으로 돌아온다. 이것이 발생할 때, 저장된 에너지는 방출 되고 다른 기능으로 사용될 수 있다.

## 형상기억 효과의 몇가지 적용 사례

### 형상기억을 사용한 스위치(그림 7-2-4)

형상기억 스위치는 전기의 접촉을 중단시키기 위해 사용된다. 스위치는 베이스, 두 개의 전기 접촉, 하나의 탄력 층 그리고 형상기억 전도체를 포함한다. 그 접촉은 베이스와 탄력층 사이에 (놓여) 있다. 전기 접촉은 공간적으로 분리되어 있다. 전도체는 탄력 층의 안쪽에 접촉을 향해서 부착되어있다. 전류는 형상기억 전도체를 통해 흐르게 된다. 전류는 형상기억 전도체를 통해 형상기억 전도체의 온도가 올라갈 때, 전도체는 형상기억 효과로 인해 원래의 변형되지 않은 모양으로 되돌아온다. 이것은 전기 접촉을 중단시키고, 전류가 흐르는 것을 막는다.

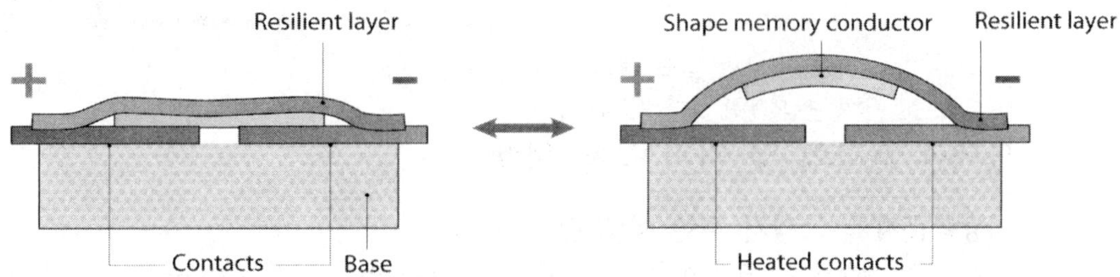


그림 7-2-4. 형상기억을 사용한 스위치.

### 형상기억합금의 요소를 가진 펌프(그림 7-2-5)

펌프는 실린더, 피스톤, 형상기억합금 요소 그리고 단자를 가진 뚜껑으로 이루어져 있다. 뚜껑은 실린더를 꽉 닫고 있다. 형상기억합금의 요소는 한쪽에는 피스톤과 맞물려 있고, 다른 쪽은 뚜껑 단자로 연결되어있다. 전원이 전기 단자에 공급될 때, 형상기억합금의 요소는 열을 받는다. 일정한 온도에 다다른 후에 그 요소는 형상기억 효과에 따라 길이가 늘어난다. 이것은 피스톤을 한 끝 위치에서 다른 쪽으로 움직인다. 그 요소들은 전압이 제거되면 차가워지고, 그들의 원래 길이로 돌아오면서 피스톤을 원래의 위치로 돌려놓는다.

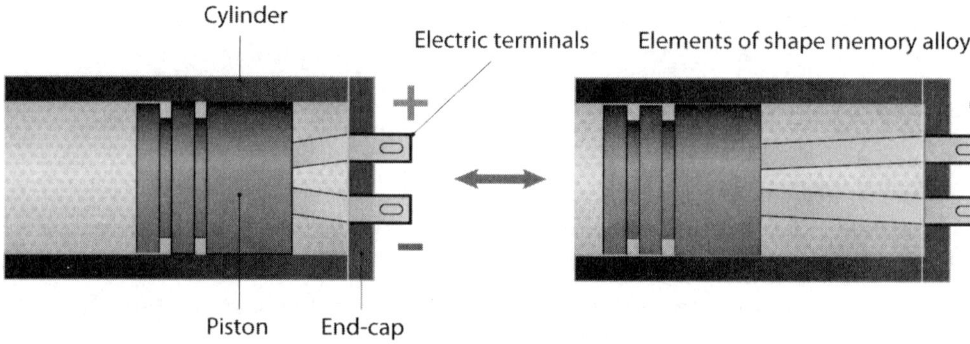


그림 7-2-5. 형상기억합금의 요소를 가진 펌프.

## 모세관 효과(물리학)

액체는 큰 열린 관속에 있다. 모세관의 한쪽 끝은 액체 속에 담가져 있다. 표면 장력의 힘은 액체를 모세관 속으로 올린다. 모세관 속의 액체의 무게는 상승높이에 반비례한다. 액체의 상승은 액체 기둥의 무게와 표면 장력의 힘과 균형이 맞을 때 멈춘다(그림 7-2-6).

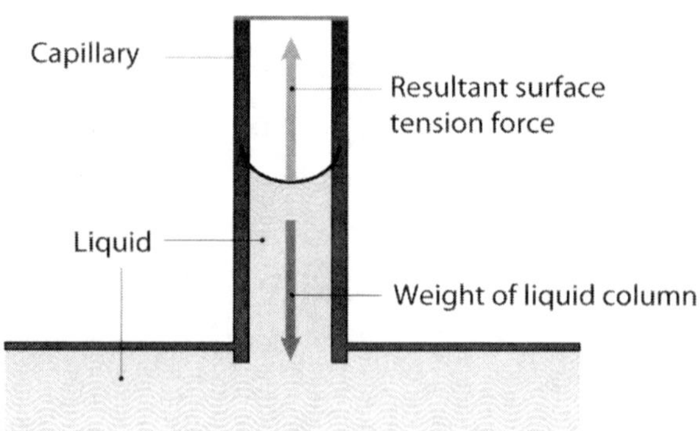


그림 7-2-6.
모세관의 한쪽 끝은 액체 속에 담겨져 있고, 액체는 모세관 속으로 올라간다.

## 모세관 효과의 몇 가지 적용 사례

### 상형문자를 그리기 위한 붓(그림 7-2-7)

상하이에서 온 거리 예술가는 공원에서 한자를 쓰기 위해 붓과 물 그리고 모세관 효과를 이용한다. 그녀는 정신과 육체 수련을 위해서 매일 두 시간 동안 글자를 쓴다.

그림 7-2-7. 중국인 여자는 공원에서 한자를 쓰기 위해 붓, 물, 그리고 모세관 효과를 사용한다.

### 가스와 물의 혼합물로부터 물방울의 분리(그림 7-2-8)

가스와 물의 혼합물은 구불구불한 구멍들(모세관들)로 된 재료로 만들어진 판을 통해 펴내진다. 가압된 가스는 판 모세관을 통해 자유롭게 지나간다. 물은 구멍들 속에 남는다.

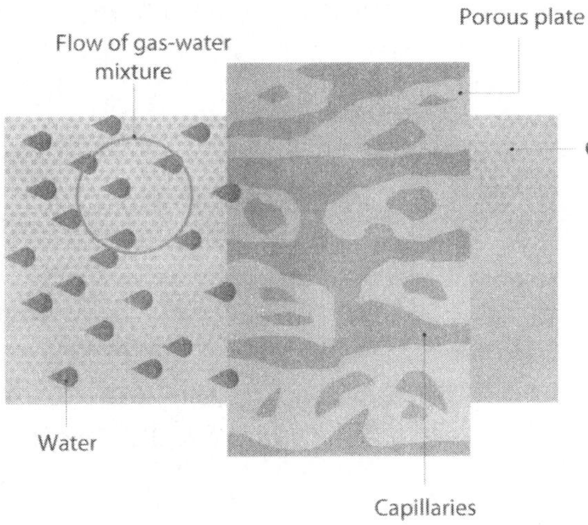


그림 7-2-8. 모세관이 가스와 물의 혼합물로부터 물방울을 분리한다.

## 타원(기하학)

- ❖ 타원은 두 개의 고정된 점들의 거리의 합이 일정한 평면 위의 모든 점들의 초점이다. (그림 7-2-9)
- ❖ 두 개의 고정된 점들은 타원의 중심점이라고 부른다.
- ❖ 타원 위에서 두 개의 중심점 모두를 지나는 선을 장축이라 부른다.

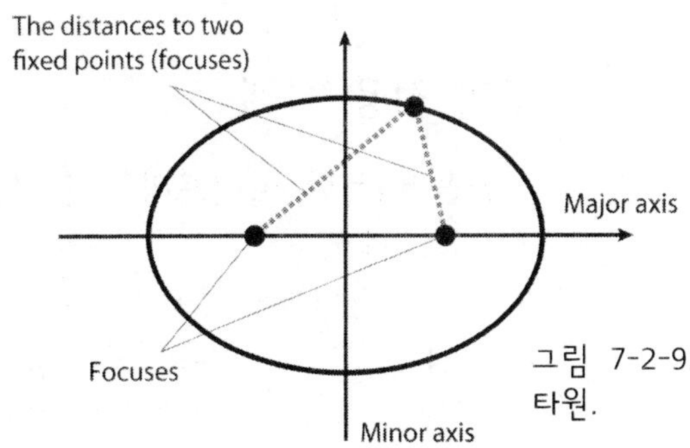


그림 7-2-9. 타원.

- ❖ 타원 위에서 장축의 수직이등분선을 단축이라 부른다.
- ❖ 타원 위의 모든 점으로부터 거리의 합은 장축의 길이와 같다.

## 타원의 적용 사례

### 타원형의 징은 음파를 방출한다(그림 7-2-10).

징은 얇은 동이나 구리판으로 만들어졌고 타원형으로 생겼다. 오목하게 들어간 부분이 타원의 중심점들을 나타낸다. 중심점들 중 하나는 드럼스틱과 붙어있다. 이 중심점은 음파를 만들어내는 원천이 된다. 음파는 음파들을 다른 중심점으로 반사시키는 징의 가장자리 쪽으로 퍼진다. 그러면 음파는 비슷한 방법으로 다시 반사된다. 이 주기는 음향진동이 사라질 때까지 반복적으로 계속된다. 모든 징의 주변부로부터 타원 중심점의 거리들의 합은 일정하다. 결과적으로 모든 음파들은 같은 거리를 이동한다. 이것 때문에, 음향의 발진주파수는 끊임없이 남아있다. 이것은 징이 미리 예정된 원하는 음의 높이로 소리를 일정하게 만들어 내게 한다.

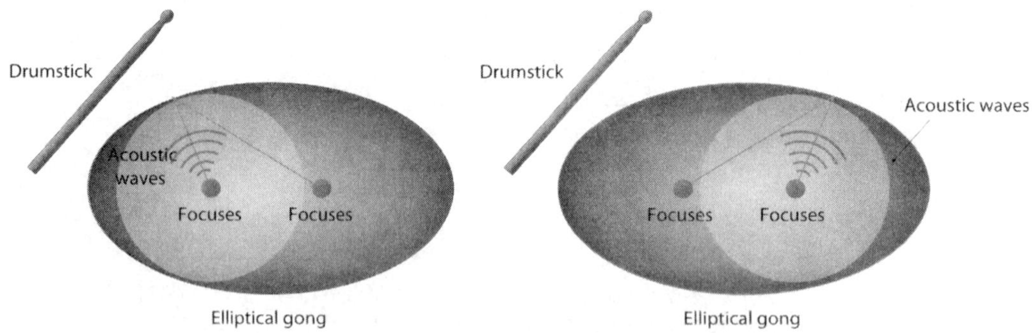


그림 7-2-10. 타원의 징은 영구적인 발진주파수를 가진 음파를 발산한다.

## 구 또는 공(기하학)

구는 원을 그 지름으로 회전시켜 만든다.

## 구의 적용 사례

### 공을 이용한 파이프라인의 응급 폐쇄(그림 7-2-11)

응급 폐쇄 요소를 만들기 위해, 공은 파이프의 목 부분에 수직으로 된 구멍에 놓인다. 속이 빈 피스톤은 공 아래에 있다. 응급상황이 발생 할 때, 피스톤은 위로 움직이고 공을 파이프 속으로 밀어 넣는다. 흘러가는 액체는 공을 움직이고 목 부분 쪽으로 꽉 누른다. 공의 모든 부분은 원을 형성한다. 공은 항상(방향에 상관없이) 파이프의 둥근 목 부분을 맞추고 봉쇄한다.

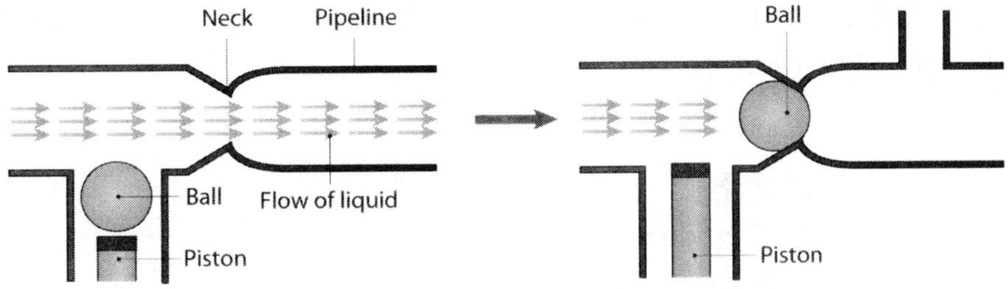


그림7-2-11. 공은 비상구의 파이프라인을 폐쇄한다.

## 사인곡선 (기하학)

사인 법칙을 따르는 주기과정이나 사인 법칙을 조파진동이라고 부른다.

## 사인곡선의 몇 가지 적용 사례

### 사인곡선의 궤도는 음주 운전자를 탐지한다. (그림 7-2-12)

운전자는 자동차를 커브 궤도를 따라 운전해야 한다. 이런 궤도는 사인곡선으로 만들어져 있을 수 있다. 자동차를 사인곡선을 따라 운전하려면 운전자에게 최대의 주의와 집중력이 요구된다. 운전자의 혈중 알콜 농도가 높을수록 자동차의 사인곡선 궤도로 부터의 탈선이 심해진다.

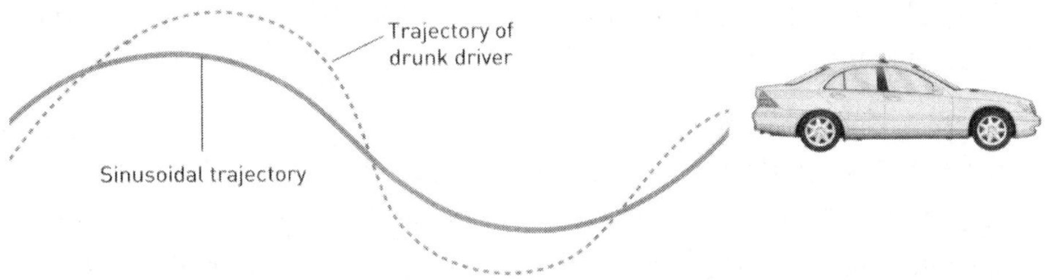


그림 7-2-12. 사인곡선의 궤도는 음주 운전자를 탐지한다.

### 일차 회절선의 생성 (그림 7-2-13)

하나의 각에서 다른 각으로 퍼져나가는 세 개의 평행 광선은 광디스크 시스템의 헤드에 사용된다. 직사각형 횡단면의 평행한 홈을 가진 회절격자가 광선을 생성한다. 이 격자들은 불필요한 고위 회절선을 생산한다. 결과적으로 광선의 극대화된 이용을 얻어내는 것이 불가능하다. 사인곡선의 회절격자는 세 개의 격자 광선을 생산하는데 사용될 수 있다. 하나의 평행 광선이 사인 회절곡선 위에 입사된다. 사인곡선의 회절격자는 오직 일차의 회절선만 생성할 수 있다. 그러므로 빛은 세 개의 광선으로 이루어진 격자를 통해서 지나간다. : 두 개의 일차 회절선, 그리고 하나의 비회절선. 불필요한 상위 회절선은 생성되지 않는다.

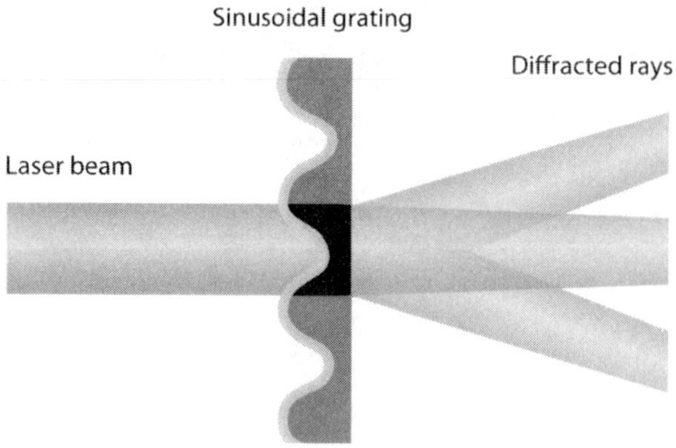


그림 7-2-13. 사인곡선의 회절 곡선은 일차 회절선만을 생성한다.

## 7.3 과학적 지식 데이터베이스

모든 축적된 과학적 지식의 총서를 가졌다고 상상해보아라. 그리고 문제를 가졌다고 가정해보아라. 우리는 문제를 해결하기 위해서 어떤 효과를 선택해야하는지 어떻게 결정할 수 있는가? 이런 상황에서, 발명가들은 문제의 '순수한' 형태에서 과학을 필요로 하지 않는다. 오히려 과학은 엔지니어링 응용과 관련되어있다.

트리즈 개발자들은 매우 복잡한 도전을 해결하도록 요구되었다. - 문제해결을 위해  올바른 과학적 효과를 어떻게 선택해야 하는가. 알트슐러와 그의 팀은 보편적인 과학적 용어, 그리고 과학과 기술을 잇는 기술로써의 기능의 언어를 선택했다. Invention Machine사는 골드파이어 소프트웨어에 수록된 Scientific Effects Database에서 거의 대부분의 문제에 적절한 과학적 효과를 선택할 수 있게 해주는 독특한 실용적 내비게이션 시스템이 들어가 있다.

Mc-Graw Hill의 총 19권의  Encyclopedia of Sciences & Technologies에서, 897개의 과학적 효과와 현상을 위한 서술을 찾는다. Goldfire Scientific Effects Database는 단연코 가장 크게 알려진 과학적 효과 총서이다. 그것은 계속해서 늘어나고 있고, 2011년 현재로써 2800개가 넘은 독특한 과학적 효과들과 6400개가 넘는 엔지니어링 응용들을 설명하고 있다. 각각의 효과는 동영상으로 된 설명과 공식들, 그리고 참고문헌으로 설명된다.

## 효과 선택을 위한 실용적 내비게이션 시스템

효과 선택을 위한 실용적 내비게이션 시스템은 기능들이 수행하는 기능들에 따른 효과들을 선택하기 위해 만들어졌다. 모든 효과들은 하나 또는 그 이상의 기능들의 그룹으로 조직된다. 그룹은 세 개의 부분으로 나뉜다. : 필드, 매개변수 그리고 물질 (그림 7-3-1).

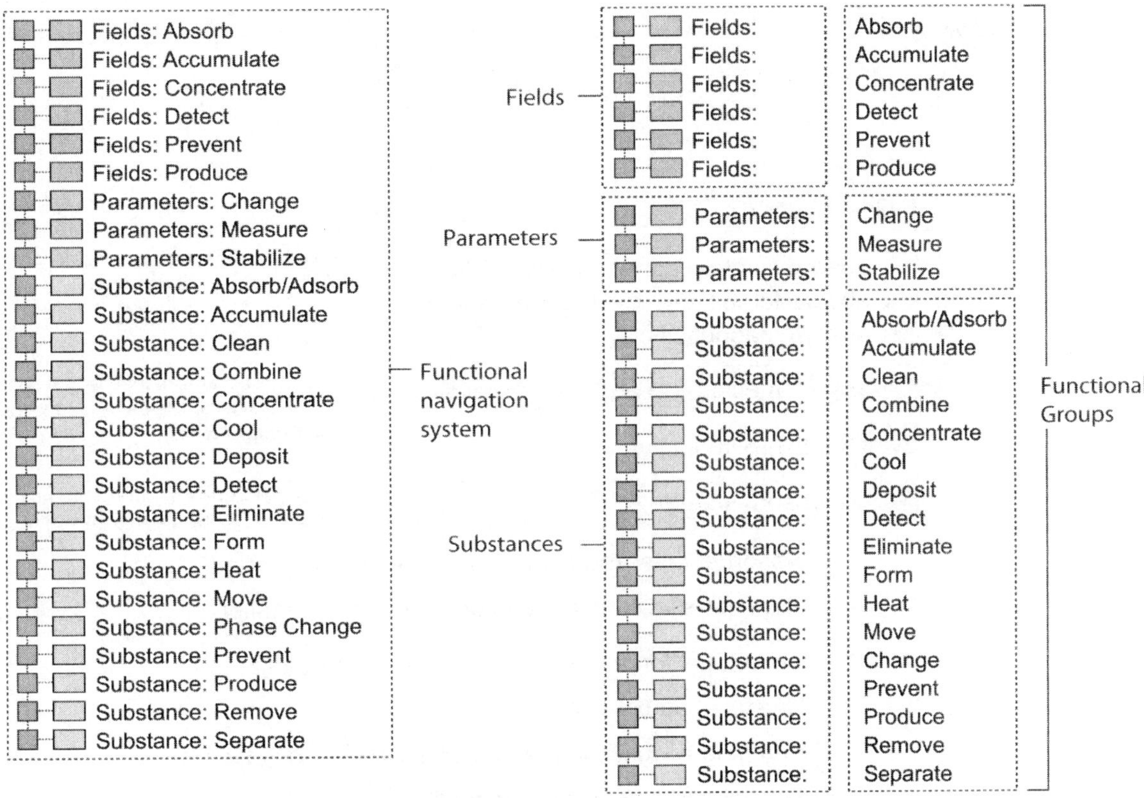


그림 7-3-1. 효과 선택을 위한 실용적 내비게이션 시스템

몇 개의 간단한 예제들이 창의적인 컨셉을 위해 적절한 효과를 찾기위한 '실용적 내비게이션 시스템'을 어떻게 사용하는지 보여준다.

### 예제 1: '소리 흡수'를 도와주는 효과 찾기 (그림 7-3-2)

**단계 1**

'필드'로 가서(왜냐하면 '소리'는 필드이기 때문에), '필드 : 흡수'를 열어라.

### 단계 2

'역학적 파동과 음파'를 열어라. 왜냐하면 '소리'는 이 필드의 그룹에 속하기 때문이다.

### 단계 3

'소리 흡수'를 위한 효과의 그룹을 열어라.

### 단계 4

제안된 30가지 '소리흡수' 중에서 적절한 효과를 선택해라.

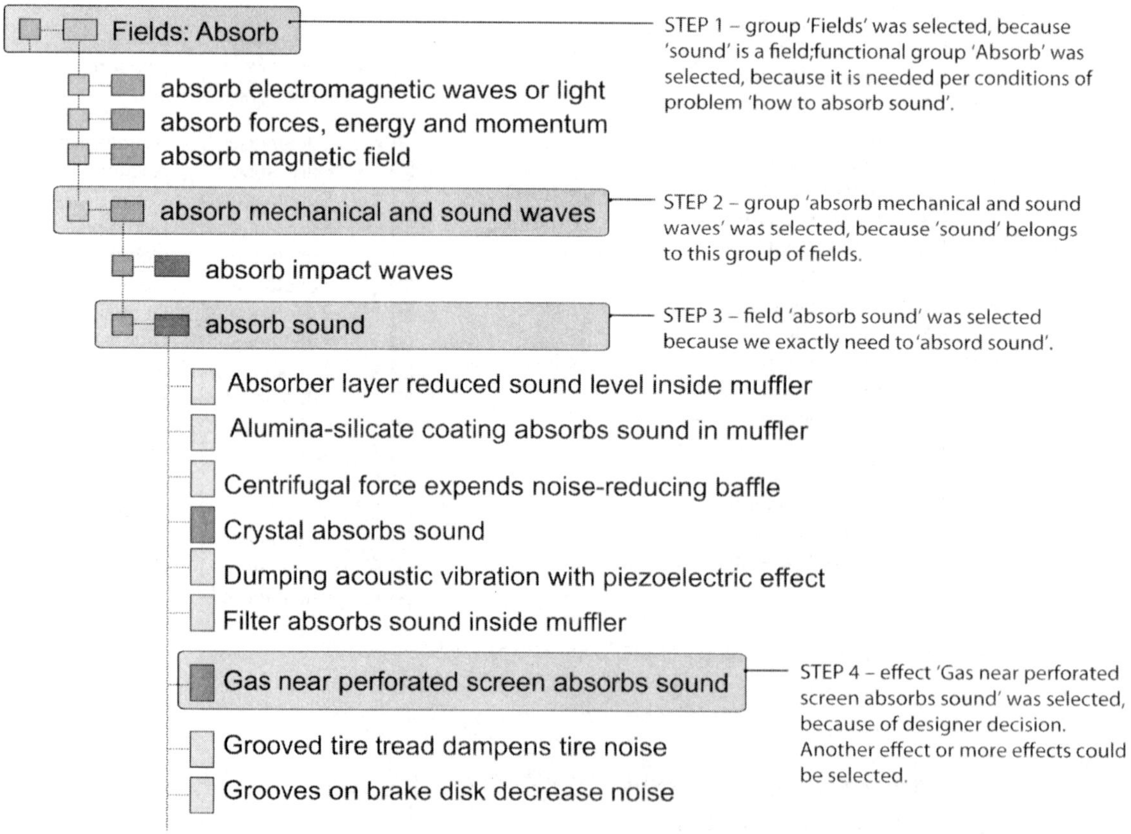


그림 7-3-2. '어떻게 소리를 흡수하는가?'를 위한 효과 선택의 네 단계

### ➽ 예제 2: '액체의 누수 막기'를 도와주는 효과 찾기(그림 7-3-3).

**단계 1**

'물질'로 가라('액체'는 물질이기 때문), 그리고 '물질 : 막기'를 열어라.

**단계 2**

'액체 물질 막기'를 열어라, 왜냐하면 '액체'는 물질의 이 그룹에 속하기 때문이다.

**단계 3**

'액체의 흐름 막기'를 위한 효과의 그룹을 열어라.

**단계 4**

제안된 38가지 '액체의 흐름 막기'에서 적절한 효과를 선택하라.

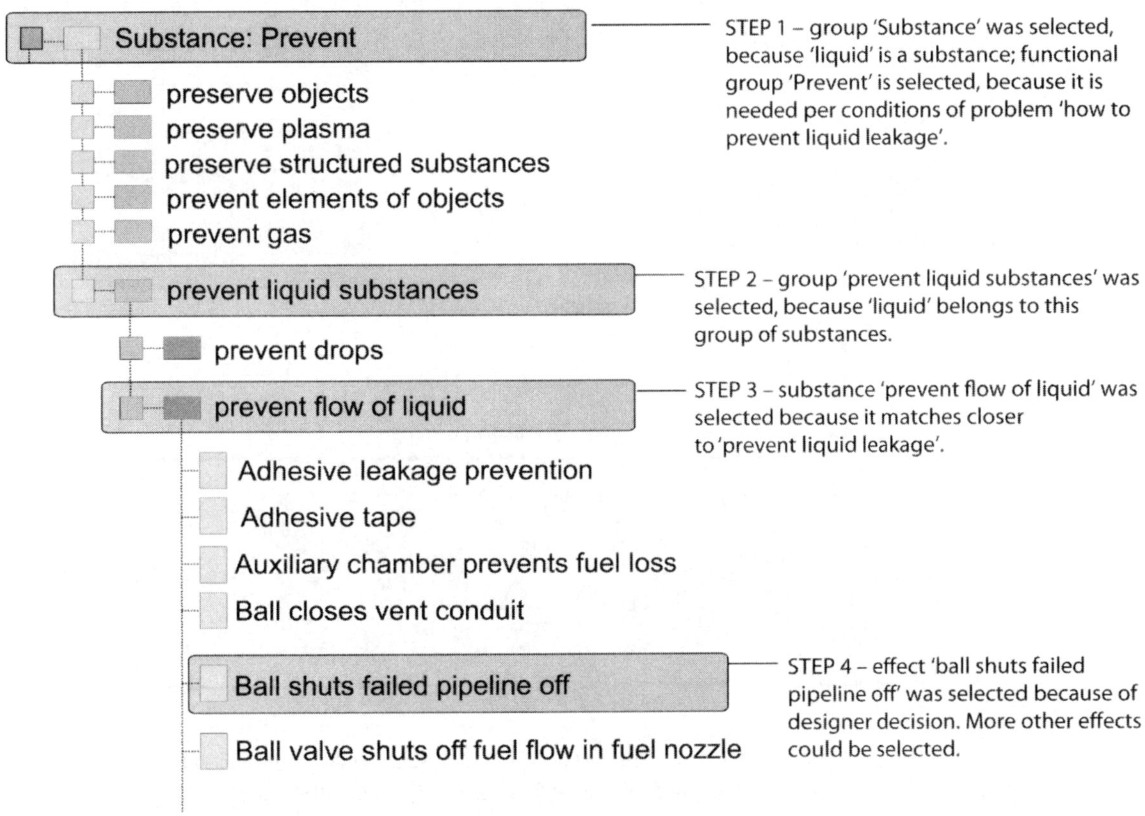


그림 7-3-3. '어떻게 액체의 누수를 막는가?'를 위한 효과 선택의 네 단계

## 효과들이 어떻게 실용적 내비게이션 구조에서 적절한 자리와 연결 되는가.

랭퀴효과(그림 7-3-4)의 예를 보면, 소용돌이 관은 압축된 가스를 뜨겁고 차가운 흐름으로 분리한다. 움직이는 부분은 없다. 유입되는 가스 흐름은 투입관을 따라 소용돌이 관 속으로 접선에 따라 공급된다. 가스는 관 속에서 회전하면서 흐른다. 관의 중앙 근처에 있는 가스는 차가워지는 반면, 관의 벽 근처에 있는 가스는 열을 받는다. 이것은 투입된 가스 흐름과 관 배출의 중앙 부분에 있는 차가운 가스 흐름 사이의 온도 차이를 크게 만든다.

두 종류의 기능들이 각각의 효과를 특징 짓는다.

❖ 입력 기능은 효과를 생산하기 위해 반드시 수행되어야할 기능을 설명한다.

❖ 출력 기능은 예제나 효과에 의해 수행되는 기능을 설명한다.

랭퀴효과에서 투입기능은 가스 흐름을 생산하기 위한 것이다. 랭퀴효과는 하나 이상의 배출 기능을 만들어낸다. : 가스의 온도를 낮추고, 가스의 온도를 올리고, 온도의 증감률을 만들어 내고, 등등... 이 배출 기능들은 랭퀴효과를 '실용적 내비게이션 시스템 구조' 속의 적절한 장소에 연결한다.

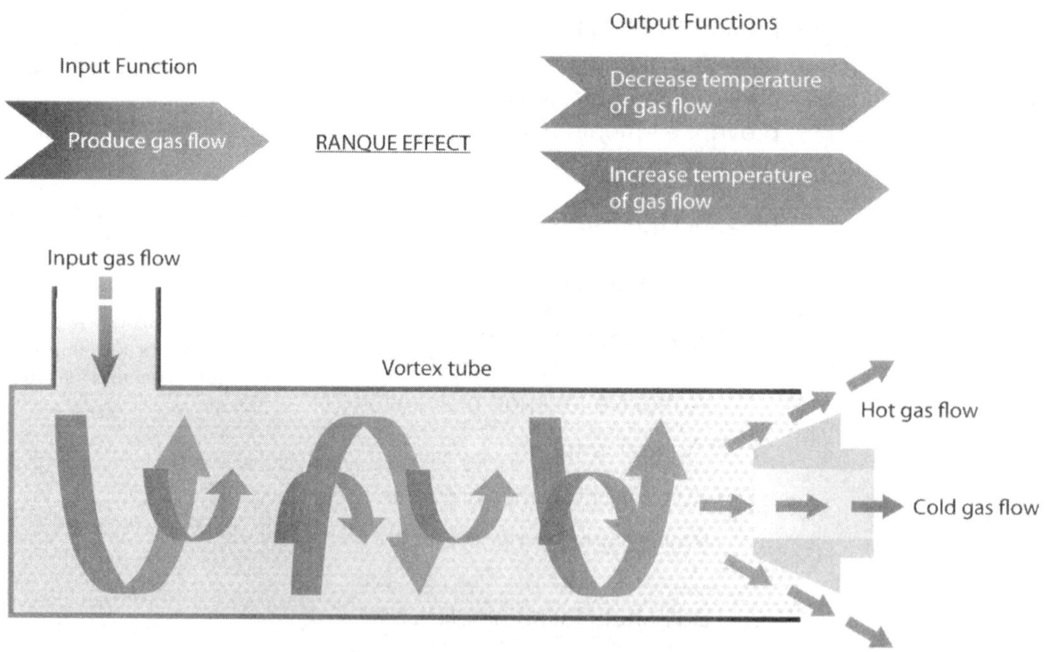


그림 7-3-4. 유입 가스 흐름이 두 개의 배출 가스 흐름으로 바뀌는 랭퀴효과의 구조 : 더 높은 온도의 첫 번째 흐름과 투입 가스 온도와 비교해 더 낮은 온도를 갖는 두 번째 흐름.

배출 효과는 모든 효과에 규정될 수 있다. 그러므로 모든 효과는 실용적 내비게이션 구조 속의 적절한 장소들과 연결될 수 있다.

## 7.4 요약

- ❖ 모든 시스템의 발전과 개발은 과학을 사용하지 않고서는 불가능하다.
- ❖ 효과 선택을 위한 '실용적 내비게이션 시스템'은 모든 문제에 적절한 효과를 찾는 것을 도와준다.

## 7.5 연습문제

### ➽ 연습 7-5-1 박물관의 튀어나온 벽(그림 7-5-1)

19세기 초반에 파리에 있는 박물관들 중 하나의 기초가 세워졌는데 그 박물관의 벽이 구부러졌다. 나폴레옹은 이 벽에 대한 조사와 복구를 지시했다. 나폴레옹이 문제를 해결하는 것을 도와줄 과학적 효과를 설명하라.

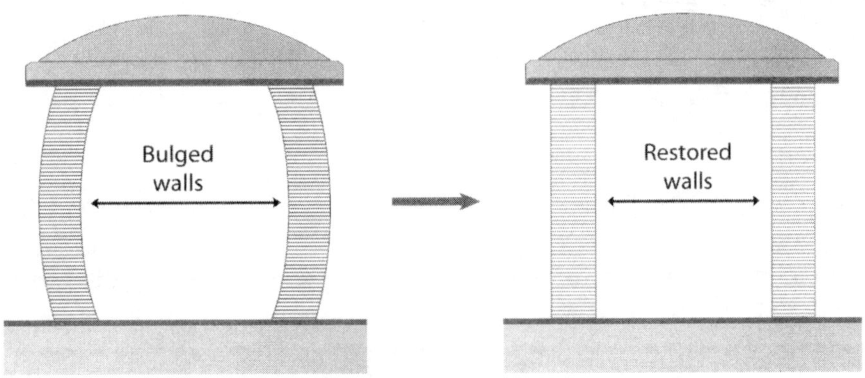


그림 7-5-1. 박물관의 건물 벽은 복구되어야 한다.

### ➽ 연습 7-5-2 물이 담긴 통(그림 7-5-2)

물이 담긴 통이 땅 속에 만들어졌다. 통의 높이는 약 30피트이다. 물의 온도는 최고 120°F 에서 최저 50°F 이다. 통 속의 물기둥의 온도를 일정하게 맞추어야 한다. 전기에너지, 연료 등을 사용하는 것은 불가능하다. 통이 달의 표면 아래 있다고 상상하라. 어떻게 물이 윗부분에서는 가열되고 아래 부분에서는 차가워졌는지는 특정 상황의 범위를 벗어난다. 전기 에너지, 연료 또는 노동자의 사용은 실행 가능한 선택 사항이 아니다. 대답은 반드시 가장 이상적이어야 하지만 또 현실적이어야 한다.

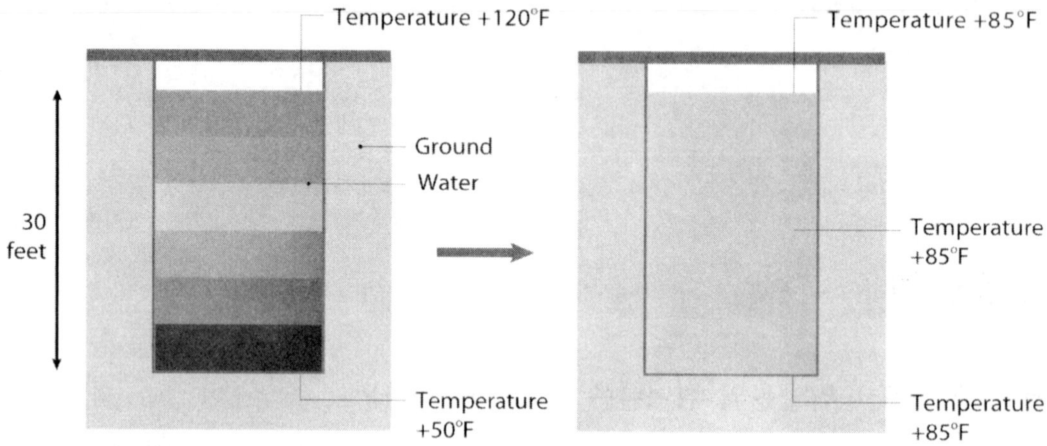


그림 7-5-2. 물로 채워진 통의 위와 바닥의 온도차는 매우 크다. 하지만 반드시 온도를 모두 일정하게 만들어야 한다.

## ➡ 연습 7-5-3 물 흐름의 방향(그림 7-5-3)

금속관은 물을 전송한다. 파이프는 투명하지 않아서 파이프 내부의 시각적 관찰은 불가능하다. 물 흐름의 방향을 찾아내야 한다. 파이프 속에 구멍을 뚫거나 다른 화학적 조치를 취하는 것은 불가능하다.

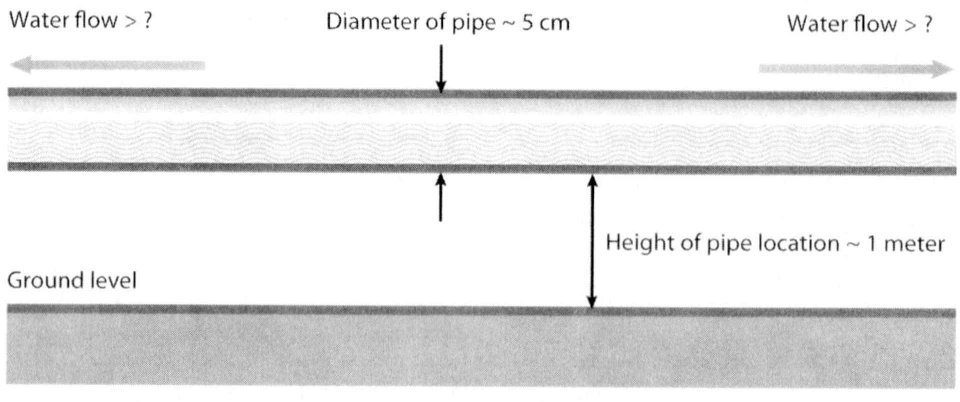


그림 7-5-3. 파이프 속의 물 흐름의 방향을 반드시 찾아야 한다.

## 연습 7-5-4 주택 기반을 위한 구덩이(그림 7-5-4)

계절은 겨울이고 땅은 돌덩이처럼 굳어 있다. 언 땅 속에 주택 기반을 위한 구덩이를 파야한다. 강력한 현대 기술을 사용하는 것은 매우 비싸다. 폭발물을 사용하는 것도 불가능하다. 비싼 장비 없이 언 땅을 느슨한 땅으로 바꾸는 대안적인 해결책을 제시하라.

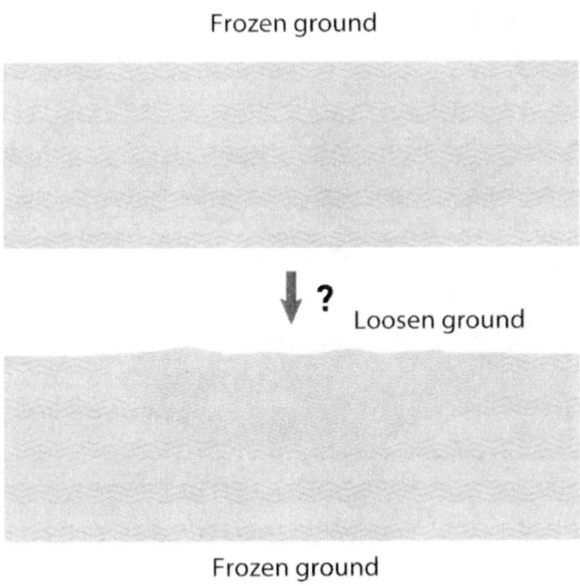


그림 7-5-4. 언 땅을 느슨한 땅으로 바꿔라.

## 연습 7-5-5 미지의 가스(그림 7-5-5)

투명한 창을 가진 격리된 금속성 박스 카메라는 미지의 가스를 담고 있다. 가스의 정체성을 밝혀야 한다. 금속 박스를 여는 것은 불가능하다.

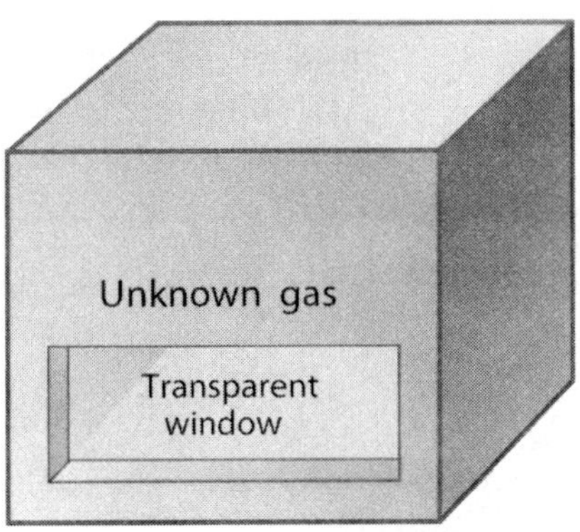


그림 7-5-5. 투명한 창을 가진 금속성 박스는 미지의 가스로 채워져 있다.

### ➽ 연습 7-5-6 내부의 구멍은 주입구 구멍보다 크다(그림 7-5-6).

철도 침목 디자인(철근 콘크리트로 만들어진)은 막힌 구멍을 포함한다. 구멍의 주입구 크기는 내부의 크기보다 작다. 이것은 다중 부품의 장비와 7명의 노동자 팀을 가지고 하기에는 매우 비용이 많이 드는 작업이다. 이 구멍을 만들기 위해 더 싸고 효과적인 해결책을 찾아야 한다.

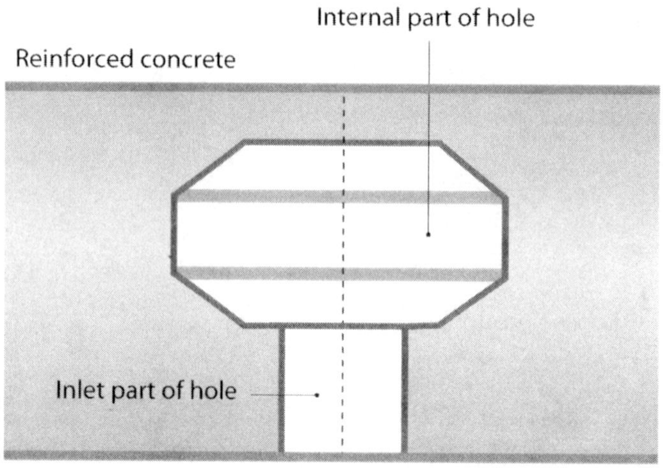


그림 7-5-6.
철근 콘크리트로 만들어진 철도 침목.

**감사의 말**

저자는 이번 장에서 골드파이어 소프트웨어로부터 사례를 공유하도록 해준 Invention Machine 사에 대해 다시 한 번 감사의 말을 전한다.

# 창의적 문제해결 알고리즘 (ARIZ-85C)

*TRIZ Technology for Innovation*

8

8. 창의적 문제해결 알고리즘(ARIZ-85C)

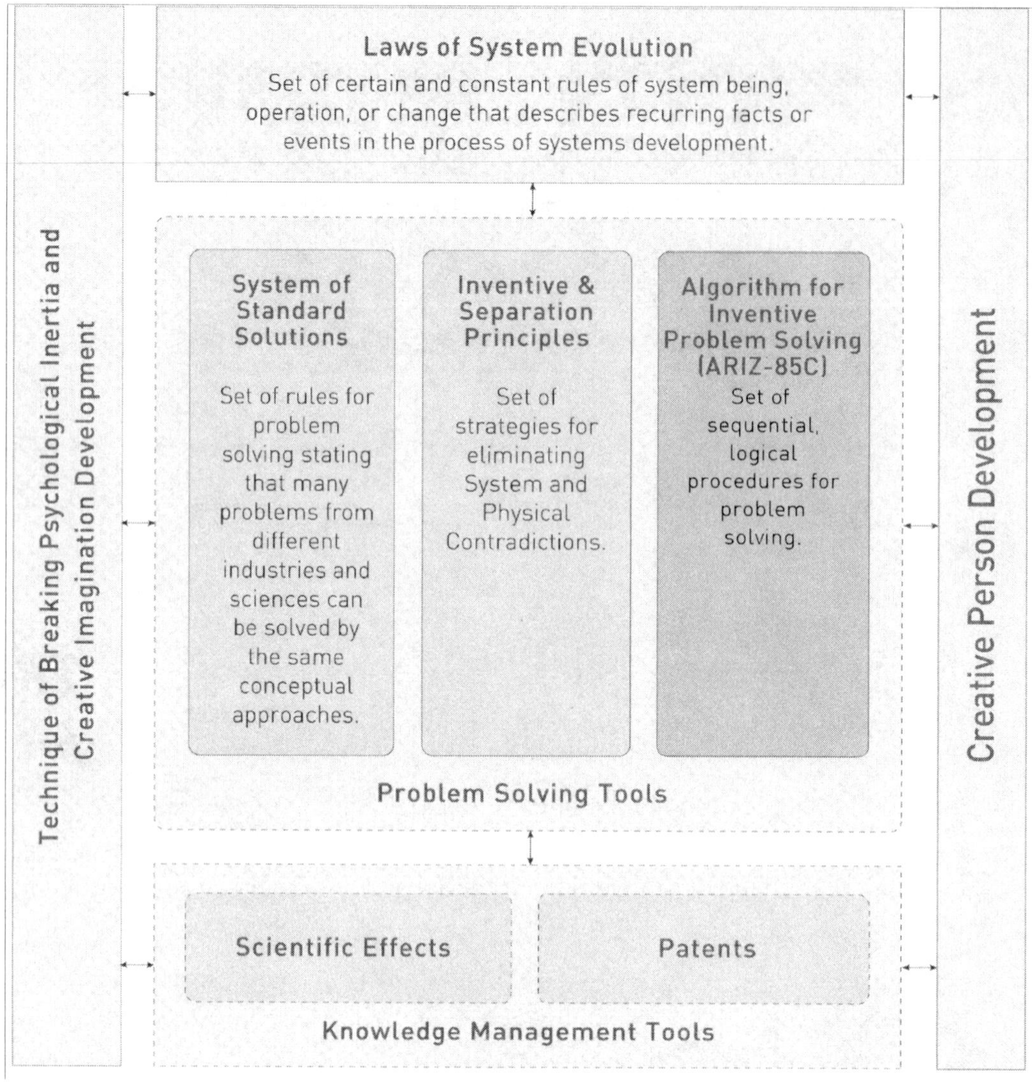

## 8.1 소개

ARIZ는 '창의적 문제해결을 위한 알고리즘'-'Алгоритм Решения Изобретательских Задач'의 러시아어 줄임말이다. 트리즈의 주요 요소인 ARIZ-85C는 트리즈의 근본적인 컨셉과 방법을 사용해서 좀 더 효과적인 해결책을 얻기 위한 초기의 문제 상황을 분석하기 위한 순차적이고 논리적인 절차이다.

ARIZ의 저자는 겐리흐 알트슐러이다. 첫 번째 판은 1956년에 개발되었다. ARIZ라는 이름은 매년의 개발에 따른 변형으로 1965년 가을에 처음으로 도입되었다. : ARIZ-68, ARIZ-71. ARIZ-77. ARIZ-82. 마지막 변형이었던 ARIZ-85C(그림 8-1-1)가 트리즈의 세 가지 주된 기능을 수행한다. :

1. ARIZ-85C는 문제를 가장 창의적으로 해결하기 위한 시스템으로 트리즈 요소를 사용하는 방법을 제공한다. ARIZ-85C는 그 다음으로 문제 분석의 어떤 단계를 사용해야 하는지 보여줌으로써 트리즈 요소 매니저로써의 역할을 한다.
2. ARIZ는 최초 문제 상태에서 명쾌하고 혁신적인 해결책으로 친절하게 안내해주는 인간의 뇌를 위한(컴퓨터를 위한 것이 아닌) 분석적 알고리즘이다.
3. ARIZ는 더 창의적이고 혁신적으로 만들어 준다. 그것은 문제 해결의 가장 큰 적인 심리적 관성을 피할 수 있게 도와준다.

8.2에서 ARIZ-85C의 자세한 구조에 대해 살펴볼 것이다. 8.3은 ARIZ-85C를 사용하기 위한 삽화가 있는 기술로 ARIZ-85C의 모든 실험을 결합한다. 8.4에서 10가지 가장 자주 사용되는 시스템 모순 공식(ARIZ-85C의 1.3 단계와 1.4단계)을 위한 전형적인 갈등의 도표를 찾는다. 8.6은 ARIZ-85C 기술을 향상시키기 위한 6개의 연습문제를 준다. 다섯 개의 가장 효과적인 분리 원리의 설명은 4장 4.3.2에서 찾을 수 있다.

## 8.2 ARIZ-85C의 구조

### 파트 1. 문제 분석(그림 8-2-1)

ARIZ-85C를 사용하기 위해 반드시 문제 상황이 잘 기술된 설명과 확실한 시각 이미지(그림, 스케치, 사진, 그래픽)을 갖고 있어야 한다. 파트 1의 주된 목표는 최초 문제 상태로부터 뚜렷하게 구성된 상태와 최소 문제 모델로 변형하는 것이다. 1.4 단계 뒤에 ARIZ-85C는 과학적 효과와 특허 집합인 발명원리를 사용하는 것을 권고한다. 1.7단계부터 우리는 표준해 시스템 시스템으로 간다. 파트 1이 완성된 후 몇 가지 매우 앞서있는 컨셉이 나타난다. 하지만 계속해서 파트 2로 진행한다.

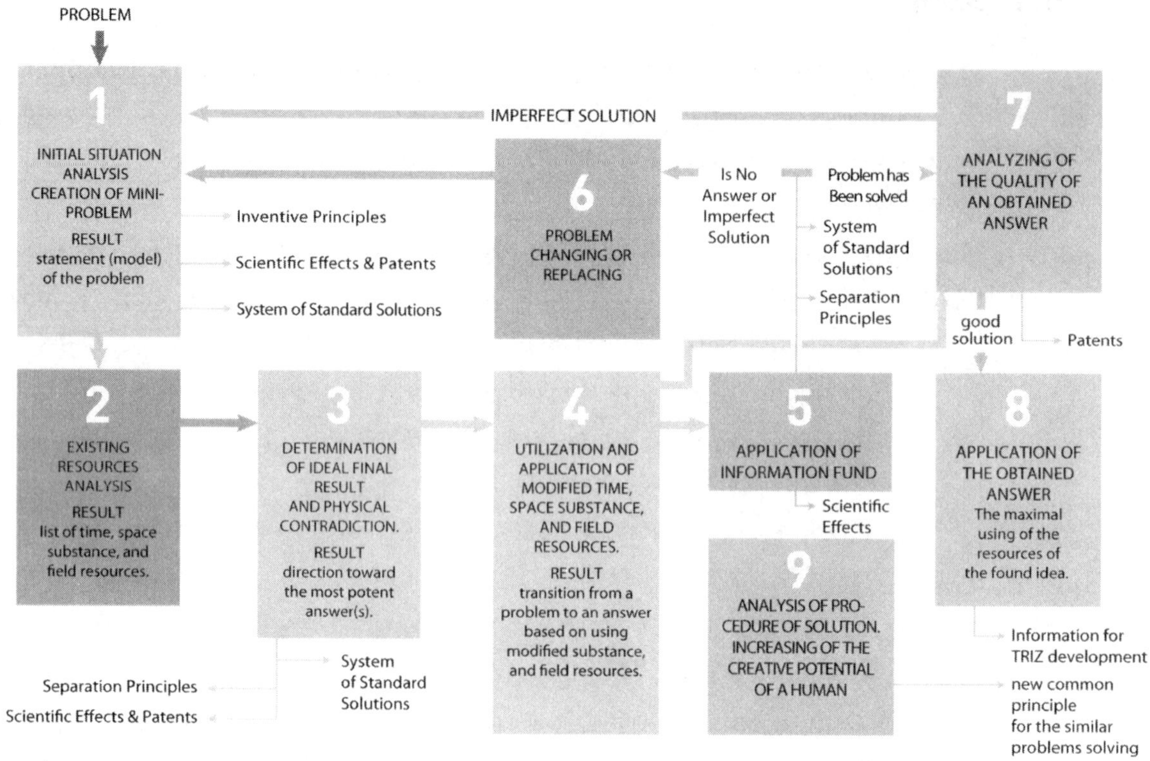


그림 8-1-1. ARIZ-85C의 구조와 모든 트리즈 요소를 사용한 문제 해결의 기본적 흐름.

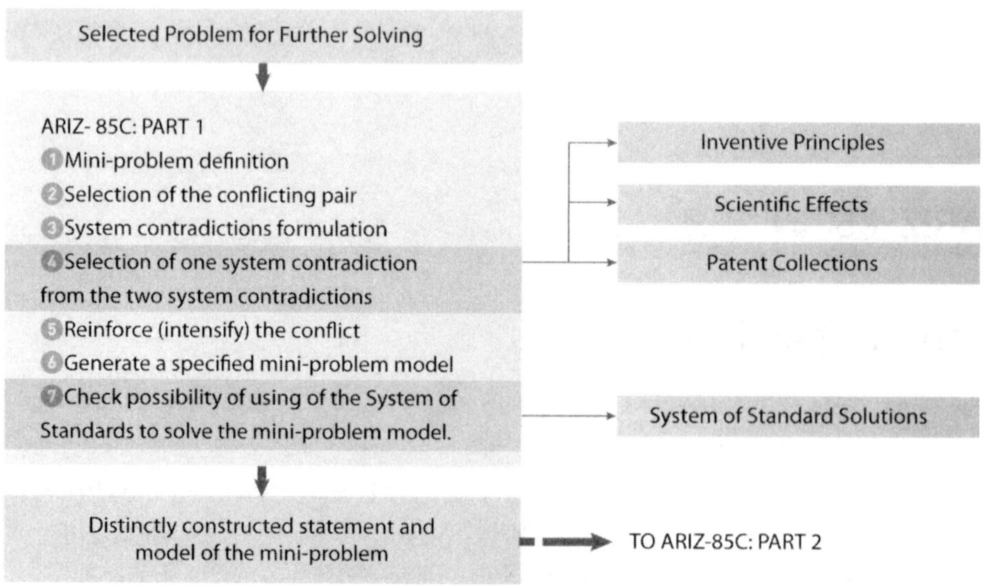


그림 8-1-2. ARIZ-85C 파트 1에서 문제 분석과 해결책 생성의 흐름 : 최초의 문제 상태에서 뚜렷하게 구성된 설명과 최소 문제를 가진 모델을 만들어낸다.

## 파트 2. 문제 모델 분석(그림 8-2-2)

파트 2의 초점은 문제 해결을 가능하게 해주는 매개변수들을 가지고 시간, 공간, 물질 그리고 장 자원과 리스트를 만드는 것이다. 파트 2를 완성하고 나면 파트 3에서 혁신적 해결책을 개발할 준비가 되어있다.

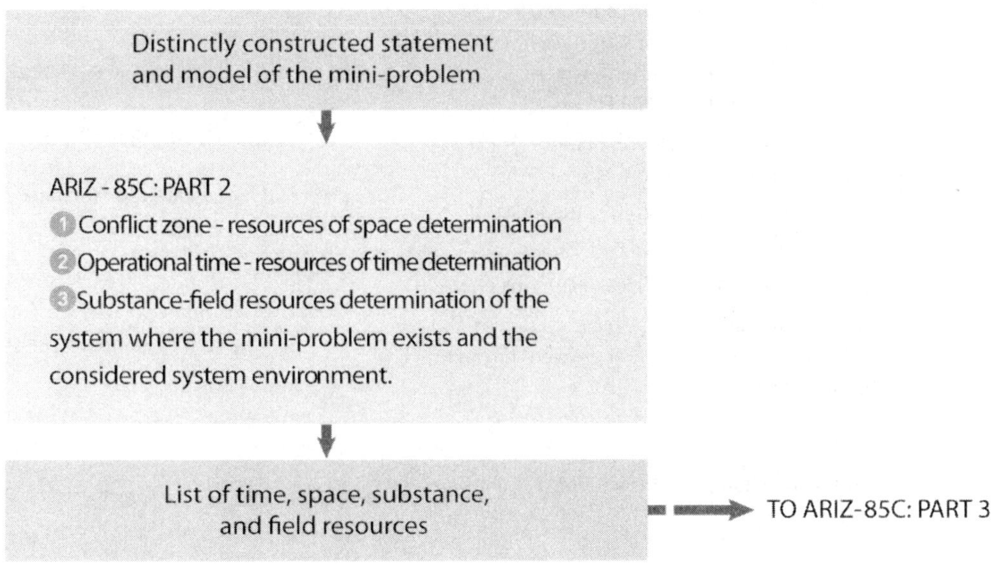


그림 8-2-2. ARIZ-85C의 파트 2 : 매개변수들과 관련된 시간, 공간, 물질 그리고 장 자원의 리스트.

## 파트 3. 이상해결책과 물리적 모순의 정의(그림 8-2-3)

파트 3은 ARIZ-85C의 가장 창의적인 단계이다. 파트 2에서 규정한 것들을 알아본 후 어떻게 하면 가능한 자원들을 최대한 효과적으로 사용할 수 있을지에 대해 분석할 것이다. 이상해결책 1과 이상해결책 2의 정리는 이러한 성과를 확인시켜줄 근거이다. 여기서부터 물리적 모순을 거시적, 미시적 수준으로 공식화 시키는 것이 가능해진다.

다음 3.3 그리고 3.4 단계는 분리 원리, 과학적 효과 그리고 특허 집합을 제안한다. 예전에는 파트 1에서 과학적 효과와 특허 집합을 바로 사용했지만, 현재는 이 도구들을 더 효과적으로 사용하는 정보를 갖고 있다. 마지막으로 단계 3.6은 표준해 시스템을 다시 한 번 탐험하도록 안내한다.

ARIZ의 파트 3의 적용은 이상해결책으로 안내한다. 항상 이상해결책을 얻을 수는 없지만 이상해결책은 가장 강한 답을 제시하고 있다.

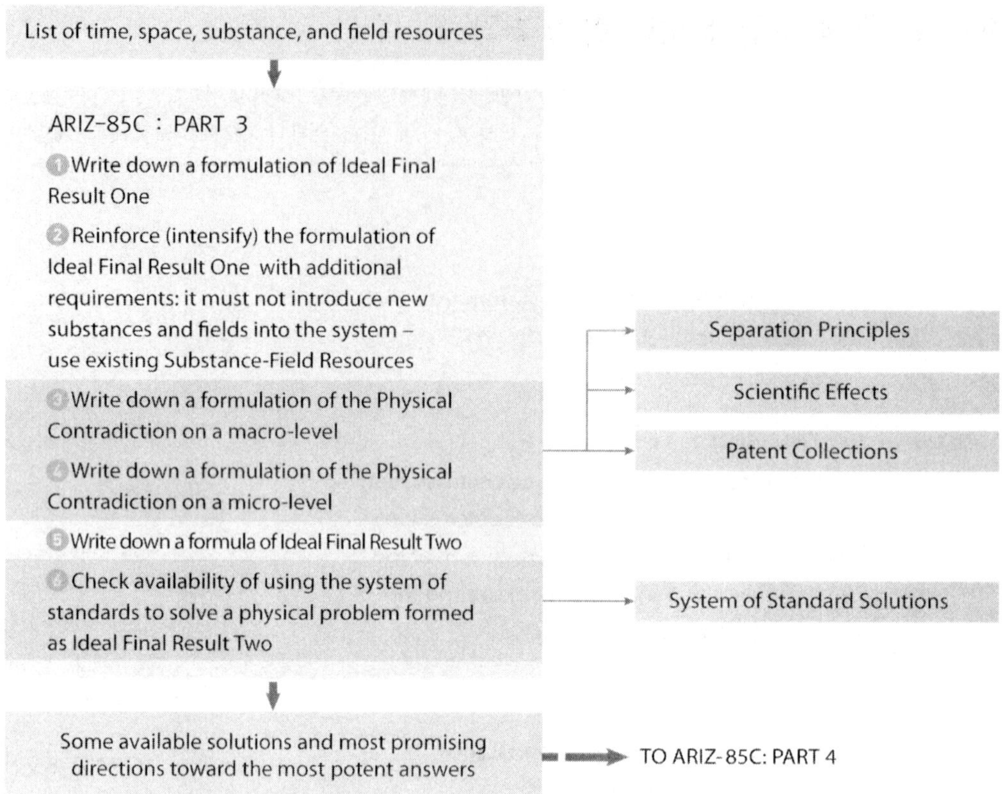


그림 8-2-3. ARIZ-85C의 파트 3 : 파트 2의 이상해결책과 물리적 모순의 자원 리스트 사용을 통해서 해결책 창조의 흐름을 따라가라.

## 파트 4. 물질-장 자원의 활용과 적용(그림 8-2-4)

파트 3의 단계 3.3에서부터 3.5는 원래 문제에서 해결책으로의 변화를 실현시킨다.

'작은 마네킹'을 가지고 하는 모의 실험 방법은 단계 4.1에서 사용된다. '작은 마네킹' 모의 실험은 물리학 없이(어떻게 되어야 하는지) 이상적인 행동(반드시 되어야 하는 것)을 확실히 보여준다. 그 기술은 상상력을 방출 시키면서 아는 한계로부터 만들어지는 심리적 관성을 제거한다. '작은 마네킹' 모의 실험은 종종 문제 해결책을 제시한다.

파트 4에서 단계 4.2에서 4.6까지는 단계 2.3에서 규정된 물질-장 자원을 변형하고, 변형된 물질-장 자원을 문제해결을 위해 사용하는 절차를 담고 있다.

많은 상황에서, ARIZ-85C 파트 3과 4의 결과로 문제 해결책이 나온다. 만약 만족하는 해결책에 도달하면 파트 7로 바로 넘어간다. 파트 3과 4를 완성한 후 해결책 없다면 파트 5로 간다.

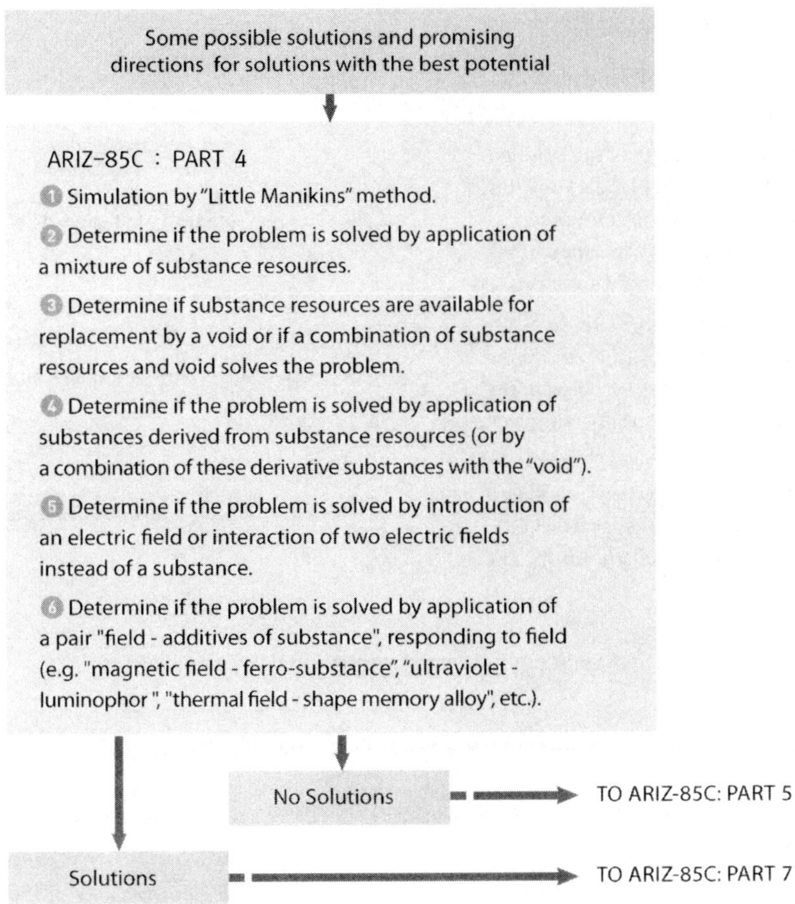


그림 8-2-4. ARIZ-85C의 파트 4 : '작은 마네킹' 모의실험과 자원의 변형을 통한 해결책 창조를 계속해라.

## 파트 5. 이상해결책 2와 물리적 모순을 새로 만들기 위한 표준해 시스템, 분리 원리, 그리고 과학적 효과의 적용(그림 8-2-5)

ARIZ-85C의 파트 5에는 3가지 단계가 있다.

단계 5.1 이상해결책 2는 파트 4에서 명시된 변형된 물질-장 자원의 사용을 통해서 새롭게 만들어졌다. 이상해결책 2를 새롭게 만들기 위해서 표준해 시스템을 사용하라.

단계 5.2-5.3 물리적 모순은 파트 4에서 명시된 물질-장 자원의 사용을 통해 만들어졌다. 분리 원리와 과학적 효과를 사용해 물리적 모순을 제거하라.

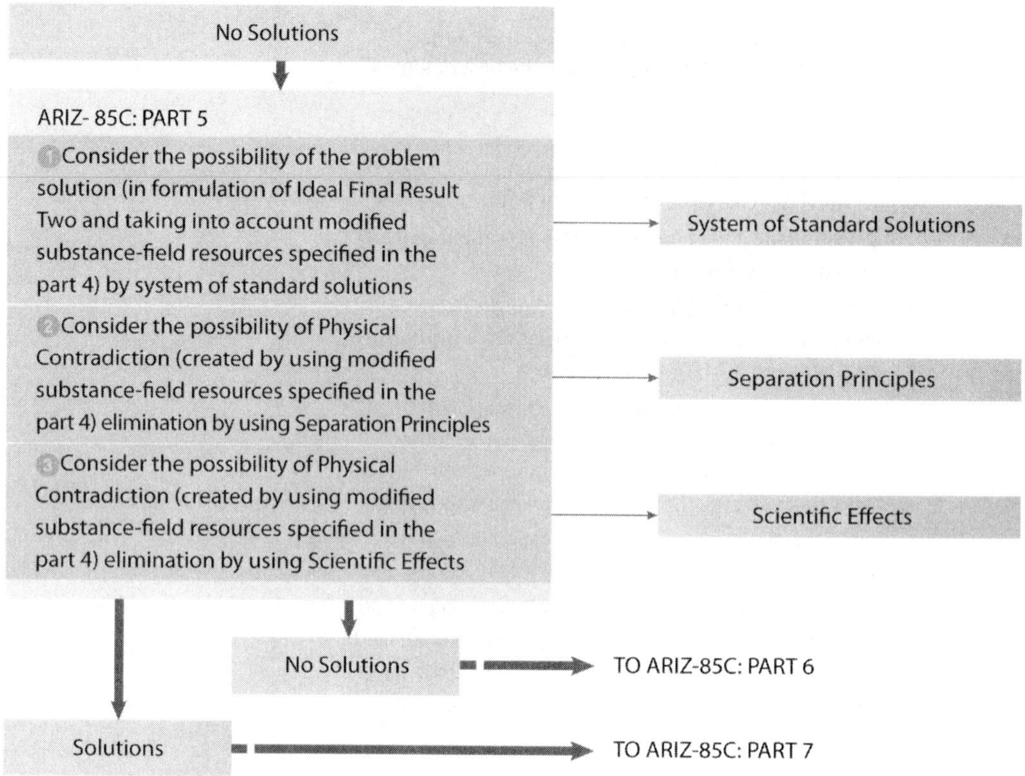


그림 8-2-5. ARIZ-85C의 파트 5 : 어떠한 해결책이 발견되지 않았을 때, 문제의 재구성을 위한 권고를 제공한다.

## 파트 6. 문제 변경 또는 재구성(그림 8-2-6)

상대적으로 단순한 문제들은 분리 원리나 과학적 효과를 사용해 물리적 모순을 극복해서 해결한다. 복잡한 문제에 대한 해결책은 보통 문제에 대한 생각 속의 변화에 관련되어 있다(예를 들면 해결책이 자명한 것으로 간주되거나, 그럴 것 같기 전에 심리적 관성으로 인한 최초의 한계 제거). 사실 해결 과정은 문제가 다시 생겨나는 과정이다.

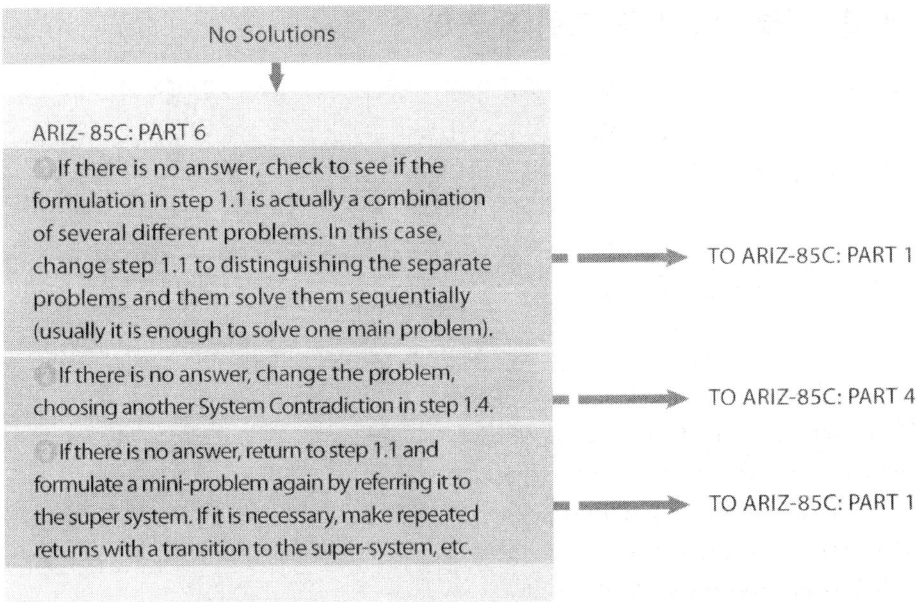


그림 8-2-6. ARIZ-85C의 파트 6 : 해결책이 자명하지 않을 때 권고들을 확인하라.

## 파트 7. 물리적 모순이 어떻게 제거됐는지에 대한 분석(그림 8-2-7)

파트 7 목표는 개발된 해결책의 수준을 검사하는 것이다. 물리적 모순은 사실상, '이상적으로' 제거되어야한다. 잘 상상되지 않는 아이디어를 가지고 인생의 반을 고군분투 하는 것보다 새롭고 더 효과적인 해답을 얻기 위해 두세 시간 시간을 보내는 것이 더 낫다.

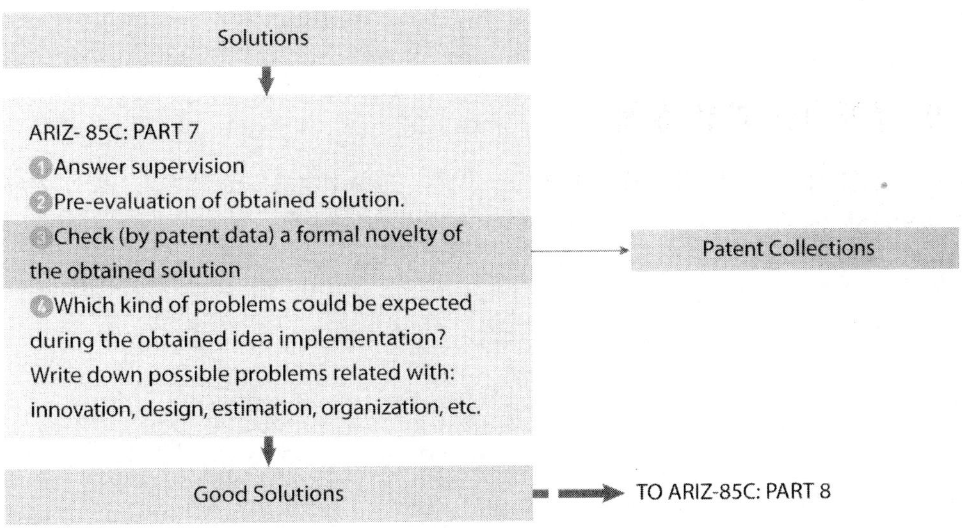


그림 8-2-7. ARIZ-85C의 파트 7 : 해결책 실행을 위해 준비해라.

## 파트 8. 도출 해결안의 적용(그림 8-2-8)

좋은 아이디어는 특정한 문제를 해결할 뿐만 아니라 많은 다른 유사한 문제들에 보편적인 힌트를 준다. ARIZ-85C의 파트 8의 목표는 ARIZ-85에 의한 문제 해결의 최고의 예제들을 다른 유사한 문제들에 사용하는 것이다.

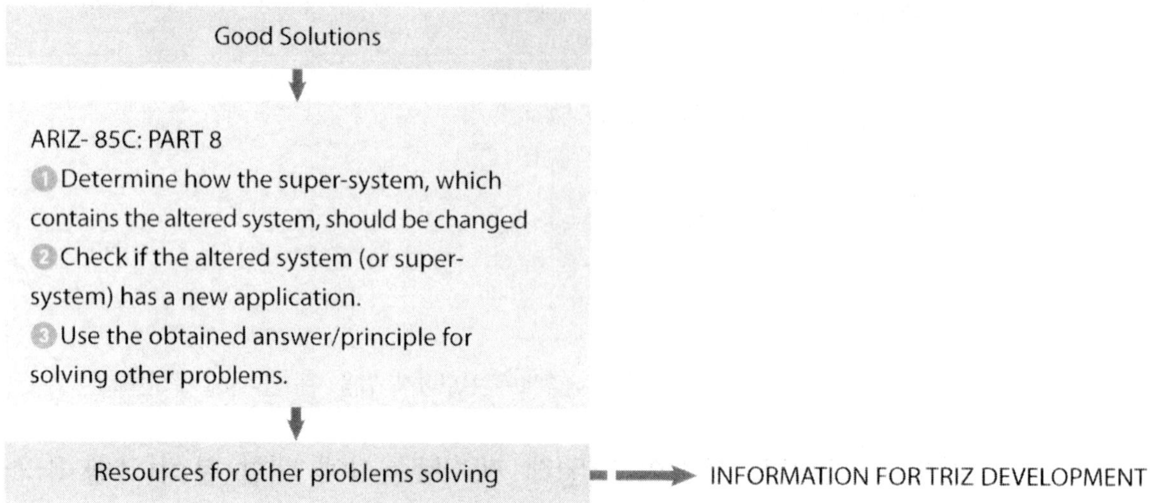


그림 8-2-8. ARIZ-85C의 파트 8 : 유사한 문제들의 해결책 과정을 지지하기 위해 해결책 개발 분석을 끝내라.

## 파트 9. 문제해결 과정 분석

파트 9의 목표는 해결책 생성 과정의 세심한 분석을 통해서 문제를 해결하는 사람의 창의적인 잠재력을 개발하는 것이다.

# 8.3 ARIZ-85C : 예제

## 파트 1. 문제 분석

다시 한 번 말하지만, 목표는 모호한 혁신 상황에서 해결되어야 할 문제의 확실하게 구성된 상황과 도표(모델)로 바꾸는 것이다.

### 1.1 문제를 전문 용어 없이 최소 문제 조건으로 써 내려가라(그림 8-3-1).

최소문제 상황

A. 시스템(시스템의 목적/주된 기능)은 (시스템의 주된 부분 리스트를) 포함한다.

B. 시스템에 최소한의 변화를 가해서, (얻어져야 할 결과를 명시할) 필요가 있다.

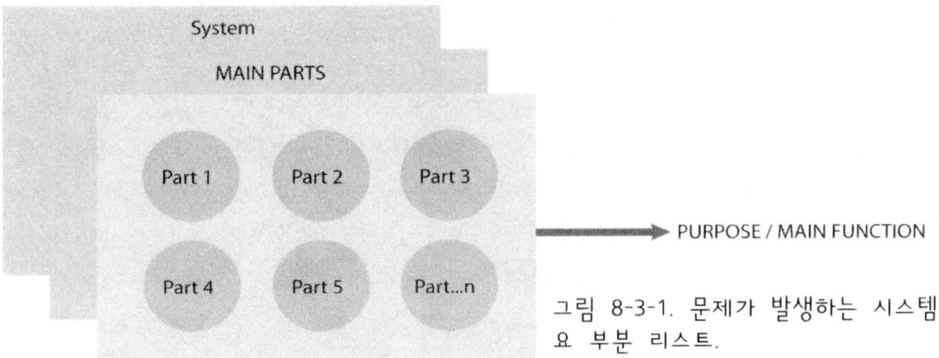


그림 8-3-1. 문제가 발생하는 시스템의 주요 부분 리스트.

### ➽ 예제 : 트럭과 마찰 항력(그림 8-3-2).

트럭은 화물을 옮긴다. 맞바람(공기흐름)과 트럭의 앞부분의 상호작용은 트럭이 움직일 때 저항(마찰)을 일으킨다. 저항을 유발한 공기는 트럭의 속도를 감소시킨다. 트럭의 엔진은 공기 저항을 상쇄시키기 위해 더 많은 연료를 소모할 것이다. 연료 소비를 더 많이 한다는 것은 환경오염이 더 심해지고, 사업에 돈이 더 많이 든다는 뜻이다. 공기 저항은 감소되어야 한다.

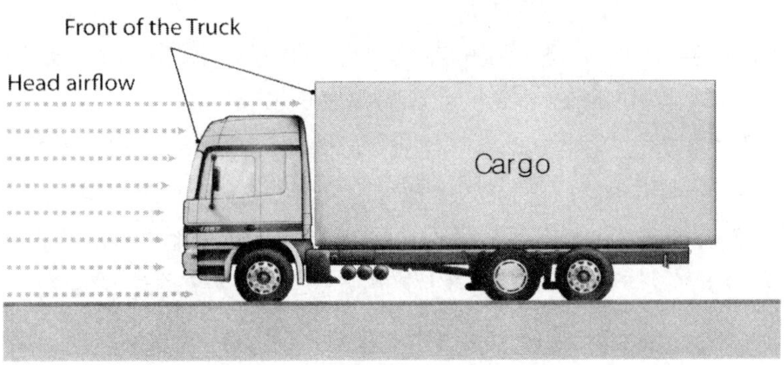


그림 8-3-2. 문제가 발생하는 시스템의 이미지.

최소문제 상황(그림 8-3-3)

A. 화물을 운반하는 시스템은 트럭, 공기 마찰 항력, 화물 그리고 공기 흐름을 포함한다.

B. 시스템에 최소의 변화를 주고 운송되는 화물의 양의 감소 없이 공기 마찰 항력을 감소시켜야 한다.

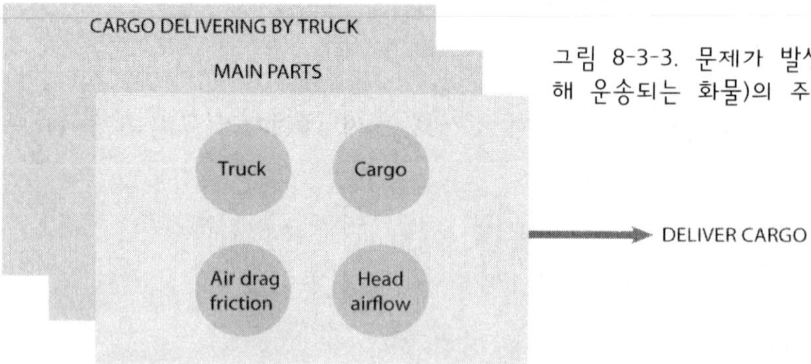


그림 8-3-3. 문제가 발생하는 시스템(트럭에 의해 운송되는 화물)의 주요 파트 리스트의 예제.

*1. 최소 문제는 혁신적 상황 속에서의 한계를 설명함으로써 만들어진다. : "모든 것은 바뀌지 않은 채로 남아 있거나 단순화 된다. 하지만 필요한 행동(특징)은 나타나거나 해로운 행동(특징)이 사라진다." 창의적인 상황에서 문제가 작은 상황으로의 전이는 작은 문제의 해결 방향이 결정되었다는 뜻이 아니고, 또 다른 요구(결과는 '아무것도 요구하지 않고' 얻어져야 한다.)의 도입이 모순 악화나 절충을 위한 길의 예상보다 빠른 감소를 초래한다는 뜻도 아니다.*

*2. 1.1을 적어 내려가는 동안 시스템의 부분만 작성할 것이 아니라, 시스템의 부분과 함께 상호작용하는 자연 요소들도 작성하라. 위에서 언급한 문제 속에서 시스템과 상호작용하는 자연 요소는 공기의 흐름이다.*

*3. 심리적 관성을 없애기 위해, 시스템의 부분과 단순한 단어들로 된 환경의 시스템을 알아보아라.*

*4. TRIZ에 있어서 '물질'은 시스템의 한 파트이다.*

**1.2 모순을 선택하라(그림 8-3-4).**

*5. 모순 시스템 모순을 포함한 산출물과 도구이다.*

*6. '산출물'은 문제의 상황에 따라 다른데, 진행되는(만들어지고, 변형되고, 바뀌고, 개선되고, 위험한 행동으로부터 보호되고, 발견되고, 측정되는 등등) 시스템의 부분이다.*

*7. '도구'는 산출물과 함께 직접적으로 상호작용하는 시스템의 부분이다(밀링이 아니라 밀링용 커터, 버너가 아니라 불꽃.). 특히 도구는 환경의 한 부분이 될 수도 있다. 도구는 또한 산출물을 조립하는데 사용되는 표준 부분이 될 수도 있다. 각각의 도구에는 두 가지 상황이 규정되어야 한다. 두 가지 상황이란 시스템의 주요 기능의 성능과 관련된 한 매개변수의 다른 두 개의 값을 뜻한다.*

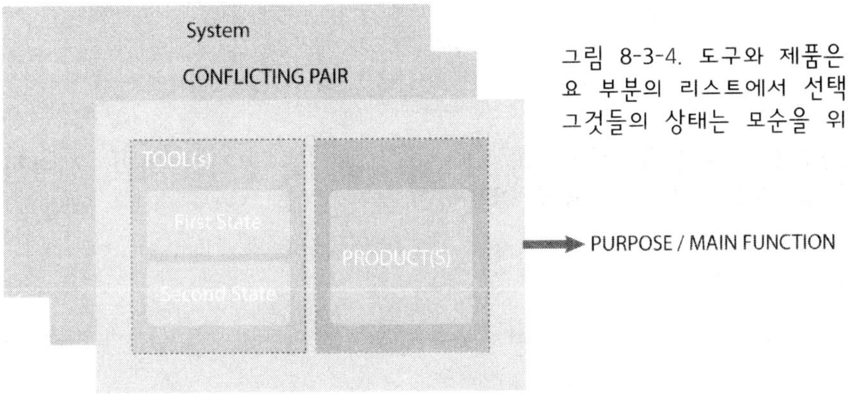


그림 8-3-4. 도구와 제품은 시스템의 주요 부분의 리스트에서 선택되어야 한다. ; 그것들의 상태는 모순을 위한 자원이다.

## 규칙

1. 만약 도구가 한 문제의 상황에서 두 개의 상태를 가질 수 있다면, 그 둘을 구체적으로 명시하라.
2. 만약 문제가 두 쌍의 동질 상호작용 부분을 포함하면 하나의 쌍으로 충분하다.

## ➽ 예제 : 트럭 (그림 8-3-5)

**제품** : 화물(대량, 소량), 공기 마찰 항력(고항력, 저항력).

**도구** : 트럭(빠른 속도, 느린 속도), 맞바람(빠른 속도, 느린 속도).

우리는 하나의 도구 트럭(빠른 속도, 느린 속도)과 두 개의 제품 공기 마찰 항력을 앞으로의 분석을 위한 모순으로 선택했다.

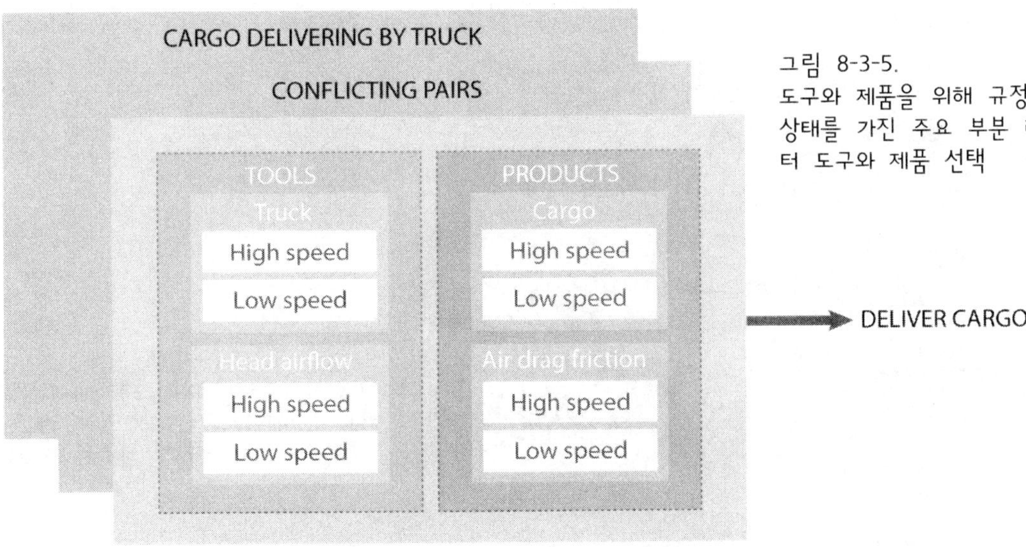


그림 8-3-5.
도구와 제품을 위해 규정된 두가지 상태를 가진 주요 부분 리스트로부터 도구와 제품 선택

*8. 모순의 한 부분은 하나의 도구가 다른 도구에 불리한 조건을 갖고 있거나, 두 개의 산출물 모두 같은 도구의 영향을 받거나, 또는 하나의 도구가 다른 도구에 불리한 조건을 갖고 있는 산출물에 동시에 영향을 미칠 수 있는 두 개의 다른 도구를 생산하기 위해 두 배가 될 수 있다.*

### 1.3 모순을 사용해서 시스템 모순 1과 시스템 모순 2를 공식화 하라. 전형적인 모순 표 가이드를 각각 사용해서 표를 만들어라. :

A. 시스템 모순 1을 정의한다.

B. 전형적인 모순 도표에 가이드를 사용하여 시스템 모순 1을 위한 도표를 만들고 선택한다.

C. 시스템 모순 2를 정의한다.

D. 시스템 모순 도표를 만들고 선택한다.

### 예제 : 트럭

A. 시스템 모순 1 : 만약 트럭이 낮은 속도로 움직이고 있다면, 저항은 줄어들지만❶ 하루당 배달되는 화물의 양은 감소한다❷.

B. 전형적 모순표를 위한 가이드를 사용하여 시스템 모순 1을 선택/만들어라(그림 8-3-6).

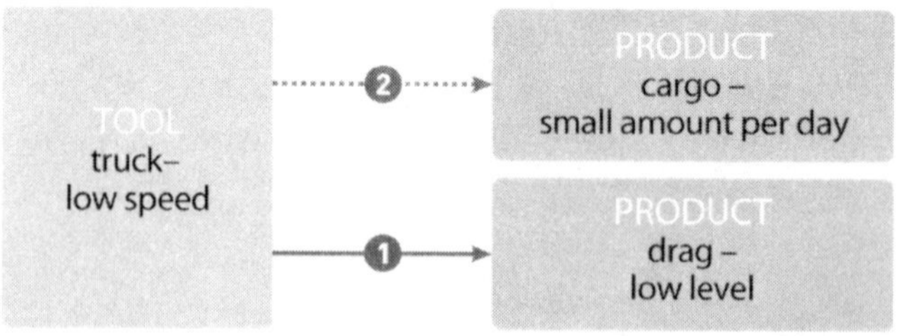


그림 8-3-6. 첫 번째 상태(낮은 속도)의 트럭이 시스템 모순 1을 위해 선택되었다. ; '트럭-낮은 속도'선택 때문에 '화물'과 '저항'을 위한 적절한 상태가 규정되었다.

C. 시스템 모순 2 : 만약 트럭이 빠른 속도로 움직인다면, 하루 당 운송되는 화물의 양은 늘지만 ❷, 저항은 상승한다❶].

D. 전형적 모순표를 위한 가이드를 사용해 시스템 모순 2를 선택/만들어라(그림 8-3-7).

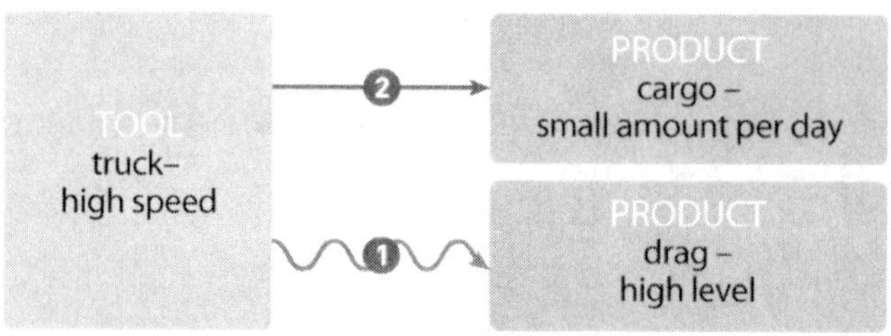


그림 8-3-7. 두 번째 상태(빠른 속도)의 트럭이 시스템 모순 2를 위해 선택되었다. ; '트럭-빠른 속도' 선택 때문에 '화물'과 '저항'의 적절한 상태가 규정되었다.

9. 시스템 모순은 아래와 같을 때 시스템 속에서의 상호작용이라고 불린다. :

- 유용한 작용은 해로운 작용도 동시에 야기한다.
- 유용한 작용의 도입/강화, 또는 해로운 작용의 제거/감소는 시스템

일부 또는 전체 시스템의 악화(특히 채택할 수 없는 문제)를 야기한다.

시스템 모순은 무엇이 좋고 나쁜지를 설명하는 시스템 부분의 일부에 대한 처음에 기술하고, 다음으로 같은 시스템의 반대 상황을 탐색하고, 마지막으로 무엇이 좋고 나쁜지 알아보는 것으로 공식화된다. 가끔 문제의 상황 마다 하나의 산출물만 주어진다. ; 도구가 없거나, 확실한 시스템 모순이 없다. 이런 경우에는 시스템 모순이 한 산출물의 두 가지 상황(둘 중 하나가 받아들여 질 수 없는 것 알지만)의 관습적인 사고에서 생산된다. 예를 들어, 육안으로 시각적으로 깨끗한 액체의 샘플 속에 떠다니는 미립자를 만약 이 입자들이 너무 작아서 빛이 입자들 옆으로 지난다면 어떻게 볼 수 있을까?라는 문제가 주어졌다.

<u>시스템 모순 1</u> : 만약 입자들이 작다면, 액체는 시각적으로는 깨끗하겠지만 육안으로 입자들을 관찰하는 것은 불가능하다.

<u>시스템 모순 2</u> : 만약 입자들이 크다면, 그것들을 육안으로 볼 수는 있지만 액체는 시각적으로 깨끗하지 못하고 그것은 받아들여질 수 없다.

<u>시스템 모순 2의 고려를 제외한 문제의 모순</u> : 산출물은 꼭 바뀌어야 한다. 사실 이 경우를 시스템 모순 1에서 시스템 모순 2로 진행 시키는 것은 또 다른 산출물 요구사항(작은 상태로 남아있는 미립자는 커져야 한다.)을 만들 것이다.

10. 모순의 두 가지 기능을 하는 도표는 몇 가지 문제에서 부딪힌다.

그림 8-3-8. 시스템 모순의 두 가지 기능을 하는 도표의 예제.

11. 단계 1.2와 1.3은 문제의 일반적인 공식을 확인한다. 단계 1.3 다음에는 1.1로 돌아가 단계 1.1,1.2와 1.3 사이의 개발과 관계에 불일치가 있었는지 체크해야 한다. 만약 이 세 단계에서 서로 일치하지 않았다면 일관성 있도록 고쳐져야 한다.

**1.4 두 개의 시스템 모순(시스템 모순1 또는 시스템 모순 2)으로부터 주요 산출물 과정(문제의 상황에서 확인된 시스템의 주요 기능)을 가장 잘 극복(해결)하는 하나를 골라라.**

### 예제 : 트럭

시스템의 주요 기능은 많은 양의 화물을 옮기는 것이다. 따라서 시스템 모순 2가 선택되어야 한다. : 빠른 속도의 트럭이 하루 당 많은 양의 화물을 운송한다(그림 8-3-9).

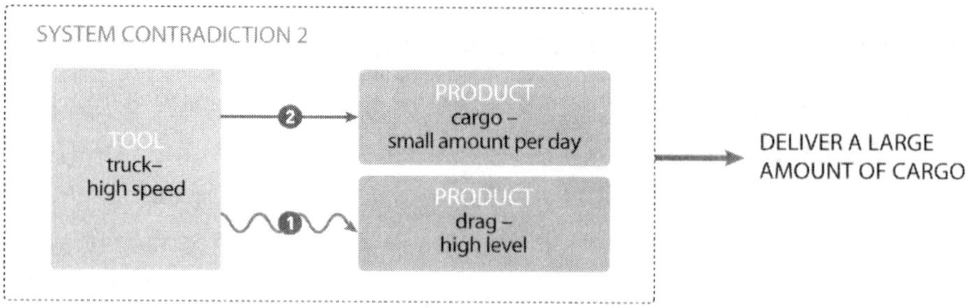


그림 8-3-9. 시스템 모순 2는 더 많은 분석을 위해 선택되었다. 왜냐하면 '트럭-빠른 속도'는 주요 기능 수행의 바람직한 수준을 제공하기 때문이다(하루당 많은 양의 화물 운송).

*12. 두 가지 중 하나의 시스템 모순을 선택함으로써, 도구의 두 가지 반대 상태 중에서 하나를 선택한다. 지정된 해결책은 새롭게 선택된 상태와 관련되어야 한다. 예를 들어, '트럭의 빠른 속도'는 '트럭의 적절한(시각적) 속도'로 대체될 수 없다. ARIZ는 모순의 약화보다는 심화를 요구한다.*

도구의 한 가지 상태를 유지하면서, 반대 상태에 있는 긍정적인 특징을 찾아야 한다. 예를 들면 '트럭의 빠른 속도'를 가지고 있는 반면, 트럭의 속도를 줄이지 않고 얻어지는 '낮은 공기 마찰 항력'을 원한다. 모델은 낮은 공기 저항 항력을 갖는 빠른 속도의 트럭을 갖기를 제안한다.

우리는 이제 정확하게 선택된 시스템 모순을 갖고 있다. ARIZ-85C는 세 가지 트리즈 파트를 사용하기를 권고한다. : 발명원리, 과학적 효과 그리고 특허(그림 8-3-10)

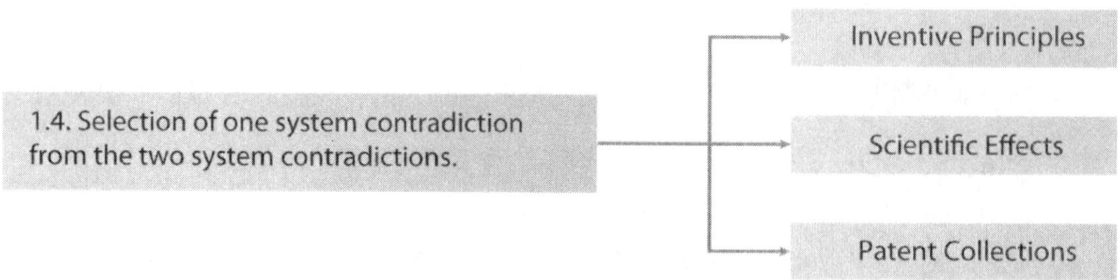


그림 8-3-10. 시스템 모순 선택 후(단계 1.4), ARIZ-85C는 해결책 창조를 위해 발명원리, 과학적 효과 그리고 특허의 사용을 권고한다.

### 시스템 모순 2 -> 발명원리 :

시스템 모순은 항상 두 개의 모순 매개변수로 이루어져 있다. - 트럭의 속도를 높이고 싶지만 그렇게 하면 공기 마찰 항력과 모순 구조를 이루고 있다. ;

속도 ↑ ← → 공기 마찰 항력 ↑ ⇒ 모순

39개 매개변수를 위한 리스트에서 가장 적절한 것을 선택하라 :

속도 (9. 속도) ← → 공기 마찰 항력 (11. 응력 / 압력) ↑ ⇒ 모순

알트슐러의 행렬은 우리가 풀어야할 시스템 모순 2를 가장 효과적인 발명원리로 찾을 수 있게 도와준다(그림 8-3-11). :

- 원리 6. 다용도
- 원리 18. 기계적 진동
- 원리 38. 산화가속
- 원리 40. 복합재료

원리 18. 기계적 진동은 다음을 제안한다. :

a. 물체에 진동을 가하라.

b. 물체의 주파수를 초음파까지 높인다.

c. 물체의 공명주파수를 이용한다.

d. 기계적 진동 대신 압전기의 진동을 이용한다.

e. 초음파와 전자기장 진동을 함께 사용한다.

컨셉 1에 의한 일반 해결책 : 트럭의 앞 표면에 진동을 가하면 공기 마찰 항력을 줄일 수 있다.

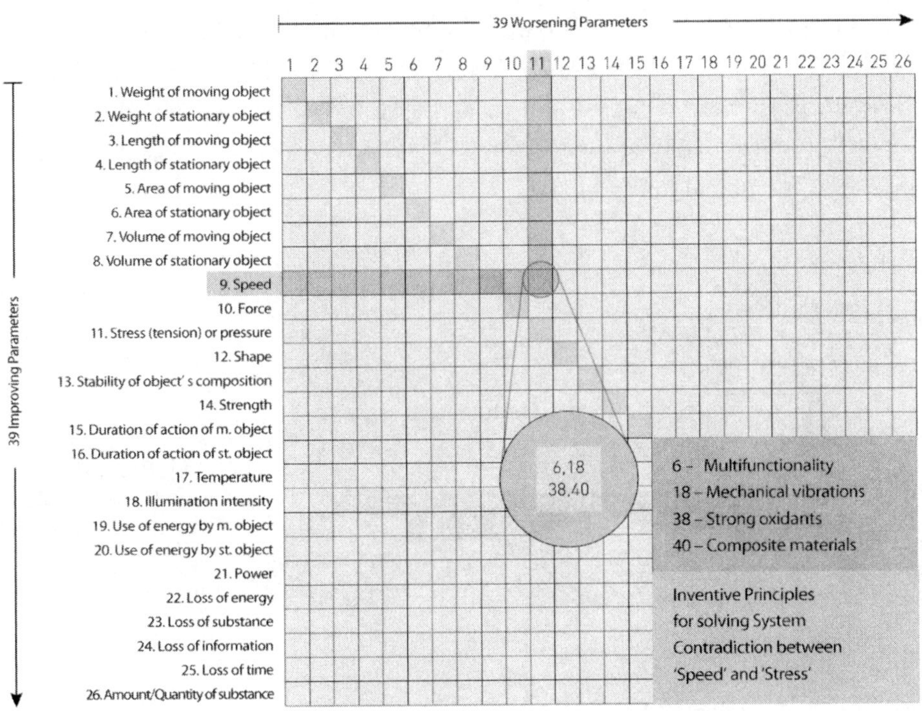


그림 8-3-11. 알트슐러 행렬을 이용한 시스템 모순 2 해결을 위한 발명 원리 선택.

### 시스템 모순 2 -> 과학적 지식 데이터베이스 :

컨셉 창조의 적절한 효과를 찾기 위해서 두 번째 모순 매개변수를 질문으로 바꿀 수 있다. : 어떻게 공기 마찰 항력을 줄일 수 있을까? 또는 어떻게 마찰 항력을 줄일 수 있을까? 또한 어떻게 마찰을 줄일 수 있을까? 이 질문들은 기능적 조사 또는 컨셉 창조를 위한 적절한 효과를 위한 질문으로 충분하다.

<u>컨셉 2에 의한 일반 해결책</u> : 저항을 줄이는 장치는 공기의 흐름이 통하는 풍동으로 이루어져 있다. 앞쪽의 기류의 일부는 풍동들로 나누어진다. 이 풍동들은 휠 아치를 지나가고 자동차 몸체의 옆쪽을 따라 흘러간다. 공기 흐름은 차량의 앞 뒤에 연결되어 있다. 공기역학의 항력 감소는 구멍의 횡단면에 비례한다(그림 8-3-12).

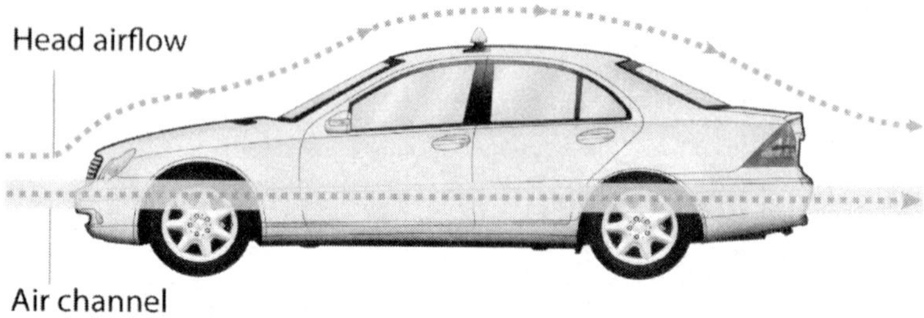


그림 8-3-12.
시스템 모순 2에 가능한 해결책은 자동차의 공기역학 항력을 감소시키는 풍동이다.

<u>컨셉 3에 의한 일반 해결책</u> : 자동차의 공기역학 항력을 감소시키기 위한 편향기는 자동차 뚜껑 위의 버팀대에 받쳐진 판을 포함한다. 기류와 관련된 판의 각도는 바뀔 수 있다. 변류기는 트럭이 움직일 때 기류의 방향을 바꾸고, 트럭 근처의 기류가 덜 요동치게 만든다. 트럭 위의 기류에 의해 생성되는 마찰은 감소한다. 이것은 저항력을 줄인다. 게다가 변류기의 각도는 트럭을 길에서 더 안정적으로 만들어주는 수직력을 만든다.(그림 8-3-13)

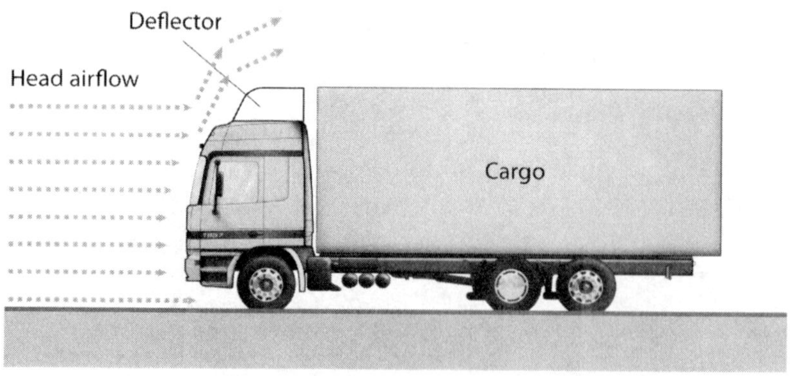


그림 8-3-13.
시스템 모순 2를 위한 실행 가능한 해결책은 자동차의 공기역학 저항을 감소시키는 편향기이다.

## 1.5 요소(파트)의 상태(작용)를 명시해서 모순을 심화하라.

•→ 예제 : 트럭

빠른 속도 대신 '매우 빠른 속도'가 시스템 모순 2에 명시되었다고 가정해 보자(그림 8-3-14).

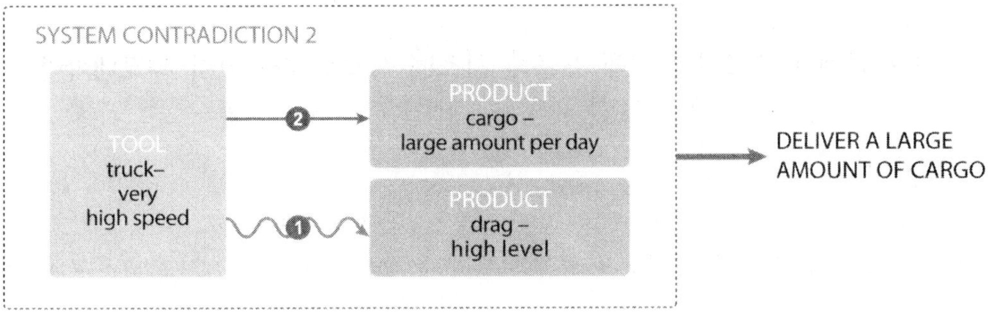


그림 8-3-14. 강화된 시스템 모순 2 : 매우 빠른 속도의 트럭.

## 1.6 명시된 문제 모델을 적어 내려가라.

A. 모순

B. 심화된 모순의 공식

C. 선택된 시스템 모순을 해결한 요소-x를 찾아라.

•→ 예제 ; 트럭

A. 도구 '트럭(빠른 속도, 느린 속도)'과 두 개의 산출물 '공기 마찰 항력과 화물'

B. 매우 빠른 속도의 트럭은 화물의 운반 양을 늘리지만 공기 마찰 항력은 상승한다.

C. 매우 빠른 속도의 트럭이 많은 양의 화물을 옮기는 능력을 유지하면서 높은 마찰 항력을 야기하지 않는 요소-X를 찾아라(그림 8-3-15).

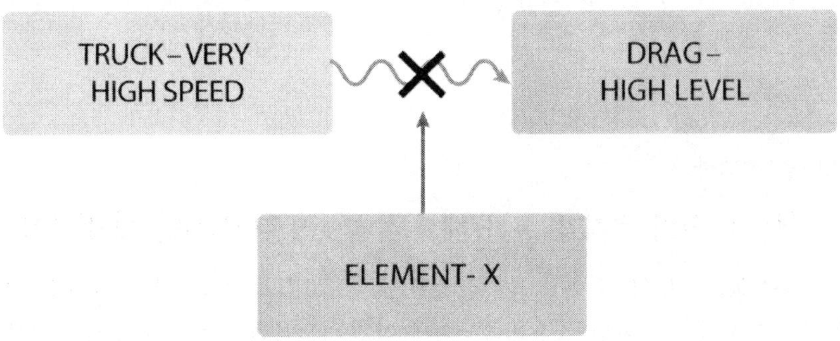


그림 8-3-15. 요소-X를 가진 문제 모델.

*13. 보통 요소-X는 시스템의 새로운 부분의 새로운 물질이 아니다. 요소-X는 이미 존재하는 시스템, 하위 시스템 그리고/또는 상위 시스템(환경)의 요소(시간, 공간, 장 그리고 물질을 포함)를 위한 매개변수의 모든 변화이다. 예를 들어 요소-X는 시스템이나 환경의 몇 가지 요소의 온도나 상태의 변화이다.*

## 1.7 문제를 해결하기 위해 표준해 시스템 사용이 가능한지 체크해봐라.

파트 1에서 문제 해결을 위한 흥미로운 해결책이 발견된다 할지라도, 항상 파트 2와 3을 끝가지 진행할 것을 권고한다.

*14. 종종, ARIZ 파트 1의 분석과 모델의 창조는 대부분 문제를 해결한다. 그리고 대부분의 경우 원래의 비표준 문제에서 표준의 특징을 볼 수 있게 해준다. 파트 1은 또 표준해 시스템의 더 효율적인 적용 기회를 제공해준다.*

➻ 예제 : 트럭

문제의 물질-장 모델을 만들어라. (그림 8-3-16)

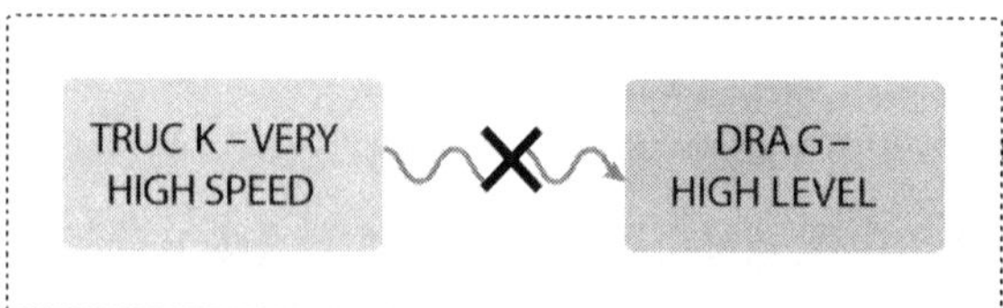


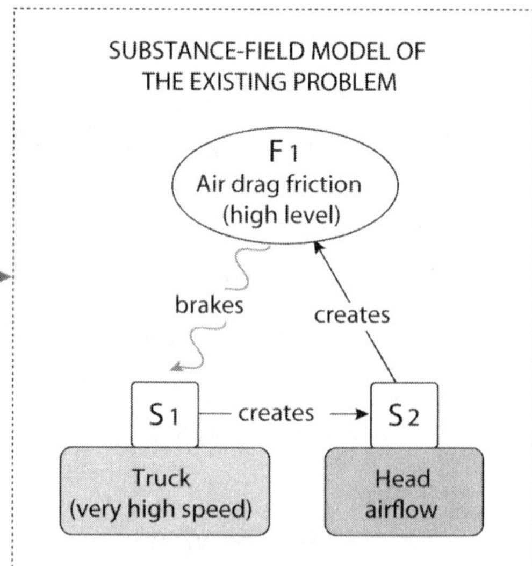


그림 8-3-16.
단계 1.7 후 ARIZ-85C는 분석적 모델을 물질-장 모델로 바꿔서 표준해 시스템을 사용하기를 권고한다.

표준해 시스템을 선택하라.

### 표준 1.2.4 - 새로운 장의 추가를 통한 해로운 상호작용(기능)의 제거(그림 8-3-17)

유용하고 해로운 작용이 물질-장 모델의 두 가지 요소 사이에 연결되어 있다면(물질의 직접 연결은 보존되어야 한다.), 문제는 유용한 작용이 $F_1$ 뒤에 남고, $F_2$가 해로운 요소를 중성화하는(또는 해로운 요소를 유용한 요소로 바꾸는) 이중 물질-장 모델로의 전환을 통해 해결될 수 있다.

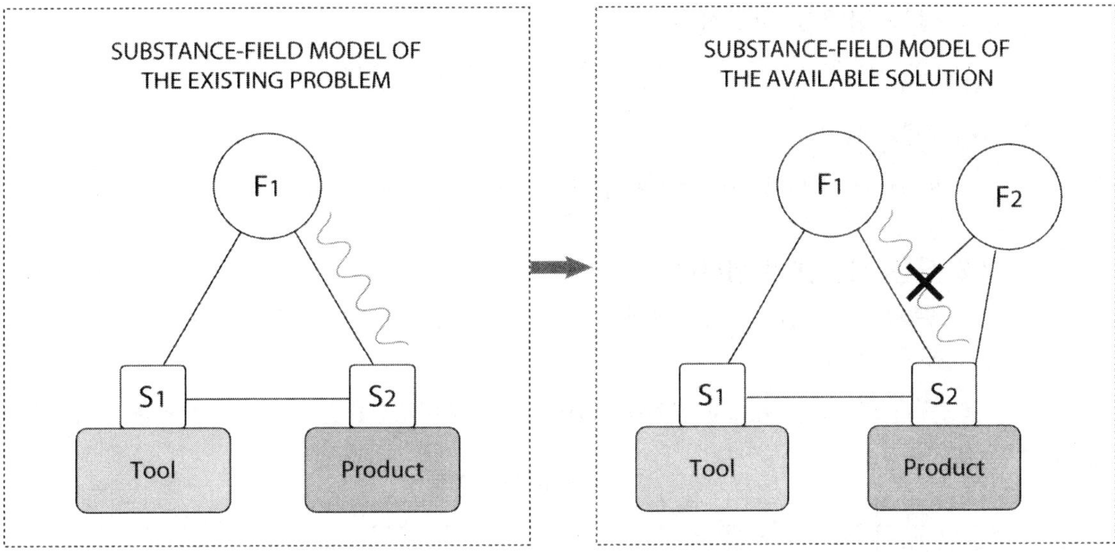


그림 8-3-17. 선택된 표준 1.2.4의 구조 : 새로운 장의 추가로 해로운 상호작용(기능)의 제거.

컨셉 4에 의한 일반 해결책 : 표면파의 작동은 공기 마찰 항력을 감소시킬 수 있다. (그림 8-3-18)

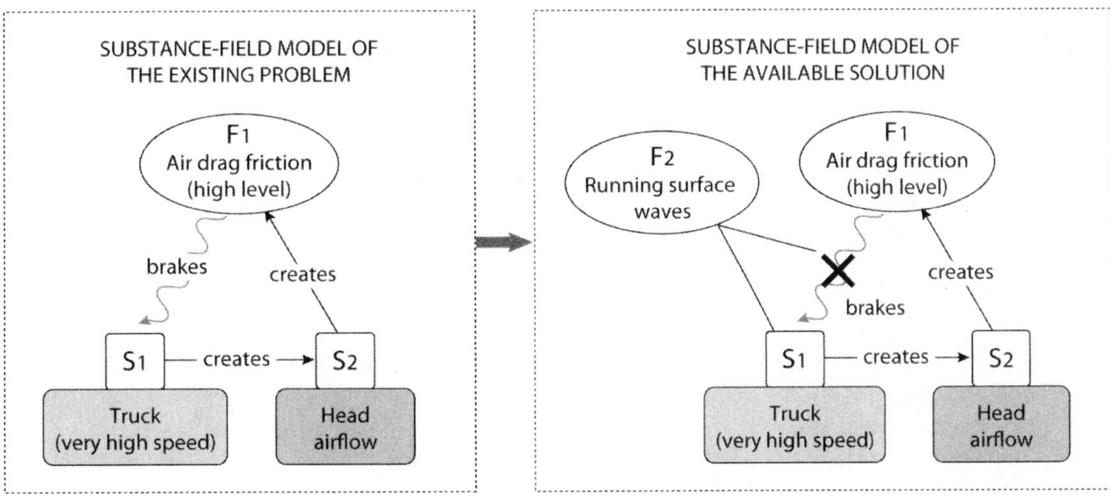


그림 8-3-18. 선택된 표준 1.2.4는 해결책 창조를 위해 사용된다. : 문제의 물질-장 모델은 작동하는 표면파가 장 2에 사용되는 해결 가능한 물질-장 모델로 변환된다.

## 파트 2 문제 모델 분석

ARIZ 파트 2의 목표는 문제를 해결하는데 사용될 수 있는 가능한 자원을 분석하는 것이다(공간, 시간, 물질 그리고 장의 자원).

### 2.1 갈등 영역을 결정하라

*15. 가장 단순한 경우에 모순 영역은 모순이 발생하는 구역이다.*

- 예제 : 트럭

트럭과 공기 마찰 항력 문제에서 모순 영역은 트럭의 표면과 맞바람이 만나는 부분이다.

### 2.2 작동 시간을 결정하라

*16. 작동시간은 시간의 사용 가능한 자원으로 모순 발생이전 시간인 $T_1$과 모순 발생시간인 $T_2$ 모두 여기에 속한다.*

*가끔 모순(특히 빠르게 작동되고 순간적인 모순)은 $T_1$ 동안 예방 될 수 있다. (그림 8-3-19)*

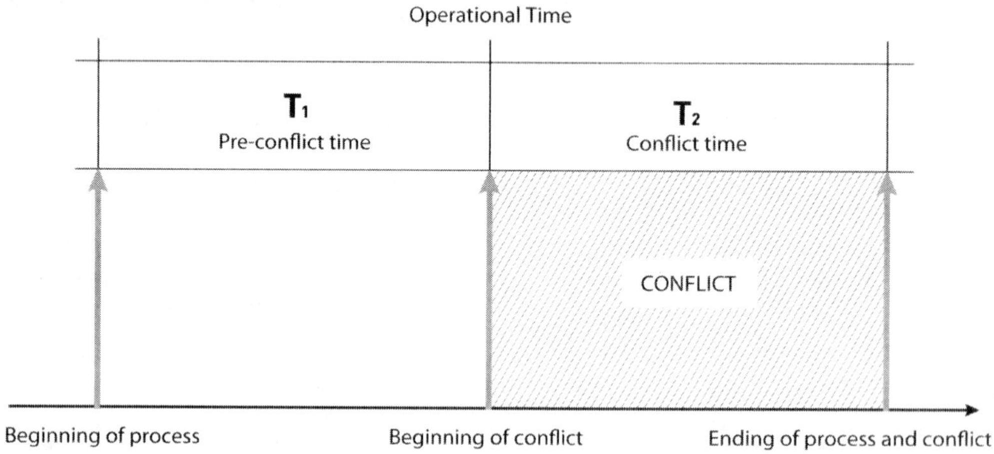


그림 8-3-19. 작동 시간의 구조

트럭과 공기 마찰 항력의 문제에서 작동 시간은 $T'_2$(모순 시간 -> 가속 시간)과 $T''_2$(모순시간 -> 높은 속도의 시간)의 합이다. (그림 8-3-20). 예제에서 모순 전 시간은 $T_1$을 갖고 있지 않다.

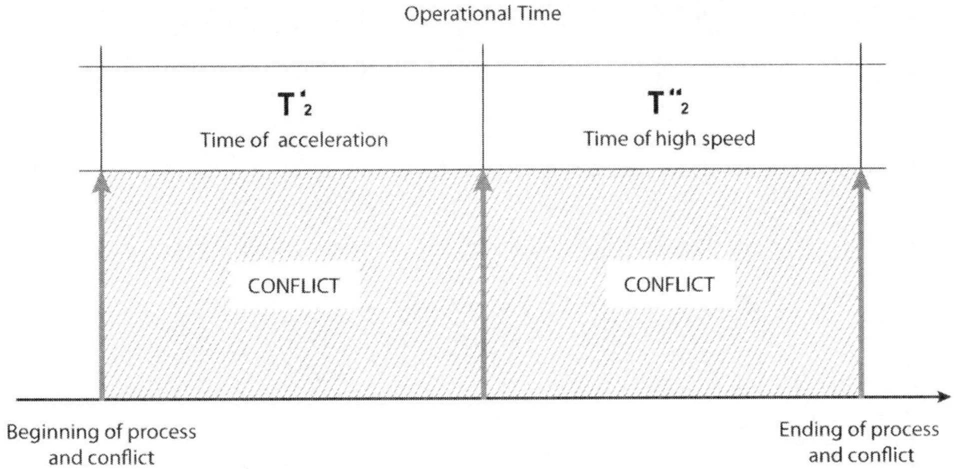


그림 8-3-20. 트럭과 공기 마찰 항력 문제의 작동시간 구조.

## 2.3 물질-장 자원을 결정하라.

물질-장 자원 사용의 주된 아이디어는 (시스템 문제 해결과 개발을 위해서는) 존재하는 시스템 물질과 장 자원(자연 환경을 포함한)의 매개변수 속의 전이를 이용하려는 것이다.

*17. 물질-장 자원들은 이미 사용 가능하거나 문제 모순 속에서 쉽게 만들어질 수 있는 물질과 장이다. 물질-장 자원에는 두 가지 종류가 있다. :*

*1. 내부 시스템의 물질-장 자원*

*2. 외부 시스템의 물질-장 자원*

*a. 문제가 존재하는 시스템 영역 주변에 있는 물질-장 자원*

*b. 모든 환경의 배경 장과 일반 물질-장 자원(예, 지구의 중력이나 자기장).*

### ➻ 예제 : 트럭

트럭 예제의 물질-장 자원은 표 8-3-1에 나와 있다.

| Internal-System Substance-Field Resources and their parameters | | | |
|---|---|---|---|
| Substance | Parameters | Field | Parameters |
| Truck | length | | |
| | width | | |
| | height | | |
| | area of the front surface | | |
| | temperature | | |
| | center of gravity | | |
| | shape, configuration of front surface | | |
| | shape, configuration of truck"body" | | |
| | speed | | |
| | power of engine | | |
| | fuel consumption | | |
| | aerodynamic resistance | | |
| | friction force between wheels and surface of road | | |
| Cargo trailer | weight | | |
| | length | | |
| | width | | |
| | height | | |
| | area of the front surface | | |
| | center of gravity | | |
| | temperature | | |
| | shape, configuration of front surface | | |
| | shape, configuration of cargo trailer"body" | | |
| | aerodynamic resistance | | |
| | fiction force between wheels and surface of road | | |
| Exhaust gases | direction of flow | | |
| | speed of flow | | |
| | temperature | | |
| External-System Substance-Field Resources and their parameters | | | |
| a. Substance-Field Resources of the immediate physical surroindings of the system where the problem exists | | | |
| Substance | Parameters | Field | Parameters |
| Head airflow | temperature | | |
| | speed | | |
| | direction | | |
| | pressure | | |
| | density | | |
| Surface of road | hardness of surface | | |
| | roughness of surface | | |
| | curvature of surface | | |
| b. General Substance-Field Resources for any environment, "background" fields | | | |
| Substance | Parameters | Field | Parameters |
| | | thermal field | temperature |
| | | sun energy | intensity |
| | | gravity | acceleration of gravity |

표8-3-1. 우리 예제의 물질-장 자원.

## 파트 3 이상해결책 1, 이상해결책 2, 거시적, 미시적 수준의 물리적 모순의 정의

ARIZ 파트 3의 적용은 이상해결책의 컨셉을 제공하고, 이상해결책 2의 성취를 제공하기 위해 제거해야 할 물리적 모순을 정의한다. 항상 이상해결책을 얻는 것은 불가능 하지만, 이상해결책 2는 가장 최상의 해결 방향을 가리킨다.

*18. 이상해결책 1 공식은 유용한 특징(또는 유해한 특징의 제거)의 성취가 다른 특징들(또는 유해한 특징의 등장)의 악화와 반드시 동반되는 것이 아니라는 것이다. 요소-X는 이상해결책 1의 공식에 포함되어있다.*

*19. 강화된 이상해결책 1은 물질-장 자원이 요소-X를 대체 하는 이상해결책 1 공식의 수정이다.*

*20. 이상해결책 2 공식은 선택된 물질-장 자원이 작동 시간 동안 모순 구역에서 반대되는 물리적 거시 상태 또는 미시 상태를 제공해야 한다는 뜻이다.*

### 3.1 이상해결책 1의 공식을 적어내라. :

시스템을 복잡하게 만들지 않거나 유해한 효과를 야기하지 않는 동안, 요소-X는 (효과적인 작동을 규정하는) 도구의 능력을 보존하면서 모순 지역에 있는 작동 시간 동안 (유해한 효과를 규정하는 것을) 제거한다.

**예제 : 트럭**

시스템을 복잡하게 만들지 않거나 유해한 효과를 야기하지 않는 동안, 요소 X는 트럭이 매우 빠른 속도로 달리는 능력을 유지하면서, 모순 장소에 있는 작동 시간 동안 공기 마찰 항력을 제거(감소)시킨다. (그림 8-3-21)

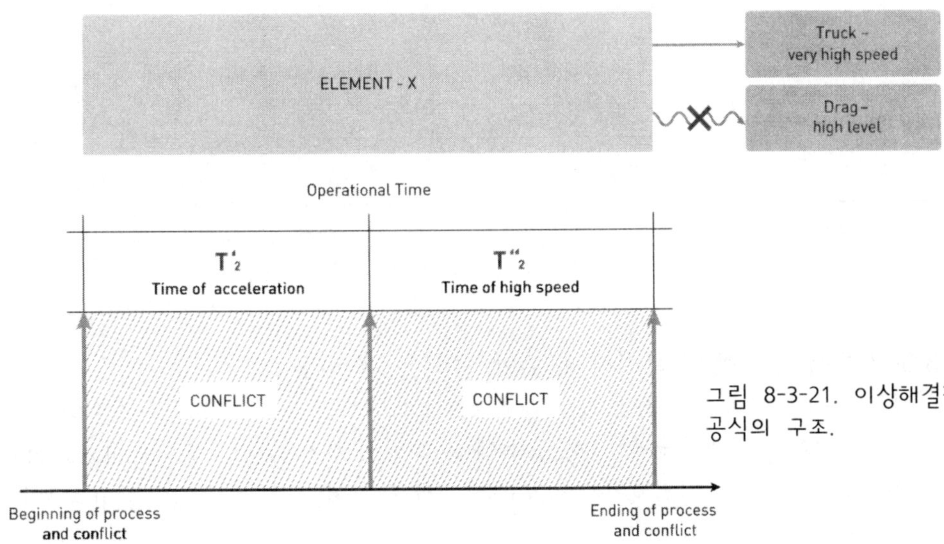


그림 8-3-21. 이상해결책 1 공식의 구조.

*21. 모순 '해로운 작용은 효율적인 작용과 연결되어 있다.' 뿐만 아니라, 다른 모순들도 가능성이 있다. 예를 들면 '새롭고 효율적인 작용의 도입은 시스템의 복잡성을 야기한다.', 또는 '하나의 효율적인 작용은 다른 것과 공존할 수 없다' 등이 있다. 그러므로 3.1의 이상해결책 1의 공식은 하나의 예제, 또는 이상해결책 1 설명에 불과하다.*

### 3.2 다른 요구 조건으로 이상적 해결안 1의 공식을 보강(강화)하라 :

시스템 속에 새로운 물질이나 장을 도입하지 않아야 한다. 요소-X를 위한 물질-장 자원을 사용하라.

↠ 예제 : 트럭

예제 자원으로 '앞쪽 기류'를 관련 매개변수인 '속도'와 함께 선택하라.

과정은 요소-X를 "앞쪽 기류"로 교체하는 것이다. : 시스템을 복잡하게 하지 않고 유해한 작용도 없으면서 '앞쪽 기류'가 '중요 지역'(앞쪽 기류와 트럭 표면 지역이 만나는)에서 '작동 시간' 동안 공기 마찰 저항을 제거하고, 트럭이 아주 빠른 속도로 달리는 능력을 유지한다. (그림 8-3-22)

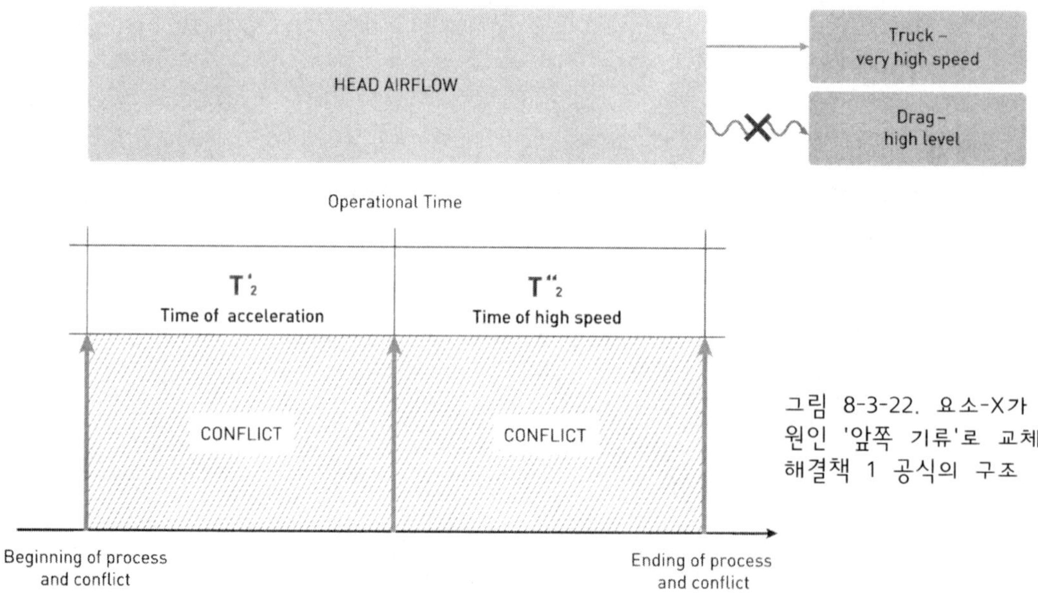


그림 8-3-22. 요소-X가 선택된 자원인 '앞쪽 기류'로 교체 된 이상해결책 1 공식의 구조

### 3.3 거시적 수준에서 물리적 모순의 공식을 적어라 :

작동 시간 동안 모순 구역에 있는 요소-X를 위해 선택된 요소는 모순 작용이나 요구 조건들 중 하나를 실행하기 위해 물리적 거시 상태(예를 틀면 '뜨거운')를 규정지어야 하고, 다른 모순 작용이나 요구 조건을 실행하기 위해 반대의 물리적 거시 상황(예를 들면 '차가운')을 규명해야 한다.

22. *물질-장 자원과 그것의 매개변수를 선택하는 것은 매우 중요하다. 선택된 물질-장 자원 매개변수의 모순 값은 "모순 구역의 작동 시간 동안 반대되는 물리적 거시 상태"의 창조를 위해 사용된다. 선택된 물질-장 자원매개변수의 모순 값은 "모순 구역의 작동 시간 동안 반대되는 물리적 거시 상태"의 창조를 위해 사용된다.*

→ 예제 : 트럭

작동 시간 동안 모순 구역에 있는 앞쪽 기류는 트럭이 매우 빠른 속도로 움직이기 위한 매우 빠른 속도를 가져야하고(그림 8-3-23), 앞쪽 기류가 트럭 표면과 접촉하는 부분에서는 속도를 가져서는 안 된다(그림 8-3-24).

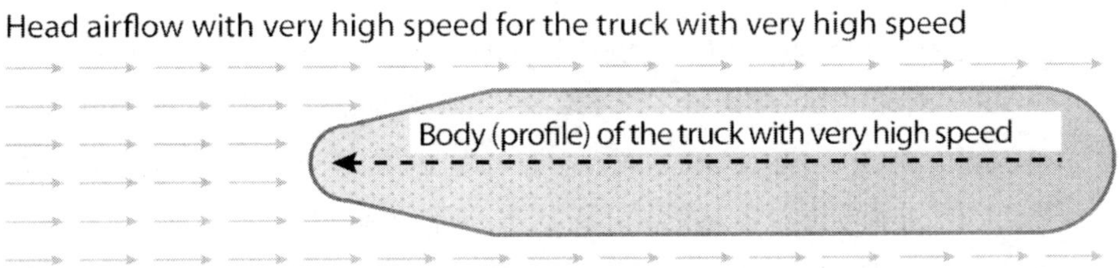


그림 8-3-23. 물리적 모순의 첫 번째 부분 ; 매우 빠른 속도를 가진 트럭을 위한 매우 빠른 속도를 가진 앞쪽 기류.

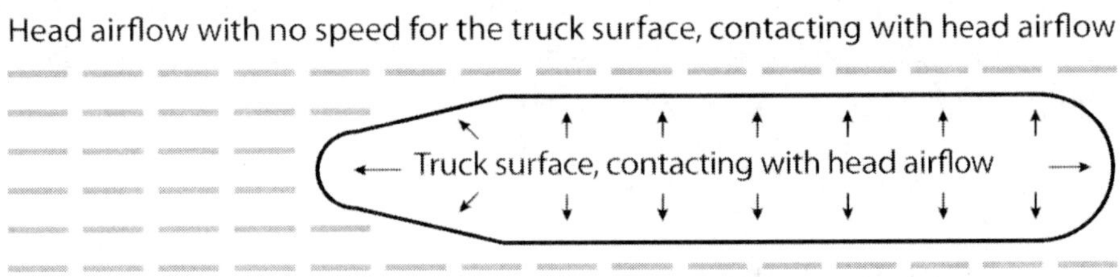


그림 8-3-24. 물리적 모순의 두 번째 부분 : 트럭 표면과 접촉하는 기류가 있는 속도 없는 앞쪽 기류.

공식은 아이디어를 제공한다. : 앞쪽 기류와 접촉하는 트럭의 표면에 속도가 없는 앞쪽 기류를 가져라. 그리고 앞쪽 기류와 같은 속도와 방향을 갖도록 하는, 앞쪽 기류와 접촉하는 트럭 표면을 가져라.

이것은 당연시 완벽한 해답이 아니다. 예를 들어, 어떻게 트럭의 표면이 움직일 수 있는가?

23. *물리적 모순은 두 개의 상호간에 반대되는 요구 사항들이 같은 요소를 위해 그 물리적 상태 관계 속에 존재하는 상황이다. 예를 들면, 뜨거우면서 차갑고, 전기를 전도하면서 차단하는 등등... 다르게 말하자면, 물리적 모순은 하나의 매개변수의 두 가지 다른 값 사이의 모순이다. 단계 3.3의 목표는 시스템 모순에서 물리적 모순으로의 전이를 만드는 것이다.*

24. *거시적 수준에서의 물리적 모순은 모순 구역 전체의 수준에서 만들어진다(예를 들면 모순 장소는 뜨겁기도 하고 차갑기도 해야 한다.).*

25. *만약 물리적 모순의 거시적 수준 적용이 어렵다면, 부분적 공식화로 서술 될 수 있다. : "요소(또는 모순 구역 속에 있는 요소의 한 부분)는 반드시 (규정하다)되어야 하고, (규정하다)되지 않아야 한다."*

ARIZ로 문제를 해결하는 데 있어서, 해결안은 점층적으로 발전한다. 과정을 해결안의 첫 번째 힌트에서 중단하지 말라. 해결안은 완전히 탐색되고, 개발되고, 완성되어야 한다.

## 3.4 미시적 수준에서 물리적 모순의 공식을 적어라.

물질의 조각(조각들의 상태나 작용을 규정하라)은 (단계 3.3마다 요구된 거시적 상태를 규정하라)을 제공하기 위해서 반드시 모순 장소 속에 존재해야 한다. 그리고 조각들은 (3.3 단계에서 요구된 다른 상태를 규정하라)를 제공하기 위해서 반드시 모순 구조 속에 존재하지 말아야 한다(또는 반대 상태나 작용을 가진 조각들이어야 한다.).

•➔ 예제 : 트럭

트럭 표면의 조각들은 트럭의 표면에서 기류의 빠른 속도를 경험하기 위해 움직일 수 없어야 한다. 그리고 트럭의 표면에서 기류의 정지를 경험하기 위해 움직일 수 있어야 한다.

이 공식은 해답을 위한 다음(그리고 아마 더 진화된) 아이디어를 가져온다. : 표면을 움직이는 기류는 미시적 수준의 물리적 모순의 요구사항을 모두 만족 시킬 수 있다.

이것은 물론 완전한 해답은 아니다. 예를 들어, 이렇게 움직이는 기류가 어떻게 만들어 질 수 있는가?

컨셉 5에 의한 일반 해결안 : 트럭 앞쪽의 표면은 표면을 움직이는 기류를 생성하는 압전의 필름으로 덮일 수 있다. 표면을 움직이는 기류의 속도는 앞쪽의 기류 속도를 조절할 수 있어서 공기 마찰 항력의 0으로 감소할 수 있다(그림 8-3-25).

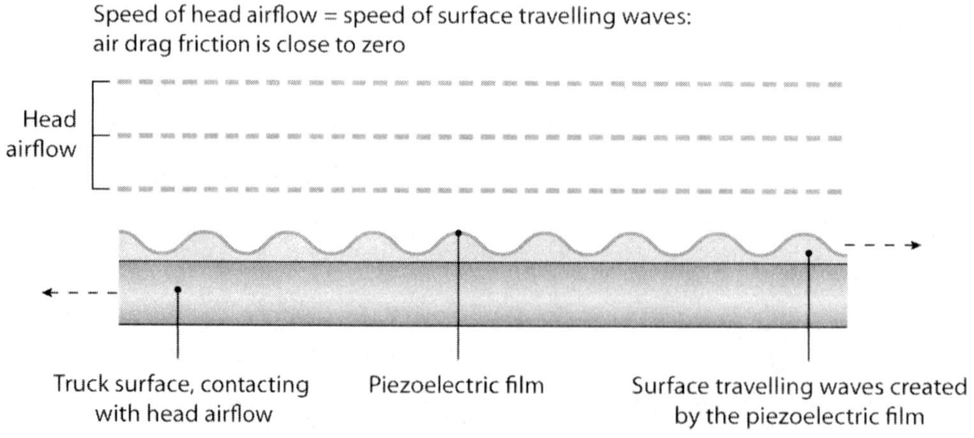


그림 8-3-25. 미시의 물리적 모순에 기반한 실현 가능한 해결안 : 공기 마찰 저항은 만약 표면을 움직이는 기류의 속도가 앞쪽 기류의 속도와 같다면 0에 가까워진다.

26. 미시적 수준에서의 물리적 모순은 모순 장소 요소를 위한 물리적 모순이다. 예를 들어 모순 장소이 존재하기 위해서는 요소들이 두 가지 반대 상황 속(빠르게 움직이거나 전혀 그렇지 않거나, 뜨겁거나 차갑거나)에 존재해야 한다.
27. 단계 3.4에서 조각의 개념을 규정할 필요는 없다. 이것은 분자, 이온 등등이 될 수 있다.
28. 조각들은 다음과 같은 것이 될 수 있다. :
    a. 물질;
    b. 다른 장과(덜 빈번하지만) '장 조각들'과의 조합속의 물질
29. 만약 문제가 오직 거시적 수준에서만 해결안이 있는 것 같다면, 단계 3.4가 실행되기가 어려울 것이다. 어떤 경우에서든, 미시의 물리적 모순을 구성하려는 시도는 충분히 유용하다. 왜냐하면 이것은 거시적 수준에서 문제를 해결하는 것을 도와주는 정보를 주기 때문이다.

ARIZ의 첫 번째 세 가지 부분은 최초의 문제를 상당히 중요하게 재배열 한다. 단계 3.5가 이 재배열을 마무리 짓는다. 이상해 2 구성 동안, 우리는 새로운 문제를 얻을 수 있다. - 물리적인 것이다. 그 다음 단계에서 이 문제가 해결되어야 한다.

### 3.5 이상해 2의 공식을 적어라

선택된 물질-장 자원은 모순 장소(규정하라)에서 작동시간(규정하라)동안 (반대되는 물리적 거시상태, 또는 미시 상태를 규정하라)을 제공해야 한다.

➻ 예제 : 트럭

앞쪽 기류는 표면을 움직이는 기류를 만들기 위해서 압전 필름의 압전기 요소를 활성화 시킨다. 그리고 트럭이 낮은 속도이거나 움직이지 않을 때에는 압전기 요소를 활성화 시키지 않는다.

컨셉 6에 의한 일반 해결안 : 빠른 속도의 앞쪽 기류는 압전기의 한쪽 부분을 활성화 시킨다(기류는 압전기가 압력을 가해 전기 에너지를 생산하도록 돕는다.). 전기 에너지를 적용함으로써 이 압전기는 표면을 움직이는 기류를 만드는 다음 압전기 부분을 활성화 시킨다. 표면을 움직이는 기류의 속도는 앞쪽 기류의 속도에 맞춰 질 수 있고, 공기 마찰 항력은 0으로 감소될 수 있다.

### 3.6 이상해 2에 의해 형성된 물리적 문제를 해결하기 위한 표준해 시스템 사용이 가능한지 체크하라.

# 8.4 전형적 모순표 가이드

ARIZ-85C의 단계 1.3에 만들어진 가장 자주 사용되는 10가지 시스템 모순을 위한 전형적 모순표가 있다.

## 1. 방해(그림 8-4-1)

- 예제 : 타이어 정지 마찰력

타이어는 도로를 밀고, 도로는 타이어를 손상시킨다.

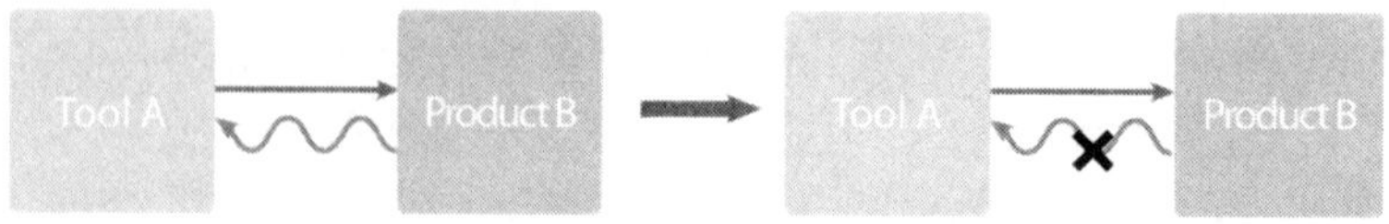


그림 8-4-1. 도구 A에서 제품 B로의 유용한 행동은 정반대의 해로운 행동과 동반한다(물결 모양 화살표).

## 2. 짝지어진 작용(그림 8-4-2)

- 예제 : 궁수

양궁의 과녁은 나무로 만들어진다. 과녁은 화살이 과녁 속을 뚫고 가기 때문에 수명이 짧고 쉽게 손상된다.

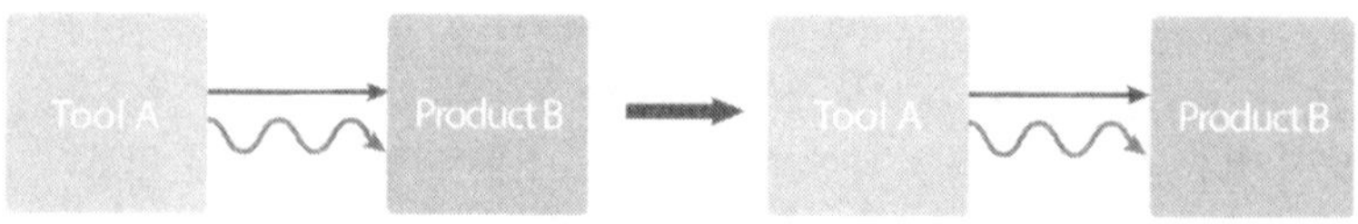


그림 8-4-2. 도구 A로부터 제품 B로의 유용한 작용은 같은 제품 B에 해로운 작용을 동반한다(예를 들면, 같은 작용은 다른 단계에서 유용하거나 해로울 수 있다).

## 3. 짝지어진 작용 (그림 8-4-3)

- 예제 : 방사선 처리

종양 조직은 높은 온도를 쬐면 파괴될 수 있다. 하지만 건강한 조직도 같이 파괴된다.

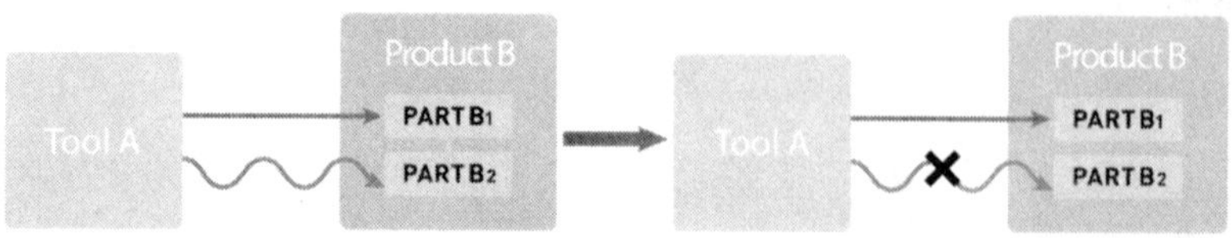


그림 8-4-3. 도구 A로 부터의 제품 B1의 한 부분에게의 유용한 작용은 같은 제품 B2의 다른 부분에 해로운 작용을 동반한다.

## 4. 짝지어진 작용 (그림 8-4-4)

- 예제 : 이 닦기

칫솔로 이를 닦는 것은 잇몸 손상과 출혈을 야기할 수 있다.

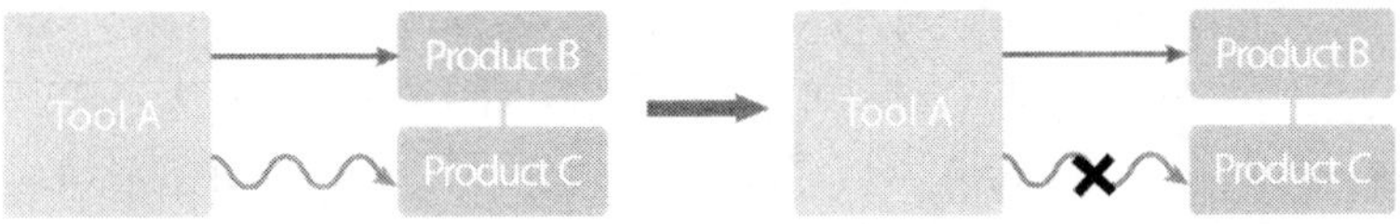


그림 8-4-4. 도구 A에서 제품 B로의 유용한 작용은 제품 C에게는 해로운 작용이다. 여기서 도구 A와 제품 B, 그리고 제품 C는 하나의 시스템을 만든다.

## 5. 짝지어진 작용 (그림 8-4-5)

- 예제 : 직불카드의 사용

직불카드로 물건을 살 때, 계좌에 있는 돈의 양이 줄어든다. 소비하는 돈을 메꾸기 위해서는 반드시 적절한 수입이 있어야 한다.

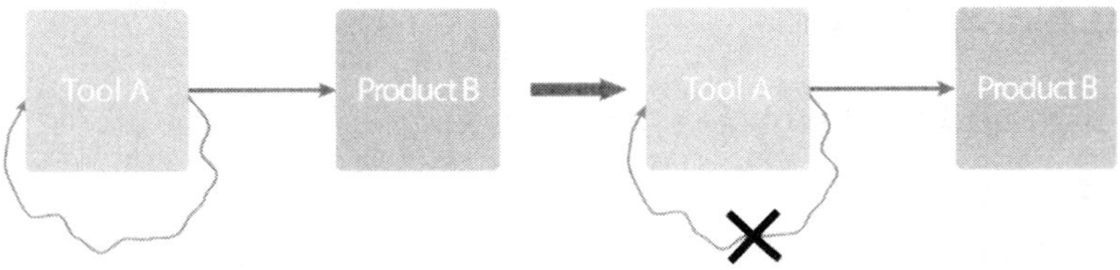


그림 8-4-5. 제품 B에 있는 도구 A의 유용한 작용은 A 자체의 해로운 작용을 동반한다(특히 A를 복잡하게 만든다.).

## 6. 공존할 수 없는 작용(그림 8-4-6)

- 예제 : 균일한 색칠

한 부분에 코팅을 칠할 때, 전류가 진동으로 분말-용융 구역에 공급된다. 진동된 전류의 주요 기능은 가루를 녹이는 것이다. 적용된 영구 자기장의 주요 기능은 퇴적 구역에 있는 가루를 붙잡는 것이다. 만들어진 코팅의 단단함과 균일함은 질이 별로 좋지 않은데, 왜냐하면 전류가 가루를 붙잡는 자기장의 수행능력을 저하시키기 때문이다. 만약 자기장이 진동에 적용되고, 각각의 진동이 전류 파동과 일치한다면, 가루는 녹아서 표면을 균일하게 코팅할 것이다.

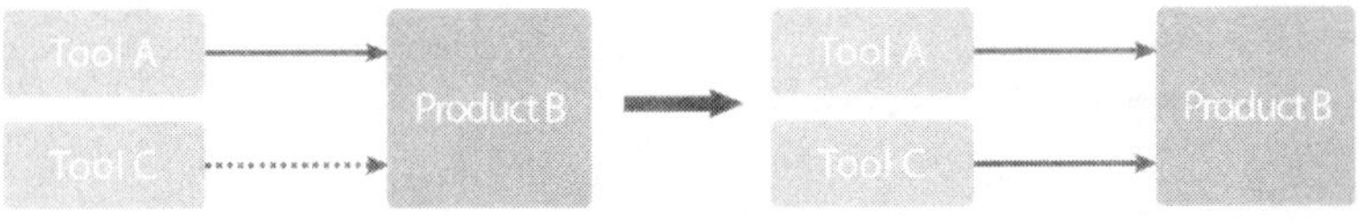


그림 8-4-6. 도구 A에서 제품 B의 유용한 작용은 도구 C에서 제품 B의 유용한 작용과 공존할 수 없다(예를 들면, 프로세싱은 측정과 공존할 수 없다.).

## 7. 불충분한 작용 (그림 8-4-7)

⊶ 예제 : 수상 스키선수의 점프 측정

수상스키 점프 길이는 마이크가 수상스키 선수가 표면에 닿을 때의 소리를 녹음해서 측정된다. 심판은 물에 닿는 순간을 지정한다. 소리의 전파시간과 공기 중의 속도는 길이를 결정한다. 물에 닿는 순간은 더 정확하게 측정되어야 한다. 공기 중에서의 소리 전파시간과 물속에서의 소리전파 시간 모두 측정되어야 한다고 제안된다. 두 개의 마이크가 사용된다. 소리는 물 밑의 마이크에 먼저 도착하고, 그 다음에 공기 중의 마이크에 전달된다. 이 사건들의 시간적 차이가 점프 길이와 정확하게 일치한다.(그림 5-3-8)

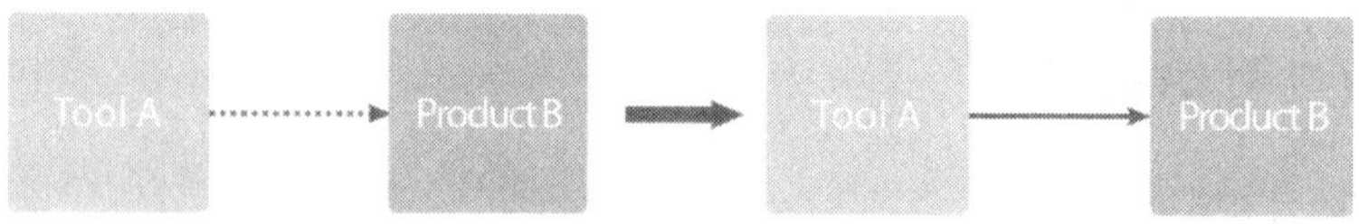


그림 8-4-7. 도구 A에서 제품 B로의 유용한 작용이 불충분하다. (직선 화살표).

## 8. 불완전하거나 부재하는 작용

### a. 두 개의 상호작용중 하나가 부재한다. (그림 8-4-8)

⊶ 예제 : 하키 선수들

몇몇의 하키 선수들은 개인적으로 경기를 하거나, 그들의 팀에게 패스를 하지 않는다.

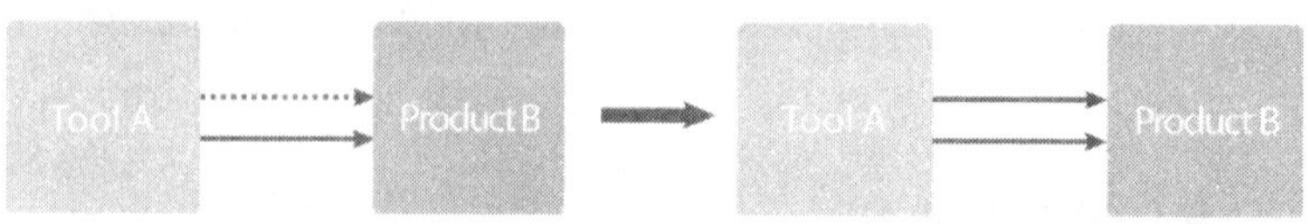


그림 8-4-8. 도구 A로부터 제품 B에게 두 가지 다른 유용한 작용이 있어야 한다. 하지만 그중 하나가 존재하지 않는다. (점선 화살표).

### b. 요구된 상호작용의 부재 (그림 8-4-9)

⊶ 예제 ; 농구선수

농구선수는 3점 슛을 시도했지만 골을 성공시키지 못했다.

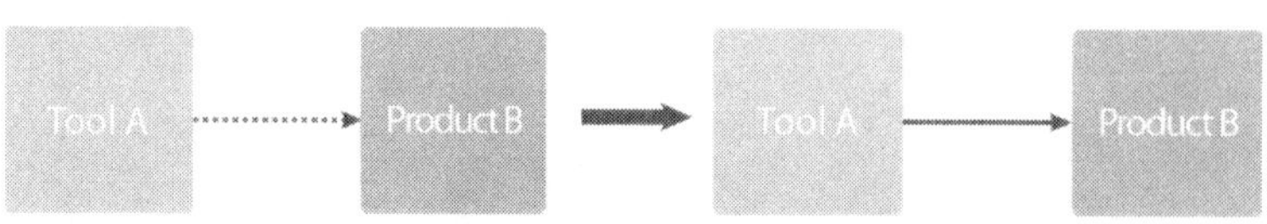


그림 8-4-9. 도구 A가 제품 B에서 활성화되지 못한다.

### c. 도구가 존재하지 않는다. (그림 8-4-10)

- 예제 : 풍력 발전용 터빈

덴마크의 엔지니어는 훌륭한 날개 3개가 달린 터빈을 디자인 했다. 그들은 날개를 돌릴 적절한 장이 필요했다. 날개는 발전기와 연결되어 전기를 만드는 회전축을 돌린다. 풍력이 날개를 돌리는 가능한 장으로 선택되었다.

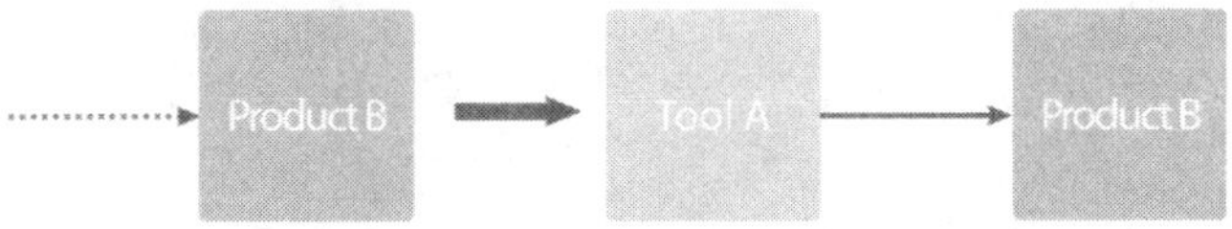


그림 8-4-10. 도구가 존재하지 않는다.

## 9. 지나친 작용 (그림 8-4-11)

- 예제 : 지나친 수면

하루에 8시간 이상 자는 것은 지나치다.

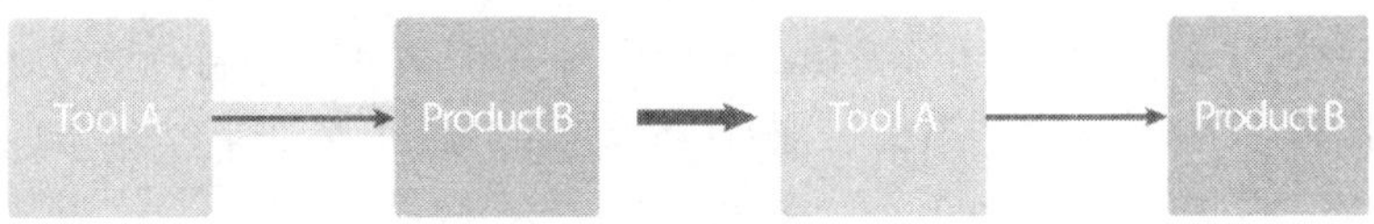


그림 8-4-11. 도구 A로부터 제품 B로의 유용한 작용은 지나치다.

## 10. 제어가 안 되는 작용 (그림 8-4-12)

- 예제 : 가스 흐름의 제어

압전기 판은 가스의 흐름을 제어한다.

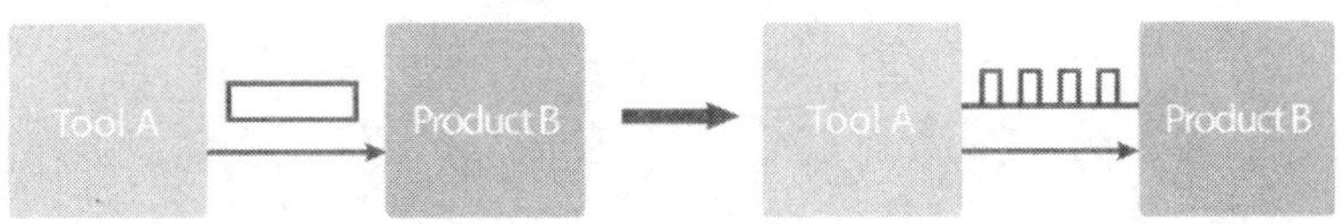


그림 8-4-12. 도구 A는 도구 B에서 제어가 안 되게 작용한다(예를 들면 계속해서). 하지만 요구된 행동은 반드시 제어가 가능해야 한다(예를 들면 진동하는).

## 8.5 요약

- ❖ ARIZ-85C는 시스템/프로세스를 분석하지 않고, 해결 되어야 할 가장 중요한 문제를 선택하지 않는다.
- ❖ ARIZ-85C를 시작하기 위해서, 잘 준비된 설명서와 문제의 확실한 시각적 이미지를 갖고 있어라(그림, 스케치, 사진, 그래픽…).
- ❖ 트리즈의 시작 부분인 ARIZ-85C는 최상의 방식으로 문제를 해결하는 순차적이고 논리적인 과정이다.
- ❖ ARIZ-85C는 트리즈 사용법의 가이드를 제공하고, 적적할 트리즈 요소들을 언제 어떻게 사용해야 하는지를 추천해준다.
- ❖ ARIZ-85C는 우리를 더 창의적이고 혁신적으로 만들어주고, 우리의 주적인 심리적 관성의 영향을 피할 수 있게 도와준다.
- ❖ ARIZ-85C는 수백 개의 문제에 실험되었다. ARIZ-85C의 새로운 사용자들은 종종 하나의 문제에 오직 하나의 해결안만을 개발하고는 프로세스에 발전을 바라는 실수를 저지른다. 그 변화는 물론 해결된 문제 하나만으로 프로세스를 향상시킬 수 있다. 하지만 다른 문제 모델에서는 잘 작동 되지 않을 것이다. 만약 ARIZ-85C에 제안된 변화의 폭넓은 실험(다른 문제들에게 최소 20개 이상)이 결과를 가져오지 않는다면, 프로세스의 퇴보를 낳게 된다.
- ❖ ARIZ-85C는 복잡한 도구이다. 도구의 다양한 요소들의 적절한 실행을 보장하려면, 80시간의 광범위한 트레이닝 후에 그것을 사용하라.
- ❖ ARIZ-85C는 생각을 자극시키기 위한 도구이지 생각을 대체하는 도구가 아니다. 서두르지 마라. 각 단계마다 공식을 철저히 다시 생각하라.
- ❖ 초보자들에게, 첫 번째 세 부분이 혁신적인 해결안 창조를 하기에 상당히 충분하다.

## 8.6 연습문제

아래 열거된 문제들의 적절한 해결안을 찾기 위하여 ARIZ-85C의 첫 번째 세 부분을 사용하라.

### 문제 8-6-1 이스터 섬의 모아이 석상 (그림 8-6-1)

이스터 섬은 모아이라고 알려진 거대한 석상이 해안가 이곳저곳에 흩어져 있는 것으로 잘 알려져 있다. 이 조각상의 높이는 10미터에 이르고, 20톤이나 그 이상으로 무게가 나간다. 이스터 섬의 거주자들은 어떻게 거대한 석상을 섬 주변으로 옮겼을까?

그림 8-6-1. 이스터 섬의 거대한 조각상

### 연습 8-6-2 잠수함의 속도 (그림 8-6-2)

오늘날 최고의 잠수함(USS San Francisco)의 물 속 속도는 약 32노트(37mph)이다. 잠수함(또는 다른 물속의 물체가)의 속도가 어떻게 하면 빨라질 수 있을까?

그림 8-6-2. 빠른 속도의 잠수함은 37mph(59km/h)로 달릴 수 있다.

### 연습 8-6-3 진공청소기

표준의 진공청소기들은 매우 심각한 문제를 갖고 있다. 양탄자를 더 효과적으로 청소하기 위해서 진공의 흡입이 최대한 강해야 한다. 하지만 흡입이 강해질수록 그 진공을 제어하는 게 어려워진다. 어떻게 하면 문제가 해결될 수 있을까?

### 문제 8-6-4 조용한 탄약통

총이 발사될 때 소리가 나는 두 가지 주요 원인이 있다. 확장하는 폭발 가스로 부터의 소리, 그리고 총탄이 초음속으로 움직이는 소리(그림 8-6-3). 표준 소총 탄약통의 보통의 소음 수준은 160-165 dB이다. 이 수준을 130-135 dB까지 낮추는 전형적인 방법은 음속보다 느린 총알을 사용하고, 발사되는 소리를 줄이기 위해 디자인된 소음기(특수 총구 장치)를 끼우는 것이다. 하지만 소음기는 매우 복잡한 장치이고, 이것은 소리를 완전히 감소시키지 못한다. 조용한 탄약통을 만들어라.

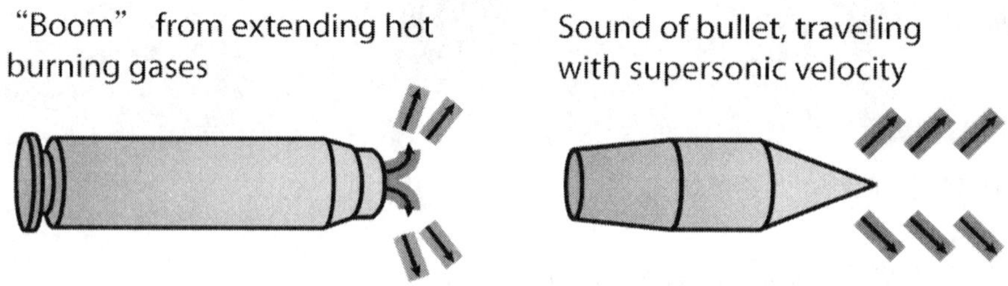


그림 8-6-3. 총이 발사될 때 소리가나는 두 가지 주요 원천이 있다. : 확장하는 폭발가스로부터의 소리, 그리고 총탄이 초음속으로 움직이는 소리.

### 문제 8-6-5 진동하는 공급 장치

진동기는 사각통의 바닥과 완고하게 연결된 판이 달린 사각통을 흔든다. 처음에 그 사각통은 요소들로 가득 차 있다. 시간이 지나면 요소(하중)의 양은 줄어줄고, 따라서 총 무게도 줄어든다. 하중이 줄어들면서 진동 시스템의 무게는 줄어들고, 진동의 진폭은 높아진다. 이 변화의 결과로 요소가 전달하는 속도는 불안정하게 된다(그림 8-6-4). 사각통 속에 있는 요소의 양과 상관없이 안정적인 전달을 제공하라.

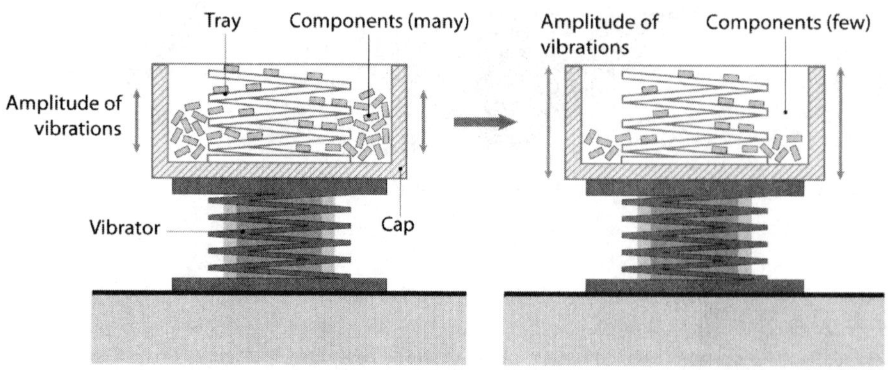


그림 8-6-4. 왼쪽에 보이는 요소들로 가득한 사각통과 요소들의 전달은 안정적이다. 반면에 오른쪽에 보이는 요소들의 양은 줄어들었고, 요소들의 전달은 불안정하다.

**문제 8-6-6 금속성이 함유된 부분의 압축 특성.**

금속 부분을 직접 압축하는 한 방법은 :

- 뜨거운 강괴를 원통형의 구조물에 놓아라.
- 뜨거운 철을 수천 파운드의 압력이 있는 압축 램을 사용해서 바라는 부분을 성형하기 위한 주형을 통해 압출 성형해라.

완성된 부분은 몇 가지 심각한 결점을 갖고 있다. 가장 낮은 밀도를 가진 철은 몰드 안의 구멍을 따라 흐르고, 그 부분은 종종 충분히 단단해지지 않는다(그림 8-6-5). 더 높은 밀도를 가진 부분이 어떻게 하면 생산될 수 있을까?

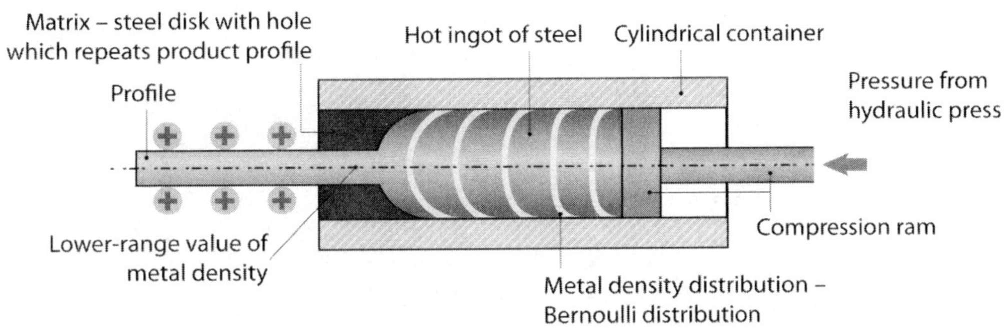


그림 8-6-5. 부분 점도가 중심 축 주변에서는 낮고, 벽 쪽에서는 높은 금속 부분을 압출 성형하기 위한 시스템.

# 창의적 상상력 개발

*TRIZ Technology for Innovation*

9

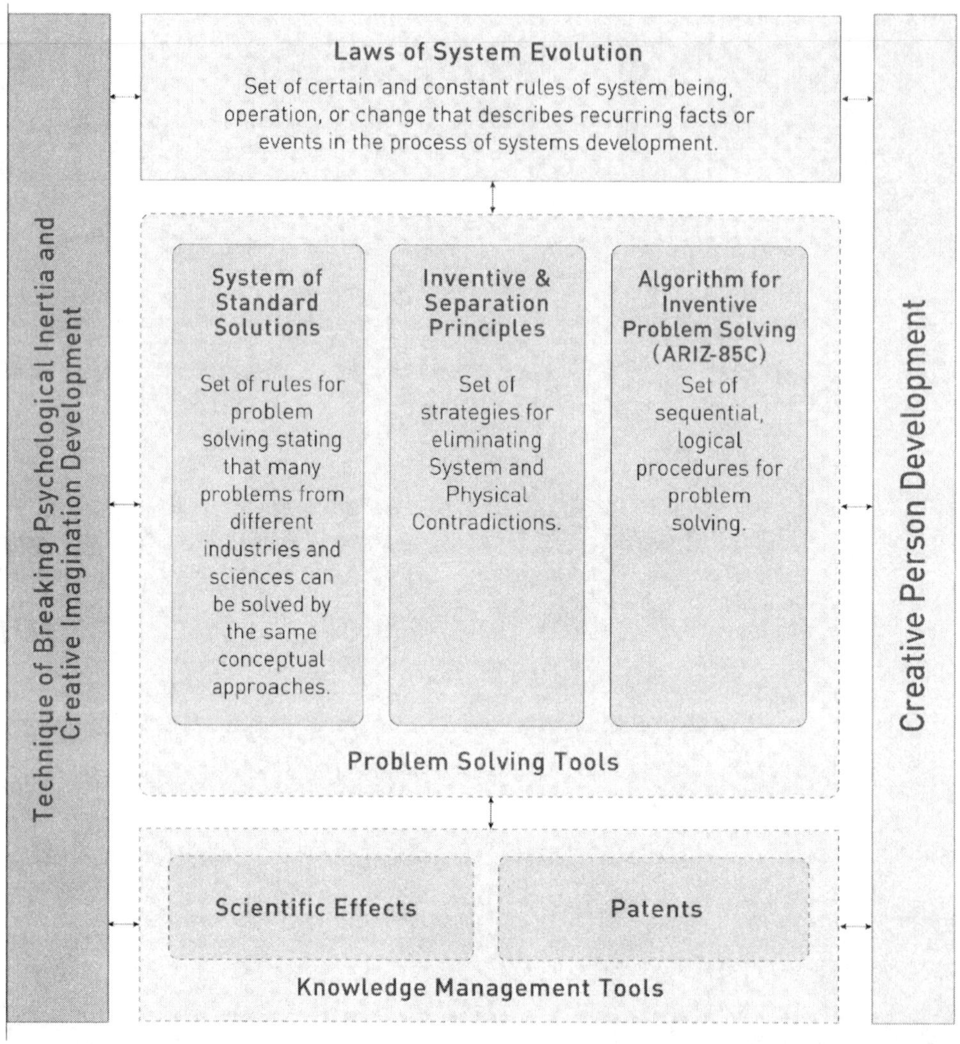
Laws of System Evolution
Set of certain and constant rules of system being, operation, or change that describes recurring facts or events in the process of systems development.
System of Standard Solutions
Set of rules for problem solving stating that many problems from different industries and sciences can be solved by the same conceptual approaches.
Inventive & Separation Principles
Set of strategies for eliminating System and Physical Contradictions.
Algorithm for Inventive Problem Solving (ARIZ-85C)
Set of sequential, logical procedures for problem solving.
Problem Solving Tools
Scientific Effects
Patents
Knowledge Management Tools
Technique of Breaking Psychological Inertia and Creative Imagination Development
Creative Person Development

## 9.1 소개

지식과 상상력에 대한 아인슈타인의 생각들은 모든 인류에게 특히 트리즈와 관련된 학생들에게 전달되었다.

저명한 프랑스 심리학자 Theodule-Armand Ribot는 그의 에세이 창의적 상상력에서 인간의 창조적 상상력의 최고점은 14~16살 사이에 발생한다고 하였다. 그리고 나이가 들면서 창의적 상상력은 떨어지기 시작한다. 이 말은 20세기 초에 있었던 말이다. 현재 Ribot 뒤에 백년이 지났고, 창의력의 최고점은 더 낮아지고, 최고점의 나이는 10~12살로 바뀌었다.(그림 9-1-1). 이러한 변화가 발생한 이유 중에 가장 큰 요인은 모든 연령대의 사람들에게 정보의 접근이 광범위하게 가능해졌다는 사실이다. 하지만 공개적으로 이용가능해진 정보가 우리에게 준 것은 표준적인 상황과 문제점을 위한 표준적인 해결안이다. 상상할 필요 없이 더 적게 생각하고 버튼을 클릭하면 해답을 얻을 수 있게 되었다.

확실한 것은 트리즈의 모든 모듈은 더 많든 더 적든 우리의 창의적 상상력을 개발시키고, 심리적 관성의 경향을 줄여준다. 하지만 트리즈 전문가로 되기 위해서는 이것들만으로는 충분치 않다. 70년대에 특별한 창의적 상상력 개발(CID: Creation Imagination Development) 코스가 필요하다는 것이 확실해졌다.

겐리흐 알트슐러와 Pesach Amnuel는 첫 번째 CID 코스를 70년대 말에 만들었다. 그 때부터 CID 코스는 창의적 생각을 위한 윤활유 역할을 하는 트리즈의 가장 효과적인 부분 중의 하나가 되었다.

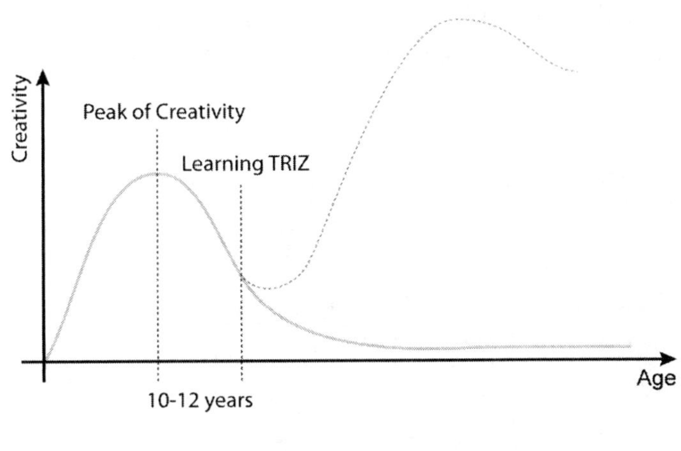


그림 9-1-1
창의력은 나이에 달려있는데 트리즈 교육을 받으면 완전히 달라진다.

나는 80년대 초에 트리즈교육에서 CID를 사용하기 시작했다. 교육의 매 시간마다 CID 주제에 대해 적어도 한 시간을 보냈다. 어떻게 기막힌 아이디어와 상황을 만드는지에 대해 토론했고, 흥미로운 과학 공상이야기와 소설들을 분석했고, 우리들만의 과학 공상이야기를 만들었다. 나는 CID 코스가 사용되지 않으면 트리즈 교육이 더 느리게 가고 성공적이지 않다는 것을 발견했다.

하지만 오늘날 CID 코스는 트리즈 교육의 대부분이 아니다. 사실, 현재 오늘날의 트리즈 청중들을 위한 CID 코스를 갖고 있지 않다. CID 코스는 업데이트 되어야 한다.

새로운 CID 코스에는 오직 기막힌 상황과 아이디어 창조를 위한 트리즈 도구만을 사용했다. 이것이 현재의 CID코스와 겐리흐 알트슐러와 암누엘 페사흐 라파엘로비치에 의해 개발된 CID 코스의 주요 차이점이다. 비록 새로운 코스가 완성되지는 않았지만, 주요 아이디어는 여기에 나타나 있다.

## 9.2 훌륭한 발견들은 무작위적이며 늦게 만들어졌다.

문명의 개발과 발전에 중요한 많은 발견들과 발명들은 처음 만들어지고 나서 시간이 훨씬 지날 때까지는 주목받지 못했다. 몇몇은 창조자들이 그것들을 바라지 않을 때 우연히 나타났다. 우리는 얼마나 많은 발견들이 주목받지 못해서 버려졌는지 상상만 할 수 있을 뿐이다. 실망스러운 것은 전도유망한 발견들을 하는 것과 그것을 적용시키는 것 사이에 엄청난 시간의 차이가 있었다는 것이다. 아쉽게도 이러한 경향은 오늘날에도 계속된다. 여기서, 새로운 아이디어의 넓은 적용을 억누르거나 막았던 힘들을 이해하기 위한 네 가지 다양한 발명품들의 역사를 볼 것이다.

### 페니실린

런던에 있는 세인트 폴 대성당 안의 알렉산더 플레밍 경(Sir Alexander Fleming) 지하실 묘비명(그림 9-2-1)의 저자는 아마 이렇게 말했다, "구세주 예수 그리스도는 우리에게 생명을 주셨고, 알렉산더 플레밍 경은 많은 사람을 위해 그 삶을 연장시켰다."

그림 9-2-1
런던의 세인트 폴 대성당 안에 있는 알렉산더 플레밍 경의 묘비명.

- 프랑스 의대생인 Ernest Duchesne가 1896년에 처음으로 곰팡이를 발견했다는 것을 기록했다. 따라서 역사적으로 페니실린은 1896년에 발견되었다.
- 페니실린은 알렉산더 플레밍 경이 1928년 런던에 있는 St. Mary's 병원에서 일하는 도중 다시 발견하였다. 한달 휴가를 떠나기 전에 의사 플레밍은 실험실의 어두운 구석에 박테리아 배양균이 있는 캔 몇 개를 두고 갔다. 그가 돌아왔을 때 곰팡이가 그중 하나의 캔에 형성되었고 포도상구균 박테리아가 사라졌다는 것을 발견했다. 이 현상에 대한 심층적인 연구 후에, 플레밍은 몇 가지 발견들을 이루어냈고, 1929년 9월 23일에 Medical Research Club에 의해 열린 미팅에서 발표된 그의 보고서 Culture Penicillin에서 발표되었다. 그런데 청중들은 흥미를 가지지 않았고, 어떤 질문도 없었다.
- 페니실린의 사용은 Howard Florey와 Ernest Chain이 유효성분을 분리시키고, 약품의 가루 형태를 개발한 1940년대까지 시작되지 않았다.
- D-day 동안, 페니실린을 필요로 하는 모든 병사들을 치료하기 위한 충분한 양의 페니실린이 손안에 있었고, 2차 세계대전이 끝날 때까지 페니실린은 수백만 명의 목숨을 구했다.

*한때 무차별적으로 사람들을 죽였던 폐렴, 매독, 디프테리아, 성홍열, 많은 상처, 그리고 출산 전염병이 갑자기 치료할 수 있게 되었다. 하지만 페니실린을 사용한 많은 전염병들의 치료는 44년이 늦춰졌다. 얼마나 많은 생명을 구할 수 있었을까? 수백만 명.... 아마 그 이상을 1차 세계대전과 2차 세계대전 동안 잃지 않았을까? 이것이 우리의 침체된 상상력의 표준원가인가?*

## 수소연료 전지

- 1839년, 웨일스의 판사, 발명가, 물리학자인 Sir William Robert Grove는 최초의 연료 연지에 대한 상상을 했다. 수소와 산소를 전해액 속에 섞어서 그는 전기와 물을 만들어냈다.
- 1889년에 Ludwig Mond와 Charles Langer는 공기와 산업용 석탄 가스를 사용한 작동하는 연료 전지를 만드는 것을 시도했다. William White Jaques는 인산을 전해액 용기 속에 사용한 최초의 연구자였다.
- 1920년대에 독일에서 연료 전지 연구는 오늘날의 탄산주기와 고체 산화물 연료의 개발을 위한 길을 닦았다.
- 1932년, 엔지니어인 Francis Bacon은 연료 전지에 관한 중요한 연구를 시작했다. 초기의 전지 디자이너들은 구멍이 있는 백금 전극과 유황산을 전해액 용기로 사용했다. 백금을 사용하는 것은 비쌌고, 유황산을 사용하는 것은 부식을 일으켰다. Bacon은 비싼 백금을 부식이 덜한 알칼리성 전해액과 덜 비싼 니켈 전해액을 사용한 수소와 산소 전지로 개선시켰다.

- ❖ Bacon은 1959년이 되어서야 그의 디자인을 완벽하게 했다. 그는 용접기를 작동시키는 5킬로와트의 연료 전지를 입증했다. 철학자와 정치가의 직계 후손이었던 Francis T. Bacon은 그의 연료 전지 디자인을 "Bacon Cell"이라고 명명했다.
- ❖ 1960년대 초반 General Electric이 연료 전지에 기반을 둔 전력 시스템을 NASA의 Gemini와 Apollo의 우주 캡슐을 위해 생산하였다. 같은 연료 전지가 승무원에게 마실 물을 제공하였다. General Electric은 그 디자인의 기초로 "Bacon Cell"의 원리를 사용했다.
- ❖ NASA는 연료 전지 기술을 분석하고, 그 기술을 민간 부분에 현재 사용가능한 수준까지 끌어올리는 200개의 연구 계약에 투자했다.
- ❖ 연료 전지로 작동되는 최초의 버스는 1993년에 완성되었다. 몇몇 연료전지 자동차는 현재 유럽과 미국에서 만들어지는 중이다. 연료 전지로 작동하는 자동차의 원형을 1997년에 출시했다.

*연료 전지는 약 170년이 되었고, 고갈되지 않고, 환경적으로 안전하고 항상 이용 가능한 에너지의 원천을 제공한다. 아마 우리의 상상력은 사하라의 공상 속에 갇혔는지도 모른다.*

## 망원경

- ❖ 위대한 이탈리아 과학자 갈릴레오 갈릴레이는 달의 분화구를 처음으로 보았고, 태양의 흑점, 목성의 4대 위성, 그리고 토성의 고리를 발견하기 시작한 최초의 사람이 되었다. 1609년에 천문학에 도입된 갈릴레오의 망원경은 유리 렌즈로 사물을 확대하기 위해 배열했다는 점에서 오페라 안경과 유사하다. 이 방식은 제한된 확대(갈릴레오는 최대 30배까지)와 좁은 시야를 제공했다. 갈릴레오는 그의 망원경을 재배치하지 않고서는 달 표면의 1/4 이상을 보지 못했다.
- ❖ 1704년, Sir Isaac Newton은 망원경 디자인의 새로운 컨셉을 발표했다. 유리 렌즈 대신 굴곡진 거울이 빛을 모으고 그 빛을 다시 초점 포인트에 반사시키기 위해 사용되었다. 반사시키는 거울은 빛을 모으는 양동이의 역할을 했다. 양동이가 클수록 더 많은 빛을 모을 수 있었다. Newton에 의해 디자인 된 반사경 망원경은 렌즈기구로 얻을 수 있는 범위를 넘어서, 물체를 수백만 배로 확대하는 문을 열었다.
- ❖ Newton의 단일 굴곡 거울에 빛을 모으기 위해 사용한 근본적인 원리는 수백만 년 동안 기준으로 남았다. 발생했던 주요 변화로는 반사 거울의 사이즈가 Newton이 사용했던 3인치 거울에서 하와이와 Chili에 있는 Geminii North와 South 망원경의 8.1미터의 단일 거울로 커졌다는 것이다.

*요리를 하는 페니키아 사람들이 기원전 3500년 경 모래에서 유리를 발견했다. 하지만 유리가 최초의 망원경을 위한 렌즈 모양으로 만들기까지는 5000년이 넘게 걸렸다. 우리의 문명은 언제나 물리학을 더*

*이해하면서 발달되었고 우주 속의 우리는 수세기 더 빨리 망원경을 발명했을 것이다...... 기원전에.*

## 물고기처럼(수중에서 숨 쉬는 시스템)

- ❖ 이스라엘 발명가인 Mr. Alan Izhar-Bodner는 다이버들이 수중에서 크고 무거운 산소 탱크 없이 숨 쉬는 방법을 개발했다. 그의 장치는 물고기가 하는 것처럼 물속에 녹아있는 산소를 이용한다.
- ❖ 물고기는 물에서 산소의 화학적 분리를 하지 않는다. 대신 물고기들은 숨쉬기 위해 물속에 있는 용해된 공기를 사용한다. 바다, 바람, 파동 그리고 수중의 흐름은 물을 통해 산소의 입자들이 퍼질 수 있게 도와준다. 연구는 해수면 아래 200미터 깊이에서 1.5%의 용해된 산소가 아직 존재한다는 것을 밝혔다. 이것은 마치 많은 양인 것처럼 들리지만, 이것은 작거나 큰 물고기들이 편하게 쉴 수 있는 정도밖에 되지 않는다.
- ❖ Mr. Bodner의 아이디어는 물고기가 수중에서 공기를 사용하는 방법을 흉내 내는 인공적인 시스템을 만들어내서 작은 잠수함과 다이버가 그들의 크고 무거운 압축된 공기탱크를 제거하는 것이었다.
- ❖ Bodner에 의해 개발된 시스템은 물리학에서 액체속의 가스의 흡수를 설명하는 "Henry's Law"이라 불리는 법칙을 사용했다. 이 법칙은 액체 속에서 용해될 수 있는 일정한 양의 가스는 액체의 압력에 대해 비례한다고 말한다.
- ❖ 압력 속에서의 이 변화는 바닷물을 담고 있는 봉합된 작은 방 속에서 빠르게 회전하는 원심분리기로 얻어진다. 계산은 1킬로의 리튬 전지가 다이버에게 약 한 시간의 다이빙 시간을 준다고 보여줬다.
- ❖ 기자는 Mr.Bodner에게 어디에서 그 아이디어를 얻었는지 물어봤다. Bodner는 아마 스타워즈 영화에서 영감을 받은 것 같은 자신의 7살짜리 아들이 산소 탱크 없이 다이빙이 가능한지에 대한 몇 가지 질문을 했다고 대답했다. 이것이 그를 생각하게 만들었다. 물속에 용해된 공기가 있고, 물고기들이 이 공기로 숨을 쉰다는 것을 아는데, 인간이 같은 것을 할 수 있는 기술을 개발할 수 있을까?

*William Henry는 1803년에 Henry의 법칙을 만들었다. Alan과 그의 아들 Aviv는 2005년에 Henry의 법칙에 기반을 둔 수중에서 숨 쉬는 시스템을 만들었다...200년 이 채 안돼서. 나쁘지 않다. 우리가 망원경을 5000년 동안 기다린 것에 비하면...*

이 짧은 역사를 고려하면서 우리의 질문으로 되돌아가 보자. 왜 이렇게 많은 대단한 발견들은 무분별적으로, 그리고 늦게 만들어지는 것일까. 그리고 왜 그것들이 나타나고 나서 오랜 시간 동안 사용되지 않았을까? 이 질문에 대한 겐리흐 알트슐러의 대답은 단순하고 깔끔했다. 심리적 관성과 낮은 창의적 상상력 수준 때문이다.

## 9.3 주요 발명 킬러, 심리적 관성

### 심리적 관성(PI)의 형성

### 9.3.1 자아

'상식'이라 믿어지는 것이 종종 지식보다 더 일반적이다. 미래에 대한 몇 가지 실패한 예견을 생각해 보자. 이러한 예들은 다른 과학과 산업 영역에서 유명하고, 지적이고, 존경받으며 경험이 많은 사람들에 의해 만들어진 예견이다.

#### 항공우주 산업

❖ "공기 보다 무거운 비행 기계는 불가능하다"

*Lord Kelvin, president, Royal Society, 1895*

Lord Kelvin(영국의 수학자이자 물리학자 ; British Royal Society의 회장)은 Orville와 Wilbur Wright 형제가 그들의 엔진을 돌리고 Kitty Hawk의 사구로 첫 비행을 하고 역사 책 속으로 들어가기 불과 8년 전에 이 말을 했다.

❖ "이것보다 더 큰 비행기는 만들어질 수 없다."

*10명을 태울 수 있는 쌍발 엔진을 가진 비행기인 247의 첫 비행 뒤의 보잉 엔지니어*

만약 이 엔지니어가 에어버스 A380을 봤다면 뭐라고 했을까? 에어버스 A380는 면세점, 식당, 심지어는 사우나와 최대 853명에게 좌석을 제공할 수 있는 보잉 747 점보 제트기 보다 50%가 넘는 바닥 면적을 갖고 있다.

#### 컴퓨터를 사용한 시스템

❖ "나는 아마 5개의 컴퓨터를 위한 세계 시장이 있을 것이라고 생각한다."

*Thomas Watson, chairman IBM, 1943*

이 예견이 만들어지고 나서 십 년 후에 사실이 되었다. 물론 1980년대가 오고 PC의 출현으로 이러한 발언은 어리석은 것이었다.

❖ "아무도 자신들의 집에 컴퓨터를 설치하기를 원할 이유가 없다."

Ken olson, chairman and founder Digital Equipment Corp., 1977

❖ "640K는 모두에게 충분 할 것이다."

*Bill gates, 1981*

## 에너지

❖ "교류를 가지고 노닥거리는 것은 시간 낭비일 뿐이다. 아무도 그것을 절대 사용하지 않을 것이다. "

*Thomas Edison, 1889*

❖ "핵에너지를 얻을 수 있는 조짐은 하나도 없다. 그것은 원자가 마음대로 산산조각 나야 한다는 것을 뜻한다."

*Albert Einstein, 1932*

## 정치

❖ "여자가 국무총리가 되려면 몇 년이 걸릴 것이다—내 세대는 아니다."

*Margaret Thatcher, October 26, 1969*

그녀는 이 말을 한 10년 뒤에 영국의 국무총리가 되었고, 그 자리를 1979부터 1990년 까지 지켰다. 하지만 그녀는 이 자리를 차지한 유일한 여자였기 때문에 그녀가 한 말이 완전히 틀리지는 않았다. 아마 그녀는 "다시는"이라는 말을 덧붙였어야 했다.

❖ "Reagan은 대통령 감의 외모를 갖지 않았다."

*United Artists Executive, rejecting Reagan as lead in 1964 film "The Best Man"*

1981년 미국의 제 40대 대통령이 되기 전에 Ronald Reagan은 배우 직업에 종사했지만 그의 할리우드 경력의 대부분을 'B급 필름'에 할애했다. 1964년에 레이건은 대통령 후보에 관한 영화에서 배역을 거절당했는데 그 이유는 그가 "대통령상의 외모를 갖지 않았기 때문"이었다.

## 약품

❖ "[HIV]바이러스는 고양이(pussycat)이다."

*Dr. Peter Duesberg, molecular-biology professor at U.C. Berkeley, 1988*

2006까지 공동유엔프로그램(The Joint United Nations Program on HIV/AIDS)과 세계보건기구(World Health Organization)는 에이즈가 1981년 12월 1일 처음 발견 된 뒤로 2천 5백만 명이 넘는 사람들을 죽일 것이라고 추정했다.

❖ "만약 과도한 흡연이 정말로 폐암 발생에 영향을 미친다면, 아마 별거 아닐 것이다."

*W.C. Heuper, National Cancer Institute, 1954*

1964년에 미국의 흡연과 건강에 관한 Surgeon General's Report는 흡연과 암 사이에 관련이 있다고 추정했고, 이 추정은 20년 뒤에 확실한 것으로 되었다. 요즘 담배 흡연에 장기간 노출이 폐암의 가장 일반적인 원인이라는 것은 잘 알려져 있다.

## 음악

❖ "가수 [Mick Jagger]는 떠나야한다. BBC는 그를 좋아하지 않을 것이다."

*그들의 첫 공연을 본 Rolling Stones의 매니저 Eric Easton이 그의 파트너에게 한 말.*

지금 우리는 Golden Globe, Grammy Award의 수상자인 영국의 싱어송 라이터이자, 록 음악가이자, 때로는 배우였던 Sir Michael Philip "Mick" Jagger가 위의 말에 대해 어떻게 말할지 궁금하다.

## 9.3.2 부분적인 제한이 전면적인 제한이 된다.

### ➽ 예제 9-3-1: 두 그룹의 사람

두 그룹의 사람이 있다. 그룹 1의 각각의 사람은 정확히 150파운드 씩 나간다(그림 9-3-1).

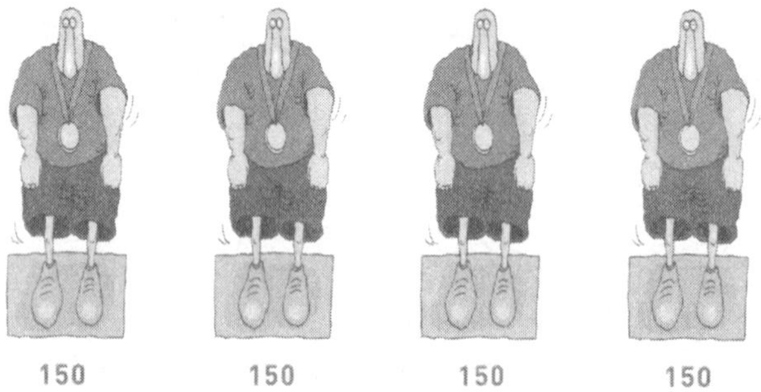


그림 9-3-1
그룹 1, 네 사람은 각각 150파운드 씩 나간다.

그룹 2의 각 사람은 정확히 200파운드 씩 나간다(그림 9-3-2).

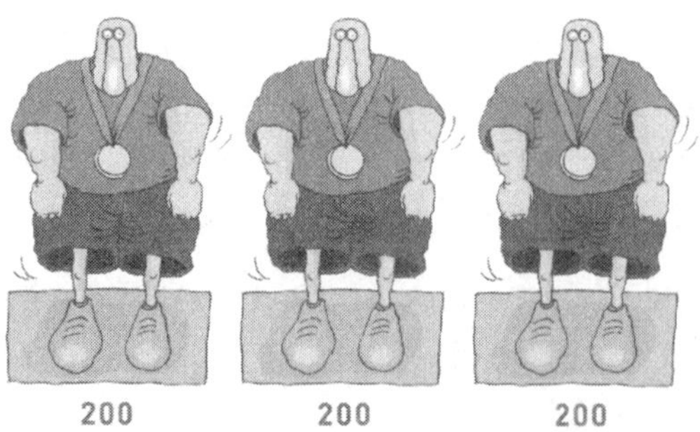


그림 9-3-2
그룹 2, 세사람은 각각 200파운드 씩 나간다.

이 두 그룹에서 선택된 세 사람은 총 550파운드가 나간다. 하지만 이들 중에 한 사람은 그룹 1에서 나올 수 없다. 1. 각 그룹에서 몇 명의 사람들이 선택 되었는가?

## 9.3.3 단어들과 그것들의 추정되는 성질과 특징

### ➽ 예제 9-3-2 : 조용한 개

두 명의 저명한 물리학자이자 노벨 수상자인 Pyotr Leonidovich Kapitsa와 Lev Davidovich Landau는 실험을 했다. 한쪽 줄 끝에는 프라이팬으로 연결되어 있고, 다른 한쪽 줄 끝에는 개의 꼬리가 연결되어 있었다(그림 9-3-3). 개가 어떤 속도로 달려야 프라이팬이 달가닥 소리를 내지 않을까?

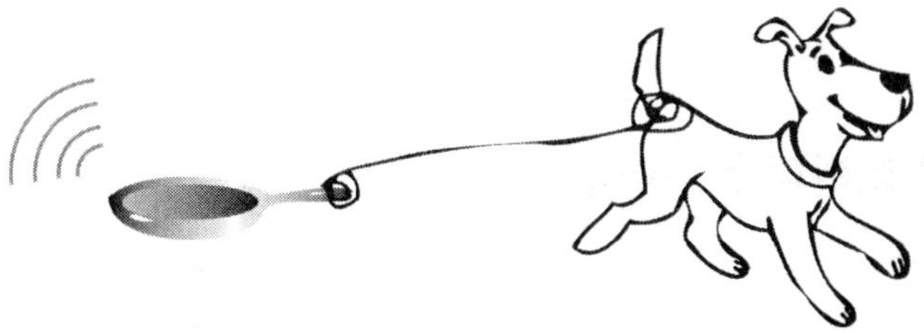

그림 9-3-3
개는 달리기 때문에 그의 속도 값은 0보다는 크다.

몇몇 문제 해결자들은 채택할 수 없는 포인트의 심리적 관성에 빠진다. 언급된 대로 문제는 사람들에게 개는 반드시 움직여야 한다고 은연중에 암시하고 있다. 하지만 사실, 이것은 제한이 아니다. 대답은 개의 속도 값은 0이어야 한다는 것이다(그림 9-3-4).

그림 9-3-4
개는 앉아있기 때문에 그의 속도는 0과 같다.

## 9.3.4 물체의 감각과의 연계

### ➽ 예제 9-3-3: 세 개의 전구

방안에 있는 세 개의 전구는 방 밖에 있는 분리된 세 개의 스위치에 의해 작동된다. 그리고 방에서 보이지 않는 곳에 있다. 최초의 상황은 어떤 불도 켜있지 않다는 것이다. 만약 불의 상태를 확인 할 수 있는 단 한 번의 이동만을 허락한다면, 방 밖에 있는 스위치의 위치에서 어느 전구가 어느 스위치인지 어떻게 알 수 있겠는가? 힌트 : 불을 감지하는 것은 오감 중에 하나에 불과한 시력과 관련되어있다. HINT:(그림 9-3-5).

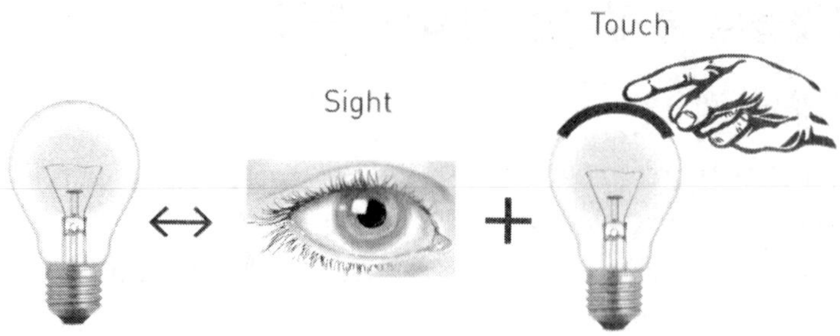


그림 9-3-5 우리 감각은 어느 전구가 어느 스위치인지 감지하는 것을 도와준다.

## 9.3.5 주어진 모든 정보가 유효하다는 추정

### 예제 9-3-4: 뱀 세 마리

뱀 세 마리가 완벽한 일직선을 따라 같은 방향과 같은 속도로 기어가고 있다(그림 9-3-6).

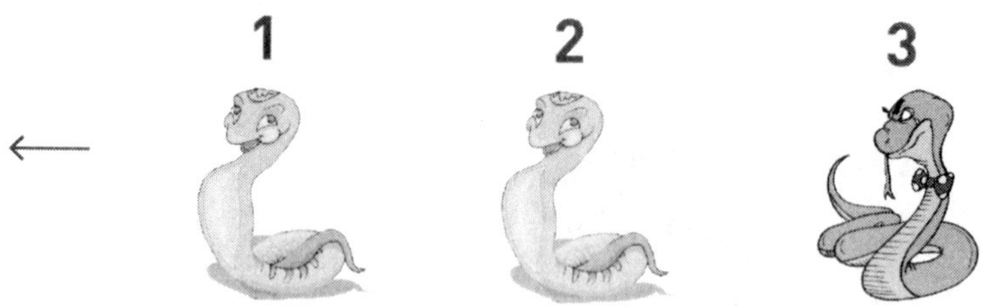


그림 9-3-6
뱀 세 마리(숫자 1, 2 그리고 3)가 완벽한 일직선을 따라 기어가고 있다.

첫 번째 뱀이 말했다, "난 뱀 1이야, 그리고 두 마리의 뱀이 내 뒤를 따라오고 있어." (그림 9-3-7)

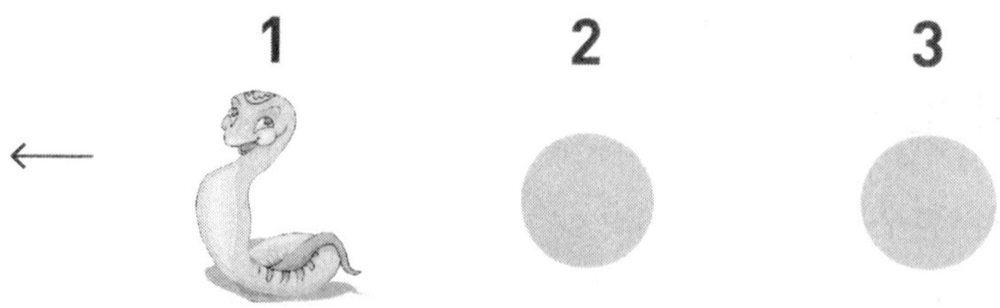


그림 9-3-7
뱀 1이 말한 것은 사실이다.

두 번째 뱀이 말했다, "난 뱀 2야. 그리고 내 앞에 기어가는 뱀이 1마리, 뒤에 기어가는 뱀이 1마리 있어." (그림 9-3-8)

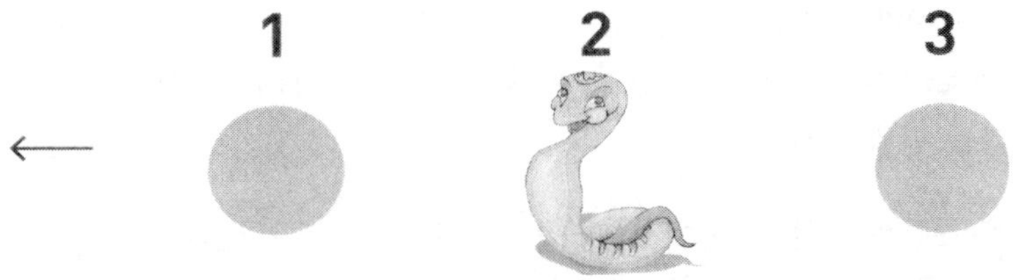


그림 9-3-8
뱀 2가 말한 것은 사실이다.

세 번째 뱀이 말했다, "난 뱀 3이야, 그리고 두 마리의 뱀이 내 뒤를 따라오고 있어." 이게 어떻게 가능한가? (그림 9-3-9)

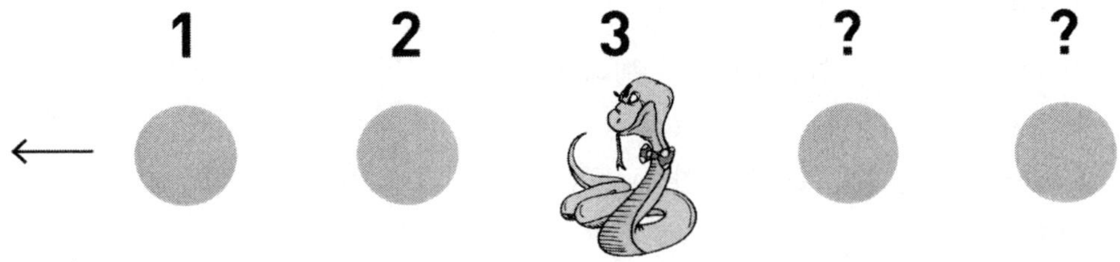


그림 9-3-9 뱀 3이 말한 것은 사실이 아니다.

모든 정보가 유용한가? 틀린 정보는 문제 해결의 엄청난 장애물이 되곤 한다. 몇 명의 문제 해결자들은 모든 것들이 주어졌다고 믿는다. 여기서 정답은 간단하다. : 세 번째 뱀이 거짓말을 하고 있다!

## 9.4 기막힌 아이디어와 상황 창작

세계를 주도하는 철강 생산 회사 중 하나인 서울에 있는 포스코 회사를 처음 방문했을 때, 나는 정문에 다음과 같은 마법의 단어를 발견했다. : 자원은 유한하고, 창의력은 무한하다. 이 말을 기억하라. 그것들이 창의적 삶에서 헤아릴 수 없을 정도로 도와줄 것이다.

### 9.4.1 시스템 수준에서 매개변수 값의 변화를 통한 기막힌 아이디어와 상황 창작

1. 혁신을 위한 하나의 시스템이나 물건을 선택하라. 가능하면 프로젝트에서 가능한 시스템을 골라라.
2. 선택된 시스템이나 물건을 위한 매개변수의 리스트를 만들어라.
3. 가장 선호하는 매개변수를 선택하고 그것의 존재하는 값을 상대적으로 큰 값으로 바꿔라(상승시키거나 감소시켜라). 이제 변화된 매개변수를 가진 시스템을 설명하라. 이것이 새로운 기막힌 아이디어이다.

4. 바뀐 시스템이나 물건을 여러 기막힌 모순과 문제들을 가지고 기막힌 상황을 만들기 위해 오래된 환경 속에 다시 놓아라. 그것은 새로운 과학 공상 이야기를 위한 컨셉이 될 수 있다. 하지만 그것은 또 시스템의 혁명의 다음 단계가 될 수도 있다.

기막힌 아이디어와 컨셉 창작을 위한 몇 가지 인기 있는 매개변수들의 리스트를 생각해 보아라. :

가속도, $m/s^2$
농도, $kg/m^3$
거리, m
효율성, %
에너지 (운동에너지, 위치에너지를 포함해서), J
에너지 소비
힘(부력, 양력/공기력, 중력을 포함해서), N
마찰
물질의 질량, kg
힘, W
가격/비용
생산성, 시간당 산출
질, 기회의 숫자 당 결함의 숫자
크기 (면적 $m^2$ ; 길이 m ; 높이 m ; 부피 $m^3$ )
물체의 속도(빛, 소리 등을 포함하여), m/s
온도, ℃
시간/프로세스의 지속시간/사건 (속도, 비율), s
점도, N $s/m^2$
물체의 무게, N

## ➽ 예제 9-4-1: 소리의 속도

1. 혁신을 위한 시스템이나 물체를 선택하라, 가능하면 너의 프로젝트에서 나온 시스템을 선택하라 - '소리'.
2. '소리'를 위한 매개변수의 리스트를 만들어라 :
   - 소리가 퍼지는 각도
   - 흡음계수
   - 진폭

- 진동수
- 진폭
- 진동수 이동
- 주기
- 단계
- 단계 이동
- 반사계수
- 음압
- 공기 중에서의 소리의 속도
- 투과 계수
- 파장

3. 네가 가장 좋아하는 매개변수를 선택한 다음 그것의 존재하는 값을 상대적으로 큰 값으로 바꾸어라 : 공기 중에서 소리의 속도는 343 m/s에서 0 m/s로 줄어든다. 소리는 그것이 만들어지는 공간에서만 존재할 수 있다.
4. 바뀐 시스템이나 물체를 새로운 기막힌 상황을 만들기 위해 예전의 환경으로 다시 되돌려라. : 사람들은 말할 수 있지만 아무도 그들이 말하는 것을 듣지 못한다. 하지만 개인은 한 지역에 소리 메시지를 남길 수 있고, 아마도 비밀인, 다른 누군가가 그 자리로 와서 들을 수 있다.

### ➽ 예제 9-4-2: 소리 퍼져 나가는 각도

1. 혁신을 위한 시스템이나 물체를 선택하라 - '소리'.
2. '소리'를 위한 매개변수의 리스트를 만들어라(위에 있는 것으로).
3. 네가 가장 좋아하는 매개변수를 선택하고 그 존재하는 값을 상대적으로 큰 값으로 바꾸어라 : 소리 퍼지는 각도는 360도에서 5도로 감소했다(그림 9-4-1). 소리는 좁게 모인 지역에서만 들을 수 있다.
4. 너의 바뀐 시스템이나 물체를 새로운 기막힌 상황을 만들기 위해 옛날 환경으로 되돌려 놓아라. : 가장 흥미로운 것이 이미 이루어졌다. 새로운 스피커 시스템은 소리를 스포트라이트처럼 바로 보낸다. 선택된 소리를 특정한 장소로 보내기 위해서 American Technology 회사는 팽팽한 길을 다니는 초음파를 사용한 극초음속 시스템(HSS)을 개발했다. HSS시스템에서 초음파 방사기는 음향의 인터페이스가 연결된 전압의 결정으로 만들어졌다. 이 장치는 200,000 Hz의 기준 신호와 200,200 Hz에서부터 220,000 Hz까지 다양한 신호의 초음파 한 쌍을 생산한다. 기준 신화와 다양한 주파의 신호가 상호작용하면, 그것들은 들을 수 있는 다른 신호를 생산한다. 몇 개의 극초음의 적용은 다음과 같다. :

- 신중한 스피커폰
- 지명된 메시지
- 지명된 광고
- 소리나는 총알

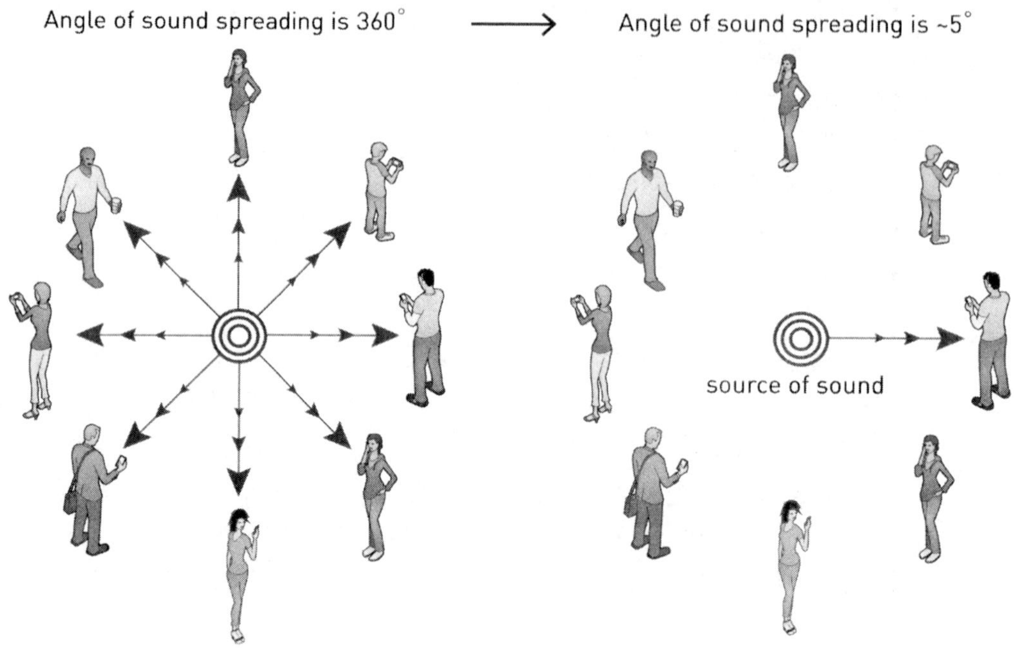


그림 9-4-1 만약 소리의 각도가 360도 이상으로 퍼지면 모든 사람들이 소리를 듣고, 만약 소리의 각도가 5도 정도만 넘는다면 오직 지명된 사람만 소리를 듣는다.

## 예제 9-4-3: 행성의 크기

1. 혁신을 위한 하나의 시스템이나 물체를 선택하라 - '행성'.
2. '행성'을 위한 매개변수의 리스트를 만들어라 :
    - 밀도
    - 자기장
    - 중력
    - 질량
    - 지름
    - 궤도 속도
    - 온도
    - 태양복사의 세기

3. 네가 가장 선호하는 매개변수를 선택하고 그것의 존재하는 값을 상대적으로 큰 값으로 바꾸어라 : 행성의 지름은 12715 km에서 50 m로 감소하였다. 그러한 행성에 있는 모든 것은 작아져야 한다.
4. 4. 바뀐 시스템이나 물체를 새로운 기막힌 상황을 만들기 위해 예전의 환경으로 되돌려 놓아라. : Antoine de Saint-Exupery의 어린왕자 소설은 작은 소년이었고, 그의 행성도 작았다. 어린왕자는 우리에게 그의 작은 행성에 있는 상황들을 정확하게 묘사해준다. 그는 한 문제로 시작을 한다. :

*"어린왕자의 집이었던 행성에는 몇 가지 끔직한 씨앗들이 생겨났다. ; 바오밥은 당신이 주의를 너무 늦게 기울이게 된다면 절대, 절대로 그것을 없애지 못할 것이다. 그것은 행성 전체에 퍼졌다. 그것은 뿌리로 완벽하게 구멍을 뚫었다. 더 한 것은, 만약 행성이 너무 작은데 바오밥들이 너무 많다면, 바오밥들은 행성을 조각냈을 것이다...."*

하지만 장점들도 있다. :

*"너는 하루의 끝과 땅거미가 지는 것을 네가 보고 싶을 때 언제든 볼 수 있어." 어린왕자는 말했다. "나는 하루에 일몰을 44번이나 봤어! 단지 너의 의자를 몇 발자국 옮기기만 하면 돼."*

그리고 :

*"그는 조심스럽게 그의 활화산을 청소했다. 그는 두 개의 활화산을 갖고 있는데, 그것들은 아침에 그의 아침밥을 데우는데 매우 편리했다. 그는 또 하나의 사화산을 갖고 있었다. 하지만 그가 말했듯이 "아무도 몰라!", 그래서 그는 사화산은 깨끗이 청소했다. 만약 그것들이 잘 청소되었다면, 화산들은 폭발 없이 천천히 그리고 끊임없이 탈것이다. 화산 폭발은 굴뚝 속의 불과 같다."*

## 9.4.2 상위 시스템 수준에서 매개변수 값의 변화를 통한 기막힌 아이디어와 상황 창작

1. 너의 시스템 환경에서 하나의 상위 시스템 요소를 선택하라.
2. 선택된 상위 시스템 요소를 위한 매개변수의 리스트를 만들어라.
3. 네가 가장 선호하는 매개변수를 선택하고 그것의 현재 값을 상대적으로 큰 양으로 늘이거나 줄여라. 이런 변화된 매개변수를 가진 너의 상위 시스템 요소를 간단하게 설명하라. 이것이 너의 새로운 기막힌 아이디어이다.
4. 너의 예전 시스템을 바뀐 상위 시스템 속에 넣어라. 그러면 너는 많은 기막힌 모순과 문제들을 가진 새롭고 기막힌 상황을 갖게 될 것이다. 다시, 너는 새로운 과학 공상 이야기를 위한 개념을 만들었을 것이다. 그래서 너의 시스템 진화에 다음 단계가 있을 수도 있다.

## 예제 9-4-4: 어뢰의 속도

1. 시스템 환경에서 하나의 상위 시스템 요소를 선택하라. : 상위 시스템으로 '물'을 가진 어뢰
2. '물'을 위한 매개변수 리스트를 만들어라:
   - 부력
   - 밀도
   - 압력
   - 표면 장력
   - 점도
   - 적심각
3. 가장 선호하는 매개변수를 선택하고, 그것의 원래 값을 큰 양으로 바꿔라 : 물의 점도는 물의 점도에서 어뢰 주위의 공기의 점도로 감소했다. 이제 우리는 물의 마찰 항력 대신 공기의 마찰 항력을 갖는다. 따라서 어뢰의 속도는 기존의 어뢰의 속도의 4배가 된다.
4. 새로운 기막힌 상황 : 초공동 어뢰.

## 예제 9-4-5: 초공동 어뢰

어뢰의 앞부분에서 초공동 생성은 어뢰가 바다를 뚫는 속도를 낼 때, 어뢰 주위의 공기의 재생 가능한 공간을 만든다. 이 가스의 거품은 어뢰의 표면이 물과 닿는 것을 막아주고 모든 마찰과 항력을 제거함으로써, 발사체는 엄청난 점도로 물을 매끄럽게 통과할 수 있다. 강력한 고체 로켓 모터를 사용하면, 어뢰는 230 mph (360 km/h)이 넘는 속도를 낼 수 있는데, 이것은 대부분의 전통적인 어뢰의 점도의 4배가 넘는다(그림 9-4-2).

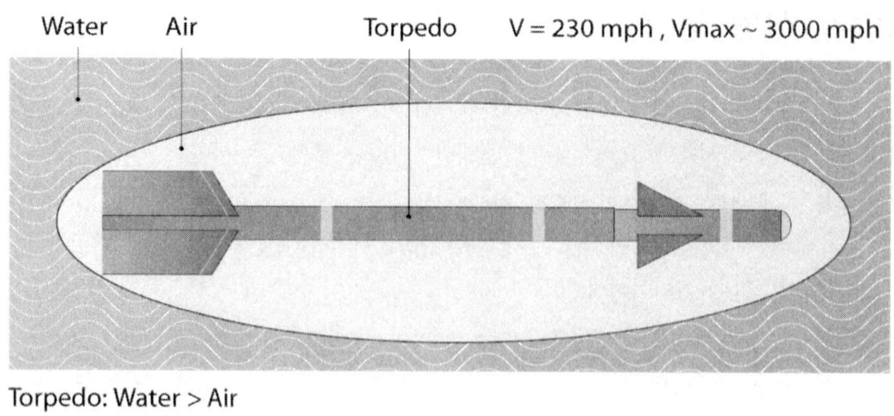


그림 9-4-2 어뢰의 움직임을 위한 공간은 물에서 공기 중으로 변형되었다.

1. 상위 시스템 요소를 선택하라 : '공기'를 상위 시스템으로 한 초공동 어뢰.
2. '공기'를 위한 매개변수 리스트를 만들어라. :
   - ❖ 점도
   - ❖ 압력
3. 가장 선호하는 매개변수를 선택하고 그것의 원래 값을 큰 양으로 바꿔라 : 공기의 점도는 공기의 점도에서 어뢰주변의 진공상태의 점도로 감소했다.
4. 새로운 기막힌 상황 : 날아다니는 운송 수단 주변의 압력이 낮은 지역이 만들어졌다. 이 목적을 위해 운송수단 앞 쪽에 연료가 공급되었고, 점화되었다. 공기는 연소되고, 따라서 비행에 저항을 제공하지 않는다. 나는 운송수단은 진공 구멍 같은 것 속에서 움직인다. 운송기의 비행 속도는 가파르게 상승한다(그림9-4-3).

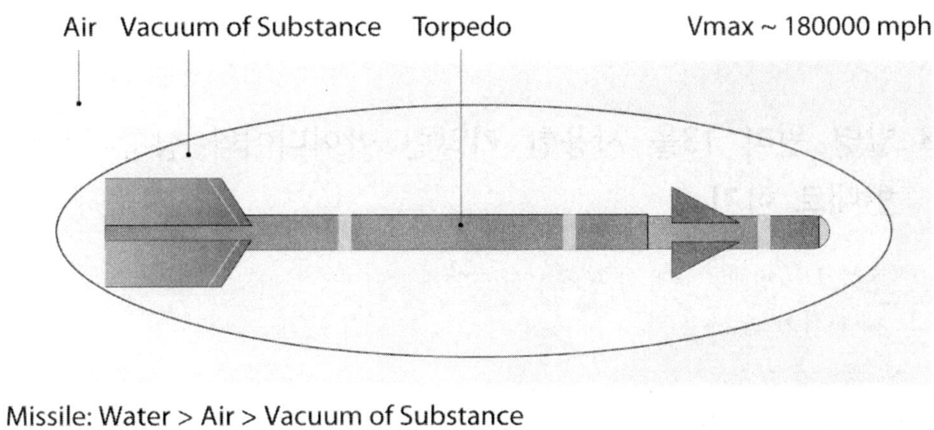


그림 9-4-3 날아가는 미사일의 주위 공간은 공기에서 진공 물질로 변형되었다.

## ➽ 예제 9-4-6: 진공 어뢰

1. 상위 시스템 요소를 선택하라 : 상위시스템으로 진공 물질을 가진 진공 어뢰
2. 가장 선호하는 매개변수를 선택하고 그 값을 바꿔라 : 진공물질의 점도는 진공물질의 점도에서 진공 장의 점도로 감소했다.
3. 새로운 기막힌 상황 : 미사일 주변의 진공 장의 점도와 진공 물질의 점도 이제 우리는 실제의 스타워즈 무기 또는 우주에서 아무 장소로 이동하거나, 다른 우주 사이를 이동하는 운송 수단을 갖는다. (그림 9-4-4).

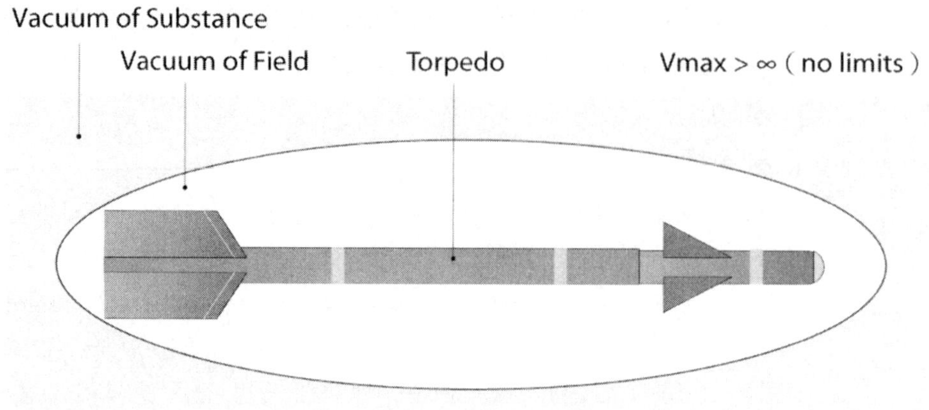


Missile: Water > Air > Vacuum of Substance > Vacuum of Field

그림 9-4-4 비행하는 미사일 주변의 공간은 진공 물질에서 진공 장으로 변형되었다.

### 9.4.3 발명 원리 13을 사용한 기막힌 아이디어와 상황 창작 : 돌아가기/ 반대로 하기

"돌아가기/ 반대로 하기"는 창의적 상상력 개발을 위한 보편적인 원리이다. 이것은 대부분의 것에 어느 때나 적용시킬 수 있다. :

- ❖ 행동에 적용시키기
- ❖ 물체의 특징이나 프로세스에 적용시키기
- ❖ 상황에 적용시키기
- ❖ 심지어는 다른 원리들에 적용시키기 (원리의 짝을 만든다. : 원리〈--->반대되는 원리).

#### 예제 9-4-7: "나는 평범하지 않은 환경 속에서 태어났다."

한 사람의 특징 : 새로 태어난 한 사람은 그가 세월이 지나감에 따라 나이를 먹으면서 변하는 아이의 특징을 갖고 있다. "돌아가기/반대로 하라"를 적용하는 것은 그 사람이 시간이 지날수록 젊어지고 아이 같아지는 늙은이의 특징을 갖고 태어나게 한다. 물론 이 방법은 F. Scott Fitzgerald가 쓴 80살로 태어나 나이를 거꾸로 먹는 한 사람에 대한 훌륭한 이야기에서 업데이트 된 흥미로운 영화 The Curious Case of Benjamin Button을 전제로 한 것이다.

## ➽ 예제 9-4-8: 범죄와 처벌

범죄와 처벌의 한 가지 특징은 행동과 사건에 대한 강력한 연속적인 사건이라는 것이다. 우선 가해자는 무언가 잘못을 한다. 그리고 이상적으로 그 가해자들은 잡히고 적절하게 처벌된다. 그러므로 범죄가 첫 번째이고 처벌이 두 번째이다. 하지만 만약 우리가 "돌아가기/ 반대로 하기"를 적용하면, 처벌이 먼저이고, 범죄가 나중이다. William Tenn은 이 아이디어를 그의 과학 공상 이야기 Time in Advance에서 묘사했다. 미래에, 시민들이 자신의 의도했던 범죄의 형량을 다 채울 수 있게 되는 법이 통과한다. 그들은 모든 형량의 기간을 다 채우지만 사전 범죄의 50%를 무시해준다. 사후 범죄나 사전 범죄는 똑같이 지옥같이 아주 위험한 죄수행성(Convict Planets)으로 보내져 힘든 노동을 한다. 아주 소수만 되돌아온다. 죽지 않은 사전 범죄자들은 그들의 복역 기간이 끝나기 전에 오직 상처와 그들의 문제를 보여주는 악몽만을 주고 빠져나온다.

## ➽ 예제 9-4-9: 두 대의 비행기

일반적인 비행해서 비행기는 조종사의 머리가 위에 있고 그의 다리가 바닥에 있는 위치에 있다(지구의 표면에 비례해서). 조종사는 재미와 오락을 위해서 "돌아가기/ 반대로 하기"를 적용하는 것을 좋아한다. 이것은 인기 있는 Blue Angel 에어쇼의 지속이 가능한 이유이다. (그림 9-4-5).

그림 9-4-5
곡예비행

## 9.4.4 상위 시스템 환경의 존재하는 특징들과 물질-장 자원들을 사용한 기막힌 아이디어와 상황 창작

### ➽ 예제 9-4-8: 도시의 불빛 - 방랑자와 꽃 파는 소녀와의 첫 번째 만남

찰리 채플린은 이 사람을 현혹시키며 단순한 방랑자가 꽃 파는 소녀를 처음으로 만나는 장면을 연기하는데 몇 주 동안을 할애했다. 세계 기네스 기록에 따르면 이 장면은 342번 촬영을 필요로 했는데, 이것이 한 장면에 가장 테이크를 많이 쓴 작품이다. 여기에서 2~3분 시간 동안 연기 하나만을 통해, 그는 두 사람의 관계가 이루어지는 만남을 묘사한다. ; 방랑자가 그 여자가 맹인이라는 것을 알아차림, 이 불쌍한 남자가 부자라고 생각하는 여자의 오해에 대한 그의 동정심과 순간적인 매혹. 그리고 이것은 방랑자의 문제가 된다. ; 어떻게 그가 궁핍한 사람이라는 것을 그녀가 알지 못하게 할까. 그는 이 문제를 거리에서 이용 가능한 자원들을 사용함으로써 해결한다. 트리즈에서 이러한 자원들은 상위 시스템 자원들이라고 부른다. 그 장면에서, 찰리는 오토바이 경찰관을 피하기 위해서 교통정체 속에 정차되어 있는 비싼 리무진을 탔다가 나온다. 그의 앞에는 아름답고, 꽃향기가 나는 앞을 보지 못하는 여자가 있다. 리무진이 닫히는 소리를 듣고, 그녀는 그가 백만장자라고 추측한다. 그녀는 그에게 윗옷 단추 구멍에 꽂는 꽃을 준다. 그의 첫 번째 반응은 그녀가 앞을 보지 못하는 것을 모르고 추파를 던졌다. 그는 그녀에게 홀딱 반해서 그의 마지막 동전을 꽃 한 송이를 위해 썼다. 그리고는 그녀는 리무진이 또 닫히는 소리를 듣고 그 남자가 떠났다고 생각한다. 그는 거스름돈을 달라고 하지 않고 그녀 근처로 조심히 걸어가 앉는다. 멋진 찰리, 그래도 342번의 촬영과 341번의 실패는 너무했다!

### ➽ 예제 9-4-9: 세계적인 군인

보통 누군가를 존경하기 위해 만들어진 기념 조각들은 대리석, 화강암, 또는 금속으로 나타낸 것이다.(그림9-4-6)

그림 9-4-6
군인들의 조각상.

그런데 나라를 위해 싸우다 전사했지만 이름도 모르는 군인들을 기억하기위해 더 창의적인 조각상을 만드는 건 어떨까? 뉴욕 시에 있는 Battery Park에 있는 세계적 군인의 조각상은 상위 시스템 환경의 존재하는 특징들과 물질-장 자원들을 사용해 만들어졌다. 조각상은 빈 공간, 공기로 표현된 군인이 있는 화강암 판으로 시작한다. 쉽게 지나쳐 질 수 있는...돌아온 군인들이 그러하듯이. (그림 9-4-7)

그림 9-4-7 뉴욕에 있는 세계적 군인의 조각상.

## 9.5 요약

- ❖ 심리적 관성의 형성:
  - 커다란 자아
  - 부분적 제한이 전체적 제한이 된다.
  - 단어들과 그것들의 추측된 특징과 성질
  - 물체의 감각과의 연계
  - 모든 주어진 정보가 유효하다는 추측
- ❖ 심리적 관성의 원천:
  - 전문화된 교육
  - 과학적 무식

- 오직 한 산업분야의 경험
- 오직 한 분야의 과학적 지식
- 어른 중심의 사고 수준
- 창의적 상상력의 결핍
- 공학과 과학적 보수주의: 아무것도 바뀔 수 없다, 문제는 풀 수 없다.

❖ 심리적 관성의 주요 결과:

- 억압된 혁신
- 새로운 아이디어의 폐기
- 문명의 개발과 발전의 낮은 속도.
- 시간낭비
- 수백만 사람들의 죽음
- 개인과 가정의 불만족
- 수억 만 달러의 손실

❖ 트리즈의 주요 목표 중 하나는 6-14세의 상상력 수준을 향상시키고(0-12살 까지는 그래도 더 낫다. 12-14살이 창의적 사고의 중요한 시기이다.), 이 수준을 여생까지 유지하는 것이다. 우리는 모든 사람이 어른들의 경험과 지식을 합쳐서 어린이의 창의적 상상력과 평범하지 않은 사고를 갖는 환경을 얻기 위해 노력해야 한다.

❖ 창의적 상상력은 기술이고 학습되거나 개발될 수 있다.

❖ 창의적 상상력 개발 코스는 기막힌 개념과 시스템의 창작을 받아들임을 통해 당신에게 더 좋은 트리즈의 통찰력과 트리즈 논리의 흡수력을 향상시켜준다.

❖ 창의적 상상력 개발 코스는 당신의 직업과 개인적 삶 속에 있는 심리적 관성의 존재를 감소시킬 것이다.

❖ 당신의 창의적 상상력을 훈련시키는 것을 멈추지 말라.

## 9.6 연습문제

### ➽ 연습 9-6-1: 여행 동반자

당신의 차에 오직 하나의 좌석만이 남아있다면 당신은 누구를 태울 것입니까?
(그림 9-6-1).

a. 당신의 단짝 친구
b. 응급치료가 필요한 사람
c. 아브라함 링컨
d. 당신의 상사

그림 9-6-1
2인승 차에 당신이 운전자로 앉아있고, 두 번째 좌석은 이 사람들 중 한 명을 위해 비어있다.

### ➽ 연습 9-6-2: 차례를 완성하라

이 시리즈의 다음 글자를 추측해 봐라 :

**g, t, n, i, j, t ...**

## 연습 9-6-3: 무슨 소식?

쥐는 너무 기뻤다. "생쥐들아! 호랑이가 고양이를 잡았어. 이제 우리는 안전한 삶을 살 수 있어." 하지만 생쥐들은 그 쥐를 믿지 않았다. 왜일까?(그림 9-6-2).

그림 9-6-2
쥐는 그의 가장 친한 친구인 생쥐에게 좋은 소식을 가져왔다. - 호랑이가 고양이를 잡아서 삶이 아름다워졌다.
하지만 쥐의 예상과 달리 생쥐는 긍정적이지 않았다.

## 연습 9-6-4: 어린왕자의 문제

조종사가 불시착을 하고 어린왕자를 만났을 때, 그들의 친분은 문제 해결로 시작되었다. 어린왕자가 말했다. "죄송하지만 양 한 마리 좀 그려주세요!"

조종사는 양 그림 하나를 그려주었다. 어린왕자는 그것을 유심히 살펴보더니 말했다. "이 양은 이미 너무 병들었어요. 다른 양을 그려주세요."

그래서 조종사는 다른 그림을 그려주었다. 어린왕자는 부드럽고 관대하게 웃었다. "직접 한번 보세요." 그는 말했다, "이건 양이 아니에요. 이건 숫양이에요. 뿔이 달렸잖아요."

그러자 조종사는 또 다른 양을 그렸다. 하지만 그것도 다른 것들처럼 거절당했다. "이건 너무 늙었어요. 나는 오랫동안 살 수 있는 양을 원해요."

당신은 조종사에게 어린왕자의 요구사항을 만족 시킬수 있는 양을 그리는 방법을 어떻게 제안할 것인가?

## 연습 9-6-5: 짧은 인간의 수명

- 시스템을 선택하라: 인간
- 선호하는 매개변수를 선택하고 값을 바꿔라 : 인간의 수명은 80년에서 8년으로 감소했다. 인간의 몸, 사람과의 관계, 교육, 가족 생성 그리고 다른 인간 삶의 측면에서 모든 변화를 설명해라(몇 가지 아이디어를 Ray Bradbury가 쓴 서리와 화재(Frost and Fire)에서 찾을 수 있다.)

### ➽ 연습 9-6-6: 후각

- ❖ 시스템 또는 물체를 선택하라: 인간
- ❖ 선호하는 매개변수를 선택하고 값을 바꿔라 : 후각은 몇 천배 향상되었다. 우리 행성의 그 어떤 동물의 후각보다 더 좋아졌다.
- ❖ 향수 산업, 사람들 간의 관계, 가족 생성, 그리고 일상생활의 다른 측면에서 변화를 기술하라. 몇 가지 아이디어를 냄새 없이 태어나 후각이 발달한 Jean-Baptiste Grenouille가 세계에서 가장 훌륭한 향수를 만드는 이야기의 영화 '향수-살인자의 이야기'에서 찾을 수 있다.

### ➽ 연습 9-6-7: 로빈슨 크루소를 위한 자명종

Daniel Defoe의 위대한 로빈슨 크루소 소설은 세계에서 가장 유명한 모험 이야기 중 하나이다. 로빈슨 크루소가 그를 깨워줄 자명종을 원한다고 가정해보자. 그는 이 장치를 만들기 위한 이용 가능한 자원들을 어떻게 사용할까?

### ➽ 연습 9-6-8: 우주에서의 위성의 방향

위성의 방향은 반드시 맞춰져야 한다. 제트기 엔진들이 이 목적을 위해 보편적으로 사용된다. 엔진들은 위성에 저장되어서 운반되어야 하는 연료를 필요로 한다. 제트기를 사용하지 않고 위성의 방향을 맞출 수 있는 위성 환경속의 이용 가능한 자원을 찾아라.

### ➽ 연습 9-6-9: 시간 여행

당신이 과거의 시간 속으로 떨어졌다고 가정하라. 당신이 떨어진 깊이는 매우 광범위하게 변할 수 있다. 그 깊이는 1초가 될 수도 있고, 수천 년이 될 수도 있다. 당신이 어떻게 미래에서 왔다는 것을 증명할 수 있는가?

### ➽ 연습 9-6-10: 공기 속을 산책할 수 있는 개인용 제트기

제트기는 보통 연료 소모가 많다. 그것은 친환경적이지 않고 설계가 복잡하다. 하지만 만약 우리가 단순하고, 싸고, 친환경적이고, 연료가 효율적인 제트기를 발명한다면, 아마 모든 사람이 공기 속을 산책하는데 그 제트기를 사용할 것이다. 창조자가 단순하고 값싼 개인용 제트기를 만들기 위해 추진력 역할을 할 수 있는 것을 우리의 환경 속에서 가능한 자원을 찾아라.

### ➽ 연습 9-6-11: 슈퍼 문명

2500년에 우리의 문명은... 별의 탐험은 일상적이 될 것이고, 사람들은 자기가 가고 싶은 모든 태양계 또는 이웃 은하계에 갈 수 있다. 지구의 정부는 특수 탐험 과학자들과 기술자들을 알려진 조합으로 가장 발전된 기술 문명으로 보내기로 결심한다. 항성을 탐험하는 기계도 비밀 미션을 받는다. "이상적인" 문명은 어딘가에 존재한다. 그 팀은 그것을 찾아야 하고, 가능하다면 적절한 정보를 모아 와야 한다. 이 탐험의 결과들은 지구의 미래에 굉장히 중요하다. 우리의 행성 정부는 반드시 문명 개발을 위해 어떤 방향으로 가야할지 결정해야 한다. 기술로 발전된 문명과 '이상적인' 문명을 설명해라.

### ➽ 연습 9-6-12: 손과 감정들(그림 9-6-3)

오귀스트 로댕을 포함해 가장 유명한 조각가들 중 몇 명은 손이 몸의 가장 중요한 곳 중 하나라고 믿었다. 조각된 모든 손과 두 손은 그것들만의 삶이 있다. 이 각각의 손 조각들이 어떤 감정들을 나타내고 있는지 상상해라.

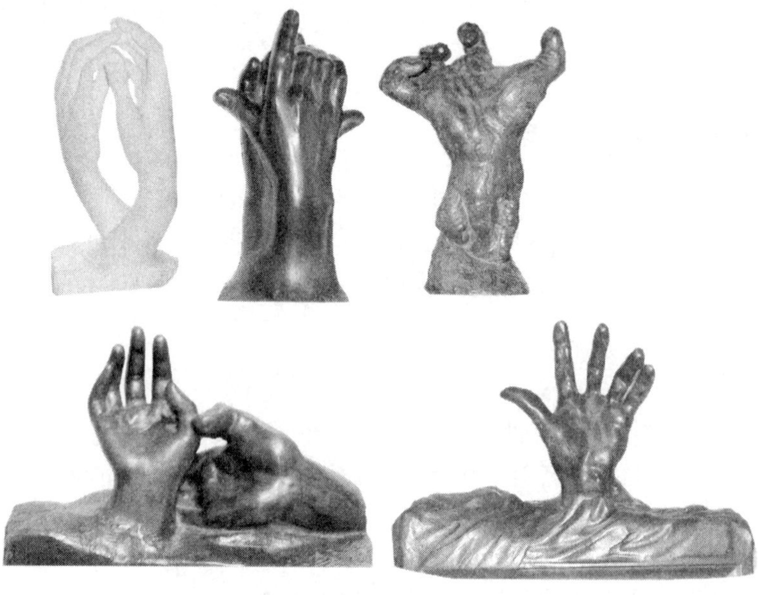

그림 9-6-3
필라델피아와 런던에 있는 박물관에 있는 로댕 박물관의 조각된 손들.

### ➽ 연습 9-6-13: 세계 테러리즘에 저항해 투쟁한 기념물(그림 9-6-4)

이 기념물에서 당신은 세계 테러리즘에 저항해 투쟁한 어떤 아이디어를 찾을 수 있는가?

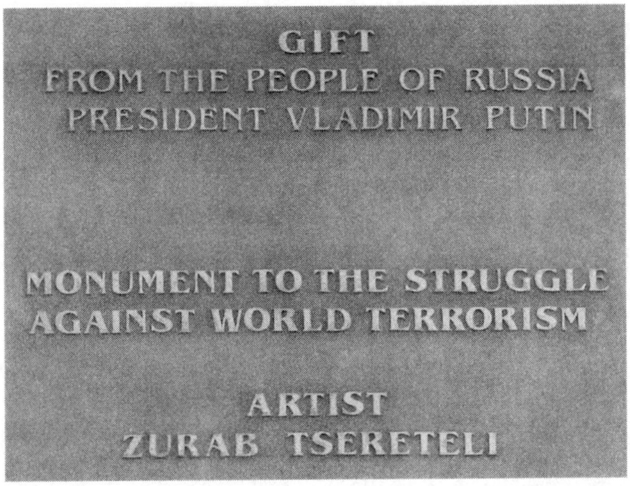

그림 9-6-4 세계 테러리즘에 저항해 투쟁한 기념물은 러시아 사람들이 뉴욕에 있는 미국인들을 위해 준 선물이다(이 사진들을 제공해준 Michael katz에게 감사드린다.).

# 창의적 인간 개발

*TRIZ Technology for Innovation*

10

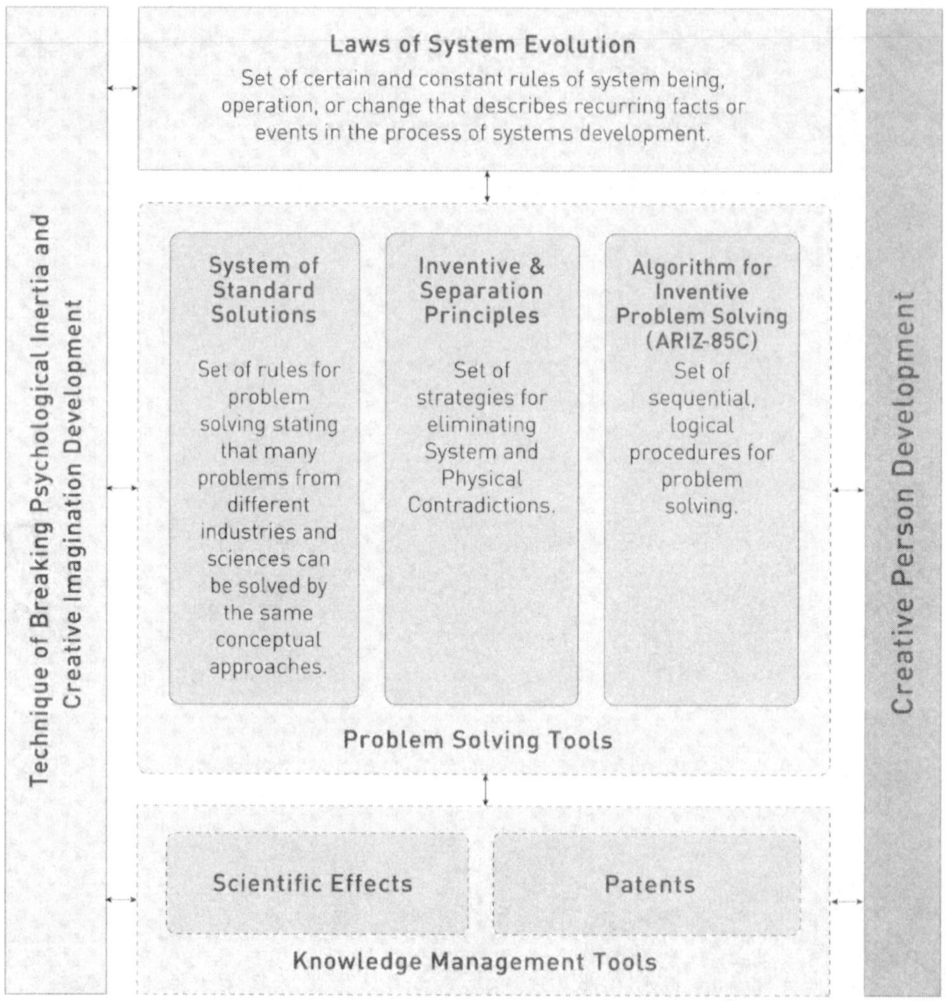
Technique of Breaking Psychological Inertia and Creative Imagination Development
Laws of System Evolution
Set of certain and constant rules of system being, operation, or change that describes recurring facts or events in the process of systems development.
System of Standard Solutions
Set of rules for problem solving stating that many problems from different industries and sciences can be solved by the same conceptual approaches.
Inventive & Separation Principles
Set of strategies for eliminating System and Physical Contradictions.
Algorithm for Inventive Problem Solving (ARIZ-85C)
Set of sequential, logical procedures for problem solving.
Problem Solving Tools
Scientific Effects
Patents
Knowledge Management Tools
Creative Person Development

## 10.1 소개

"아침이었다. 그리고 새로운 태양이 부드러운 바다의 물결을 가로질러 금빛으로 반짝였다."

이 말로 리처드 바크는 창의적인 존재들에 대한 아름다운 이야기를 시작한다. - 갈매기의 꿈(Jonathan Livingston Seagull). 겐리흐 알트슐러와 나에게 이 이야기는 가장 좋아하는 것이 되었다.

이 책의 역사는 특별하다. 1959년 캘리포니아의 Belmont Shore에 살던 리처드 바크는 해안가를 따라 걷고 있는데, "갈매기의 꿈"이라고 말하는 목소리를 들었다. 이것은 뒤이어 갈매기가 일출에 홀로 나는 백일몽을 꾸게 되었다. 바크는 그의 마음을 가득 채운 이 이야기를 써야 한다는 소명감을 느꼈고, 갈매기의 꿈의 첫 부분부터 무리로부터 Jonathan이 추방되지만 그 이야기를 말해주던 목소리는 그것이 나타났을 때처럼 갑자기 사라졌다. 8년 뒤, 아이오와에서 1,500마일 떨어진 곳에서 바크는 같은 방법인 꿈으로 이야기의 그 다음을 들었다.

그의 독자와 팬의 편지에 답장을 해주면서, 리처드 바크는 이렇게 적었다. 그의 다른 작품과는 대조적으로, 그는 이미 쓰여진 것 이외에는 아무것도 덧붙일 수 없었다. ; "갈매기"의 아이디어는 그에게서 나온 것이 아니었다. 글을 쓰는 동안 그는 작가로서의 능력을 발휘한 것이 아니라 전달 도구로서의 역할을 수행했다.

트리즈 훈련 프로그램을 향상시키기 위해서, 위의 이야기가 오랜 시간 동안 바크의 Jonathan Livingston의 삶의 중요한 사건을 기반에 둔 창의적 인간 개발(CPD: Creative Person Development) 코스를 개발하는 것이 나의 비전이었다.

나의 첫 CPD 코스 버전은 2009년에 만들어졌으며 다음 세 섹션으로 구성된다. 이것은 세 가지 부분(1. 창의적 인간의 형성, 2. 천국과 완벽을 향해 더 높이, 3. 선생님 되기)과 49 단계를 담고 있다. 각각의 단계는 인용구나 코멘트와 함께 책의 적절한 페이지의 간단한 요약, 참고 문헌의 창의적 인간과의 연관성, 그리고 관련된 창의적 인간의 특징을 담고 있다.

## 10.2 파트 1 : 창의적 인간의 형성

### 단계 1

전형적인 아침이었다. 갈매기 무리는 낚싯배가 도착하기를 인내심 있게 기다렸다. 배들이 나타났을 때 갈매기 무리는 활기가 넘치는 곳으로 떼 지어 갔고 음식을 먹기 위해 싸웠다. (그림 10-2-1)

**코멘트**

이것이 인류 대부분 사람들의 일상생활이다. 또한 동물들(원숭이, 개, 고양이, 돌고래...., 갈매기)의 일상생활이다. 이것이 우리 몸의 필요에 의한 노예화된 삶이다.

그림 10-2-1
갈매기 떼들을 위한 일상적인 아침 - 모든 생각이 음식으로 가득 차있다.

### 결론/ 요구사항

우리는 몸의 노예가 되는 것을 원치 않는다. 사람들은 삶을 더 편안하게 만들어주는 물건들을 만들어냈다. 오늘날 사람들의 삶과 미래 세대를 위해 유용한 것을 만들어 내야 한다.

### 창의적 인간의 특징

몸의 생존, 그 이상이 되어라.

## 단계 2

Jonathan Livingston Seagull은 다른 갈매기들과 달랐다. 그에게 삶을 위해 불가피한 음식을 찾아 쓰레기 더미를 뒤지는 일은 별로 중요치 않았다. 그를 흥미롭게 했던 것은 비행의 예술이었다. 그의 가장 큰 열망과 가장 소중한 행복은 나는 것이었다.

### 코멘트

이것이 "군중"과 창의적 인간의 가장 첫 번째 차이이자 중요한 차이이다. 군중들에게 비행은 먹는 것을 위한 것이다. 창의적인 사람에게 비행은 행복이다.

### 결론/요구사항

창의적 삶의 시작에서, 첫 번째 목적과 목표를 규정한다.- 첫 번째 '비행'. 주변에는 수천 개의 다른 목적, 목표 그리고 해결되지 않은 문제들이 있다. 우리는 적절하고 사회와 지식에 유용한 것을 선택한다. 우리의 선택을 사랑해야 한다. 그렇지 않으면, 다른 것을 선택해야 한다.

### 창의적인 인간의 특징

항상 실제적인 목적과 목표를 갖고 있다. - 적어도 하나.

## 단계 3

Jonathan Seagull은 그의 기술을 비행 예술을 통해 보여주고 싶었다. 부모는 그가 매우 별나다고 생각했다. 그의 열망 뒤에 있는 동기를 이해할 수 없었다. 어쨌든 비행이 음식을 얻기 위한 목적이 아니라면 좋은 것이었다(그림 10-2-2).

### 코멘트

창의적 사람이 되는 것은 쉽지 않다. 심지어 처음에도 말이다. 가족과 친구들 전체를 통틀어 사회는 습관, 전통 그리고 규칙을 부과하고 비탈 끝 선에 서게 한다.

### 결론/ 요구사항

엄마, 아빠 그리고 선생님이 창의적인 인간이 아니라고 가정해 보자. 그들은 전형적인 삶을 사는 방법과 "성공적인" 직업을 획득하는 방법을 알려줄 것이다. 어떤 경우에서든, 우리는 그들을 사랑하고 존경해야 한다. 그들은 최선을 다하고 있다. 하지만 우리는 가족과 친구의 시야를 뛰어넘어 더 창의적으로 개발할 수 있다. 만약 우리가 창의적인 길을 간다면, 아이들도 더 창의적인 길을 갈 수 있다.

그림 10-2-2
Jonathan의 부모는 그와 함께 행복해 하지 않았다....대신에 그가 그의 비행시간을 사용해 먹이를 얻는 것을 기뻐했다.

### 창의적 인간의 특징

다른 사람들의 의견에도 불구하고 창의적인 삶을 가져라.

## 단계 4

Jon은 그의 비행능력을 시험해 보고 싶었다. 첫 번째 시험은 속도를 포함했다. 실험의 실행은 질문을 불러일으켰다. 제어력을 잃기 전까지 최고 속도는 얼마인가? 얼마만큼 높이 날 수 있을까? 이 질문들은 다양한 비행 시험들로 답을 얻을 수 있었다. 몇 번의 시행 후에, 그는 능력의 한계까지 날았다(그림 10-2-3).

### 코멘트

Jonathan의 자각에 따르면, 비행 속도는 70 mph보다 높아야 한다. 현존하는 비행 기술로 70 mph 이상의 속도를 얻는 것은 불가능하다. 이것이 Jonathan의 분석되어야 할 첫 번째의 규정되고 공식화된 문제였다. 창의적인 인간은 해결안을 만들기 위해 문제들을 규정하고, 공식화하고, 분석할 수 있다. Jonathan의 첫 번째 문제는 그의 일상생활에 관련된 공학 문제였다. 우리 모두는 이런 종류의 문제를 만난다.

### 결론/요구사항

창의적 인간은 호기심이 있어야 한다. 인간 주변의 환경은 창의력과 자원의 발견을 뒷받침해야 한다. 그것은 또 창의력은 반복되는 상황에서 침체되기 때문에 자극적이어야 한다. 창의적 인간은 존재하는 시스템 개발과 새로운 시스템 창작과 관련된 프로젝트를 위한 요구 조건 명세를 공식화 하고, 매개변수를 규정할 수 있어야 한다. 이것이 올바른 문제를 공식화하는 첫 번째 단계이다.

### 창의적 인간의 특징

호기심을 가져라, 그리고 실제 시스템 개발을 위한 트리즈 기술 적용에 매일 헌신하라.

그림 10-2-3
Jonathan은 그의 비행 능력을 테스트한다.

## 단계 5

많은 시행착오 뒤에 Jon은 자기가 최대 속도를 유지하는 해결안을 찾았다고 생각했다. 그의 계획은 공기 속에서 2000피트 이상을 올라갔다 바로 급강하는 것이었다. 50 mph로 Jon은 그의 날개를 최대한 펴 유지하면서 상하 날개짓을 멈추고 안정되게 하였다. 이 방법으로 Jonathan은 믿기 힘든 90 mph에 도달했다. 하지만 이 인상적인 기술은 오래가지 못했다. 일단 날개 각도가 조금이라도 변하면 Jonathan은 모든 제어력을 잃고 90 mph 속도로 바다 속으로 떨어졌다.

### 코멘트

Jonathan은 첫 번째 해결안을 발명했다. 그러나 제대로 작동하지 않았다. 비행 과학의 일부를 알았다. 하지만 지식의 자원은 완전하지 않았다.

### 결론/ 요구사항

실제 시스템에서, 발명된 해결안은 새로운 문제의 원인이 될 수 있다. 문제해결은 가끔 더 빠른 속도의 차를 만들면서 브레이크를 잊어버린 것과 같다. 모든 창의적 인간은 원인 결과 분석(근본원인 분석)에 익숙해질 필요가 있다.

### 창의적 인간의 특징

문제와 창의적 해결안의 적용의 실행 사이에 존재하는 장애물을 이해하라.

## 단계 6

한번은 Jonathan은 바다 속으로 세게 떨어졌고, 실망이 마음속에 밀려들기 시작했다. 그는 단지 갈매기일 뿐이라고 생각했다. 비행에 대해 배울 수 없는 뇌를 가졌다. 빠른 속도를 유지할 수 있는 매의 짧은 날개를 갖지 못했다고 생각했다.

### 코멘트

Jonathan은 물리적 모순과 매우 가까워졌다. : 날개는 낮은 속도에서 넓어야 하고, 빠른 속도에서는 짧아야 한다.

### 결론/ 요구사항

물리적 모순을 이해하고 같은 매개변수의 다른 값을 인식하는 것은 성공을 위해 필수적이다.

### 창의적 인간의 특징

매개변수들과 다른 값에 익숙해져라.

## 단계 7

Jonathan은 비행을 배우는 두 번째 생각을 갖기 시작했다. 내면의 소리는 아마 비행이 전혀 훌륭한 생각이 아니었다고 말하고 있었다. 아마 다른 갈매기들처럼 평범해지는 것이 최고였을 것이다. 위험도 적고 더 행복한 갈매기가 될 수 있을 것이다. 이렇게 생각했다.

### 코멘트

Jonathan의 "내면의 소리"의 원천은 심리적 관성, 규칙과 전통의 수용, 제한과 제약 등이였다. 이것은 Jonathan에게 매우 중요한 순간이다. 창의적 갈매기를 포기하고 멈추는 것(더 이상의 난관도 실패도 없다!!!)과 창의력과 발전을 계속 추진할 것인지 중에서 반드시 하나를 선택해야 한다.

### 결론/요구사항

첫 번째의 실패와 실망 뒤에 포기하지 말라. 우리는 심리적 관성, 규칙과 전통의 수용, 또는 다른 제한과 제약들이 우리를 멈추게 해서는 안 된다.

### 창의적 인간의 특징

실패와 실망에도 불구하고 계속해라. 이상적으로 심리적 관성을 제거하라.

## 단계 8

사고를 겪고 나서, Jonathan은 더 이상 갈매기가 물리적으로 빠른 속도를 유지할 수 있다고 믿지 않았다. Jonathan은 자신이 그것을 좀 더 일찍 알아차리지 못해다는 것을 믿을 수 없었다. 결국 짧은 날개를 가진 매만이 그런 굉장한 임무를 수행할 수 있었다.

### 코멘트

물리적 모순을 알아차리는 것은 Jonathan이 눈에 보이지 않지만 매우 강력한 물리적 장애물을 극복할 수 있게 도와준다. 창의적 해결안("내가 필요한 것은 날개 대부분을 접고 날개 끝으로만 나는 것이다!")은 깨달음 속에서 튀어 나왔다. 갈매기의 날개 끝과 매의 짧은 날개는 같은 기능을 수행한다.

### 결론/요구사항

창의력은 불완전한 물리적 모순의 깨달음에서 해결되고 완전한 물리적 모순으로 데려간다. 창의력의 전달 수단은 요소, 장 그리고 그것들의 매개변수들을 포함하는 시스템과 상위 시스템 자원의 완전한 리스트이다.

### 창의적 인간의 특징

존재하는 시스템과 상위시스템 속에서 이용 가능한 자원들을 사용함으로써 물리적 모순들을 규정하고 올바르게 해결하는 능력을 가져라(예를 들면, "긴"날개의 끝은 "짧은"날개와 같다.).

## 단계 9

많은 사색 끝에, Jonathan은 매의 비행 기술을 모방하기로 했다. 이전에 날개를 모두 펼쳤던 것과는 달리, Jonathan은 날개들을 접어 넣고, 날개 끝은 밖으로 편 채로 두었다. 상공 2000피트에서 수직으로 떨어졌다. 바람은 부리에 점점 더 세게 부딪혔고, Jon은 결국 140 mph에 도달했다. 놀랍게도, 그의 날개를 압박하던 유속은 90 mph였을 때 보다 더 낮았다. 날개 궤도를 살짝 바꿈으로써, Jonathan은 안전하게 급강하에서 올라설 수 있었고 바다를 가로질러 날 수 있었다(그림 10-2-4).

### 코멘트

Jonathan의 해결안은 작동했다. 그는 개념적 해결안을 현실적이고 작동 가능한 디자인으로 전이시켰다.

### 결론/요구사항

최소한 과학의 기초 지식(물리학, 화학, 그리고 수학)과 연구 기술은 실행가능한 해결안을 적용하기 위해 필요하다.

### 창의적 인간의 특징

개념적 디자인을 창조하기 위한 모든 가능한 정보(특허 포함)와 과학적 지식을 사용하여라.

그림 10-2-4
Jon은 급강하에서 안전하게 올라섰고 바다를 가로질러 날아올랐다.

## 단계 10

Jonathan은 214 mph에 도달했다. 비록 Jonathan은 이 성취에 매우 기뻤지만, 상공 5000피트에서 얼마나 더 빠르게 날 수 있을지 궁금해졌다.

### 코멘트

Jonathan은 멈추지 않고 해결안에서 최대치를 실현하기위해 계속 나아갔다. 공학 용어로, 이것은 매개변수 값의 최대치를 성취한다는 것이다. -214 mph!

### 결론/요구사항

처음의 해결안을 성취하는데서 멈추지 말고, 계속해서 향상된 결과를 향한 개념을 가져라.

### 창의적 인간의 특징

해결안의 최대 가능치를 달성하라.

## 단계 11

Jonathan은 놀라운 속도를 얻었다. 다음 단계에서 속도를 어떻게 제어할지에 초점을 두었다. 단지 날개 끝의 깃털 하나만을 살짝 바꿔도 우아하게 공중을 돌 수 있다는 것을 배웠다.

### 코멘트

Jonathan은 해결안(빠른 속도 비행에서 방향을 제어하는 "짧은"날개)을 더 많은 기능/특징 창작에 적용시켰다. 이 경우에 빠른 속도에서 비행의 제어를 하나의 관점에서 세 개로 확장시켰다. 몇 명의 트리즈 전문가들은 이것을 슈퍼효과라고 부른다. 슈퍼효과는 선택된 문제를 해결할 수 있게 해줄 뿐만 아니라, 종종 또 다른 특징과 기능을 만드는 시스템 속의 다른 문제들을 해결(또는 적어도 해결하는 것을 도와주는)할 수 있게 해준다. 슈퍼효과는 시스템의 하나 이상의 매개변수 값을 바꾼다.

### 결론/요구사항

더 훌륭한 기능과 특징 창작을 위해 가능한 해결안들을 모두 적용하라.

### 창의적 인간의 특징

매개변수와 시스템 사이의 관계를 인식할 줄 알라.

## 단계 12

"우리는 스스로를 무지 밖으로 빼낼 수 있다. 훌륭함과 지능 그리고 기술의 창조물로서 스스로를 발견할 수 있다. 그리고 자유로워 질 수 있다. 또는 나는 방법을 배울 수 있다!"

### 코멘트

이 직접적인 인용은 창의력의 유명한 지혜에서 발췌한 것이다.

### 결론/요구사항

우리의 삶을 통틀어 성숙하고 창의적 존재로 사는데 중요한 본질의 감정들을 이해한다. 마음속에 모으는 감정들.

### 창의적 인간의 특징

지혜를 인식할 수 있어라.

그림 10-2-5 무리의 어른들이 Jonathan을 추방시킴.

## 단계 13

Jonathan은 무리로 돌아가는 것을 쉽게 인정받지 못했다. 우두머리는 그의 무책임을 비난했다. 갈매기의 규칙은 음식을 먹고 가능한 오래 사는 것이라고 말했다. 세계는 알 수 없고, 그것을 알기 위해 할 수 있는 것은 아무것도 없었다. Jonathan은 다르게 생각했다. 그에게 삶을 살아갈 또 다른 이유가 되었던 것은 배우는 것이었다. 하지만 어른들은 그 이야기를 들으려 하지 않았다 ; 그리고 그들은 무리에서 Jonathan을 추방시켰다(그림 10-2-5).

### 코멘트

Jonathan은 이러한 반응을 예상치 못해서 매우 실망했다. 이런 상황에 대비해야 했다. 아직, 우리를 믿고 자리에서 흔들림 없이 서 있고 우리가 해야 하는 가치를 얻어내야 한다. 거절을 받아들이는 것은 창의적 인간 개발에서 아주 중요한 단계이다. 박수갈채를 기다리기보다, 일과 스스로에게서 만족감을 찾아야 한다.

### 결론/ 요구사항

지적 자신감과 정서적 안정을 빨리 성취하라.

### 창의적 인간의 특징

실망과 반감의 직면에 대하여 정신적으로, 그리고 감정적으로 강해져라.

## 단계 14

Jonathan은 매일 새로운 것을 배웠다. 높은 속도에서 급강하하면서 그는 찾기 힘든 맛있는 물고기가 수면 10피트 아래에 있다는 것을 발견했다. 갈매기 떼가 습하고 안개 낀 하늘을 배회하고 있을 때, 파란 하늘 속을 나는 법을 배웠다. 내륙으로 어떻게 날고 공중에서 어떻게 자는지도 배웠다.

**코멘트**

멈추지 말라. 가는 길을 오랫동안 혼자 가야 할지도 모른다. 하지만 창의적 삶의 도전을 계속해서 받아들여야 한다.

**결론/요구사항**

비록 모든 사람과 모든 것이 나를 등지고 있다고 하여도, 창의적 길 위에서 혼자 해내는 법을 배워야 한다.

**창의적인 사람의 특징**

필요하다면 적대적인 환경 속에서 홀로 일할 수 있어야 한다.

## 단계 15

Jonathan의 비행을 배우는 꿈은 마침내 실현되었다. 비록 무리의 멤버로 더 이상 인정받을 수는 없지만, Jonathan은 자신의 꿈이 충분히 그럴 가치가 있다고 생각했다.

**코멘트**

가끔(아마 종종 또는 항상) 우리는 창의적 삶을 다른 "화폐"로 보상받는다.

**결론/요구사항**

불편한 상황 속에서 살 준비를 하라.

**창의적인 사람의 특징**

힘들지만 감사하는 삶을 살 준비를 하라.

## 단계 16

Jonathan은 지루함, 두려움, 분노가 동료 갈매기들이 짧은 삶을 비싼 값으로 치룬 부정적인 특성이라는 것을 깨달았다.

**코멘트**

Jonathan은 지루함, 두려움, 분노가 삶을 살아가는 데 필요한 조건이 아니고, 삶에서 제거 될 수 있다는 것을 보여준다.

**결론/요구사항**

지루함, 두려움 그리고 분노도 없이 살 수 있도록 훈련할 수 있다.

### 창의적인 사람의 특징

지루함, 두려움 그리고 분노는 창의력의 자산이 아니다.

## 단계 17

"그의 날개에 나타난 두 마리의 갈매기는 별빛처럼 깨끗했다." "너는 누구니?" 그가 물었다. "우리는 네가 있던 무리에서 왔어, Jonathan. 우리는 너의 형제들이야." 하나의 교육이 끝났고, 이제 또 다른 시작의 시간이 왔다. "난 준비됐어." 그가 말했다.(그림 10-2-6)

### 코멘트

결국 우리는 혼자가 아니라는 것을 발견할 것이다. "무리"는 우리를 위해 기다려준다. "난 준비 됐어"라고 말하는 것을 잊지 말아라. 예전에 했던 모든 것은 우리의 창의적 삶의 시작에 불과하다. 아직 완전한 창의적 인간이 아니라, 단지 "하나의 교육이 끝났다"는 것일 뿐이다.

### 결론/요구사항

평생 혼자가 되지는 않을 것이다. 창의적 길에서 더 경험이 많고 새로운 지식을 공유할 수 있는 파트너들을 찾을 것이다.

### 창의적인 사람의 특징

창의성에는 일관성이 있어야 한다.

그림 10-2-6
Jonathan은 마침내 선생님을 찾았다. 아니면 그들이 그를 찾았을지도 모른다.

## 10.3 파트 2: 천국과 완벽함을 위해 더 높이

### 단계 18

비록 놀라운 속도에 도달하기는 했지만, Jonathan은 여전히 더 잘 할 수 있다고 느꼈다. 절반의 노력을 더해서, Jonathan은 두 배의 속도로 날 수 있을 것이라고 생각했다!

**코멘트**

기술과 전문 지식을 믿고 신뢰할 수 있으며 현재 기술과 경험을 이해하고 평가할 때, 더 창의적이고 더 높은 수준에서 혁신적인 일을 할 수 있게 된다.

**결론/요구사항**

우리는 성취에서 쉬면 안 된다. 그 성취에서 환호를 받을지라도 말이다. 계속해서 움직여라.

**창의적인 사람의 특징**

계속해서 스스로를 평가하라.

### 단계 19

Jonathan은 최고 속도가 273 mph이라고 믿었다. 그 생각에서 괴로웠다. ; 그가 얼마나 빨리 날 수 있는지에는 한계가 있다. 그는 더 빨리 날고 싶었고, 그렇게 할 수 없다는 것에 대해 약간 불만스러웠다. "천국에서는 한계가 없을 거야."그는 생각했다.

**코멘트**

"한계가 없을 거야."라고 깨닫는 것은 Jonathan에게 매우 중요한 단계이다. 발전이 멈출 수 없다는 것을 이해하기 시작했다. 발전은 영원하고 끝이 없다.

**결론/요구사항**

어떠한 한계 또는 제약도 없다.

**창의적인 사람의 특징**

우리의 목표에 어떤 한계와 제약도 걸림돌이 될 수 없다.

### 단계 20

Jonathan과 새로운 친구들은 비행 예술에서 완벽에 도달하기 위해 방법을 탐구했다. 그것은 그들이 가장 사랑하는 것이었기 때문에 매우 중요했다.

### 코멘트

오직 우리가 하는 것은 사랑할 때, "그것에 도달하고 완벽함을 얻을 수"있다.

### 결론/요구사항

무엇인가? 그리고 누군가를 사랑해야 하며 개발할 대상을 가져야 한다.

### 창의적인 사람의 특징

사랑하는 능력을 가져라.

## 단계 21

"…우리는 완벽함이라는 것이 있다는 것을 배우기 시작했다. …우리가 사는 목적은 그 완벽함을 찾고 보여주는 것이다."

### 코멘트

Jonathan의 새 무리에 있는 친구인 Sullivan은 두 가지 매우 중요한 아이디어를 밝혔다. : 삶은 먹고, 음식과 돈을 위해 싸우고, 권력을 모으기 위한 것으로만 이루어진 것이 아니다. …우리는 완벽함이 무엇을 뜻하는지를 이해해야 한다.

### 결론/요구사항

음식, 돈 그리고 권력은 삶의 주요 목적이 아니다. 완벽함이 삶의 목적이다.

### 창의적인 사람의 특징

돈, 음식 그리고 삶의 안락함을 요구하지 말라.

## 단계 22

Jonathan은 나이 많은 갈매기에게 다가가 세상이 절대 천국이 아니지 않느냐고 물었다. 나이 많은 갈매기는 고개를 끄덕이며 천국은 시간이나 장소가 아니라 완벽함의 상태라고 말했다. (그림 10-3-1).

### 코멘트

"천국은 장소도 아니고, 시간도 아니다. 천국은 완벽한 상태가 되는 것이다." 이 개념은 인간 문명의 개발과 발전의 의미를 부여한다.

### 결론/요구사항

완벽함(이상)을 이해하는 것은 창의적 삶에서 가장 근본적인 생각이고 모든 상황에 적용되어야 한다.

**창의적인 사람의 특징**

완벽함에 도달하라.

그림 10-3-1 천국에서 온 Jonathan의 선생님인 나이 많은 갈매기.

## 단계 23

"네가 완벽한 속도를 찍는 순간 너는 천국에 닿기 시작 할 거야, Jonathan. 그리고 그건 시속 천마일, 백만 마일 또는 광속으로 나는 게 아니야. 왜냐하면 모든 숫자는 제한되어 있는데 완벽함은 제한이 없기 때문이지. 아들아, 완벽한 속도는 거기에 있는 것이야."

**코멘트**

나이 많은 갈매기는 중요한 말을 했다. …완벽함은 숫자나 제한을 갖고 있지 않다.

**결론/요구사항**

창의적인 사람은 완벽함이 수량화할 수 없는 가치라는 것을 이해해야 한다. 그것은 "꿈"의 이미지(제품, 기술, 서비스 또는 무언가 더 큰 것의 완벽한 이미지)를 창조해 해는 능력을 요구한다. 창의적 상상력 개발은 창의적 인간을 강화시키기 위해 꼭 필요하다. 심리적 관성은 완벽함의 적이다.

**창의적인 사람의 특징**

완벽함의 이미지나 이상적인 시스템을 만들어라.

## 단계 24

"네가 가고 싶으면 어느 장소든, 어느 시간이든 갈 수 있어." 나이 많은 갈매기가 말했다.

"생각하는 만큼 최대한 빨리, 어디론가 날아라." 그가 말했다, "네가 이미 도착했다는 것을 알고 시작해야 한다."

**코멘트**

나이 많은 갈매기의 생각에 대해 코멘트를 하는 것은 어렵다. 왜냐하면 그것들은 우리가 알고 있는 범위를 넘어서 나아가기를 요구하기 때문이다. 지식은 시간과 공간을 계속해서 초월하도록 한다.

**결론/요구사항**

아이들이 시간과 공간의 한계를 뛰어 넘을 수 있다는 생각은 유혹적이고 마법적인 생각이다. 하지만 이 가능성에 한계를 둔다면 우리는 한계를 가질 뿐 아니라 창의력에 족쇄를 채우게 된다.

**창의적인 사람의 특징**

기술, 전문 지식 그리고 경험의 시야를 벗어나는 능력을 가져라.

## 단계 25

"네가 원한다면 우리는 시간을 가지고 연구해 볼 수 있어." Chiang이 말했다, "네가 과거와 미래에 날 수 있다면 말이야. 너는 날 준비가 되어있을 것이고, 친절함과 사랑의 의미를 알 수 있을 거야. 계속에서 사랑에 공을 들여 봐."

**코멘트**

나이 많은 갈매기(Chiang)는 완벽함의 길은 친절함과 사랑을 통해 이루어진다는 것을 알려준다.

**결론/ 요구사항**

창의적 삶의 아름다운 보상은 - 친절함과 사랑의 이해이다.

**창의적 인간의 특징**

친절하고 사랑스러운 사람이 되어라.

## 단계 26

Jonathan이 수업들을 연습하고 사랑의 본질에 대해 배울수록 그는 점점 더 교사가 되고 싶다는 것을 깨달았다. 이것이 비행에 대한 사랑을 보여줄 수 있는 방법이었다. - 주변 사람들에게 비행을 가르쳐 주는 것.

### 코멘트

창의적이 되고 싶은 다른 사람들을 생각해 보라. 사랑의 본질을 알기위해 일하라. Jonathan에게 이것은 교사가 되라는 뜻이었다. 모든 사람은 자신의 창의적 사랑의 적용을 찾을 수 있다.

### 결론/ 요구사항

이기적이지 말라. 반드시 지식과 경험을 다른 사람들과 나누어야 한다. 만약 그렇지 않으면, 발전은 스스로 침체된다. 각자 이것을 성취하기 위한 각자의 길을 찾아야 한다. 이것은 운명이자 특권이다.

### 창의적 인간의 특징

지식과 경험을 다른 사람들과 나누어라.

## 단계 27

Fletcher Gull은 그의 무리가 자기를 내쫓은 것에 대해 화가 났다. Jonathan은 Fletcher에게 그들을 용서하라고 설득했다. 미움을 발전시키기보다, Jonathan은 Fletcher가 무리를 이해하기를 원했다. 어느 날, 그들은 Fletcher가 보았던 같은 것을 보았다(그림 10-3-2).

### 코멘트

Jonathan의 이전 무리에 있었던 젊은 갈매기 Fletcher는 Jonathan의 길을 따랐다. 그들에게 돌아간 Jonathan은 Fletcher의 선생님이 되었다. Jonathan은 Fletcher에게 Jonathan이 훨씬 뒤늦게까지 갖지 못했던 기술을 가르쳐 주었다.

그림 10-3-2 Jonathan(오른쪽)과 그의 첫 번째 제자 Fletcher(왼쪽)

#### 결론/ 요구사항

모든 사람은 창의력을 시작할 즈음 좋은 선생님을 만났을 때 많은 도움을 받는다. 우리는 기꺼이 지식과 경험의 재능을 다른 사람과 공유해야 한다.

#### 창의적 인간의 특징

선생님이 되어라.

### 단계 28

"Fletcher, 너는 아주 많이 날아서 그 무리를 용서하고, 그들에게 돌아가 언젠가는 그들이 깨달을 수 있도록 도와줄래?" "그럴게." 그는 부드럽게 말했다.

#### 코멘트

좋은 선생님은 시작에서부터 옳은 길을 만들어주고 올바른 단계로 인도한다. Fletcher는 선생님인 Jonathan보다 더 높은 수준을 성취할 것이다.

#### 결론/ 요구사항

학생들에게 "날고 싶니?"라고 반드시 물어봐야 한다. 하지만 또 다음으로"가르치고 싶니?"라는 중요한 질문을 반드시 물어봐야 한다.

#### 창의적 인간의 특징

새로운 선생님을 준비할 수 있어라.

## 10.4 파트 3: 선생님이 되어라

### 단계 29

Fletcher는 그의 능력을 의심하기 시작했다. Jonathan은 Fletcher의 문제를 찾았다, ; 그는 급강하 동안 너무 딱딱하게 멈추어 있다. Jonathan은 Fletcher에게 계속해서 급강하를 할 때 더 부드럽게 멈추라고 말했다.

#### 코멘트

각 개인은 각자의 특별한 개성과 심리 때문에 어려움을 만나게 될 것이다. 하지만 그것을 반드시 할 수 있다고 스스로를 믿어야 한다. 이러한 중요한 시기에 선생님들과 트리즈 가족들로부터 지지와 도움을 받는 것이 매우 중요하다.

### 결론/ 요구사항

중요한 순간에 우리를 지지하고 도와줄 선생님이나 트리즈의 동료가 필요하다. “난 할 수 없어.”라는 말을 잊고 포기하지 마라. 좋은 해결안이 잘 찾아지지 않는 것 같아도 말이다.

### 창의적 인간의 특징

무엇이든 해낼 수 있다는 것을 믿어야 한다.

## 단계 30

몇 달 안에, Jonathan은 6명의 제자를 더 두었다. 모두 이상하고, 흥미로운 비행 아이디어에 재미를 느꼈고, 그들은 모두 배우는 것을 완전히 즐겼다. 그것이 무리로부터의 퇴출이라는 것을 알았음에도 불구하고 그들은 여전히 그들의 삶의 최고의 시간을 가졌다.

### 코멘트

빠르든 느리든, 한명 이상의 학생을 갖고 있다. 만약 오랜 시간 동안 오직 한명의 학생만 갖는다면, 그것은 무언가가 바뀌어야 한다는 신호이다.

### 결론/ 요구사항

트리즈의 흥미를 끄는 이미지를 만들 때, 창의력의 길을 따를 다른 사람을 끌어들여야 한다.

### 창의적 인간의 특징

흥미를 갖고 창의적 기술을 연습하라.

## 단계 31

몇 달 뒤, Jonathan은 돌아갈 시간이라고 결정했다. Henry Calvin 갈매기는 반대했는데, 그들은 여전히 추방되고 반겨지지 않는다고 여겼기 때문이다. 그럼에도 불구하고 Jon은 그들이 원한다면 그렇게 할 자유가 있다고 믿었다. 그는 또 책임감도 느꼈다.

### 코멘트

우리가 어디에서 왔는지 기억해서 “무리”로 돌아가고 새로운 지식과 경험을 공유해야 한다, 추방자의 신분이라 해도 말이다.

### 결론/ 요구사항

즉시 받아들여지지 않더라도 계속해서 선생님이 되어야 한다.

### 창의적 인간의 특징

어려운 상황 속에서, 다른 모습의 사람들과 일을 할 수 있어야 한다.

## 단계 32

Jonathan과 제자들은 Flock's Council Beach을 가로질러 날았다. Jonathan이 이끌었고, Fletcher는 그의 오른쪽에, Henry Calvin은 그의 왼쪽에서 애를 쓰고 있었다(그림 10-4-1).

### 코멘트

Jonathan은 팀을 가장 매력적인 형태로, 최고의 특징과 기술을 보여주며 나타났다.

### 결론/ 요구사항

Webpage and writing의 첫 번째 강의를 하면서 멋지고, 효과적이고, 명쾌한 트리즈를 보여줄 준비를 하라. 트리즈를 이해하기 어려운 과학이나 특별한 재능을 가진 준비된 사람들에게만 가능한 것이라고 표현하는 것을 피해라. 도입부에서 트리즈는 건실한 고등학교나 대학의 지식수준을 가진 모든 이에게 가능하다고 설명하라. 트리즈는 인간 재능과 기술의 증폭기와 인생의 철학으로써 모든 나이의 사람이 이용할 수 있다.

### 창의적 인간의 특징

어느 상황에 있든지, 매력적이고, 친근하고 효과적이고 확실한 트리즈의 이미지를 증명할 수 있어라.

그림 10-4-1 Jonathan과 그의 학생은 Flock's Council Beach를 가로질러 날았다.

## 단계 33

몇 마리 갈매기들은 Jonathan의 학생들을 목격했다. 비록 그 학생들은 추방자들이었지만 대중들은 그들이 어떻게 저렇게 날 수 있는지 궁금했다.(그림 10-4-2)

### 코멘트

만약 트리즈를 사용해서 실제의 결과를 증명할 수 있다면, 다른 사람들은 궁금해 할 것이다. 우리가 청중들에게 트리즈에 대해 소개할 때 호기심과 흥미를 주는 것이 중요합니다. 때때로 다른 기회를 갖지 못할 것이다.

### 결론/ 요구사항

최초의 목표는 잠재적인 학생들이 "저기, 너 그거 어떻게 했니?"라고 묻는 것이다.

### 창의적 인간의 특징

잠재적인 학생들에게 호기심을 가질 수 있도록 해라.

## 단계 34

그 나머지 무리들은 무엇을 해야 할지 몰랐다. 가장 나이가 많은 갈매기는 추방자들을 무시하라고 말했다. 이것은 이들 중 누구라도 그 둘 중 한 마리에게 말을 한다면 무리의 법칙을 깨뜨리는 것을 의미했다.

### 코멘트

법, 습관, 전통의 존재는 매우 강하고 혁신을 멈추게 한다. 보수주의자들을 개인적인 흥미를 트리즈 이익에 결부시킴으로써 트리즈 협력자로 바꾸어라. 잊지 마라, 사람들은 오직 트리즈가 그들의 개인적 흥미와 요구를 깨닫는 것을 도와줄 때만이 트리즈를 배우고, 사용하고 지지할 것이다.

### 결론/ 요구사항

만약 모든 학생들의 개인적 흥미와 요구를 인식한다면, 그리고 학생들과 함께 트리즈가 그들을 어떻게 만족시켜 줄지를 찾는다면 트리즈 발전에 성공할 수 있을 것이다.

### 창의적 인간의 특징

모든 사람의 흥미와 요구를 트리즈 이익과 결부시킬 수 있어야 한다.

그림 10-4-2 관중들은 새로운 학생들의 주요 원천이다.

## 단계 35

저녁이 오고, 갈매기 무리는 학생들을 원으로 둘러싸며 나타났다. 그들은 궁금했지만, 또 반대로 다른 누구에게도 보이기를 원치 않았다.

### 코멘트

Jonathan과 팀의 노력은 결과를 나타냈다. 다른 새들은 추방자들처럼 나는 법을 배우고 싶다. 하지만 열망은 비밀 속에 숨겨져 있다. 그들은 결과가 두려웠다.

### 결론/요구사항

사람들은 트리즈에 흥미가 있을지 모른다. 그러나 앞으로 나아가기를 꺼려한다. 그들을 인식하는 것은 어려울 수 있다. 그들의 질문, 그들의 행동 그리고 그들의 몸짓으로 트리즈에 대한 사람의 흥미를 인식하라.

### 창의적 인간의 특징

사람들의 행동의 원인과 원천을 분석하고 이해할 수 있어라.

## 단계 36

Jonathan과 여섯 제자들이 돌아오고 나서 한 달이 되지 않아 그 무리에서 첫 번째로 한 갈매기가 그룹으로 들어왔고 스스로를 추방자라고 꼬리표를 붙였다.

### 코멘트

이것은 매우 중요하다. 왜냐하면 이것이 존재하는 전통과 법을 선을 드러내고 건넌 첫 번째 갈매기이기 때문이다.

### 결론/요구사항

"무리" 중 누군가가 트리즈의 학생이 되고 싶어 하는 그 순간을 놓치지 말라.

### 창의적 인간의 특징

새로운 "학생"을 인식할 수 있어라.

## 단계 37

그 다음날 밤, 또 다른 갈매기가 Jonathan을 찾아와 자신을 도와달라고 빌었다. Kirk Maynard 갈매기에게 비행은 세상에서 그 무엇보다 더 의미 있는 것이었다. 그는 날개가 부러졌고 전에는 오직 어떻게 나는 건지 꿈꿀 수밖에 없었다(그림 11-4-3).

### 코멘트

지금까지 우리는 혁신과 발전의 주요 장벽으로 심리적 관성을 이야기했다. Kirk는 물리적으로 날 수가 없다. 그러나 이것은 극복해야할 또 다른 제약일 뿐이다. 장벽임에도 불구하고, 새로운 학생과 그의 흥미를 받아들여라.

### 결론/요구사항

놀라지 말고 창의적 인간으로 개발될 수 없어 보일지도 모르는 학생들을 위해 대비하라. "날기 위한" 욕망은 엄청난 동기요인이 될 수 있다.

### 창의적 인간의 특징

어떤 학생과도 기꺼이 일할 수 있어야 한다.

그림 10-4-3
Kirk는 날개가 부러졌고 Jonathan의 학생이 되고자 한다.

## 단계 38

Kirk 갈매기는 날개를 움직일 수 없었기 때문에 날지 않았다. Jonathan은 그와 일했고, 그에게 자유라고 말했고, 이것이 다른 사람의 영향을 받지 않을 수 있는 기회라고 말했다. Jonathan의 말들은 Kirk가 날겠다고 말하도록 격려했다.

### 코멘트

Jonathan은 비록 희망이 없고 비관적인 상황 속에서도 기적을 만들어낼 수 있다는 것을 가르친다.

### 결론/요구사항

가장 재능있고, 최고로 교육받고, 가장 경험있는 사람들에서만 학생을 선택하지 말라.

### 창의적 인간의 특징

학생들을 있는 그대로 받아들여라.

## 단계 39

거의 천 마리의 갈매기가 Jonathan의 지혜와 Kirk의 믿음을 보기 위해 나왔다. 이제 그들은 그들이 보든 말든 신경 쓰지 않았다.

### 코멘트

위태로운 순간은 끝났다. 이제 Jonathan은 수천 마리의 제자를 얻었다. 우리에게 이것은 매우 어려운 상황이 될 수 있다. 한명의 학생을 갖는 것과 수천 명의 학생을 갖는 것은 꽤 다른 것이다. 우리는 반드시 어떻게 트리즈 교육을 조직하고 수천 명의 학생들에게 실천될지 고려해야 한다. 그리고 졸업한 이들이 어떻게 좋은 직업을 찾을지 고려해야 한다. 이 시점에서 창의적 인간에서 창의적 팀으로의 전이를 보았다. 이 수준에서는 혼자 일할 수 없다.

### 결론/요구사항

창의적 팀에서 일할 수 있는 특수한 기술을 필요로 한다. 이것은 쉽지 않다. 창의적 팀은 독립적이고 강한 마음의 사람들을 한데 다 같이 모은다. 마치 협동과 현명한 리더십 모두를 필요로 하는 것과 같다. 이것이 세계 다른 나라의 수천 명의 학생들에게 완전한 창의적 환경을 조성하는 완벽함에 다다르는 것이다.

### 창의적 인간의 특징

창의적 팀의 일부로 일할 수 있어야 한다. 그리고 교육을 위한 큰 네트워크의 개발을 지지할 수 있어야 한다.

## 단계 40

자신들의 날 수 있는 능력을 의심하는 사람들이 있었다. 그들은 Jonathan이 신이고 선천적으로 재능이 주어졌다고 생각했다. Jonathan은 Fletcher, Lowell, Charles-Roland 그리고 Judy Lee도 자기와 거의 비슷하게 나는 것을 배웠기 때문에 동의하지 않았다. 다른 갈매기들이 멈췄던 단 하나는 그들이 아직도 자신들이 누구인지 이해하지 못한 것이다.

### 코멘트

Jonathan은 모든 사람은 창의적 인간이 되고, 창의적 삶을 살 수 있는 기회를 갖는다고 설명한다. 트리즈와 창의적 삶이 오직 특별한 재능과 재능을 가진 사람들만이 이용가능 하다는 루머는 영원히 잠재워져야 한다. 더 단호히 말하면, 창의적 사람이 되는 삶은 특권과 의무와 함께 온다. 그것은 우리가 태어나면서 받은 선물이다. 그것은 삶을 살아가면서 반드시 공유해야 할 선물이다.

### 결론/요구사항

트리즈는 엘리트를 위한 것이 아니다. 트리즈는 모두를 위한 것이다.

### 창의적 인간의 특징

우리 속에 창의적 인간을 가졌다는 지식에 근거를 두어라.

## 단계 41

날이 갈수록, 점점 더 많은 갈매기들이 Fletcher와 다른 학생들을 보러 왔다. 몇몇은 비판을 하러 왔고, 몇몇은 순수한 흥분을 위해 왔다. 어느 날 연습이 끝나고 Fletcher는 Jonathan에게 무리 속에서 떠도는 소문을 말해주었다. 소문은 자신이 신의 아들이거나 천년 전의 세계에서 왔다는 것이다.

### 코멘트

새로운 학생들은 우리가 말하는 모든 것을 믿을 것이다. 가끔 트리즈의 권위 있는 목소리가 되는 유혹에 대해 저항하는 것은 어려울 것이다.

### 결론/요구사항

창의적 삶은 쉬운 것은 아니다. 어느 때든 예상치 못한 난관이나 문제를 맞닥뜨릴 수 있다. 심지어 친구들, 동료들 그리고 친척들도 모순의 원인이나 원천이 될 수 있다. 준비하라, 그리고 그들에 대해 어려움을 갖지 말라. 모순을 풀고 상처를 용서하고 평화 속에서 앞으로 나아가라.

### 창의적 인간의 특징

친절한 마음의 기질로 어떤 문제와 어려움도 강하게 버텨라.

## 단계 42

Jonathan은 Fletcher에게 자신들이 시대를 앞서고 있느냐고 물었다. Fletcher는 주저하다가 마침내 시간과는 아무런 관련이 없다고 말했다. 오히려 날 수 있는 능력은 갈매기들이 발견하도록 항상 그 자리에 있었다. 아마도 그들은 유행에 앞서 있을지도 모른다.

### 코멘트

Fletcher는 매우 훌륭한 답을 했고, 루머를 피하는 방법의 실례를 주었다. 트리즈 초보자들과 잠재적인 고객들을 위해 현재와 이전 학생들의 실질적인 경험과 성취들을 사용하라. 그들에게 누구든지 전문가뿐만 아니라 일반사람들도 할 수 있다는 것을 보여주어라.

### 결론/요구사항

더 폭넓은 트리즈 발전을 북돋우기 위해 현재의 트리즈 사용자들의 경험과 성취를 이용하라. 트리즈 성공 이야기 서적을 개발하라. 스스로 그러한 자원을 갖고 있지 않다면 동료들에게 도움과 지원를 요청하라.

### 창의적 인간의 특징

다른 사람들의 창의력을 이해하고 그것을 설명할 수 있어라.

## 단계 43

Fletcher가 돌아오는 것을 본 새들은 두려웠다. 그들은 Fletcher가 그들을 파괴하러 온 악마라고 생각했다.

### 코멘트

소문, 불신 그리고 위협은 일생동안 우리의 곁에 있을 것이다.

### 결론/요구사항

삶을 사는 동안 사람들이 이해하지 못하는 것에 대한 두려움으로 생겨난 루머, 불신 그리고 위협에 대해 대비하라.

### 창의적 인간의 특징

루머, 불신 그리고 위협에 직면하여 강해져라.

## 단계 44

Jonathan은 한 마리 새가 단지 약간의 연습만 하면 자유로워 질 수 있다는 것을 설득하는 것이 왜 그렇게 어려운지 의아했다. 이러한 생각이 그를 당혹스럽게 했다.

### 코멘트

좋은 선생님은 스스로에게 끊임없이 질문을 한다.

### 결론/요구사항

생각의 자유가 있는 환경을 조성하라. 자유로운 생각은 창의적 삶의 유일한 필수조건이다. 우리는 우리를 넘어선 절대적 지휘권만을 가질 수 있다.

### 창의적 인간의 특징

자유롭고 독립적인 사상가가 되어라.

## 단계 45

Fletcher는 Jonathan에게 왜 무리는 그를 사랑하지 않는데 그는 무리를 사랑하느냐고 묻기 시작했다. Jonathan에게 그것은 그들의 악보다는 선을 보는 능력이다. 그는 갈매기들을 깨우치고 싶었고 그들이 진짜 무엇인가를 발견하게 해주고 싶었다.

### 코멘트

Fletcher의 솔직하고 근본적인 물음에 Jonathan은 사랑은 모든 사람의 좋은 면을 보고 그것을 스스로 볼 수 있도록 도와주는 것이라고 대답했다.

### 결론/요구사항

사랑을 준비해라.

### 창의적 인간의 특징

사랑은 우리 영혼의 일부분이다.

## 단계 46

Jonathan은 Fletcher에게 자신은 떠날 것이라고 말했다. Fletcher가 그 생각에 반대했을 때, Jonathan은 그에게 계속해서 앞으로 나아가고 다른 무리들에게 나는 방법을 가르쳐야 한다고 말했다. 결국 여기에서 발전할 수 있는 단 한 사람은 Fletcher 자신뿐이었다.

### 코멘트

우리는 오랜 시간 동안 단 한 사람이나, 한 그룹의 학생들만의 선생님이 될 수 없다(하지만 우리는 영원히 친구 관계나 파트너 관계는 될 있다.). 자유롭게 움직이고 많은 학생들을 위한 선생님이 되어라.

### 결론/요구사항

새로운 학생이나 학생 그룹을 찾아라. 오랜 학생들과 상담하라, 하지만 그들을 되풀이해서 가르치거나 훈련시키지 마라. "오랜" 학생은 독립할 준비가 되었고, 스스로 충분한 창의적 인간이 될 준비가 되었다.

### 창의적 인간의 특징

우리는 창의적 삶 속에서 스스로 충분한 사람이 되고, 다른 사람을 같은 방법으로 격려하기 위해 일해야 한다.

## 단계 47

짧은 기간이 지나고, Fletcher 갈매기는 자신이 새로운 그룹의 학생들을 가르치고 있다는 것을 깨달았다. 그들은 나는 방법을 배우고자 열망했다. 하지만 Fletcher는 복잡한 비행 기술로 시작하는 것보다 더 좋은 방법을 알고 있었다. 그는 오히려 그들의 생각과 표현들이 그들의 정체성을 형성하는 방법에 관한 수업으로 시작하였다. 이것은 당연히 참을성 없는 초보자들에게는 좋은 징조는 아니었다.

### 코멘트

초보자들에게 고급의 트리즈 주제와 논리를 사용하지 말라. 그들은 이 수준으로 말하고 이해할 준비가 되지 않았다. 트리즈에서의 초보자와 상급 학생의 차이를 이해하라. 학생들의 다른 수준에 대한 훈련과 주제의 수준은 적절해야한다. 배우는 과정을 너무 성급하게 진행시키지 마라.

### 결론/요구사항

다른 수준에 있는 학생들을 위해 다른 수준의 훈련, 주제, 예제, 연습 그리고 시험을 준비하라.

### 창의적 인간의 특징

다른 수준의 학생들에게 트리즈를 보여줄 준비가 되어 있어라.

그림 10-4-4 Fletcher는 학생들을 위해 기초부터 시작할 준비가 되어있다.

## 단계 48

Fletcher는 학생들을 봤다. 그리고 그들에게 수평 비행부터 시작할 것이라고 말했다(그림 10-4-4).

### 코멘트

초보자들에게 기초부터 시작하도록 해라.

### 결론/요구사항

어느 순간에는 가장 효과적인 방법으로 초보자들과 시작할 수 있도록 준비하여라.

### 창의적 인간의 특징

창의적 삶의 초보자들에게 옳은 시작점을 찾아줄 수 있도록 하여라.

## 단계 49

"한계는 없죠, Jonathan? 그는 웃었다. 배움의 경주는 시작되었다."

### 코멘트

Fletcher는 그의 선생님 Jonathan의 주요 교리를 기억한다. - "한계는 없다." 이것은 우리를 향한 Jonathan의 메시지이기도 하다. 아마도 이 두 단어는 트리즈의 좋은 로고가 될 수도 있다.

### 결론/요구사항

우리는 선생님의 생각들을 기억한다. 그리고 그것들을 우리의 것으로 만들어라.

### 창의적 인간의 특징

감사하는 마음을 가져라.

## 10.5 요약

창의적 인간이 되는 것이 무엇을 의미하는지를 이해하는 것은 매우 중요하다. 창의적 인간의 삶은 도전의 삶이고, 따라서 쉬운 삶은 아니다. 하지만 우리 개개인은 창의적 삶을 살기위해 준비되어야 한다. 이 장을 삶의 전략을 위한 규칙과 본보기의 결합으로 보지 말라. 개개인은 특별한 사람이고 모두는 스스로의 삶의 계획을 가지고 있다. Jonathan 리빙스톤은 개개인 속에 살고 있다. 미켈란젤로(Michelangelo)의 계몽적인 논리를 이렇게 이해할 수 있다. "너의 영혼을 열어라. - 너의 Jonathan을 자유롭게 놓아주고 날아가게 하라."

### 창의적 인간을 위한 "10가지 권고"

1. 어떤 이는 우리의 삶을 더 편안하게 만들기 위해서 과거에 무언가를 만들었다. 이제는 우리가 오늘을 위해, 그리고 다가올 세대를 위해 무엇인가를 만들어야 한다.
2. 처음의 실패와 실망에 포기하지 말라.
3. 사람들과 상황에 공격당해도 혼자서 창의적 길을 걸어라.
4. 과거의 성취에 쉬지 말고 새롭게 생겨난 목적을 향해 앞으로 움직여라.
5. 완벽함은 삶의 주요 목표이다. 음식, 돈 또는 권력이 아니다.
6. 그 완벽함(이상적인 것)이 숫자나 제한된 것이 아니라는 것을 이해하라.
7. 실수를 피하고 시간을 절약하기 위해서 좋은 선생님을 찾아라.
8. 사람들에게 열려있고 흥미로운 사람이 되어라.
9. 생각의 자유를 가능하게 할 환경을 조성하라. 생각의 자유는 창의적 삶의 중요한 필수조건이다.
10. 사랑할 준비가 되어라.

# 혁신을 위한 TRIZ 기술

*TRIZ Technology for Innovation*

11

## 11.1 소개

이제 트리즈의 내용을 탐구했고, 트리즈의 주요한 요소들을 모두 심도있게 설명하였다. 결론적으로, 우리는 다른 증명된 디자인 개발 방법과 결합을 통하여 트리즈의 모든 부분을 어떻게 이용하느냐에 대하여 토론할 것이다. 그리고 효과적인 프로젝트 팀들의 모범사례들을 검토할 것이다. 우리는 이 과정을 혁신을 위한 트리즈 기술이라고 부른다. 이 혁신을 위한 기술을 프로젝트 창작과 문제 해결을 위한 트리즈 혁신 로드맵을 통해 적용할 것이다. 트리즈 요소들과 함께 가장 완벽한 트리즈 혁신 로드맵에 포함되어 있는 것들은 다음 방법과 프로세스와 같다. (그림 11-1-1) :

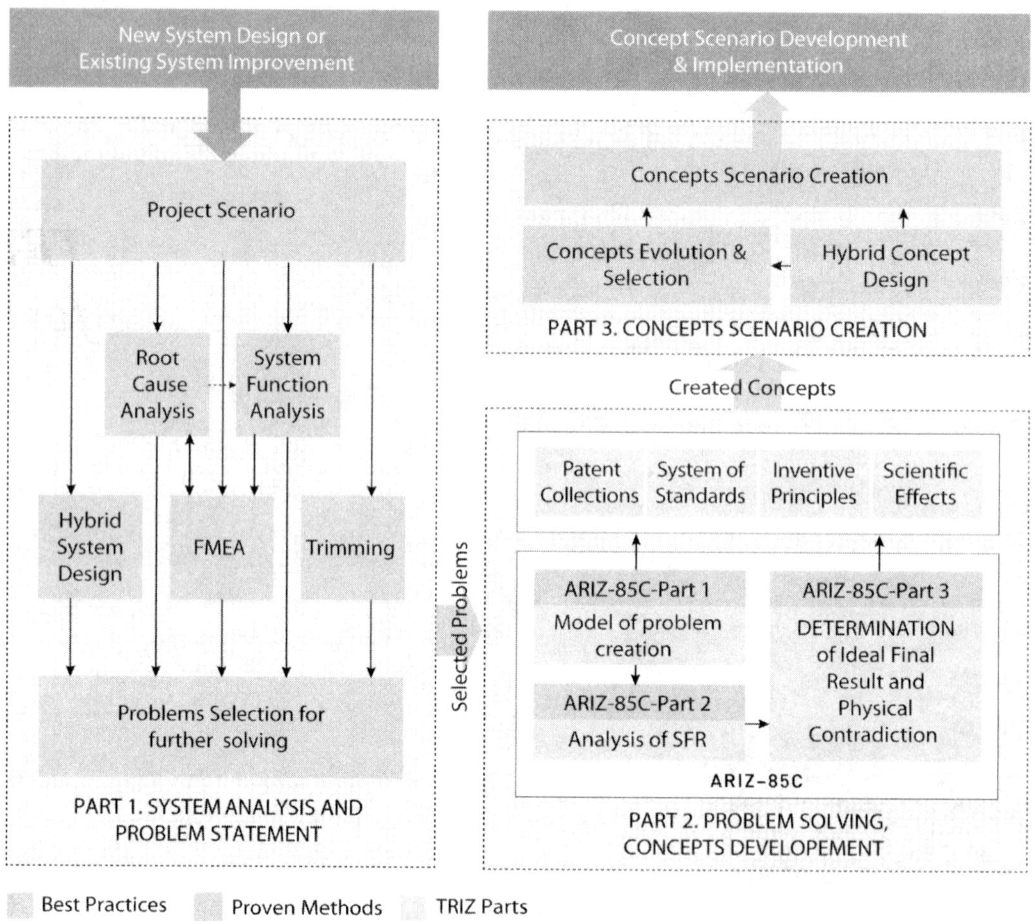


그림 11-1-1 프로젝트 창작과 문제 해결을 위한 트리즈 혁신 로드맵(가장 완성된 형태)은 세 개의 주요 부분을 담고 있다. : 파트 1 : 시스템 분석과 문제 기술, 파트 2 : 문제 해결과 개념 개발, 파트 3 : 개념 시나리오 창작.

**입증된 방법 :**

- ❖ 시스템 기능 분석 - VA, VE
- ❖ 근본 원인 분석 - RCA
- ❖ 고장 모드와 효과 분석 - FMEA
- ❖ 혼성 시스템 설계
- ❖ 트리밍(제거, Trimming)

**모범 사례에 기반을 둔 프로세스 :**

- ❖ 프로젝트 시나리오
- ❖ 개념 발전과 선택
- ❖ 혼성 시스템 디자인
- ❖ 컨셉 시나리오

## 11.2 파트 1: 시스템 분석과 문제 기술

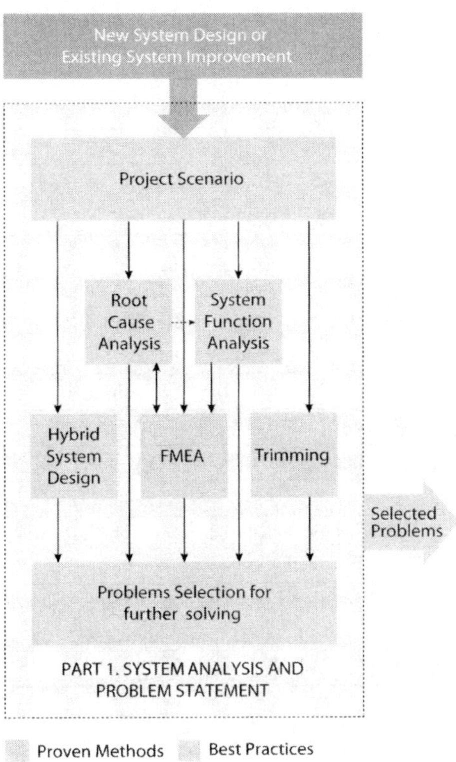


새로운 시스템 디자인이나 존재하는 시스템의 발전은 파트 1을 위한 투입이다. (그림 11-2-1). 시스템 분석과 문제 기술 개발에는 다섯 개의 입증된 방법들이 있다. : RCA, 기능 분석, FMEA, 혼성 시스템 설계 그리고 트리밍. 이 방법들로 규정된 모든 문제들은 문제 선택 모듈 속에 모아져 있다. 해결을 위해 선택된 문제들은 파트 1의 산출이다. 프로젝트 시나리오는 여러 프로젝트 팀들의 경험에 기반을 두고 특별히 창안된 방법이다. 프로젝트 시나리오의 주요 기능은 심층 분석을 위한 프로젝트 시스템의 대비이다. 몇몇의 트리즈 파트는 프로젝트 시나리오 창작을 위해 사용된다.

그림 11-2-1 트리즈 혁신 로드맵의 파트 1은 시스템 분석과 문제 기술에 초점을 두고 있다.

## 11.2.1 프로젝트 시나리오

프로젝트 시나리오는 모든 시스템 개발을 위한 첫 번째 단계이다. 우리는 컨설턴트와 상의해 첫 번째 프로젝트 기간의 마지막에는 완벽한 프로젝트 시나리오를 갖고 있을 것을 적극 권고한다. 프로젝트 시나리오는 보통 다음의 6개 단계를 담고 있다. :

1. 프로젝트 팀은 요구된 모든 정보를 포함한 최초의 상황에 대해서 보고한다.
2. 올바른 프로젝트 주제와 올바른 최초의 문제 정의를 선택한다.
3. 깔끔하고 이해하기 쉬운 프로젝트 시스템의 사진/스케치를 준비한다.
4. 예상 리스트를 만든다.
5. 시간-공간-물질-장 자원과 그 매개변수들의 리스트를 준비한다.
6. 프로젝트를 위한 혁신 로드맵을 만든다.

### 1. 프로젝트 팀은 요구된 모든 정보를 포함한 최초의 상황에 대해서 보고한다.

트리즈 기초 훈련이 시작하기 전에 가능한 프로젝트에 대한 프로젝트 등록 서식(표 11-2-1)을 작성하도록 고객들에게 요청한다. 이것은 트리즈 훈련 동안 실용적인 연습을 위한 몇몇의 프로젝트의 일부로 사용하는데 도움을 준다. 또 학생들이 그들의 회사에서 트리즈 적용에 적응하고 심리적으로 준비할 수 있게 도와준다. 트리즈 훈련의 시작에서 진짜 트리즈의 실질적인 응용으로 시작하기를 권고한다. 트리즈 훈련과 트리즈 실전 사이의 거리를 좁히는 것은 매우 중요하다.

| No. | 질문 |
|---|---|
| 1 | 팀의 리더와 팀 인원 - 이름, 지위, 연락처 |
| 2 | 프로젝트 이름과 관련된 시스템 이름 |
| 3 | 시스템의 구조, 기본 기능과 부가적 기능 |
| 4 | NO.3 에 설명된 주요기능과 보조기능의 이유 |
| 5 | 시스템[프로세스의 경우, 공정도와 제어 매개변수가 설명되어야 한다.]의 그림, 각 요소의 이름, 각 요소의 기능 |
| 6 | 시스템 작동 방법의 설명 |
| 7 | 해결되어야 할 문제와 이 문제 해결이 요구되어야 하는 이유에 대한 설명 |
| 8 | 현재의 실질적이고 요구되는 매개변수 값을 가진 프로젝트 목표와 목적 리스트 |
| 9 | 최고의 컨셉 선택을 위한 표준 리스트 |
| 10 | 프로젝트에 제시된 문제 해결에 관한 모든 시행과 경험 리스트, 그리고 만들어진 컨셉이 성공적으로 적용되지 않은 이유에 대한 설명 |
| 11 | 특허 개수와 컨셉 설명을 포함한 경쟁자들로부터 이용 가능한 기술들이나 해결안들의 설명 |
| 12 | 프로젝트 제약조건의 설명과 개선 시스템의 모든 제약조건의 설명 |

표 11-2-1 트리즈 프로젝트 등록 서식

**2. 올바른 프로젝트 주제와 올바른 최초의 문제 정의를 선택한다.**

대부분의 경우에, 프로젝트 팀들은 프로젝트를 위한 올바른 시스템을 선택하고 규정하지 않는다. 그리고 처음으로 기술된 문제를 정확하게 규정하지 않는다. 회사는 이것 때문에 시간과 돈을 낭비한다. 연습에서, 우리는 프로젝트의 시스템을 바꾸고, 처음에 기술된 문제들의 모든 상황의 약 80%를 옳게 고칠 것이다. 프로젝트 시나리오 단계 동안 올바른 시스템을 선택하고 올바른 처음의 문제를 규정하기 때문에 이것이 가능하다.

**3. 깔끔하고 이해하기 쉬운 프로젝트 시스템의 사진/스케치를 준비한다.**

프로젝트를 위한 그래픽 재료 준비의 가치를 이해하는 것으로 시간과 돈을 절약할 시도를 하지 마라. 간단하고 이해하기 쉬운 그림, 사진, 스케치 그리고 다른 그래픽 재료들은 프로젝트 준비의 다음 단계에서 시간을 절약하게 해줄 것이다. 간단한 파워포인트 스케치라도 종종 매우 유용하다. (그림 11-2-2).

**4. 예상 리스트를 만든다.**

과대평가된 프로젝트 결과의 수준은 프로젝트 팀과 회사를 매우 혼란스럽고 문제의 상황 속에 빠뜨릴 수 있다. 너무 낮은 기대 수준은 팀을 약하게 만들 수 있다. 적정한 균형을 이루어야 한다.

**5. 시간-공간-물질-장 자원과 그 매개변수들의 리스트를 준비하라.**

자원들을 사용할 준비가 되어있는 것을 지향해야 한다. 이것은 팀을 가장 혁신적이고 "이상적인" 해결안으로 이끈다. 6장 6.7에서 문제 해결을 위해 사용된 시간-공간-물질-장 자원의 기술을 참조하라. 우리는 이 단계를 ARIZ-85C, 파트 2 완성에 사용하기를 권고한다. 만약 그것이 프로젝트 로드맵에 포함되어있다면 말이다.

**6. 프로젝트를 위한 혁신 로드맵을 만들어라.**

이것은 프로젝트 시나리오의 주요 요소이다. 팀은 주어진 프로젝트의 성공적인 창조에 필요한 트리즈와 다른 증명된 방법(VA/VE, RCA, 혼성 시스템 설계, FMEA, QFD, VM, 6Sigma, DFSS, 린 생산 방식 등)에서 적절한 파트를 선택해야 한다. 우리는 또 가능하다면 프로젝트 혁신 로드맵 창작을 위해 골드파이어(Invention Machine Corporation에서 생산되는 소프트웨어)의 파트를 사용하기를 권고한다.

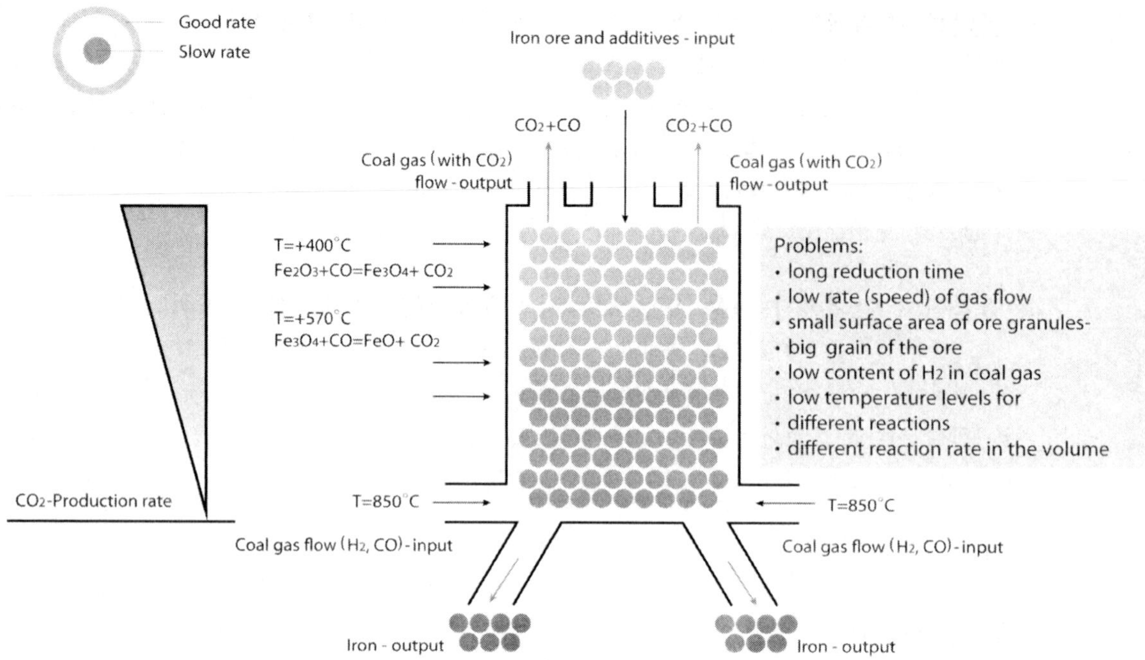


그림 11-2-2 프로젝트 시스템의 스케치는 프로젝트 시나리오 준비 중에 만들어진다. 파워포인트 형태로 만들어지기 위해 약 60분이 걸렸고, 특히 최고의 기술개발 매니저에게 중요한 특히 다른 개념들의 쉽고 이해하기 쉬운 다른 컨셉의 스케치들을 도와준다.

다른 프로젝트와 문제를 위한 프로젝트 혁신 로드맵의 사례 :

1. 품질과 신뢰도 향상과 관련된 프로젝트의 로드맵(그림 11-2-3)
2. 제조비용 절감과 관련된 프로젝트를 위한 로드맵(그림 11-2-4)
3. 기술 연구개발 프로젝트를 위한 정보 준비 로드맵(그림 11-2-5)
4. 6시그마와 DFSS 프로젝트를 위한 로드맵(그림 11-2-6)
5. 올바르게 선택되고 명시된 문제의 개념 창조를 위한 로드맵. 이런 경우, 파트 1 ; 시스템 분석과 문제 명시를 사용하지 말라. (그림 11-2-7)

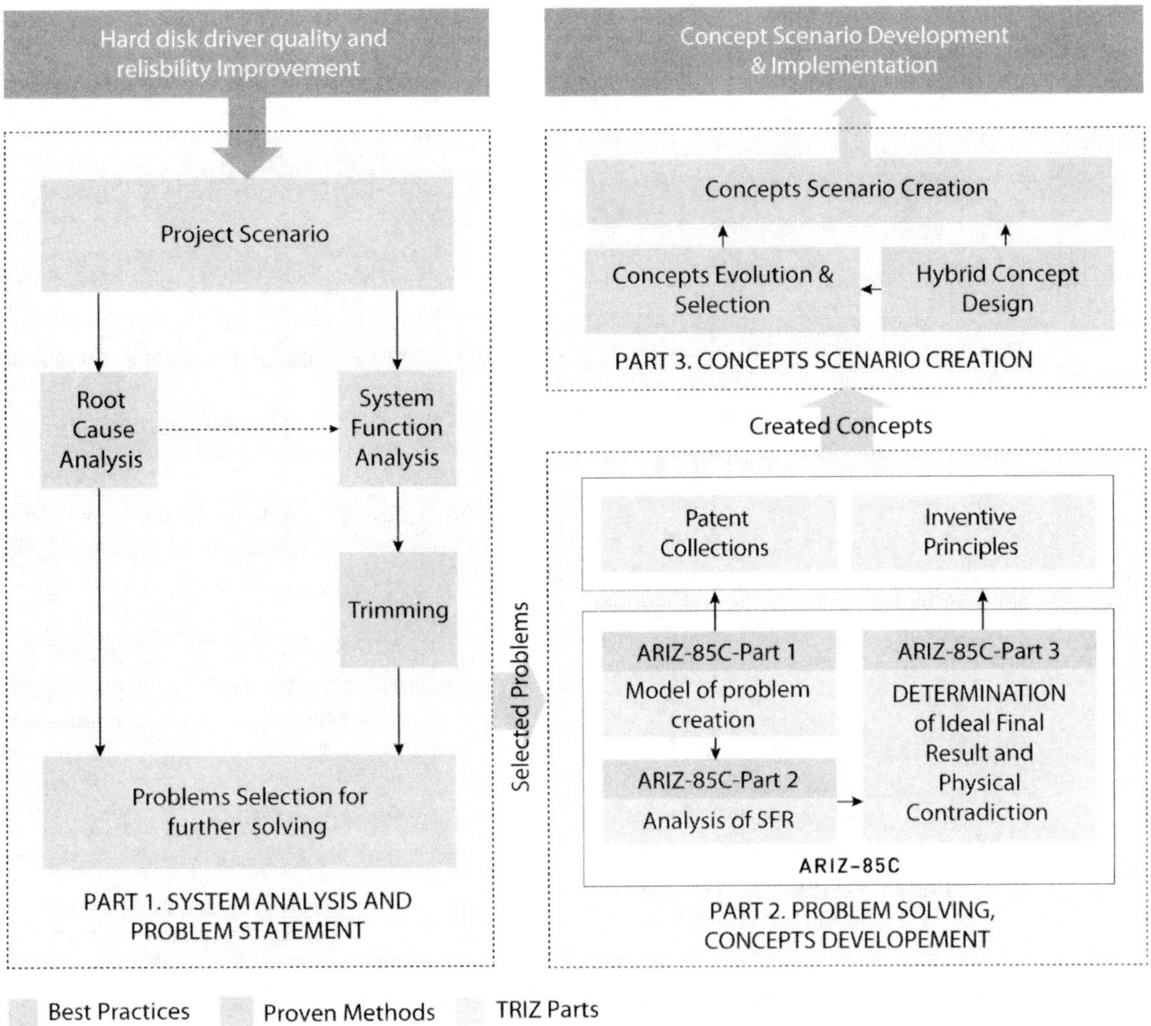


그림 11-2-3 품질과 신뢰도 향상과 관련된 프로젝트의 이용 가능한 혁신

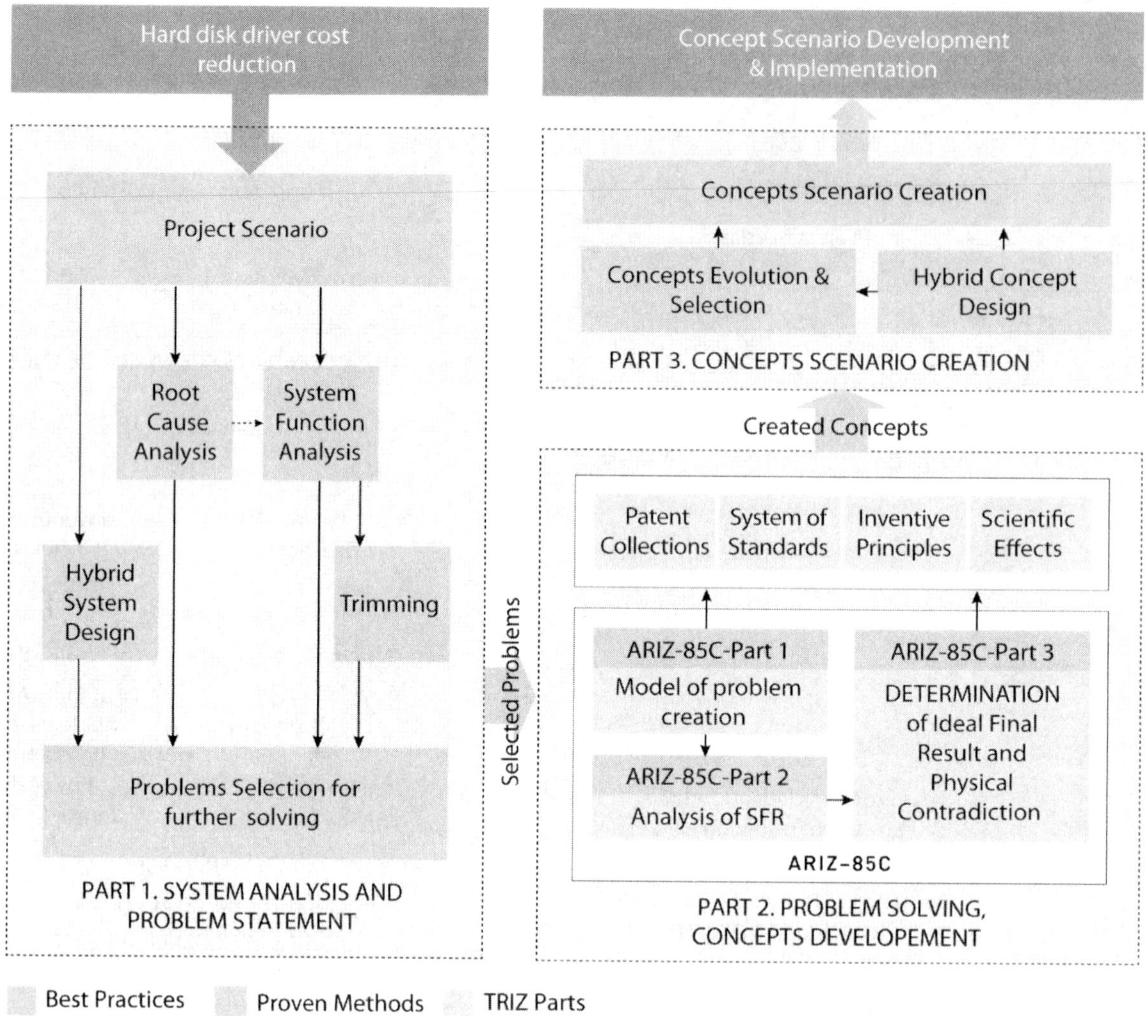


그림 11-2-4 제조비용 절감과 관련된 프로젝트를 위한 이용 가능한 혁신 로드맵

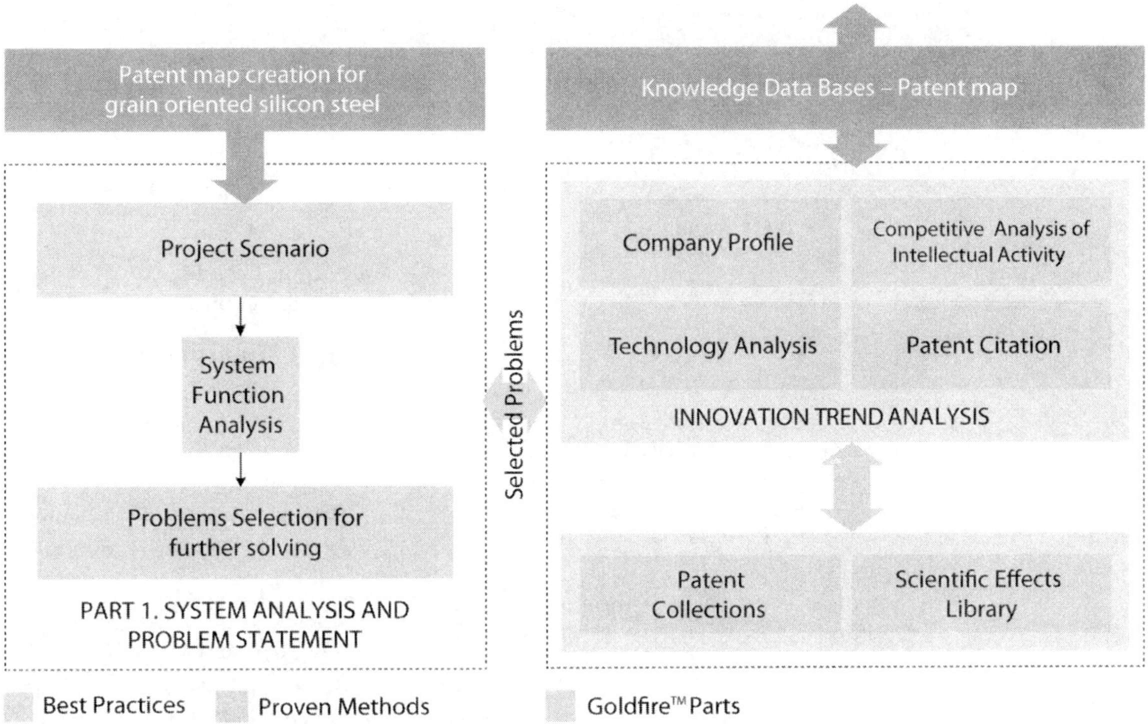


그림 11-2-5 기술 연구개발 프로젝트를 위한 정보 준비 로드맵

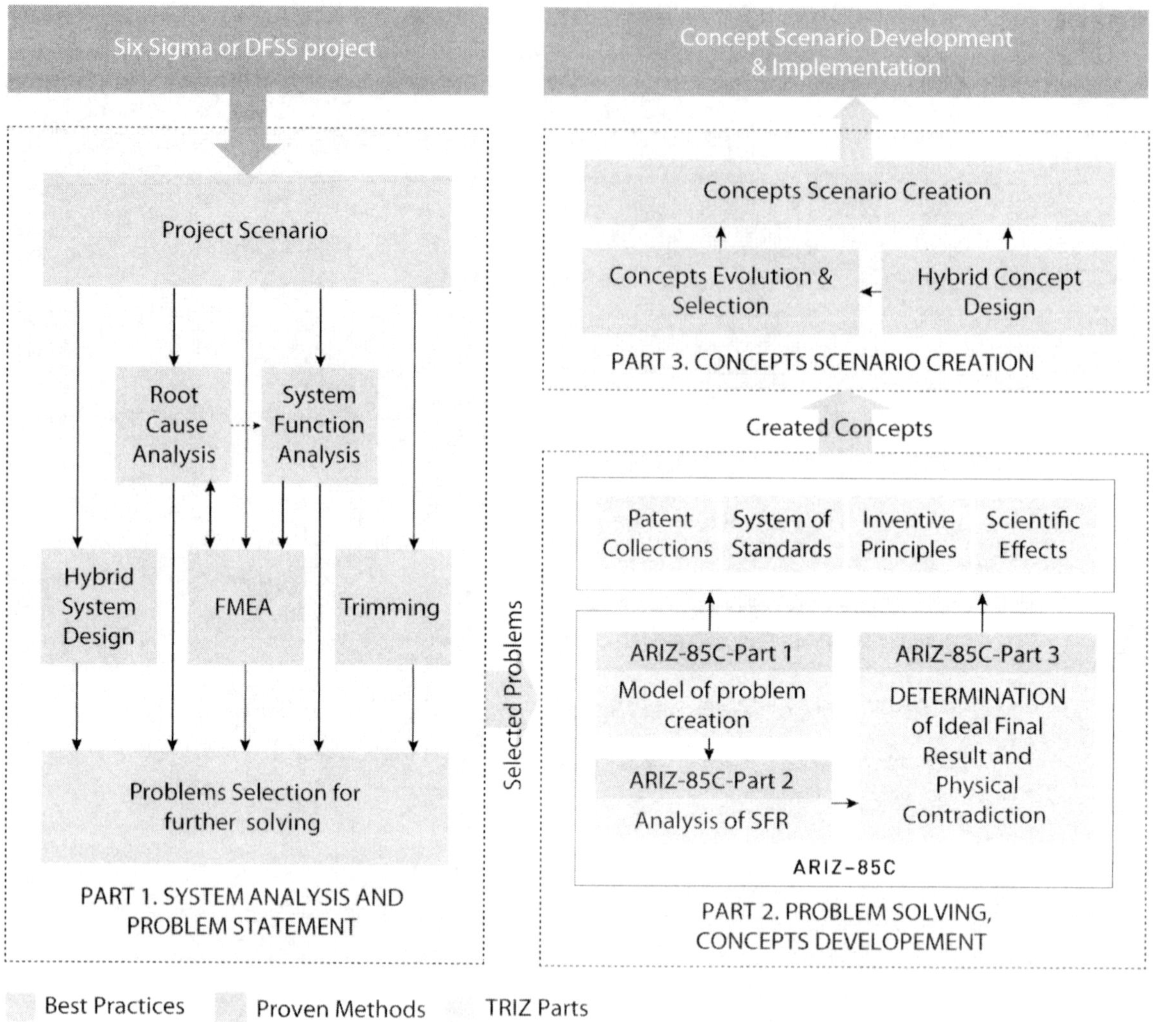


그림 11-2-6 6시그마와 DFSS 프로젝트를 위한 이용 가능한 혁신 로드맵

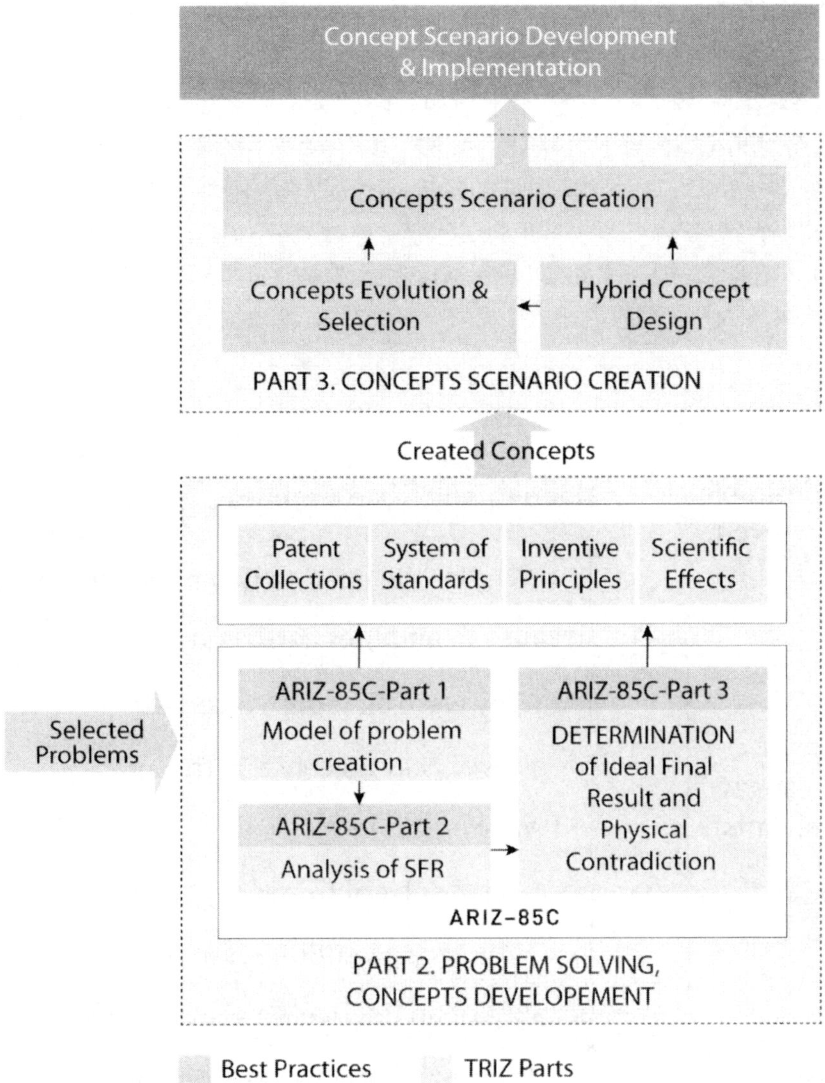


그림 11-2-7
올바르게 선택되고 명시된 문제의 컨셉 창조를 위한 이용 가능한 혁신 로드맵. 이런 경우, 파트 1 시스템 분석과 문제 명시를 사용하지 말라. (그림 11-2-1)

## 11.2.2 근본 문제 분석

RCA는 여러 증명된 방법에 포함되어 있다. : 린 생산방식(Lean Manufacturing) ; 실패 분석 ; FMEA ; 위험 관리 ; 사고 분석 ; DFSS; 6 시그마 등등. RCA는 잘못의 첫 번째 원인이나 근본원인의 발견을 이끌어 주는 체계적인 방법이다. 그것은 실패 또는 더 단순한 문제를 이끌어주는 행동과 결과들의 확실한 진행이다.

RCA 조사는 인과관계의 실험을 통하여 최종 실패에서부터 근본 원인을 거꾸로 추적한다. 그것은 셜록홈즈의 연역적 추리 과정과 매우 유사하다. RCA는 올바른 문제를 규정하고 최초로 기술된 문제를 단순화하는 것을 도와준다.

**예제** : 세계적인 기업의 제조 공장 상급 엔지니어가 다급하게 보스턴에 있는 구매과에 전화를 했다. "우리는 새로운 환기장치를 위한 파이프를 사야합니다." 우연히 최근에 RCA 코스를 마친 젊은 엔지니어가 이 대화를 들었다. 그는 파이프와 관련된 문제에 RCA를 사용해 보기로 했다. 그의 분석은 그림 11-2-8에 설명되어있다. 파이프 문제의 RCA는 훌륭한 결과를 내놓았다. : 새로운 파이프를 사는 것 대신, 적절한 시간에 기술자들이 용제 탱크를 다루기 위한 설명서가 만들어졌다. 물론 망가진 파이프를 한번은 교체해야 하지만 문제는 미래를 위해 체계적으로 해결되었다.

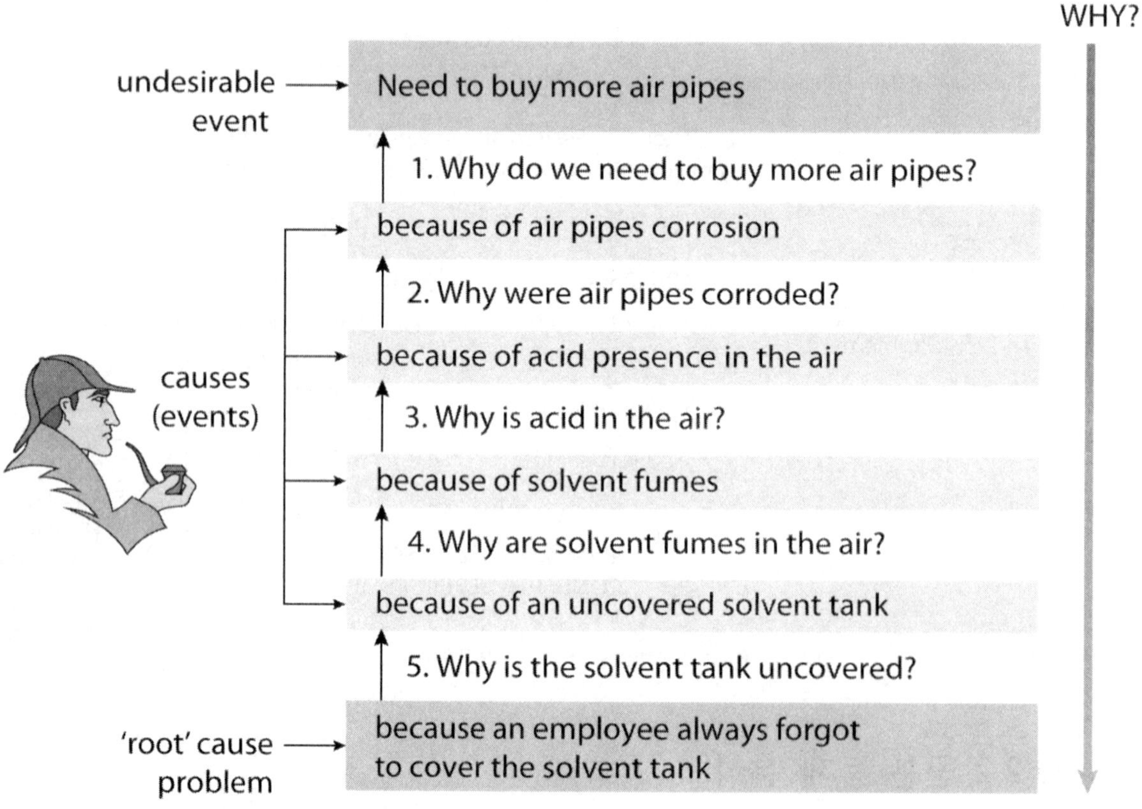


그림 11-2-8 RCA가 최초로 명시된 문제의 모든 시작점은 종종 바람직하지 않은 사건이라고 불린다... 거기서부터 문제의 근본으로 이끄는 폭포처럼 쏟아지는 질문들이 시작하는 첫 번째 질문, 첫 번째 원인을 물을 수 있다.

## 11.2.3 기능 모델링과 분석

시스템의 기능적인 모델링과 분석은 가치 분석방법론의 주 요소이다. 가치분석 방법론은 제품/프로세스 설계 중에 불필요한 비용을 없애고, 제품 제조과정 동안 불필요한 비용을 발견하고 제거하기 위해 만들어진 시스템이다.

시스템의 기능적 모델은 각 시스템 요소와 상위 시스템 요소의 기능을 정의하고 설명한다. 기능적 모델은 주어진 시스템이 어떻게 작동하는가를 설명한다. 기능 모델링은 요소들 간의 상호작용으로서 기능을 분석한다. 이것은 분석된 시스템 속의 존재하는 거의 대부분의 문제를 규정하는 것을 도와준다.

**예제** : 앰플들은 보통 약품을 저장하기 위해 사용된다. 포장 과정 중에 앰플의 목 부분이 용접에 의해 봉합될 때 강한 불꽃에 노출된다. 용접의 높은 온도는 어떤 문제를 야기시킨다. 그것은 약품을 과열시키고 손상시킨다. 문제를 이해하기 위해서, 설명된 시스템의 기능적 모델(그림 11-2-9)을 만들고, 생성된 모델의 기능적 분석(그림 11-2-10)을 제공해야 한다.

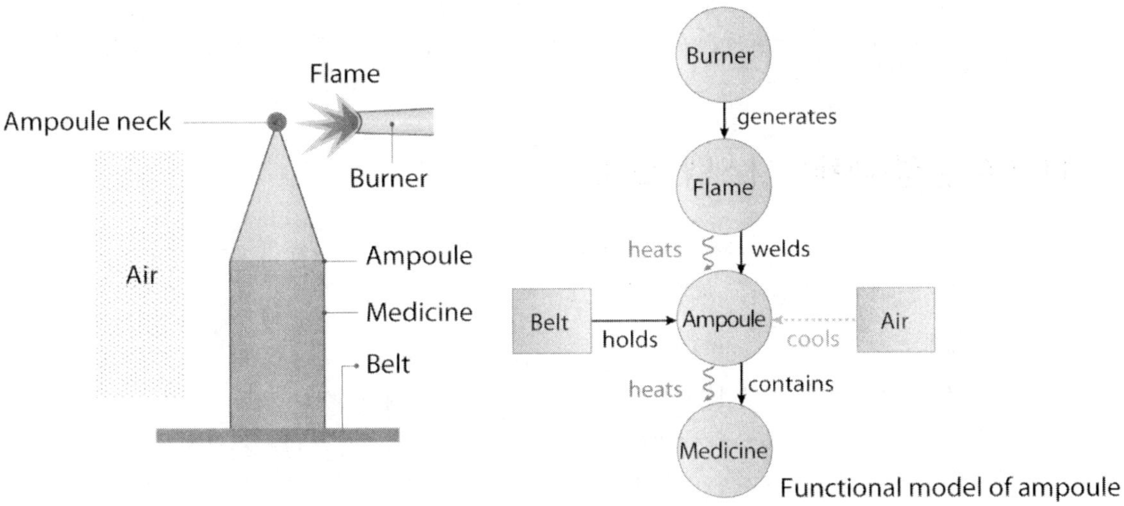


그림 11-2-9 앰플의 기능적 모델은 상위시스템 요소(공기), 시스템 요소(불꽃, 벨트, 버너 그리고 앰플), 그리고 제품(약품)을 담고 있다. 기능적 모델에는 7가지 기능/상호작용이 있다. : 버너는 불꽃을 만들고, 불꽃은 앰플(앰플의 목 부분)을 용접하고, 불꽃은 앰플을 가열하고, 앰플은 약품을 가열하고, 앰플은 약품을 담고, 공기는 앰플을 식히고, 벨트는 앰플을 잡는다.

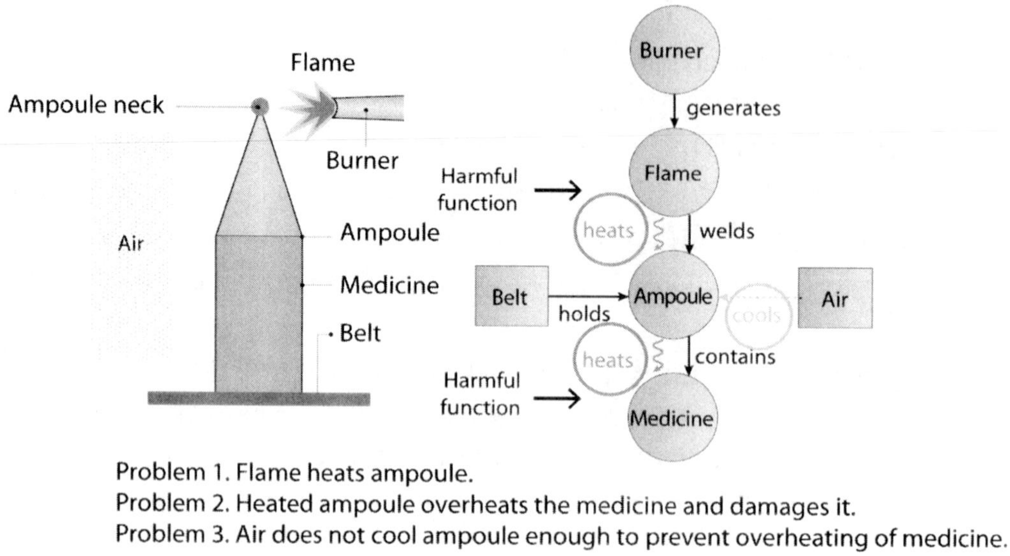


그림 11-2-10 문제가 있는 세 가지 기능이 앰플 모델의 기능적 분석에 의해 발견되었다. '불꽃이 앰플을 가열한다.' 그리고 '앰플이 약품을 가열한다.'가 약품에 해로운 기능들인 반면, '공기가 앰플을 식힌다.'는 불충분한 기능이다.

## 11.2.4 혼성(대체) 시스템 설계

혼성 시스템 설계는 시스템들을 하나의 혼성 시스템으로 결합하기 위해 유사한 기능을 수행하는 몇 개의 시스템을 비교할 수 있게 해준다.

**예제 :** 지브롤터(Gibraltar) 다리.

지브롤터 해협을 가로지르기 위해 필요한 길이에서, 타워에서 타워를 연결하는 케이블로 도로의 무게를 지탱하는 현수교는 축 늘어지고, 결국 붕괴된다(그림 11-2-11). 케이블을 도로에 직접 붙이는 사장교는 도로 길이를 지지할 실행 불가능하게 높은 타워를 필요로 할 것이다(그림 11-2-12).

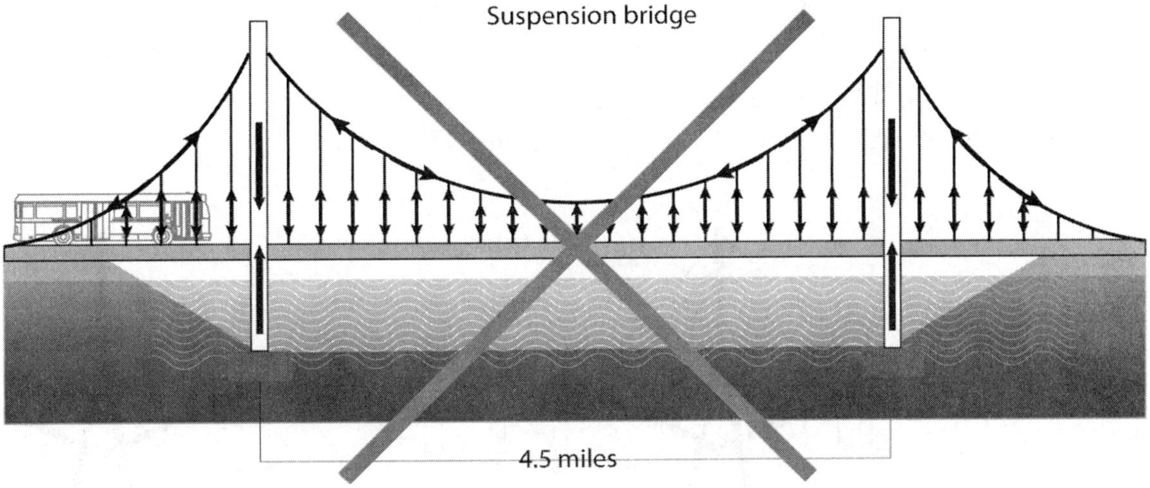


그림 11-2-11 현수교의 아이디어는 지브롤터 다리의 디자인으로 적합하지 않다. 지브롤터 해협을 가로지르기 위해 필요한 길이(4.5 마일)에서 타워에서 타워를 연결하는 케이블로 도로의 무게를 지탱하는 현수교는 축 늘어지고, 결국 붕괴될 것이다.

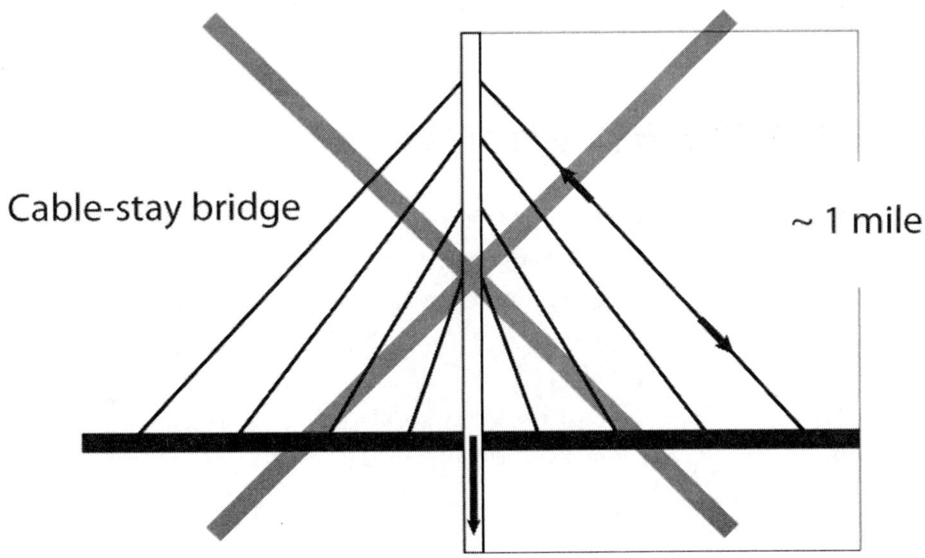


그림 11-2-12 지브롤터 다리의 디자인을 위한 사장교의 아이디어 역시 적합하지 않다. 케이블을 도로에 직접 붙이는 사장교는 도로 길이를 지지할 실행 불가능하게 높은 타워(~1 마일)를 필요로 할 것이다.

지브롤터 다리의 설계자는 생각했다, "두개의 기술을 모두 사용하면 안 될까? 지브롤터 다리 설계는 현수 케이블로 이어진 4.5 마일에서 3마일을 지탱한다. 그리고 남은 1.5마일은 각각의 타워 양 쪽에 사선으로 지탱된 케이블을 붙이는 사장교 기술로 지탱한다. 지브롤터 다리는 현존하는 현수교와 사장교의 기본 개념을 결합시킨 새로운 혼성 현수교이다(그림 11-2-13).

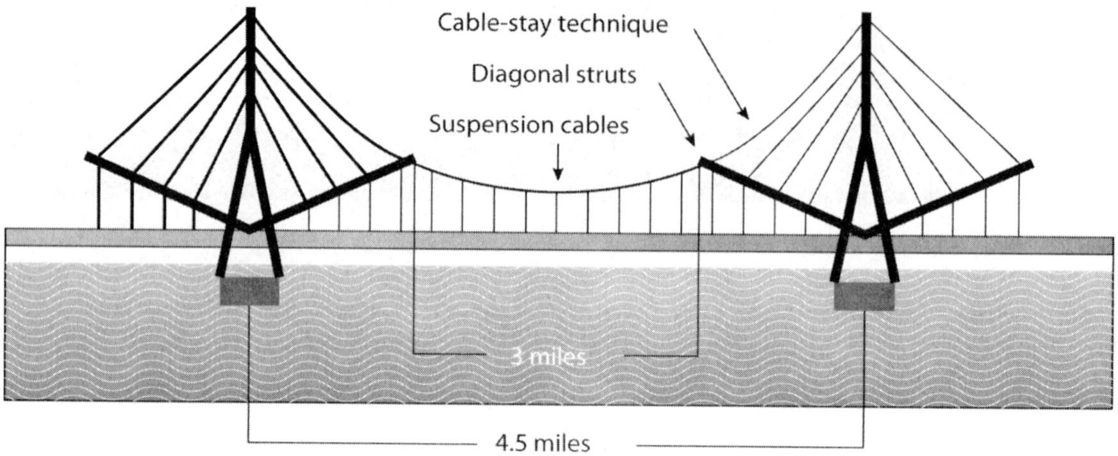


그림 11-2-13 사장교와 현수교의 독특한 특징의 결합은 혼성 현수교인 지브롤터 다리의 개념을 만드는데 도움이 되었다.

## 11.2.5 고장 형태와 영향 분석 (FMEA)

FMEA는 시스템의 실패 영향의 심각성 또는 측정에 의한 분류를 통해 시스템 내에서 잠재적 고장 현태의 분석을 위한 절차이다. FMEA는 제품의 수명 주기의 다양한 측면에서 제조 산업에서 널리 사용된다. 고장 원인은 공정, 설계 또는 특히 고객에 영향을 끼치는 아이템의 모든 에러나 결함들이다. 그것들은 잠재적일 수도 있고 실제적일 수도 있다. 트리즈 혁신 로드맵의 부분들은 FMEA의 임무를 수행하고 FMEA 표(그림 11-2-14)의 다섯 가지 주요 행을 덧붙이는 것을 도와준다.

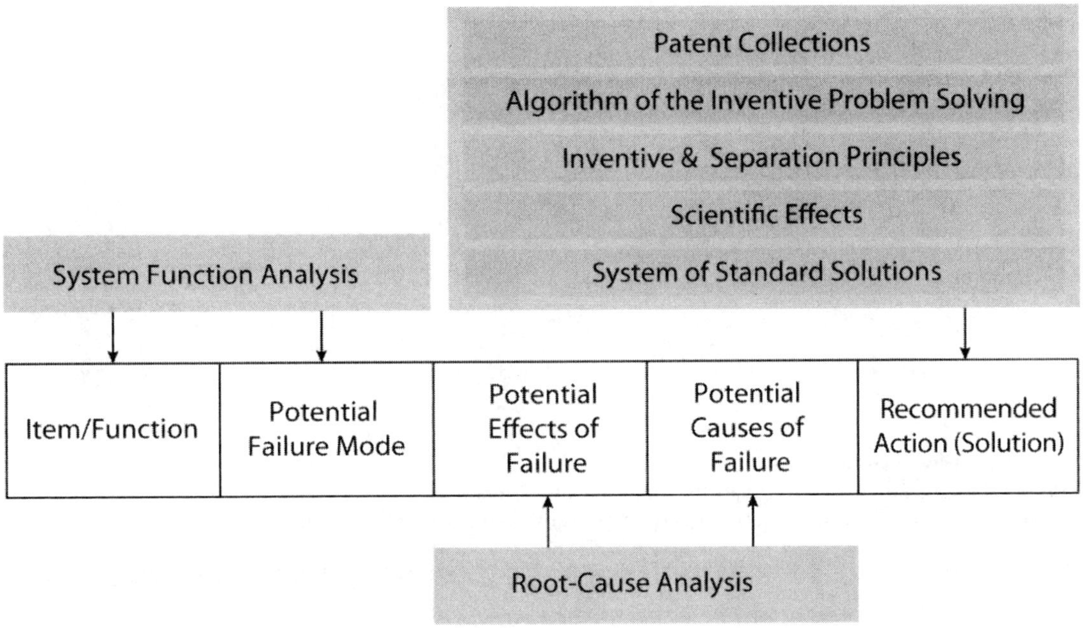


그림 11-2-14 트리즈 혁신 로드맵의 부분들은 FMEA 표의 다섯 가지 주요 행을 덧붙이도록 도와준다. : 시스템 기능 분석은 두 개의 행을 덧붙이고(아이템/기능 그리고 잠재적 고장 형태), 근본 원인 분석은 두 개의 행을 덧붙이고(고장의 잠재적 영향과 고장의 잠재적 원인), 그리고 문제 해결을 위한 다섯 개의 트리즈 부분 모두 권고되는 행동(해결안) 행을 덧붙인다.

## 11.2.6 제거(Trimming) : 디자인 단순화 전략

제거는 문제를 일으키는 요소를 제거하고, 다른 요소들 사이에서 유용한 기능들을 재분배함으로써 시스템을 향상시킨다. 제거 과정은 사용자 시스템의 비용을 단순화시키고 감소시키면서, 필수적인 목적을 유지한다. 제거 과정에서, 가장 문제 되는 요소들(고 비용, 유용한 기능을 적절이 수행하지 못함, 해로운 기능들의 원천 등)을 제거의 첫 번째 대상이다. 제거로 인한 디자인 변형들은 만약 해결된다면, 굉장히 혁신적인 해결안이 될 수 있는 다른 문제 진술서들을 생성할 것이다.

**예제 :** 우리는 제거과정(그림 11-2-15)을 증명하기 위해 11-2-3장의 앰플의 기능적 모델/분석을 사용할 것이다. 버너와 불꽃은 문제의 주 원인이다. 버나와 불꽃은 나타나는 해로운 기능들의 원인이 되고, 제거를 위한 첫 번째 대상자가 된다. 하지만 '앰플을 용접하는'(또는 더 정확하게 - '앰플의 목 부분을 용접하는') 기능은 남아있어야 한다. '앰플을 용접하는'기능을 수행하기 위한 대체 대상은 꼭 찾아지거나 만들어져야한다. 제거 후에, 이것을 우리의 기능적 모델 속의 '똑똑한 용접공'이라고 부를 것이다. 과학적 효과, 특허 모음집, 표준해 시스템, 그리고 발명과 분리 원리의 문헌들은 새로운 개념 생성에 매우 유용하다. '똑똑한 용접공'을 위한 몇 가지 가능한 개념은 강력 엔진의 레이저 빔과 전자 빔 용접인 초음파 용접과 관련되어 있다.

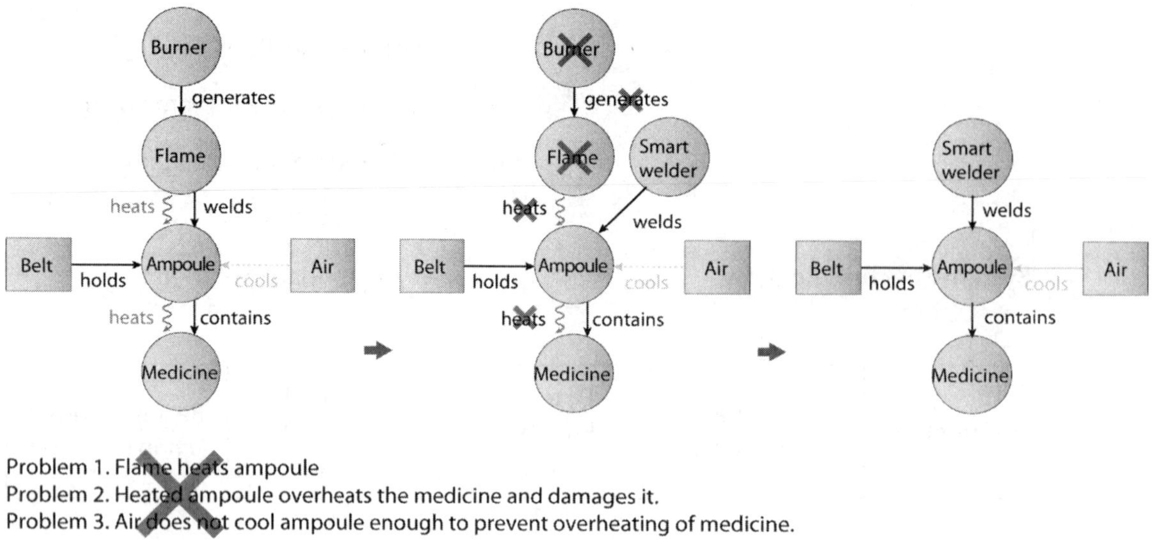


그림 11-2-15 '버너'와 '불꽃'이 제거되고 '똑똑한 용접공'으로 대체된 앰플의 기능적 모델에 대한 제거과정 공정.

### 11.2.7 더 나은 해결안을 위한 문제 선택

이것은 파트 1의 마지막 단계이다. 팀은 지금까지 소개된 모든 방법을 사용하여 규정된 큰 리스트에 가장 중요한 문제들을 선택해야 한다.

## 11.3 파트 2: 문제해결, 개념전개

파트 1에서 선택된 문제들은 파트 2를 위한 입력이고, 만들어진 개념들은 파트 3의 산출이다(그림 11-3-1). 트리즈 프로젝트 혁신 로드맵(특허 모음을 제외한)의 파트 2에서 사용된 모든 트리즈 부분들의 자세한 설명들은 이 책의 이전 장에서 찾을 수 있다. :

- ❖ 창의적 문제 해결을 위한 알고리즘(ARIZ-85C)은 8장에 설명되어 있다.
- ❖ 표준해 시스템은 5장에 설명되어 있다.
- ❖ 발명과 분리 원리는 4장에 설명되어 있다.
- ❖ 과학적 효과 문헌은 7장에 설명되어 있다.

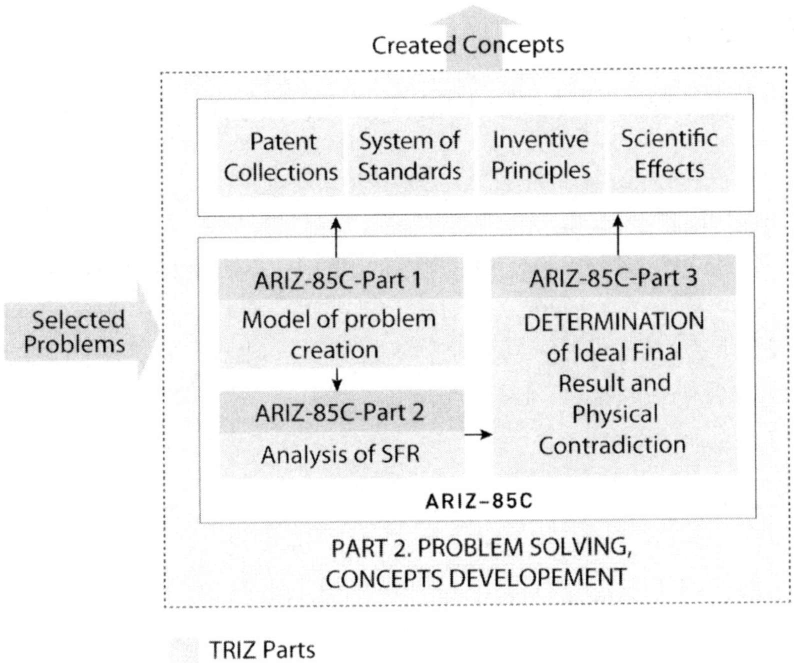


그림 11-3-1 프로젝트 생성과 문제 해결을 위한 트리즈 혁신 로드맵의 파트 2는 문제 해결과 개념 전개에 초점을 두고 있다.

## 11.4 파트 3: 개념 시나리오 창작

파트 3은 세 단계로 이루어져 있다. : 개념 평가와 선택, 혼성 개념 디자인, 그리고 개념 시나리오 창작.(그림 11-4-1).

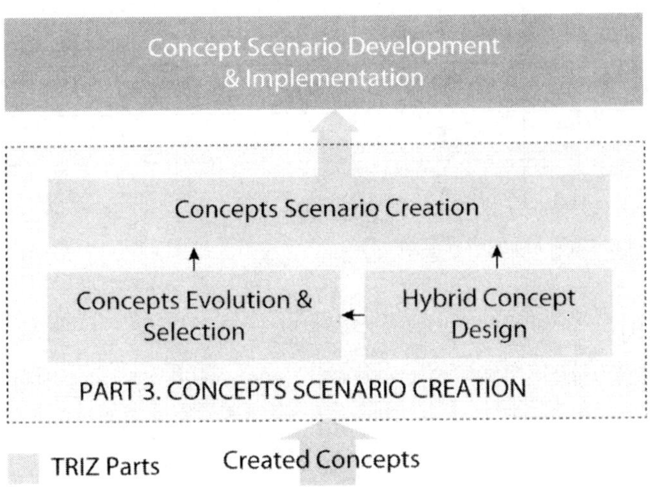


그림 11-4-1 프로젝트 창작과 문제 해결을 위한 트리즈 혁신 로드맵의 파트 3.

## 11.4.1 개념 평가와 선택

개념 평가와 선택은 어떤 컨셉을 더 깊이 연구하고 어떤 것을 혁신 프로젝트에 실행할 것인지 결정하는데 도움을 준다.

### 1. 매개변수들의 설정

매개변수 들은(표 11-2) 어떤 잠재적 개념들이 점수 매겨지고 서열화에 의해 설정된다. 각각 선택된 매개변수들의 중요성은 1에서 10까지 범위로 규정하도록 권고된다. 개념 순위를 계산하기 위한 공식은 개념 매개변수와 그것들의 중요도를 포함한다. 매개변수들은 각 프로젝트와 각 문제에 대해 개별적으로 만들어져야 한다. 아래는 매개변수들의 몇 가지 실례들이다. :

- ❖ 실행 비용
- ❖ 실행 시간
- ❖ 이상성의 정도
- ❖ 효율성
- ❖ ROI (투자 수익률)
- ❖ 실행 가능성
- ❖ 제품의 가격
- ❖ 동작 전압
- ❖ 생산성

The formula for calculating the concept rank: K = 3T+2F+4E+7C

| Parameter Name | Symbol | Importance |
|---|---|---|
| Implementation Time | **T** | **3** |
| Feasibility | **F** | **2** |
| Efficiency | **E** | **4** |
| Cost of production | **C** | **7** |

표 11-2. 개념 평가와 선택을 위한 매개변수들의 설정.

### 2. 개념의 순위 (표 11-3)

다음의 임의적인 기준 수준을 사용해서 만들어진 각각의 개념을 위한 상대적인 매개변수 값을 명시하라. :

- ❖ +5 (기준보다 훨씬 좋은)
- ❖ +3 (기준보다 좋은)
- ❖ +1 (기준보다 약간 좋은)
- ❖ 0 (기준과 똑같은)
- ❖ -1 (기준보다 약간 안 좋은)
- ❖ -3 (기준보다 안 좋은)
- ❖ -5 (기준보다 많이 안 좋은)

매개변수 값의 수준(그리고 매개변수의 중요도 역시)은 회사의 마케팅과 생산/기술 혁신 전략을 반영한다. 예를 들어, 한 조직의 실행 비용과 실행 시간의 중요성은 우리가 이 두 가지 매개변수들로 최고의 개념 선택을 어떤 것으로 할 것인가 규정하므로 써 값을 결정할 것이다. 무엇이 회사에 더 이익을 줄 수 있을까? - 1000만 달러를 투자하고 3달 후에 시장에 가장 혁신적인 개념을 가진 제품을 내놓는 것? 아니면 200만 달러를 투자하고 9달 후에 시장에 내놓는 것? 가끔 프로젝트 팀원들에 의해서 선택된 너무 보수적인 태도가 매우 전도있는 컨셉을 죽일 수 있다. 하지만 이것은 또 다른 이야기이다(제 9장에 있는 심리적 관성의 이야기를 참조하라).

| Concepts | Parameters, value | | | | Rank Value |
|---|---|---|---|---|---|
| | T Implementation Time | F Feasibility | E Efficiency | F Cost of Production | |
| Reduced tractive resistance to bodies on support surfaces | -1.00 | -1.00 | +3.00 | 0.00 | +7.00 |
| Aerodynamic device reduces air drag of land vehicle | +3.00 | +3.00 | +1.00 | 0.00 | +19.00 |
| Introducing vibrations around the truck. | -3.00 | -1.00 | +3.00 | -3.00 | -20.00 |
| Using a travelling wave the truck and the drag. | -5.00 | -1.00 | +5.00 | -5.00 | -32.00 |

표 11-3. 개념의 순위의 예,

## 11.4.2 혼성 개념 디자인

다른 개념은 다른 매개변수 값을 갖는다.(표 11-3). 가장 높은 순위를 가진 값의 개념은 다른 개념과 비교했을 때 어떤 매개변수에서는 더 안 좋은 값을 갖는다. 매개변수의 최고의 값을 가진 몇 가지 개념의 최고의 특징을 기반으로 한 혼성 개념을 만드는 것을 강력히 추천한다.

### 11.4.3 개념 시나리오 창작

보통 현존하는 시스템 발전과 새로운 시스템 디자인과 관련된 프로젝트에는 해결되어야할 문제가 하나 이상은 있다. 프로젝트의 하나의 문제를 위한 오직 하나의 최고 개념이나 혼성 개념은 실행하기에 충분치 않다. 이런 경우, 그것은 시스템 개발의 과정이 될 수 없다. 선택된 문제를 위한 최고의 개념들(또는 혼성 개념들)을 그룹지어 다 같이 개념 시나리오 속에 넣고 실행시켜라. 개념 시나리오를 위해 선택된 개념들은 가장 효과적인 방법으로 다 같이 작동할 수 있어야 한다는 것을 명심하라.

## 11.5 요약

❖ 프로젝트 창작과 문제 해결을 위한 트리즈 혁신 로드맵은 주어진 프로젝트나 문제를 위해 최고의 결과 성취를 위한 가장 효과적인 접근을 함께 제공하는 트리즈 부분들, 다른 과학, 그리고 증명된 개념 개발 방법의 개별적인 혼합이다.

❖ 트리즈 혁신 로드맵은 아래의 단계를 담고 있지만 이것에만 국한되지는 않는다. :

1. 프로젝트 시나리오
2. 근본원인 분석
3. 시스템 기능적 분석
4. 제거
5. 혼성/대체 시스템 설계
6. 더 나은 해결을 위한 문제 선택
7. ARIZ-85C. 파트1-3
8. 발명/분리 원리 - 개념 창작
9. 과학적 효과 - 개념 창작
10. 표준 시스템 - 개념 창작
11. 특허 모음집 - 개념 창작
12. 개념 평가와 선택
13. 혼성 개념 디자인
14. 개념의 시나리오

- ❖ 트리즈 혁신 로드맵은 본질적으로 시스템 디자인의 개념적 단계를 위한 완전한 도구의 세트이다.
- ❖ 트리즈 혁신 로드맵은 VM, Six Sigma, DFSS, QFD, RCA, 그리고 FMEA 같은 입증된 디자인 개발 방법과 함께 트리즈를 이용하는 것이 효과적인 방법이다.

# 부록

*TRIZ Technology for Innovation*

# 부록 1. 혁신 전문가 준비의 모든 레벨을 위한 트리즈 훈련 코스

트리즈 훈련 코스의 내용은 실제 상황과 요구사항에 따라 약간 달라질 수 있다. 이 경우에 최종 결정자는 고객과 합의에 의한 트리즈 상담가(트리즈 서비스 전달자)이다.

## 준 트리즈 사용자 준비를 위한 트리즈 기초 코스 강의 계획서 (표 A-1-1)

트리즈 기초 교육은 4~5일의 교육을 해야 하고, 실용적인 연습과 인증 시험이 포함된다. 이 기초 교육은 모든 학생, 엔지니어, 과학자, 선생님 또는 매니저에게 추천한다. 솔직히 말해서, 이것은 자신의 삶에서 문제해결을 고민하는 모든 이에게 필요하다! 준 트리즈 사용자는 단순한 시스템을 분석하고, 몇 가지 문제를 규정하며 상대적으로 단순한 해결 개념을 만들 수 있다. 준 트리즈 사용자는 프로젝트 팀의 멤버가 되기에는 충분한 트리즈 지식과 기술을 갖고 있지 않다. 트리즈 기초 코스 완수 후에, 준 트리즈 사용자는 시스템 분석과 문제 해결을 위한 아래의 주제를 사용하기 위한 이해와 기본 기술을 갖게 된다.

- ❖ 트리즈 구조와 주요 아이디어
- ❖ 프로젝트 생성과 문제 해결을 위한 트리즈 혁신 로드맵
- ❖ 시스템 발전의 법칙과 경향
- ❖ 멀티스크린 사고
- ❖ 시스템 발전의 단계
- ❖ 시스템 모순, 그리고 문제 확인과 해결을 위한 시스템 모순제거의 원리
- ❖ 물리적 모순, 그리고 문제 확인과 해결을 위한 물리적 모순 제거의 원리.
- ❖ 가치 방법론의 기초
- ❖ 시스템 기능적 모델링/ 분석 :
- ❖ 시간-공간-물질-장 자원 결정과 문제 해결에서의 사용 • 근본 원인 분석 (인과 모델/ 분석)
- ❖ 문제 해결을 위한 과학적 효과와 현상(물리학, 화학, 기하학) 적용

표 A-1-1 추천된 트리즈 기초 코스 수업 계획서

| No | 주제 | 시간 : 강의/연습 | |
|---|---|---|---|
| 1 | 코스 개요 | 0.5 | |
| 2 | 트리즈 개요, 구조, 그리고 주요 아이디어 | 1.5 | |
| 3 | 트리즈 세계 경험 | 1.5 | |
| 4 | 프로젝트 창조와 문제 해결을 위한 트리즈 혁신 로드맵 | 1.5 | 1 |
| 5 | 시스템 발전의 법칙과 경향 | 2 | 1 |
| 6 | 멀티스크린 사고 | 1 | 0.5 |
| 7 | 시스템 발전의 단계 | 1 | |
| 8 | 시스템 모순, 시스템 모순 제거 원리 - 발명원리의 알트슐러 모순표 | 2 | 1 |
| 9 | 물리적 모순, 물리적 모순 제거 원리 | 1 | 1 |
| 10 | 가치 방법론 : 기초 | 1 | |
| 11 | 시스템 기능적 모델링/분석 | 1 | 1 |
| 12 | 물질-장-시간-공간 자원 결정과 문제 해결에서의 사용 | 1 | 1 |
| 13 | 근본원인 분석[인과 모델/분석], 연습 | 1 | 0.5 |
| 14 | 과학적 효과와 현상 [물리학, 화학, 기하학]적용 문제 해결 | 1 | 0.5 |
| 15 | 골드파이어 소프트웨어-개요<br>[고객이 이 소프트웨어 사용을 위한 라이센스가 있는 경우] | 1 | 1 |
| 16 | 골드파이어 - 사례연구<br>[고객이 이 소프트웨어 사용을 위한 라이센스가 있는 경우] | 1 | 1 |
| 17 | 인증 첫 상담자 방문의 프로젝트 주제 준비를 위한 질문 | 0.5 | 0.5 |
| 18 | 인증 시험 | 3 | |
| $\Sigma$ 32 시간 | | | |

## 상급 트리즈 준비를 위한 트리즈 상급 코스 수업계획서 (표 A-1-2)

상급 트리즈 코스는 5일 정도가 소요되고, 실질적 연습과 인증 시험을 포함하고, 프로젝트 문제 해결과 완수의 시간을 더 갖는다. 트리즈 상급 코스는 모든 프로젝트 팀 멤버들에게 추천한다. 상급트리즈 사용자들은 시스템을 분석하고, 문제를 정의하고 해결을 위한 향상된 개념을 만들어 낼 수 있다. 상급 트리즈 사용자는 프로젝트 팀의 일원이 되기 위해 충분한 트리지 지식과 기술을 가지고 있다. 트리즈 상급 코스가 완수되면, 상급 트리즈 사용자들은 시스템 분석과 문제 해결을 위한 다음과 같은 이해와 기술을 갖게 된다. :

❖ 혁신을 위한 트리즈 기술

❖ 시스템 발전의 법칙과 경향

❖ 멀티스크린 사고

- ❖ 시스템 발전의 단계
- ❖ 시스템 생성과 시스템 발전 곡선
- ❖ 시스템 모순과 문제 확인과 해결을 위한 시스템 모순 제거의 원리
- ❖ 물리적 모순과 문제 확인과 해결을 위한 물리적 모순 제거의 원리
- ❖ 물질-장-시간-공간 자원 결정과 문제 해결에서의 사용
- ❖ 혼성/대체 시스템 디자인
- ❖ 문제 해결을 위한 과학적 효과와 현상(물리학, 화학, 기하학) 적용
- ❖ 문제 해결을 위한 ARIZ-85C (첫 번째 3 파트)
- ❖ 창조적 상상력 개발 (기초)
- ❖ 시스템 모델링/분석을 위한 기능적 분석
- ❖ 물질-장 모델링과 분석
- ❖ 표준 해결안 시스템

준 트리즈 사용자 레벨은 이 훈련을 위한 주요한 전제조건이다.

표 A-1-2 추천된 트리즈 상급 코스 수업계획서

| No | 주제 | 시간 : 강의/ 연습 | |
|---|---|---|---|
| 1 | 코스 개요 | 0.5 | |
| 2 | 혁신은 위한 트리즈 기술, 개요 | 1 | |
| 3 | 시스템 생성 & 시스템 발전 곡선 & 경향 | 0.5 | 0.5 |
| 4 | 혼성/대체 시스템 디자인, 사례연구와 연습 | 1 | 1 |
| 5 | 물질-장 모델링과 분석 | 1 | 0.5 |
| 6 | 표준해 시스템 | 2.5 | 2.5 |
| 7 | 프로젝트 주제 준비 | | 3 |
| 8 | 시스템 기능적 모델링과 분석, 연습 | 1 | 2.5 |
| 9 | 문제 해결을 위한 물질-장-시간-공간 결정과 사용, 연습 | | 3 |
| 10 | 과학적 효과 | 0.5 | 1 |
| 11 | 혁신적 문제 해결의 알고리즘 - ARIZ-85C, 개요 | 0.5 | |
| 12 | ARIZ-85C, 파트 1-3 , 사례연구와 연습 | 2 | 2 |
| 13 | 의미론적인 근본 원인 분석 [인과 모델/ 분석] | 0.5 | 1 |
| 14 | 팀 리더들과 그들의 대리자를 위한 특별 강연 | 1 | 0 |
| 15 | 트리즈- 사례연구와 연습 | 2 | 2 |
| 16 | 창의적 상상력 개발 | 2 | 2 |
| 17 | 인증 시험 | 3.0 | |
| | 소 계 | $\Sigma$ 40 | |
| 18 | 프로젝트 완수 & 문제 해결 | $\Sigma$ 160 | |
| | $\Sigma$ 200 시간 | | |

## 내부의 트리즈 상담가/ 선생님 준비를 위한 트리즈 마스터 코스 수업계획서 (표 A-1-3)

트리즈 마스터 코스는 6일의 훈련과 실질적 연습, 그리고 인증시험, 개인적 인터뷰를 포함한다. 마스터 코스는 프로젝트 팀 리더와 모든 트리즈 내부의 상담가와 선생님들에게 강력히 추천된다.

내부의 트리즈 상담가/선생님들은 트리즈 기초와 상급 코스를 전달할 수 있어야 하고, 자신의 회사를 위해 프로젝트를 만들 수 있어야 하고, 자신의 회사를 위해 프로젝트 팀을 이끌 수 있어야 한다. 트리즈 마스터 코스 완수 후, 트리즈 상담가/선생님은 아래와 같을 것들을 할 수 있다 :

- ❖ 트리즈 기초와 상급 코스를 위한 모든 주제를 전달할 수 있다.
- ❖ 자신의 회사를 위한 성공적인 프로젝트를 만들 수 있다.
- ❖ 자신의 회사를 위한 프로젝트 팀을 이끌 수 있다.
- ❖ 상급 트리즈 사용자 수준은 이 훈련을 위한 중요한 사전 단계이다.

표 A-1-3 추천된 트리즈 마스터 코스 강의 계획서

| No | 주제 | 시간 : 강의/연습 | |
|---|---|---|---|
| 1 | 코스 개요 | 0.5 | |
| 2 | 트리즈 개요 - 이전의 코스의 트리즈/GF 주제의 지식 환기 | 1 | |
| 3 | 특허 모음집, 특허 검색의 전략 | | 3 |
| 4 | 표준해 시스템, 총 5가지 분류 | 1 | 1.5 |
| 5 | ARIZ-85C, 사례 연구와 연습 | 2 | 4 |
| 6 | 시스템 생성 곡선과 경향, 시스템 발전과 시스템 발전의 전망, 연습 | | 2 |
| 7 | 트리즈 프로젝트, 사례연구 그리고 연습 | 2 | 4 |
| 8 | FAST : 기능 분석 시스템 기술, 사례연구 그리고 연습 | 1 | 1 |
| 9 | 창의적 인간 개발 | 1.5 | 1.5 |
| 10 | 창의적 상상력 개발 | 2.5 | 2.5 |
| 11 | 대인관계에 관련된 스킬 - 팀 조직 | 1 | |
| 12 | 트리즈 훈련, 수업, 발표 | 2 | 2 |
| 13 | 트리즈 프로젝트 관리 | 1 | 2 |
| 14 | 특수성으로서의 트리즈 - 시스템 개발과 발전, 혁신을 위한 기술 | 0.5 | |
| 15 | 중요한 강의 | 0.5 | |
| 16 | 인증 시험, 개인 인터뷰 | 8 | |
| $\Sigma$ 48 시간 | | | |

# 부록 2. 회사를 위한 트리즈 실행 계획 예시

이 트리즈 실행 계획의 예시는 우리의 경험과 동료들의 경험에 기반한 것이다. 이것은 회사를 위한 트리즈 실행의 첫 번째 경우를 나타낸다. 첫 번째 경우의 완수 이후, 회사는 성공적인 프로젝트와 문제 해결을 위해 트리즈를 사용할 준비가 된 내부의 트리즈 상담가와 엔지니어를 갖게 된다. 이 단계는 또 회사의 트리즈 전문가를 사용한 연속된 트리즈 실행을 위한 회사를 준비한다. 회사를 위한 트리즈 실행 계획은 실제 상황과 요구사항에 따라 변한다.

**트리즈 실행 과정은 다음의 단계를 포함한다.** :

1. 최고 연구개발 관리자를 포함한 회사 관리 팀을 위한 트리즈 개요 수업 (약 4 시간)
2. 트리즈 실행 계획의 창작과 회사의 최고 관리자 팀으로부터의 승인
3. 심층적인 개발을 위한 프로젝트의 검토와 선택 (약 1~2 일)
4. 프로젝트 팀 멤버를 위한 기초 트리즈 훈련 (약 4~5일)
5. 모든 선택된 프로젝트를 위한 첫 번째 워크숍 : 각각의 프로젝트를 위한 프로젝트 시나리오 창작 (각 프로젝트 마다 약 1~2일)
6. 프로젝트 팀 멤버를 위한 상급 트리즈 훈련 (약 4~5일)
7. 선택된 모든 프로젝트를 위한 워크숍 시간 (각 프로젝트 마다 5~10일)
8. 프로젝트 결과 검토 (1일)
9. 선택된 팀 멤버와 리더, 회사의 트리즈 상담가/선생님을 위한 지원자를 위한 마스터 트리즈 반 (약 5~6일)
10. 단계 3~8을 회사의 트리즈 상담가/선생님을 위한 지원자와 함께 3~4회 반복하라.
11. 최고의 프로젝트 결과에서 사례연구를 포함한 회사에 대한 기초와 상급 트리즈 훈련 주제 준비.
12. 회사의 혁신 센터 건립에 대한 의사 결정.

# 부록 3. 새로운 전공 - 혁신을 위한 기술

이 프로젝트의 초점은 학문적 수준에서의 혁신을 위한 기술에서의 전문가들의 준비이다. 선두적인 트리즈 회사들과 상담가들은 트리즈를 가치 분석, 가치 공학, 근본 원인 분석(RCA), 고장 형태와 영향 분석(FMEA), 혼성(대체) 시스템 설계, 린 설계방식, 6Sigma를 위한 디자인 (DFSS), 품질기능전개(QFD) 등과 같은 다른 입증된 시스템 개발 방법과 조화를 이룬 완벽한 시스템으로 나타낸다. 통합된 방법론의 이 시스템을 시스템 개발과 발전을 위한 혁신의 기술이라고 부른다. 현재 트리즈에 기반을 둔 시스템 개발과 발전을 위한 혁신 기술은 소수의 엔지니어와 과학자들을 위한 전문직이다. 우리는 개인의 경험 축적을 넘어서 이러한 전문가처럼 준비하기 위한 시스템을 만들지 못했다. 전 세계적으로, 오직 40개의 대학(http://www.etria.net/triz_academic_institutions.pdf)만이 트리즈를 추천 코스(최대 4학점)또는 강의로 제공한다. 오직 소수의 회사들이 회사 개발 프로그램을 통해 트리즈 전문가들을 준비하고, 프로젝트 개발과 문제 해결에 트리즈 적용을 위한 기회를 허락함으로써 훈련을 제공한다. 미래를 위한 목적은 시스템 개발과 발전을 위한 혁신 기술이 기계공학, 전자 전기 공학 등과 같이 학술적 전공이 되는 것이다. 트리즈 코스 또는 학술 연구를 위한 주제로서 트리즈에 대해 이야기하는 것이 아니다. 우리는 트리즈에 기반을 둔 새로운 전공과 시스템 개발과 발전을 위한 기술 개발 전문가에 대해 이야기하는 것이다. 이 전문가들은 우리 문화의 다양한 범위 속에서 그들의 전문성을 적용할 수 있다. 그들은 아래와 같은 사람들을 포함하지만 그것들에만 국한되어 있지는 않다. :

- ❖ 어린 학생들이 창의력을 생각할 수 있는 목적을 가지도록 하는 유치원, 초등학교, 중학교 선생님들.
- ❖ 시스템 개발과 발전을 위한 혁신 기술 전문가의 다음 세대를 개발할 대학교나 다른 고등 교육기관에 있는 선생님들, 연구가 그리고 과학자.
- ❖ 우리의 가장 긴급한 문제들을 위한 혁신적인 해결안을 찾는 다른 산업 분야와 과학 분야에 종사하는 과학자, 연구자 그리고 엔지니어들.

우리는 이 새로운 전공을 위해 세 가지 학부와 대학원 과정을 제안하면서 시작한다. :

1) 시스템 개발과 발전을 위한 혁신 기술의 학사
2) 시스템 개발과 발전을 위한 혁신 기술 학사 소지자를 위한 시스템 개발과 발전을 위한 혁신 기술 1 석사학위
3) 다른 공학 전문 학사 소지자를 위한 시스템 개발과 발전을 위한 혁신 기술 2 석사학위 시스템 개발과 발전을 위한 혁신 기술의 전문가들은 이 전공과 직접적으로 관련된 과목과 기계공학, 전기 전자 시스템 공학에 관련된 과목에 대해 풍부한 지식을 갖고 있을 뿐만 아니라 다른 엔지니어링 전공들(응용 화학, 생물의공학, 건축학, 토목공학, 도시 디자인 등)의 기본적인 지식을 갖고 있어야 한다. 그러므로 이 과정은 학사와 석사 모두에 필수와 선택 교육과정에 포함될 것이다.

우리는 다음 과정들을 이런 학부와 졸업 프로그램을 설립하기 위한, 그리고 연구의 실행 가능한 시범 과정 준비에 필수적인 주춧돌로 인정한다. :

- ❖ 시범 프로그램을 실행하기 위해 다른 나라에 있는 과학기관을 선택한다.
- ❖ 교육 재료를 준비한다.(책, 등등)
- ❖ 새로운 공통적이고 특수한 과목 재료를 준비한다.
- ❖ 새로운 선생님과 강사에게 공통적이고 특수한 과목을 훈련한다.
- ❖ 교육 단체로부터 승인을 받는다(교육부, 학교위원회, 선택된 기술연구소의 이사회).
- ❖ 선택된 기술연구소에서 공학부와 시스템 개발과 발전에 대한 혁신 기술을 위한 교수진을 성장시켜라.

시스템 개발과 발전을 위한 혁신 기술 전공과 직접적으로 관련된 과목의 예비 리스트는 다음과 같다:

- ❖ 종합적인 역사 기술(인간 기술적 사회의 역사)
- ❖ 발명과 특허 시스템의 역사
- ❖ 산업 사회와 환경
- ❖ 트리즈 개요
- ❖ 시스템 발전과 개발, 그리고 시스템 계층의 멀티스크린 비전
- ❖ 시스템 발전의 법칙과 트렌드
- ❖ 시스템 발전의 단계
- ❖ 시스템 생성과 시스템 발전의 곡선과 경향
- ❖ 시스템, 물리적 모순 그리고 소프트웨어 모순/ 혁신, 분리 그리고 소프트웨어 원리
- ❖ 시스템 발전의 예측
- ❖ 혁신적 문제 해결의 알고리즘 – ARIZ-85C I
- ❖ 혁신적 문제 해결의 알고리즘 – ARIZ-85C II
- ❖ 물질-장 모델링과 분석, 그리고 표준해 시스템
- ❖ 물질-장-시간-공간 자원과 자원의 매개변수
- ❖ 과학의 역사
- ❖ 문제 해결을 위한 과학 효과와 현상 응용
- ❖ 특허법
- ❖ 특허 모음과 특허 검색을 위한 전략
- ❖ 의미론적 개념 검색 기술
- ❖ 미술의 역사

- ❖ 극장의 역사
- ❖ 공상과학 문학
- ❖ 창의적 상상력 개발 I
- ❖ 창의적 상상력 개발 II
- ❖ 창의적 인간 개발
- ❖ 혼성/대체 시스템 디자인
- ❖ 가치 방법론 - 시스템 기능 모델링과 분석
- ❖ 트리밍 방법 - 디자인 단순화
- ❖ 혁신을 위한 기술, I
- ❖ 혁신을 위한 기술, II
- ❖ 새로운 시스템 디자인
- ❖ 골드파이어 소프트웨어
- ❖ 혼성 컨셉 디자인과 시나리오 컨셉
- ❖ 트리즈 세계적 경험
- ❖ 프로젝트 관리
- ❖ 대인관계에 관련된 기술, 팀 형성
- ❖ 논리적 인과 관계
- ❖ 의미론적 근본 원인 분석
- ❖ FAST : 기능 분석 시스템 기술, 사례 분석과 연습
- ❖ 6시그마와 6시그마를 위한 디자인(DFSS)
- ❖ 린 생산방식
- ❖ 고장 형태와 영향 분석(FMEA)
- ❖ 트리즈 교육 원리 I
- ❖ 트리즈 교육 원리 II

이 책은 대부분 이러한 과목을 위한 창의성 교과서를 위한 재료와 아이디어를 담고 있다. 독자들에게, 이 부록에 있는 모든 것과 이 책의 나머지 것들은 우리의 사려 깊은 논의을 위한 주제이다. 이 새로운 시스템 개발과 발전을 위한 혁신 기술이 새로운 전공의 탐구나 실행에 흥미나 적절한 능력을 갖고 있다면 우리에게 알려주기 바란다.(TRIZSolutions@comcast.net). 우리는 당신에게 더 자세한 자료를 보낼 것이고 이 분야의 진척 상황에 대해서 알게 해줄 것이다. 우리 다함께 이렇게 확실하게 광범위한 수련법을 실질적이고 성취 가능하게 만들 수 있는 것이 우리의 진실한 바람이다.

# 참고문헌


Altshuller, G. S. (1984). **Creativity as an Exact Science.** New York : Gordeon and Breach.

Altshuller, G. S. (1996). **And Suddenly the Inventor Appeared.** Worcester, Ma : Technical Innovation Center.

Altshuller, G. S. (1997). **40 Principles : TRIZ Keys to Technical Innovation.** Worcester, MA : Technical Innovation Center.

Altshuller, G. S. (2000). **The Innovation Algorithm.** Worcester, MA : Technical Innovation Center.

Bach, R. (1973), **Jonathan Livingston Seagull,** New Your, NY : Avon Books,

**Goldfire,** Invention Machine Corporation, Http://www.invention-machine.com

Kaufman, J. (1998). **Value Management,** Mento park, CA : Crisp Publications.

Miles, L. (1989). **Techniques of Value Analysis and Engineering.** Washington, DC : Lawrence D. Miles Value Foundation.

Saint-Exupery, Antoine (1971). **The Little Prince.** Orlando, FL : Harcourt Brace and Company

# 용어사전

A

## 창의적 문제 해결을 위한 알고리즘, ARIZ

ARIZ 는 "창의적 문제 해결을 위한 알고리즘"의 러시아어 약자이다. 이것은 최초의 문제 상황을 분석하기 위한 순차적이고 논리적인 절차이다, 그리고 트리즈의 기본적인 컨셉과 방법들을 사용해서 가장 효율적인 해결안을 만드는 것이다. 문제 해결 과정에서, ARIZ는 트리즈에서 세 가지 주요 기능을 수행한다. :

트리즈를 모든 문제에 최고의 해결안을 만들기 위한 시스템으로 사용하기 위한 구조를 제공한다. (특히, ARIZ-85C는 다른 트리즈 요소 중 어떤 것을 사용할 것인가의 다음 문제 분석 단계를 보여준다.)

사용자들을 초기에 명시된 문제에서 명쾌하고 혁신적인 해결안으로 부드럽게 이끌어주는 생각을 위한 분석적 알고리즘을 제공한다.

심리적 관성의 영향을 방지하기 위해 사용자들을 더 창의적이고 혁신적으로 만든다.

**주의 ; ARIZ는 컴퓨터가 아니라 사람의 뇌를 위한 알고리즘이다.**

## 알트슐러의 행렬

이 표는 주어진 시스템 모순을 해결하기 위한 40가지 발명 원리 중 가장 효과적인 것을 선택하는데 도움을 준다. ('알트슐러의 표'라고도 알려져 있다. )

## 인위적으로 만들어진 시스템

인간에 의해 직접적으로 또는 간접적으로 만들어진 모든 제품이나 프로세스.

B

## 기본 기능

정상적으로 규정된 방법으로 작동되는 제품 또는 서비스의 존재를 위한 주된 근거.

## 이중 시스템

같은 시스템의 두 개가 몇 가지 더해진 특징들을 제공하기 위한 하나의 시스템으로 결합되었다.

C

## 문명 발전

개인과 인간 사회 모든 삶의 질의 발전

## 시스템 이상성 계수

이러한 기능들을 실행하기 위해 특수하게 생성된 요소의 수에 대한 시스템의 유용한 기초 기능들의 수의 비(그림 1).

$$\text{이성성정도} = \frac{\text{유용한 기능의 수}}{\text{생성된 요소의 수}} \rightarrow \infty$$

(분자 위 ↑, 분모 아래 ↓)

그림 1
이상성의 공식
(Igor Vertkin에 의해 개발됨).

### 모순 영역

ARIZ-85C에서 모순이나 모순이 발생하는 곳이다.

### 시스템 발전의 곡선

도입 이래 시간에 비례하는 시스템의 주요 성능 매개변수(비용 대 효율 비율, 이상성의 정도)의 변화에 따라 시스템 발전을 반영하는 곡선. 이 곡선은 시스템의 대이은 발전을 설명하는 S-곡선의 활동적인 요소를 포함한다.

## E

### 요소-X

ARIZ-85C에서 요소-X는 단계 1.6 동안 만들어지는 문제 모델의 추상적인 요소이다. 요소-X는 새로운 물질이나 시스템의 부분이 아니라 시스템, 하위시스템 또는/그리고 시스템 환경(상위 시스템)의 존재하는 요소(시간, 공간, 장 그리고 물질을 포함하는)의 모든 변화이다. 예를 들면 그것은 시스템이나 환경의 몇 요소의 온도 또는 상 변화가 될 수 있다.

### 환경

분석된 시스템의 직접적인 물리적 환경(공정, 제품, 회사, 고객, 시장, 자연환경 등).

### 환경 요소

환경에 속하는 모든 요소

## F

### 장

네 가지 기본적인 장(자기장, 중력장, 약한 핵력장, 강한 핵력장)에 더해서, 트리즈는 지구 과학에서 알려진 모든 상호작용으로 발생한 장을 다룬다.

### 기능

일반적이고 규정된 방법으로 작동하는 시스템, 제품 또는 프로세스의 의도나 목적. 기능은 고객이 바라던 최종결과이다. 기능은 시스템의 목표이다. 기능은 시스템의 동작이 아니다, ; 기능은 동작의 결과이다.

### 기능 분석

가치 방법론의 주춧돌로, 이 한 가지 방법은 다른 이용 가능한 문제 해결 계획과 공정으로부터 가치 방법론을 분리시킨다. 기능 분석은 무엇인가의 서술로부터 의도나 목적을 분리시키고, 그것의 기능을 다룸으로써 그것의 가치를 향상시킨다. 기능 분석은 문제를 이해하는 중요 열쇠이다.

H

### 유해한 기능

기초 기능의 수행을 저해하는 기능.

### 여러 다른 종류들로 이루어진 이중, 다중 시스템

하나 또는 그 이상의 매개변수를 위한 다른 값을 가진 두 개 또는 그 이상의 단일 시스템으로 이루어진 이중, 다중 시스템.

### 동질의 이중, 다중 시스템

모든 매개변수에 같은 값을 가진 두 개 또는 그 이상의 단일 시스템으로 이루어진 이중, 다중 시스템.

I

### 이상적 이미지

모든 시스템 발전 법칙에 의해 만들어진 시스템의 이상적 이미지.

### 이상적 시스템

다음의 필요조건들이 고려되었을 때 실행 가능한 디자인 해결안이 설명된 시스템의 이상적 이미지:

- ❖ 시스템 수명 주기의 가장 낮은 가격
- ❖ 시스템에 필요한 가장 작은 공간
- ❖ 시스템은 작동하는데 필요한 가장 최소의 에너지
- ❖ 시스템의 개념에서 시장까지 요구되는 가장 짧은 시간
- ❖ 6 시그마 질

### 이상해결책 1

ARIZ-85C (단계3.1)에서 이상해결책 1의 공식은 유용한 속성(또는 유해한 속성의 제거)의 성취는 다른 속성의 악화(또는 유해한 속성의 등장)와 동반하지 않는 것을 가리킨다, 요소-X는 이상해결책 1의 공식 속에 포함되어 있다.

### 이상해결책 2

ARIZ-85C (단계 3.5)에서 이상해결책 2의 공식은 선택된 물질장 자원은 작동 시간 동안 모순 영역에서 반대의 물리적 거시적 또는 미시적 상태를 제공한다는 것을 가리킨다.

### 이상성

이상성은 특정 시스템에 모든 시스템 발적의 법칙이 완벽하게 실행되는 것을 뜻한다.

### 불완전한 물질-장 모델

세 가지 필수 요소(도구, 제품 그리고 장)이하로 구성된 물질-장 모델

### 최초의 문제 기술

본래의 문제 기술은 보통 다양한 문제의 느슨하게 구성된 무리이다.

### 발명 원리

알트슐러 행렬에 의해 제안된 시스템 모순을 해결함으로써 시스템을 개선하기 위한 관념적인 규칙.

### 역의 이중, 다중 시스템

반대 속성을 가진 두 개 또는 그 이상의 단일 시스템으로 이루어진 이중, 다중 시스템.

## L

### 시스템 매개변수 조화/동기화 법칙

모든 시스템의 존재를 위해 필요한 상황은 그것과 관련된 매개변수들의 조화이다.

### 시스템의 제어성/ 유연성 향상 법칙

시스템의 발전은 ~을 향해 유도된다. :

❖ 매개변수들의 제어성 향상을 향해
❖ 단단한 구조에서 유연한 구조를 향해
❖ 단단한 매개변수에서 유연한 매개변수를 향해

### 이상성 증가 법칙

이것은 시스템 발전의 기본적인 법칙이다. 시스템은 이상성 향상 쪽으로 발전한다. 일생동안, 시스템은 ~함으로써 더 신뢰할 수 있고, 간단하고, 효과적이고 완벽해지려는 경향이 있다. :

❖ 시스템의 기능 숫자를 늘림으로써
❖ 가능한 많은 숫자의 기능들을 작동 부분으로 옮김으로써
❖ 몇 가지 기능들을 상위 시스템이나 시스템의 환경으로 옮김으로써
❖ 이미 존재하고 이용 가능한 내부 또는 외부의 자원들을 이용함으로써

**하위 시스템의 불균일 발전 법칙**

시스템의 일생동안, 시스템의 다른 하위시스템들(부분/요소)은 다른 속도로, 시스템 모순의 등장(개발)을 야기하면서 발전한다.

**시스템의 에너지 흐름의 단축 법칙**

시스템은 시스템의 에너지 경로를 단축하는 법칙의 방향으로 발전한다.

**시스템 완성도의 법칙**

자율적으로 작동 가능한 시스템은 반드시 네 가지 주요 부분들(또는 이 부분들의 기능들)을 포함해야 한다. :

❖ 동력기관 - 에너지 변환기

❖ 전달기관 - 에너지 전송기

❖ 동작기관 - 시스템 주요 기능의 수행자

❖ 제어기관 - 시스템 매개변수의 안내자와 제어자

**상위시스템으로의 전이 법칙**

시스템의 수명 기간 동안, 시스템은 단일 시스템에서 이중, 다중 시스템 또는 다른 시스템들과의 조합의 방향으로 발전한다.

**미시 수준(나노수준)으로의 전이 법칙**

시스템이 발전하면서, 시스템 요소의 분열(본질적으로 작업 단위의 분열)이 증가한다.

**시스템 발전 법칙**

시스템 발전 과정에서 순환하는 사실이나 사건을 설명하는 시스템 존재, 작동 그리고 변화에 관한 일련의 규칙.

**발전 윤곽**

특정한 시스템 발전 법칙과 관련된 구체적인 발전 단계를 확인하는 경향

M

**주 기능**

기초 기능 참조

**최소 문제**

ARIZ-85C에서 최소 문제는 제한을 도입함으로써 변형된 최초의 문제 기술의 결과이다(예를 들어, 모든 것들은 바뀌지 않은 채로 남아있거나 단순화된다. 이 경우 요구된 행동[성질]이 나타나거나 유해한 행동[성질]이 사라진다.).

O

## 작동시간

ARIZ-85C (단계 2.2)에서 작동 시간은 모순 전 시간 $T_1$과 모순 시간 $T_2$ 모두의 이용 가능한 자원이다. 가끔 모순(특히 빨리 지나가고 순간적인 모순)은 $T_1$동안 예방 될 수 있다.(그림 2)

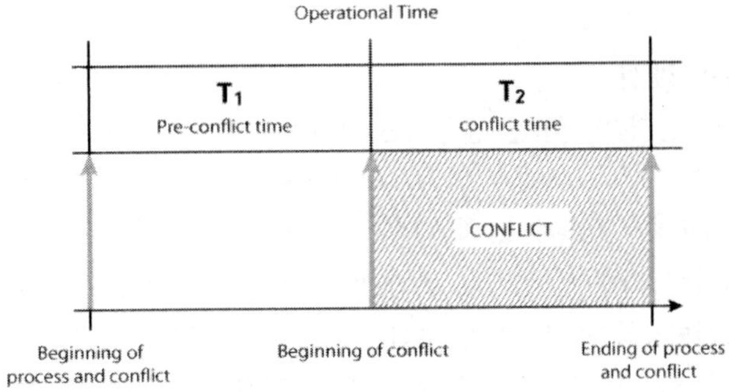


그림 2. 작동 시간의 구조

P

## 매개변수

주어진 일련의 상황에서 일정한, 하지만 다른 상황에서는 다를 수도 있는 양.

## 물리적 모순

하나의 매개변수의 다른 값들 사이의 모순(뜨겁거나 차가움, 전기적으로 전도성이 있거나 절연성의 등)

## 거시 수준에서의 물리적 모순

ARIZ-85C (단계 3.3)에서 거시 수준에서의 물리적 모순은 모든 모순 영역에서 공식화된 물리적 모순이다(예를 들어 모순 영역은 반드시 뜨거운 동시에 차가워야 한다.).

## 미시적 수준에서의 물리적 모순

ARIZ-85C (단계 3.4)에서 미시적 수준에서의 물리적 모순은 모순 영역의 입자들을 위해 공식화된 물리적 모순이다. (예를 들어 모순 영역은 뜨거운 동시에 차갑고, 모순 영역에 있는 입자들은 반드시 뜨겁고 차가운 곳을 모두 빠르게 움직여야 한다.)

## 물리량

측정될 수 있는 모든 성질.

## 다중 시스템

부과된 특징에 결합된 두 개 이상의 같은 시스템.

## 원리 기능

기초 기능 참조.

### 제품

표준해와 물질-장 분석인 ARIZ-85C에서 제어되고, 처리되고 또는 개선(예, 움직여진, 달라진, 기계화된, 구부러진, 돌려진, 가열된, 팽창된, 대전된, 빛나는, 측정된, 탐지된 등)되는 시스템의 요소.

### 심리적 관성

"관성"의 심리적 의미는 인간 프로그래밍으로 인한 어떤 "움직일 수 없는 것"인 변화에 대한 불편함을 나타낸다. 그것은 뇌 속 어딘가에서 잊을 수 없게 새겨진 어떤 방식의 행동의 불가피함을 나타낸다. 그것은 또 더 나은 방법의 행동(한 사람이 자신의 행동에 의해 이끌어지는 한)의 불가능을 나타낸다. 심리적 관성(PI)은 개인의 창의력과 문제 해결 능력에 많은 걸림돌을 나타낸다. 걸림돌들은 그것들의 뿌리, 즉 "이렇게 해오던 방식"을 갖고 있다. 문제 해결에서 그것은 "너는 그렇게 하면 안돼!" 또는 "전통은 그것을 이렇게 하도록 원해!" 또는 심지어 "너는 이제껏 정보를 받아왔어, 그리고 그 정보는 사실이야"라고 속삭이는 심리적 관성의 내부적이고 자동적인 목소리이다.

## R

### 강화된 이상해결책 1

ARIZ-85C (단계 3.2)에서 선택된 물질-장 자원이 요소-X를 대체하는 이상해결책 1의 공식에서의 변형.

### 자원

시스템이나 시간, 공간, 물질 그리고 장의 환경 매개변수들의 모든 변화는 주어진 시스템의 문제 해결과 시스템 발전에 사용될 수 있다. 모든 환경을 위한 일반적인 물질과 장 자원은 행성의 중력장과 자기장을 포함한다.

## S

### 부가적 기능

기초 기능을 받쳐주는 기능.

### 분리 원리

물리적 모순을 해결하기 위한 포괄적 접근. 공간, 시간, 다른 상황들 사이, 전체 시스템과 그것의 요소들 사이 등에서 같은 매개변수의 다른 값들의 분리.

### 물질

ARIZ-85C에서 표준해와 물질-장 분석의 물질은 물질-장 모델의 한 요소이다. 이 두 요소들은 생산하고, 제어하고, 측정하고, 또는 제품의 매개변수들을 바꾸는 '도구'($S_1$), 그리고 제어되고, 진행되고, 또는 개선되는 요소 '제품'($S_2$)이다.

### 물질-장 분석
문제의 물질-장 모델을 물질-장 구조의 발전 연구를 포함한 가능한 해결안의 물질-장 모델로 변형시키는 분석.

### 물질-장 모델
물질-장 모델(그림 3)은 추상적, 그래픽 형태의 상황과 문제 그리고 해결안을 묘사한다.

가장 단순한 물질-장 모델은 세 가지 기초 요소를 담고 있다.

- 물질($S_1$). 제품을 생산하거나 제품의 매개변수들의 값을 제어하거나, 측정하거나 바꾸는데 사용되는 '도구'.
- 물질 ($S_2$). 생산되고, 측정되고, 제어되고, 변화된 '제품'.
- 장 (F). '도구'와 '제품' 사이의 상호작용에 사용되는 에너지.

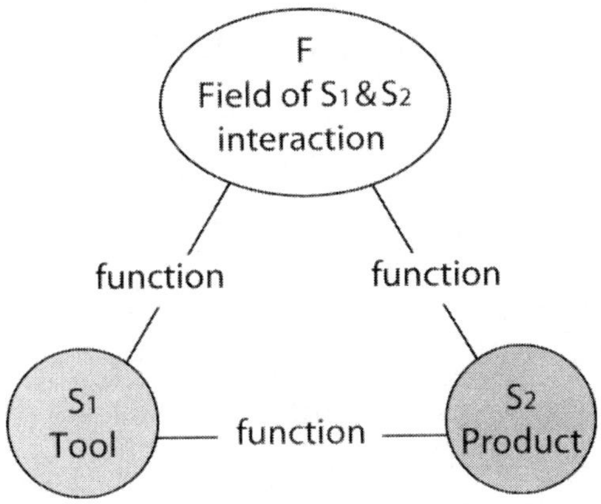


그림 3. 물질-장 모델은 세 가지 기본 요소를 담고 있는 모델이다. : 물질 $S_1$(도구), 물질 $S_2$(제품) 그리고 장 F. 물질-장 모델은 상황, 문제 그리고 해결안을 묘사한다.

### 시스템
결합되어 새로운 특징을 제공하는 요소들. 떨어져 있으면 이 요소들은 이런 특징을 갖고 있지 않다. ; 그것은 시스템 수준일 때만 나타난다. 시스템은 통합된 개체로써 작동하도록 디자인 된 밀접한 관계의 상호작용하는 인공 산물 수단이다.

### 표준해 시스템
문제의 물질-장 모델을 가능한 해결안의 물질-장 모델로 변형시키는 방법에 대한 권고. 이 변형의 논리는 시스템 발전 법칙에 기반을 두고 있다.

### 시스템 모순
주어진 시스템의 두 개 또는 그 이상의 매개변수 사이의 모순. 시스템의 하나의 매개변수를 바꾸는 것은 시스템의 다른 매개변수와의 문제를 야기할 수 있다.

**시스템 발전**
주어진 시스템을 규정하는 주요 매개변수 값의 시간에 따른 향상.

T

**도구**
표준 해결 시스템과 물질-장 분석인 ARIZ-85C에서 생산, 제어, 측정 또는 제품의 모든 매개변수 변화에 사용되는 시스템의 요소.

**트리즈**
시스템 발전 법칙과 수천명의 엔지니어와 과학자들의 최고의 실험에 기반을 둔, 가장 효율적인 방법으로 시스템을 개발하기 위한 만들어진 과학.

**프로젝트 창조와 문제 해결을 위한 트리즈 혁신 로드맵 :**
주어진 프로젝트나 문제를 위한 최고의 해결안을 얻기에 가장 효과적일 것 같은 개인적이고 적절한 트리즈 요소, 다른 과학, 그리고 입증된 프로젝트 개발 방법의 조합.

U

**유용한 행동**
시스템의 기초 기능의 성능에 공헌하는 행동.

V

**가치 방법론**
제품/공정을 설계하는 동안 불필요한 비용을 예방하고, 가장 이익을 낼 수 있는 방법으로 불필요한 제품 비용을 찾아내고 제거하기 위해 만들어진 시스템. 가치 방법론은 이러한 기본적인 기능들을 구체적인 접근과 기술을 통해 실현시킨다. 주요하고 가장 효율적인 가치방법론 기술은 기능적 분석이다.

W

**작동기관**
시스템의 기본 기능을 수행하는 시스템의 부분.

# TRIZ 혁신을 위한 기술 수정판

2013년 11월 10일 초판 인쇄
2014년 11월 5일 수정판 발행

저　　자　이삭 북만
역　　자　송상기·김영기·오동환·강병선·김태수·김신구·문용은
발 행 처　도서출판 GS인터비전
편 집 처　도서출판 GS인터비전
인　　쇄　GS인터비전
등록번호　제 313-2011-120호
I S B N　979-11-5576-005-5 (93500)

주　　소　서울 마포구 토정로 222
전　　화　02-976-7898, 02-3272-7898. 0707-720-7898
팩　　스　02-6468-7898
홈 페 이 지　gsintervision@co.kr
E-Mail　gsinter7@gmail.com

정 가　30,000원

# GS인터비전 트리즈

가격: 24,000원

가격: 20,000원

가격: 20,000원

가격: 23,000원

가격: 17,000원

가격: 43,000원(+카드)

가격: 아리즈 카드

가격: 20,000원

가격: 15,000원

가격: 17,000원(카드)

가격: 38,000원(미정)